ČS. ZBROJOVKA, A.S.
BRNO.

S ⊖ 1

MODERNE
HAND UND
FAUSTFEUERWAFFEN,
MASCHINENWAFFEN
UND PANZERBÜCHSEN

Eine illustrierte Enzyklopädie berühmter militärischer Feuerwaffen von 1873 bis heute

1 US-Soldaten in Südvietnam mit 5,56 mm-Gewehren M16A1, die sich von dem M16 durch den Griff an der rechten Seite unterscheiden, mit dem der Verschluß im Notfall nach vorn gestoßen werden kann. Die Mündung trägt ein Ausgleichsgewicht.

2 Demonstration der Feuerkraft durch ein Gewehr M1 und ein Gewehr M1918A2 BAR.

mer eine Visiereinstellung bis etwa 750 m, daber sie werden selten über mehr als 250 m eingesetzt, was deshalb als ihre wahre maximale wirksame Reichweite angesehen werden kann. In etwa die gleichen Normen gelten in der Praxis für leichte Maschinengewehre, wenn auch ihre Möglichkeit Feuerstöße abzugeben, es oft erlaubt, sie über größere Reichweiten einzusetzen.

KURZMAGAZIN-GEWEHR ENTFIELD MARK III*

Die britische Armee führte das Magazingewehr Lee-Metford 1888 ein. Es verschoß bis 1895 eine Patrone mit komprimiertem Schwarzpulver, als die Einführung des Kordits einen neuen Lauf mit tieferen Zügen erforderte. Das kurze Gewehr wurde gegen Ende des Burenkrieges eingeführt, der gezeigt hatte, daß alle Truppen ein echtes, weitreichendes Gewehr brauchten. Durch die besondere Konstruktion des Verschlußmechanismus konnte man mit dem Gewehr sehr schnell schießen, und ab 1909 konzentrierten sich die Engländer, die einen Krieg mit Deutschland erwarteten, dem sie zahlenmäßig unterlegen sein würden, auf Präzisionsschießen mit tödlichen Ergebnissen. Das abgebildete Gewehr, Mark III*, war ein Erzeugnis des Ersten Weltkrieges, aber wenn es auch in einigen Punkten vereinfacht war, glich es im wesentlichen seinem Vorgänger. (Volle Beschreibung auf den Seiten *170/171*.)

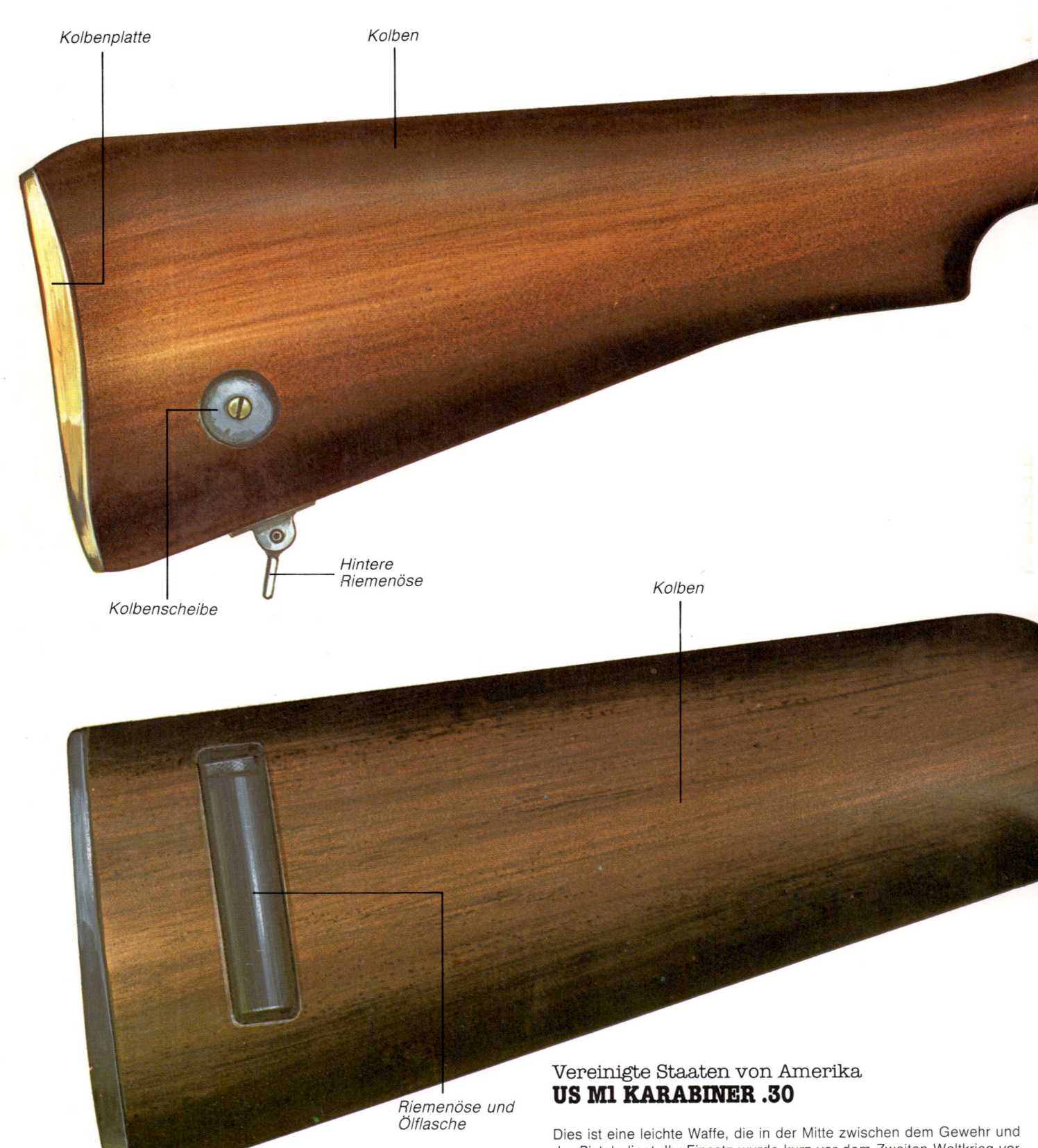

Kolbenplatte

Kolben

Kolbenscheibe

Hintere Riemenöse

Kolben

Riemenöse und Ölflasche

Vereinigte Staaten von Amerika
US M1 KARABINER .30

Dies ist eine leichte Waffe, die in der Mitte zwischen dem Gewehr und der Pistole liegt. Ihr Einsatz wurde kurz vor dem Zweiten Weltkrieg vor-

einem losen Schlagbolzen innerhalb des Verschlusses. Nach ein oder zwei Änderungen schoß sie sehr gut. Sie war genau, leicht zu handhaben und unempfindlich gegen Schmutz. Die ursprünglichen Modelle hatten das Kaliber .45" und nahmen ein 20-Schuß Kastenmagazin auf, aber die Serienmodelle wurden mit Kaliber 9 mm hergestellt und hatten ein Doppelmagazin, das Rücken an Rücken befestigt war und eine Gesamtkapazität von 40 Patronen hatte. Die Waffe war wahrscheinlich eine der Besten, die damals in den Vereinigten Staaten hergestellt wurden. Sie entsprach dem Standard der Vorkriegszeit, bestand aus bearbeitetem Stahl und war sehr sauber gefertigt. Ihr Hauptproblem war, daß sie zu einer Zeit kam, als die USA bereits ausreichend mit Maschinenpistolen ausgerüstet waren und vereinfachte Kriegsmodelle der Thompson in großen Mengen zur Verfügung standen. Vielleicht noch bedeutender war die Tatsache, daß die Maschinenpistole M 3, die für die Massenherstellung vorgesehen war, in einem fortgeschrittenen Stadium der Vorbereitung war, und als diese MP auf der Szene erschien, waren Waffen aus der Vorkriegszeit praktisch von der Bildfläche verschwunden. Es war ein trauriges Ende für eine ausgezeichnete Waffe.

auf, und es wurden weitere erfolgreiche Versuche eingeleitet, um sie zu vereinfachen. Diese führten zu der M3A1, der hier abgebildeten Waffe. Wie ihr Vorgänger wurde die neue Waffe mit moderneren Methoden hergestellt. Sie war allgemein zuverlässig. Sie arbeitete ebenfalls im Gasdruckbetrieb, hatte aber keinen Spanngriff. Gespannt wurde sie, indem ein Finger durch einen im Gehäuse befindlichen Schlitz gesteckt wurde, wodurch der Verschluß zurückgezogen werden konnte. Der Verschluß hatte einen festen Schlagbolzen und lief auf Führungsstangen, die die komplizierte Endbearbeitung der Gehäuseinnenseite ersparten. Außerdem schoß die Waffe dadurch sehr ruhig und war nicht schmutzanfällig. In den Pistolengriff war ein Ölbehälter eingebaut und an dem hinteren Teil des ausziehbaren Kolbens wurde eine Spange angebracht, die als Magazinfüller diente. Die MP hatte ein Kastenmagazin, das bei Schmutz oder Staub nicht sehr zuverlässig war, bis der Zusatz eines leicht abnehmbaren Plastikdeckels diesen Nachteil beseitigte. Gegen Ende 1944 war die Waffe eingeführt, und drei Monate später hatte sie offiziell die Thompson als Standardmaschinenpistole der US-Armee abgelöst. Anfang 1945 wurde ein einfacher Mündungsfeuerdämpfer eingeführt, der von einer Flügelmutter gehalten wurde, und einige Modelle erhielten Schalldämpfer.

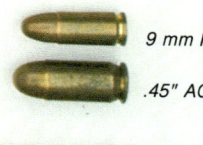

9 mm Parabellum

.45" ACP

.303" SAA-Patrone

INGRAM MODELLE 10 UND 11

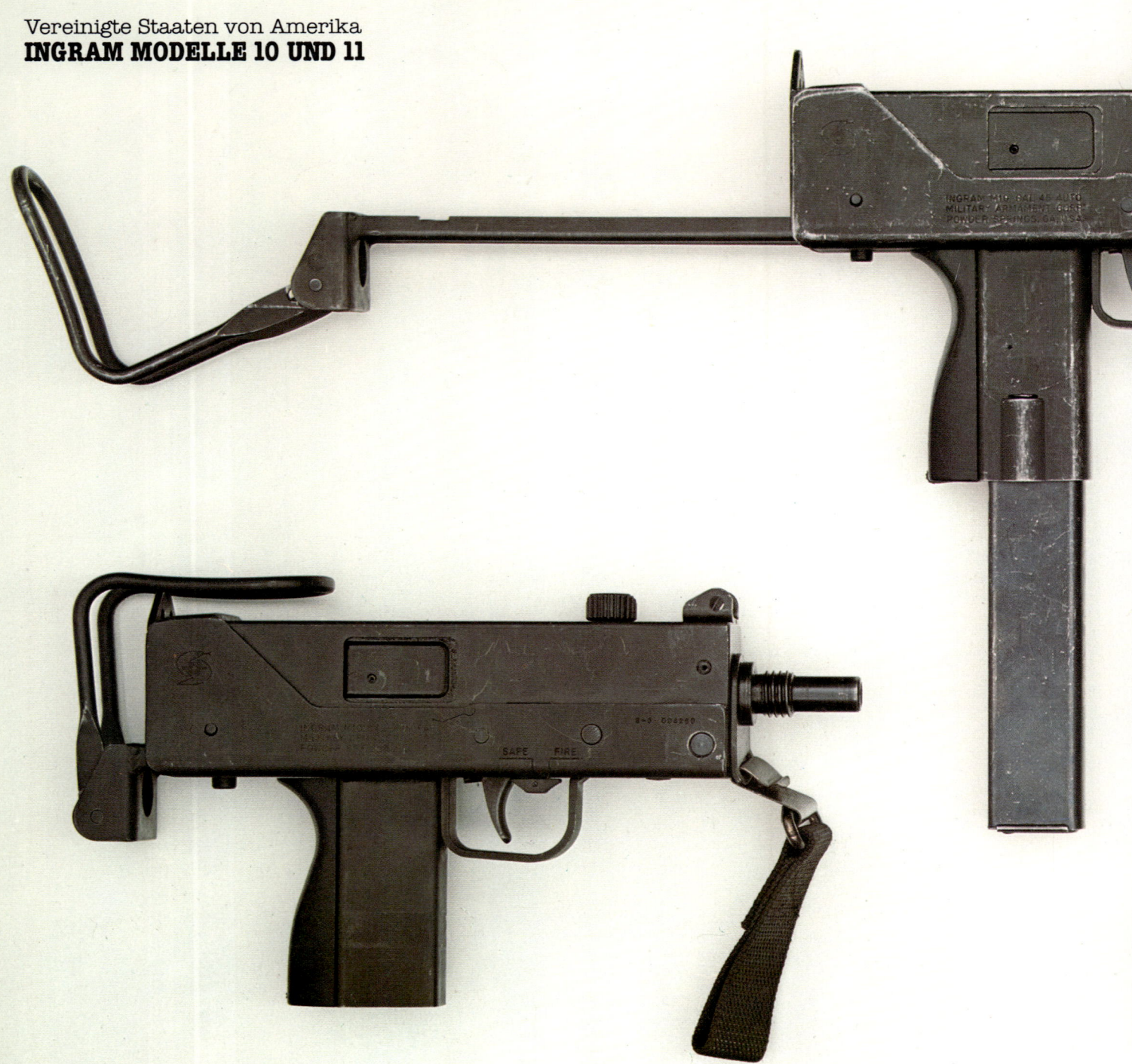

Länge: 267 mm
Gewicht: 2,84 kg
Lauf: 146 mm
Kaliber: .45″
Züge: 5, Rechtsdrall
Patronenzuführung: 30-Schuß Stangenmagazin
Kadenz: 1100 Schuß/Min.
Anfangsgeschwindigkeit: 275 m/s
Visier: Feststehend

Diese Waffe wurde nach ihrem Erfinder, Gordon Ingram, benannt. Nach seiner Kampferfahrung im Zweiten Weltkrieg war er ein praktisch veranlagter Mann mit einer klaren Vorstellung darüber, wie eine gute Maschinenpistole aussehen sollte, und alle seine Waffen waren einfach, zuverlässig und relativ billig in der Herstellung. 1946 stellte er seinen ersten Prototyp her. Da die Maschinenpistolen der Amerikaner bereits das Modell 3 erreicht hatten, ließ er die nächste Bezeichnung frei und nannte seine erste Ausführung M 5. Es war jedoch eine schlechte Zeit, zu versuchen, eine neue Maschinenpistole zu ver-

kaufen, denn die Welt war überfüllt mit Überschußmaterial, so daß von der M 5 nur ein einziges Modell hergestellt wurde, dessen Verbleib leider nicht bekannt ist. Ingram war nicht entmutigt, sondern arbeitete zwei Jahre lang an einem neuen Modell. 1949 gründete er zusammen mit einigen Kriegskameraden eine Firma mit dem Namen Police Ordnance Company, und bald darauf stellte er sein Modell 6 her. Es wurde in zwei Typen gebaut, eines im Kaliber .38″, das äußerlich wie ein Thompson aussah, und ein anderes im Kaliber .35″. Beide verkauften sich gut an Polizeiabteilungen und zum Teil an südamerikani-

sche Länder. Obwohl die Firma bald zusammenbrach, blieb Ingram standhaft, und bis 1959 hatte er seine Modelle 7, 8 und 9 hergestellt, die alle ausreichend erfolgreich waren, um ihn zu ermutigen, die Serie weiter zu produzieren. 1969 ging er zu einer Firma, die sich auf Bremsen spezialisiert hatte, und während des nächsten Jahres gründete seine Firma eine Tochter, die Military Armament Corporation, für die Ingram dann arbeitete. Bald darauf begann er erneut Waffen zu konstruieren, die sich von seinen früheren stark unterschieden. Bald gab es die Modelle 10 und 11. Diese waren von der

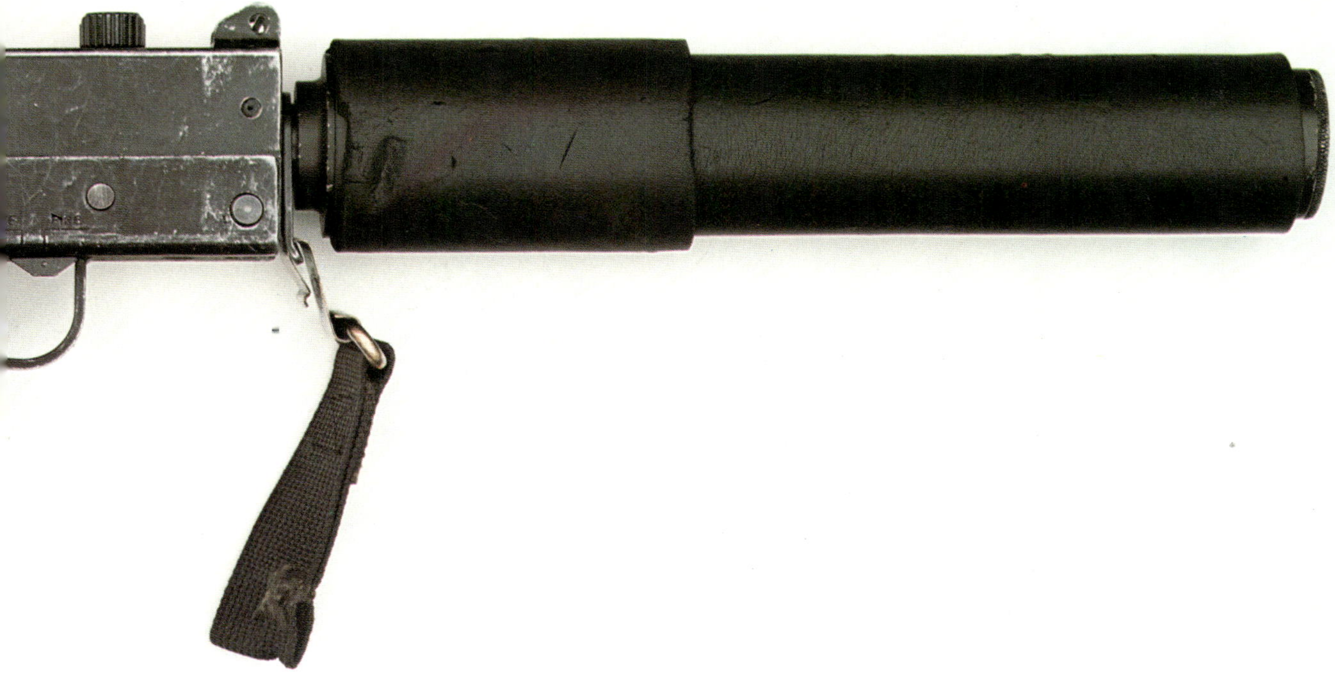

Größe abgesehen identisch. Das Modell 10 hatte das Kaliber .45″ und das Modell 11 das Kaliber .38″. Die Waffen glichen äußerlich den frühen automatischen Webley-Pistolen. Sie arbeiteten mit Gasdruck, hatten aber ein mit Draht umwickeltes Schloß, wodurch die Waffe kurz gehalten werden konnte und bei Dauerfeuer besser in der Hand lag. Der Spanngriff, der sich oben befand, war für Rechts- und Linkshänder gleichermaßen bequem. Er hatte einen Schlitz in der Mitte, so daß er die Visierlinie nicht störte. Das Magazin war im Pistolengriff befestigt, und die Waffe hatte einen ausziehbaren Kolben. Die

gesamte MP bestand mit Ausnahme des Laufes aus Preßteilen, selbst der Verschluß war aus Blech hergestellt und mit Blei gefüllt. Die Modelle 10 und 11 waren beide mit Schalldämpfer ausgerüstet, was den Lärm beträchtlich reduzierte. Die Zukunft von Waffen dieser speziellen Art ist noch nicht klar. Da auf der ganzen Welt Sturmgewehre verschiedener Art eingeführt werden und buchstäblich jeder Soldat damit ausgerüstet werden kann, wird die Zukunft der Maschinenpistole ungewiß, sei es auch nur, weil ihr Verschwinden einen Patronentyp überflüssig macht. Es mag sein, daß manche Soldaten besser mit

diesen Spezialwaffen ausgerüstet werden, zum Beispiel Funker, Fahrer und Mörserschützen. Demgegenüber kann es sein, daß sie bei der Kriminalpolizei und anderen Sicherheitskräften eingeführt wird, weil sie leicht zu tragen und nicht schwer zu verstecken ist, denn sie ist sehr kompakt.

.45″ ACP

9 mm Parabellum

.303″ SAA-Patrone

Gewehr und Karabiner

Bei einer Schußwaffe mit gezogenem Lauf wird dem Projektil beim Passieren des Rohres ein Drall verliehen. Dadurch erhält es eine beträchtliche Stabilität, so daß seine Flugbahn mit großer Genauigkeit vorhergesagt und das Projektil mit Hilfe einer Visiereinrichtung auf ein Ziel gerichtet werden kann. Die Hauptmethode, diesen Drall zu erreichen, ist, spiralförmige parallele Züge in das Rohr zu schneiden. Im Gegensatz zu der allgemeinen Ansicht ist dieses System sehr alt. Handfeuerwaffen in einer Form die der heutigen gleicht, kamen erst gegen Mitte des 15. Jahrhunderts in Verwendung, aber bereits ungefähr 1520 gab es Waffen mit gezogenem Lauf. Es wird manchmal behaup-

tet, daß die Züge ursprünglich nicht mehr waren als Rinnen zur Aufnahme der starken Rückstände des rohen Schwarzpulvers, das damals verwendet wurde, und daß sie nur deshalb spiralförmig geschnitten wurden, um ihre Länge und Aufnahmefähigkeit zu erhöhen. Dies sind jedoch bloße Mutmaßungen, die angezweifelt werden können, denn man darf annehmen, daß rotierende Pfeile oder Armbrustbolzen bekannt waren, so daß man sagen kann, daß die Entdeckung des gezogenen Laufes beabsichtigt statt zufällig war.

Die frühen Waffen mit gezogenem Lauf hatten zwei ernsthafte Nachteile. Zunächst waren sie langsam und teuer herzustellen, und noch bedeutender war, daß sie sich sehr

langsam laden ließen. Die runde Bleikugel, die damals als Projektil verwendet wurde, mußte sehr gut passen, um von den Zügen den Drall zu erhalten, und da man keine Hinterlader hatte, mußte die Kugel von der Mündung her durch die volle Länge des Laufes gedrückt werden. Dies war sehr umständlich, besonders dann, wenn sich von zuvor abgegebenen Schüssen Pulverrückstände angesammelt hatten, und deshalb blieb das Gewehr mit gezogenem Lauf lange Jahre eine Waffe für den Sportsmann, für den ein oder zwei langsame aber gut gezielte Schüsse mehr bedeuteten als die Feuerstärke. In Großbritannien war das einzige Wild für einen Gewehrschützen der Hirsch, und

da Hirsche gewöhnlich nur von reichen Grundbesitzern geschossen wurden, kam es auf die Kosten der Waffe nicht so sehr an. Es wurden deshalb sehr schöne frühe Gewehre mit gezogenem Lauf hergestellt. Einige wurden sogar mittels einer Schraubvorrichtung von hinten geladen, aber dies war kompliziert und der Mechanismus anfällig für Verschmutzung, so daß es die Ladezeit kaum verkürzte. Es ist möglich, daß einige dieser Gewehre, oder Schraubbüchsen, wie sie damals gewöhnlich genannt wurden, als Waffen für Scharfschützen bei der Verteidigung verschiedener englischer royalistischer Herrschaftshäuser eingesetzt wurden, die von parlamentarischen Truppen belagert wurden. Aber mit Sicherheit waren es nur wenige.

Auf dem europäischen Festland war das Gewehr mit gezogenem Lauf verbreiteter, weil dort die großen Wälder voll von Wildschweinen und Hirschen waren. Während der Religionskriege des 17. Jahrhunderts emigrierten viele deutsche Büchsenhersteller nach Nordamerika, wo ihre Waffen mit gezogenem Lauf bei den Grenzbewohnern sehr beliebt waren, die den Hirsch nicht nur wegen seines Fleisches, sondern auch wegen seines Leders jagten. Die frühesten deutschen Gewehre mit gezogenem Lauf hatten gewöhnlich einen kurzen Lauf und ein großes Kaliber, aber bald entwickelte sich ein

1 *Die britische Versuchswaffe für Einzelschützen mit einem Kaliber von 4,85 mm hat eine Visiereinrichtung x4 SUSAT und soll die Maschinenpistole L2 und das Gewehr L1 ablösen.*
2 *Russische Soldaten mit 7,62 mm-Mosin-Nagant-Gewehren im Ersten Weltkrieg.*

charakteristisches nordamerikanisches Modell mit einer Lauflänge von bis zu 1,22 m und einem Kaliber von nicht mehr als 12 mm. Die Ladezeit wurde durch das Einwickeln der Kugel in einen runden geölten

Leder- oder Leinenlappen verkürzt, eine Idee, die wahrscheinlich ebenfalls aus Europa kam.

In Nordamerika stieß die britische Armee erstmals auf das Gewehr in den Händen der Grenzbewohner, die durch Erfahrung wußten, daß das ursprünglich als Sportwaffe angesehene Gewehr sich auch bei Kämpfen in Wäldern ebenfalls bewährte. Ihre Hauptgegner waren die Indianer, die sich nicht auf wilde Kämpfe einließen, sondern von Deckung zu Deckung vorrückten, so daß man genau schießen mußte, um sie aufzuhalten.

Im Siebenjährigen Krieg von 1756/63 waren die Hauptgegner die Franzosen, so daß die britischen Kolonisten auf der Seite der britischen Armee kämpften und ihr ausgezeichnet als Flankendeckung und Scharfschützen dienten, aber während des Unabhängigkeitskrieges wurden sie denn zu gefürchteten Feinden. Dennoch ist aber wahrscheinlich, daß das Gewehr mit dem gezogenen Lauf in jenem Krieg keine so große Rolle spielte, denn die Masse der amerikanischen Kolonisten war mit Musketen mit glattem Lauf bewaffnet, die sich nicht sehr von den Tower-Musketen in den Händen der Soldaten des Königs unterschieden. Die Gewehrschützen wurden wie zuvor an den Flanken eingesetzt, aber obwohl sie gute Dienste leisteten, waren sie wahrscheinlich nicht der entscheidende Faktor in diesem Krieg. Der ungepflegte Hinterwäldler, der in fettiges Leder gekleidet und mit einer langen Büchse bewaffnet war, hat seinen Platz in der amerikanischen Folklore und Tradition eingenommen, aber er war wahrscheinlich nicht mehr als ein Hilfsschütze, wenn auch ein sehr nützlicher. Auch auf der britischen Seite gab es natürlich einige Gewehrschützen, die zum Teil aus dem großen royalistischen Lager kamen und zum Teil reguläre Soldaten waren, die mit dem guten, von Captain Patrick Ferguson erfundenen Hinterladergewehr ausgerüstet waren.

DAS ERSTE SCHÜTZENREGIMENT

Viele britische Offiziere, die von 1776–1783 in Amerika gedient hatten, hatten den Wert des Gewehrs als Spezialwaffe nicht vergessen, und als zehn Jahre später die französischen Revolutionskriege begannen, machte es die neue Taktik, in Schützenschwärmen anzugreifen, erforderlich, ihnen zumindest mit einem Schutzschirm ähnlicher Truppen entgegenzutreten. Die meisten britischen Infanteriekompanien behielten die Muskete mit glattem Lauf, aber im Jahre 1800 wurde auch ein Scharfschützenregiment aufgestellt. Es wurde mit einem Steinschloßgewehr ausgerüstet, das von Ezekiel Baker, einem bekannten Waffenschmied aus Whitechapel erfunden worden war. Es handelte sich um eine leichte, handliche Waffe, die bis auf 275 m sehr gut schoß. Auch einige Bataillone des 60. Regimentes wurden mit diesem Gewehr ausgerüstet, das sich während der napoleonischen Kriege als wirksam erwies, insbesondere auf der Halbinsel und bei Waterloo, so daß es danach von dem Scharfschützenregiment, das inzwischen zur Brigade angehoben war (und vom 60. Regiment)

beibehalten wurde. Es wurde 1838 durch das Brunswick-Perkussionsgewehr abgelöst.

Die Mitte des 19. Jahrhunderts war eine Zeit großer technischer Fortschritte auf vielen Gebieten, auch auf dem der Feuerwaffen. Die Franzosen, die in Nordafrika in umfangreiche Kolonialkriege verwickelt waren, waren auf diesem Gebiet besonders aktiv. Sie hatten herausgefunden, daß die langen Waffen ihrer berittenen Gegner oft wirksamer als die ihrer eigenen Soldaten waren. Trotz der geölten Leinenstücke und anderer Mittel war das eigentliche Problem, wie eine gut abdichtende Kugel schnell geladen werden konnte. Es wurden verschiedene Methoden ausprobiert, eine Bleikugel in die Züge zu drücken, nachdem sie durch den Lauf gestoßen war. Zuerst hämmerte man mit einer langen Stange die Kugel auf einen mittleren Dorn oder einen ringförmigen Anschlag im Verschluß des Gewehres. Dies war eine rauhe und schnelle Methode, die die Kugel zwar ausdehnte, sie aber auch so verzog, daß sie ballistisch unstabil wurde. Schließlich entdeckte man, daß ein längliches Projektil mit hohlem Boden den gleichen Zweck erfüllte. Als dies unumstritten war, führten die Briten ein Gewehr dieser Art ein, das von einem französischen Scharfschützen, Capitaine Minié entwickelt worden war. Die Einführung einer französischen Erfindung war in England jedoch nicht unumstritten, insbesondere weil zwei Engländer, Norton und Green, behaupteten, schon zuvor ähnliche Geschosse entwickelt zu haben, aber die Waffe erwies sich als Erfolg. Sie wurde 1851 akzeptiet und bald darauf an die Truppe ausgegeben, nicht nur an Gewehrregimenter, sondern als allgemeine Infanteriewaffe. Sie leistete im Krim-Krieg 1854/56 gute Dienste, war aber nur kurz im Einsatz, weil sie bereits durch ein neues und verbessertes Enfield-Gewehr ersetzt wurde, bevor der Krieg vorüber war. Diese neue Waffe, die ein vereinfachtes Geschoß von kleinerem Kaliber als ihr Vorgänger verschoß, war ein großer Erfolg, und etwa 1858 war sie das einzige britische Militärgewehr. Obwohl das Laden noch lange dauerte – zwei Schuß pro Minute waren ein guter Durchschnitt, schoß sie fast einen Kilometer weit und war gegenüber allem bekannten ein großer Fortschritt. Allerdings machte die relativ hohe Flugbahn des Geschosses ein genaues Abschätzen der Entfernung wichtig, wenn das Ziel außerhalb der Kernschußweite lag. In jener Periode wurden die meisten modernen Armeen der Welt mit Gewehren ähnlicher Art und Kapazität neu bewaffnet. Die einzige Ausnahme bildete Preußen, dessen besondere Vorkehrungen später besprochen werden. (Siehe Seite 150.)

Die erste große Erprobung dieser neuen und verbesserten Perkussions-Gewehre kam im Amerikanischen Bürgerkrieg von 1861/65. Beide Seiten setzten Gewehre vom Typ Enfield ein (und tatsächlich werden viele in Enfield hergestellt), und ihre Auswirkungen auf die Taktik war tiefgehend. In der alten Zeit der glatten Läufe war die wirksame Feuerzone der Infanterie bei der Verteidigung wenig mehr als 100 m tief, eine Entfernung, die ein entschlossener Angreifer in einem kühnen Vorstoß überqueren konnte,

1 Das französische Infanteriegewehr Modell 1916, Kaliber 8 mm, hat ein fünfschüssiges Magazin anstelle des dreischüssigen des Modells 1907/15.
2 Deutschlands Standardkarabiner, der 98 K.

ohne außergewöhnliche Verluste zu erleiden. Aber diese Zeit war nun vorüber. Die neuen Gewehre schossen gut genug über 750 bis 850 m, und niemand konnte erwarten, einen Angriff über diese Entfernung vorzutragen. Ein müder, schwer beladener Infanterist brauchte für 800 m Gelände mindestens 20 Minuten, eine Zeit, in der jeder Verteidiger, der bequem in seiner Deckung versteckt war, 35 oder mehr gut gezielte Schüsse abgeben konnte.

Dadurch zogen sich die Schlachten weiter auseinander und begannen auf größere Entfernung. Zum Schutz grub sich jeder Soldat ein, und der Spaten wurde ebenso wichtig wie das Gewehr. Die Artillerie konnte nicht

länger an geschlossene Infanterieverbände herangaloppieren und sie mit Kartätschen geißeln, weil auf Kartätschenentfernung die Abteilungen erschossen worden wären, bevor sie halten und abprotzen konnten. Niemand versuchte noch Frontalangriffe, wenn er eine Möglichkeit fand, den Feind zu umgehen, obwohl es manchmal schreckliche Verluste brachte (vor allem auf der Seite der Union), bevor die Lektion schließlich gelernt war. Kavallerieangriffe auf die Infanterie wurden seltene und verzweifelte Angelegenheiten, die nur für taktische Siege riskiert wurden, die so wichtig waren, daß Verluste keine Rolle spielten. Der Krieg wurde tatsächlich plötzlich modern.

Die meisten Militärmächte in Europa, die auf ihre technische Überlegenheit blind vertrauten, neigten dazu, die militärischen Ereignisse in Nordamerika zu ignorieren, weil sie glaubten, daß der Bürgerkrieg eine Reihe von Raufereien zwischen bewaffnetem Mob wäre, aber sie erwiesen sich dabei als dumm und kurzsichtig. Einige der frühen Gefechte

mögen so verlaufen sein, aber bald waren beide Seiten so kampferfahren, daß sie nach Kriegsende gegen jede Armee der Welt hätten bestehen können.

Trotz der verschiedenen Verbesserungen der Perkussionsvorderlader war ein wirksamer Hinterlader erforderlich. Die erste Nation, die einen entscheidenden Schritt in diese Richtung unternahm, war Preußen, damals der aufgehende Stern Europas, das schon 1849 sein berühmtes Zündnadelgewehr an die Truppe ausgab. Es war eine einschüssige Waffe mit einer Einheitspatrone, bei der die «Zündpille» unter dem in einem Treibspiegel sitzenden Langblei lag. Der Schlagbolzen mußte so die Papierhülle und die Pulverladung durchstoßen, um die Zündpille zu erreichen. Dies erforderte seine nadelförmige Form, die der Waffe ihren Namen gab. Sie war in vieler Hinsicht ein schlechtes Gewehr, weil ihr Reichweite und Durchschlagskraft fehlten und das Gas an dem Verschluß so stark nach außen drang, daß die mit dem Gewehr bewaffneten Solda-

3 *Ein neuseeländischer Infanterist mit einem Selbstladegewehr L1A; Kaliber 7,62 mm.*
4 *Ein amerikanisches Erschießungskommando mit dem Magazingewehr Modell 1903 A3, Kaliber 0.3".*
5 *Der Mann links im Bild trägt ein Gewehr No. 1 SMLE Mark III*, Kaliber 0.303", und der Führer eine Thompson-Maschinenpistole.*

ten nach wenigen Schüssen nicht mehr von der Schulter, sondern im Hüftanschlag schossen.

Die britische Regierung erhielt nach der Einführung des Zündnadelgewehrs ein Muster und ließ 1850 eine kleine Anzahl von Nachbildungen für Erprobungszwecke bauen, entschied sich aber gegen jede Änderung. Man muß annehmen, daß die meisten anderen großen Länder Europas zu demselben Schluß kamen, denn keines folgte dem

preußischen Beispiel. Das Erfordernis eines zuverlässigen Hinterladers wurde nach wie vor allgemein anerkannt, vielleicht insbesondere für die Kavallerie. Angesichts der zunehmenden Wirksamkeit des Infanteriegewehres wurde die Reiterei (wenn sie es auch nur zögernd zugab) immer mehr zur Verwendung von Feuerwaffen gezwungen, und es war natürlich sehr schwierig für einen Reiter, einen Vorderlader nachzuladen.

Obwohl es komplette Patronen gab, standen die Briten auf dem Standpunkt, daß sie nicht gut seien, weil, wenn die Patronentasche eines Soldaten getroffen würde, die ganze Sache explodieren würde. Sie experimentierten deshalb weiter mit Vorderladern, bei denen eine Patrone aus Pulver und Kugel in einer leicht brennbaren Hülle durch ein separates Zündhütchen gezündet wurde.

Dann kam der Schlag, denn 1864 schlugen die Preußen die Dänen in einem Blitzfeldzug, der Europa überraschte. Es gab natürlich mehrere Gründe für ihren Erfolg, aber zumindest für die Soldaten war der offensichtlichste scheinbar das Zündnadelgewehr, das bewiesen hatte, daß selbst ein schlechter Hinterlader ein gutes Stück besser als ein guter Vorderlader war. Der große Vorteil des Zündnadelgewehrs schien die Schnelligkeit zu sein, mit der es nachgeladen werden konnte. Dies beruhte nicht darauf, daß die Preußen schneller schießen konnten, sondern daß sie nie während des langen Rituals des Nachladens gefaßt werden konnten. Au-

ßerdem konnte die neue Waffe in liegender Stellung nachgeladen werden. Dadurch konnte die preußische Infanterie liegend schießen, was sie nicht nur besser zielen ließ, sondern ihr auch bessere Deckung bot.

Es war verständlich, daß die europäischen Nationen schnell reagierten. Die Engländer zum Beispiel beriefen ein Komitee ein, das sich mit dem Problem befaßte. Diesem Komitee gelang es in etwas weniger als zwei Jahren einen guten Hinterlader herzustellen. Die britische Antwort war, zum Teil aus wirtschaftlichen Gründen, aber hauptsächlich um Zeit zu gewinnen, die vorhandenen ausgezeichneten Enfield-Gewehre durch Einbau eines Scharnierverschlusses, der von einem Holländer namens Snider erfunden wurde, zu ändern. Die alte und zum größten Teil unvernünftige Furcht vor der kompletten Patrone (die sich in Amerika als vollkommen sicher und zuverlässig erwiesen hatte) wurde schließlich überwunden, mit dem Ergebnis, daß eine moderne Messing- und Papp-Zentralfeuerpatrone, die der heutigen Schrotpatrone ähnelte, eingeführt wurde. Das Snider war, wenn es auch zuverlässig war, tatsächlich nicht mehr als ein Notbehelf, und noch bevor die ganze Truppe damit ausgerüstet war, war ein einschüssiges Gewehr mit Fallblockverschluß, das Martini-Henry als Ersatz in der Herstellung. Diese Waffe, die etwa 1874 an alle Truppen ausgegeben war, verschoß eine Patrone, deren Boden zunächst aus gewickelter Messingfo-

1 Das US-Gewehr Modell 1903A4, Kaliber 0.3", ist die Scharfschützenausführung des M 1903A3 und hat ein Weaver-Zielfernrohr.

lie bestand. Diese Patrone wurde aber innerhalb von 10 Jahren durch eine zuverlässigere mit festem Boden ersetzt.

1866 schlugen die Preußen die Österreicher, die noch mit Vorderladern bewaffnet waren, und vier Jahre später kam der unvermeidbare Zusammenstoß mit den Franzosen. Damals war die französische Armee auf das Chassepot umgerüstet, eine Waffe, die im Prinzip dem Zündnadelgewehr ähnelte, ihm aber in bezug auf Reichweite, Genauigkeit und Zuverlässigkeit in hohem Maße überlegen war. Dies rettete die Franzosen jedoch nicht, und sie wurden durch eine Armee, die ihnen in Bezug auf Organisation, Disziplin, Stabsarbeit und allgemeine Leistung unermeßlich überlegen war, vernichtend geschlagen. Wie zu erwarten war, war dieser erste größere Krieg zwischen zwei Armeen, die beide mit Hinterladern bewaffnet waren, eine äußerst blutige Angelegenheit. Die Preußen, die gewöhnlich in der Offensive waren, gründeten ihre Taktik auf die Lektion der früheren Kriege und griffen in starken Schützenreihen an, die von Reser-

veverbänden und zahlreicher und wirkungs-voller Artillerie unterstützt wurden. Sobald der Anriff auf wirksames Feuer traf, geriet auf Kompanieebene alles in Verwirrung. Jedermann stieß kühn vor und erlitt schwere Verluste, so daß selbst bei einem erfolgreicheren Angriff die Verwirrung so groß war, daß es schwierig war, den Erfolg auszunützen. Dieser Verlust der Kontrolle, der größer war als vorhergesehen, hätte wahrscheinlich vermieden werden können, wenn man die Lektionen des amerikanischen Bürgerkrieges besser beachtet hätte. Nach dem Krieg führten beide Gegner neue Gewehre ein, beides einschüssige Waffen mit Schlagbolzen, die feste Patronen verschossen.

TAKTIK IM BURENKRIEG

1899 begann England einen Krieg mit der Kolonie der Buren, seinen ersten größeren Krieg seit fast einem halben Jahrhundert. Es fand bald heraus, daß seine Taktik, die hauptsächlich auf den Kampf gegen Wilde in Kolonialkriegen ausgelegt war, gegen einen tapferen und unternehmungslustigen europäischen Feind, der gut beritten und mit den neuesten Mauser-Gewehren gut bewaffnet war und in einem weiten, leeren Land kämpfte, wo die wenigen Einwohner auf seiner Seite waren, nicht ausreichte. Die erste Phase des Krieges wurde zwar schnell gewonnen, aber die zweite, die Guerillaphase fraß viele Männer und viel Zeit und brachte viel Ärger.

England war damals in Europa nicht sehr beliebt, und es gab unverhüllte Freude über seine Nöte. Die offizielle deutsche Stellungnahme zur ersten Phase, die fair aber sehr kritisch war, sagte einfach, daß Englands Fehlschlag auf seinen Mangel an Entschlossenheit zurückzuführen wäre, seine Angriffe im Rahmen der Verluste im europäischen Maßstab durchzudrücken, worauf es durch seine Kolonialkriege nicht vorbereitet war. Die Ursachen lagen jedoch tiefer, und nachdem der Krieg gewonnen war, ging England daran, seine Armee zu modernisieren. Einer der Ecksteine der Taktik sollte eine enorm wirksame Feuerkraft sein, und es wurden viele Anstrengungen unternommen, den Bestand an Maschinengewehren zu erhöhen. Trotz der späteren Lektionen des Russisch-Japanischen Krieges von 1904, in dem die fürchterliche Wirksamkeit automatischer Waffen überzeugend demonstriert wurde, wurden keine Erhöhungen des Bestandes an MGs genehmigt, und deshalb mußte eine Alternative gefunden werden. Dies war eine Erhöhung der Feuerkraft durch Gewehre. Einer der führenden Köpfe hierbei war Oberstleutnant N. R. McMahon DSO von den Royal Fusiliers, der zu jener Zeit Chefausbilder an der Musketenschule in Hythe war. Er gab die Hoffnung auf mehr Maschinengewehre auf und wandte sich dem Schnellfeuergewehr zu. Mit der Unterstützung seiner Vorgesetzten wandelte er das britische Musketensystem um.

2 *Männer des britischen 1. Fallschirm-Nachschubregimentes mit 7,62 mm-Selbstladegewehren L1A1.*
3 *Britische Infanterie mit 0.303" Gewehren No. 1 SMLE Mark III oder Mark III*.*
4 *Ein amerikanischer Granatwerferschütze im Feuerschutz von Infanteristen, die 0.3" Gewehre M1 und einen Karabiner M1 tragen, vor. St. Malo 1944.*
5 *Sowjetische Infanterie schießt mit 7,62 mm-Sturmgewehren AKM.*

Zu jener Zeit hatte die btitische Armee die Lee Enfield mit kurzem Magazin eingeführt, eine ausgezeichnete Waffe. Die Ergebnisse, die sie erzielte sind zu gut bekannt, um einer Wiederholung zu bedürfen. Bei Ausbruch des Ersten Weltkrieges wurden die entschlossenen deutschen Angriffe immer wieder durch schnelles, genaues und intensives Gewehrfeuer aufgehalten, wie es nie zuvor auf einem Schlachtfeld dagewesen war. Nur wenige Soldaten von relativ niedrigem Rang war es vergönnt, für das Militärwesen ihres Landes einen so bedeutenden Beitrag zu leisten wie McMahon. Er ging 1914 als Bataillonskommandeur nach Frankreich, und er muß mit Genugtuung gesehen haben, wie entsetzliche Zahlen toter Feinde vor den britischen Bataillonen lagen. Seine Anstrengungen waren nicht umsonst gewesen. Er wurde zum Brigadegeneral befördert und fiel am 11. November 1914.

Obwohl die Feuerkraft des modernen Magazingewehres von dem britischen Expeditionskorps 1914 bewiesen wurde, erlebte es danach einen schnellen Niedergang. Die guten Schützen der frühen Schlachten waren entweder tot oder weit verstreut, und es war keine Zeit, die riesigen neuen Armeen, die ihnen folgten, auszubilden und auf denselben Standard zu bringen. Außerdem hatte der Grabenkrieg zur Einführung vieler anderer Waffen geführt, die alle das Gewehr überschatteten. Obwohl es die Standardwaffe der Infanterie blieb, errang es nie wieder seine vorherige Stellung.

Die Jahre nach dem Ersten Weltkrieg sahen zumindest teilweise eine Rückkehr zu dem hohen Standard des Gewehrschießens, der 1914 bestanden hatte, aber dennoch blieb das Gewehr hinter den verschiedenen automatischen Waffen, deren Feuer das Schlachtfeld beherrschte, zurück. In England begannen Experimente an einem neuen Gewehr, das das gute aber komplizierte Lee Enfield mit kurzem Magazin ablösen sollte. Sie führten zum Number 4, einer vereinfachten Ausführung seines berühmten Vorgängers, das im Falle eines neuen Krieges leichter in Massen hergestellt werden konnte. Dieser Krieg trat natürlich ein, und das neue Gewehr wurde in Millionen hergestellt. Viele Tausende des früheren Modells blieben aber im Einsatz. Gegen Ende des Krieges kam noch ein anderes Gewehr. Es war die Number 5, eine kürzere, leichtere Ausführung der Number 4, die speziell für den Dschungelkrieg im Fernen Osten entwickelt worden war.

Die meisten anderen Länder traten mit Gewehren ähnlicher Art und Kapazität in den Zweiten Weltkrieg ein. Die Deutschen verwendeten hauptsächlich den 98 K, eine kürzere Ausführung des zuverlässigen Gewehrs 1898, während die Franzosen ihr MAS 1936 und die Russen ihr M 1891/30 hatten. Nur die Amerikaner waren in voller Stärke mit einem Selbstladegewehr ausgerüstet, dem .300 M 1 (Garand). Sie hatten auch einen Karabiner ähnlichen Kalibers, der eine viel leichtere Patrone verschoß. Die Deutschen experimentierten 1941/43 mit Selbstladegewehren, aber ohne großen Erfolg, und Waffen dieser Art wurden erst nach Kriegsende allgemein eingeführt.

Der Zweite Weltkrieg brachte auch die zunehmende Bedeutung der Maschinenpistole, eines leichten automatischen Karabiners, der Pistolenmunition verschoß. Es war allgemein üblich, bei der Infanterie eine Anzahl dieser Waffen nebst den Gewehren zu verteilen. Die Erfahrung der ersten Jahre zeigte, daß mit der großen Zahl der Unterstützungswaffen keine veralteten, weitreichenden Gewehre mehr erforderlich waren. Nachdem dies klar war, wurden Anstrengungen unternommen, eine in der Mitte liegende Waffe zu bauen, die am besten als «frisierte» Maschinenpistole angesehen werden konnte, die beide Aufgaben erfüllt. Waffen dieser Art sollten später als Sturmgewehre bekannt werden. Die ersten auf diesem Gebiet waren

die Deutschen mit ihrem FG 42, einer ausgezeichneten Waffe, die die Standard-Gewehrpatrone verschoß. Ihm folgte nach einiger Erfahrung die MP 44, eine weitere ausgezeichnete Waffe, die eine Patrone verschießen sollte, die zwischen der 9 mm-Pistolen- und der Gewehrpatrone lag. Rußland folgte dieser Linie nach dem Krieg mit seinem AK 47, das dem deutschen Gewehr nachgebaut ist, ebenso die Vereinigten Staaten mit der Serie Colt-Armalite und viele andere Länder. England unternahm einige Versuche mit einem erfolgreichen Prototyp, EM 2, führte das Gewehr aber nicht ein. Heute experimentiert es mit einem Sturmgewehr kleineren Kalibers, das ähnlich ist und eine Ausführung mit schwerem Lauf hat, die als automatische Waffe dienen soll.

Neue Waffen dieser Art haben viele Vorteile, darunter geringes Gewicht und bessere Tragbarkeit, insbesondere im engen Inneren der verschiedenen Schützenpanzer, in denen die Infanterie sich nun sehr oft aufhält, und es ist wahrscheinlich, daß sie in Zukunft die Maschinenpistole und das orthodoxere Gewehr ersetzen werden. Die einzige Ausnahme ist wahrscheinlich, daß das ältere Schlagbolzengewehr mit Zielfernrohr für Scharfschützen bewahrt bleibt, eine Funktion, die es in beiden Weltkriegen und verschiedenen späteren Kriegen gut erfüllte.

WIRKSAME REICHWEITE

Es wird gut sein, dieser Einführung einen kurzen Hinweis auf die Reichweiten von Gewehren hinzuzufügen, da die Maximaleinstellungen an der Kimme irreführend sein können. Die Schlagbolzengewehre mit kleinem Kaliber aus dem späten 19. Jahrhundert hatten gewöhnlich Visiereinstellungen bis etwa 2000 m, und einige hatten zusätzliche Langreichweiten-Visiereinstellungen auf 2600 m. Unter idealen Bedingungen (d. h. gut ausgebildete Soldaten und eine klare Atmosphäre) konnte Feuer über diese extremen Reichweiten gerichtet werden, in dem Sinn, daß 20 oder 30 Mann, die zusammen feuerten, Sammelfeuer auf ein Flächenziel schießen konnten. Der steile Fallwinkel der Geschosse bei diesen Reichweiten erforderte genaues Einschätzen der Entfernung und gute Beobachtung durch Teleskope oder Fernrohre, die den tatsächlichen Einschlag der Geschosse angeben sollten, und selbst unter den besten Bedingungen wurde ein großer Teil der Schüsse verschwendet. Dennoch ergaben Probeschießen gegen Segeltuchschirme, daß dieses Feuer als einigermaßen wirksam bezeichnet werden konnte, und wenn es nur den Feind störte und ihn niederhielt.

Unter gleichen Bedingungen erhöhte sich die Wirksamkeit des Feuers mit abnehmender Reichweite. Über etwa 750 m konnte gesteuertes Kollektivfeuer tödlich sein. In der Schlacht von Omdurman im Sudanfeldzug von 1898 gelang es den mit größter Tapferkeit vorgetragenen Angriffen der Wilden über offene Wüste kaum, mehr als 350 m an die britische Feuerlinie heranzukommen, und auch dies nur unter fürchterlichen Verlusten. In Südafrika, wo ein ganz anderer Krieg geführt wurde, schossen die Buren bis auf

etwa 900 m gut, und da sie geschickt und schnell Deckung nahmen, waren sie gewöhnlich über das britische Gegenfeuer nicht beunruhigt. Die Engländer stellten auch fest, daß das Gewehrfeuer über große Entfernungen manchmal wirksam war, aber wiederum nur, um die Buren niederzuhalten, statt ihnen hohe Verluste beizubringen. Südafrika war aber in vieler Hinsicht eine Ausnahme, und der Russisch-Japanische Krieg zeigte wahrscheinlich viel deutlicher den Weg, den der moderne Krieg nehmen würde. 1914 hatten sich die Briten so zumindest entschieden, daß die wahre Antwort Schnellfeuer über Entfernungen war, was wirklich zu gegnerischen Verlusten führte. Nach dem hohen Standard der britischen Gewehrschützen bedeutete dies eine Entfernung bis etwa 500 m, und im Krieg erwies sich diese als tödlich. Danach übernahmen automatische Waffen die Aufgabe größerer Feuerkapazität zu stellen, und die wirksame Reichweite des Gewehres wurde entsprechend verringert. Die meisten modernen Gewehre haben noch im-

Inhalt

Vorwort

Obwohl sehr viele Menschen an Feuerwaffen interessiert sind, bringen es die Sicherheitserfordernisse der modernen Zeit mit sich, daß die meisten niemals die Gelegenheit haben, echte zu untersuchen. Aus diesem Grunde wird mit diesem Buch der Versuch unternommen, die zweitbeste Methode zu wählen, nämlich eine große Anzahl von ausgezeichneten farbigen Großaufnahmen zu zeigen, ergänzt durch technische Einzelheiten und den geschichtlichen Hintergrund. Naturgemäß gelten manche Informationen für mehrere Waffen, und in diesem Fall schien es besser, einige Wiederholungen in Kauf zu nehmen, als den Leser auf andere Beschreibungen zu verweisen.

Soweit möglich, ist für jede Waffe die passende Patrone gezeigt, zusammen mit einer britischen .303″ Patrone zum Größenvergleich. Diese Patrone ist auf der gegenüberliegenden Seite in natürlicher Größe gezeigt. In einigen, wenigen Fällen war die richtige Patrone nicht zum Fotografieren verfügbar, und dann haben wir im allgemeinen eine Patrone ähnlicher Abmessungen gezeigt, um einen Eindruck von der echten Patrone zu vermitteln. Es wird verständlich sein, daß einige Waffen, insbesondere frühe Revolver, so konstruiert waren, daß sie eine Vielfalt von Patronen aufnehmen konnten, und wenn dies der Fall ist, ist nur eine charakteristische Patrone gezeigt. Die Waffen jeder Nation sind chronologisch geordnet. Die Nationen sind in alphabetischer Reihenfolge aufgeführt, aber gelegentlich mußten wir «mogeln», um sicherzustellen, daß gewisse Länder die

Behandlung erfuhren, die ihre Waffen verdienen. Das Kapitel über Maschinengewehre ist in zwei Hälften aufgeteilt – schwere und mittlere Maschinengewehre einerseits und leichte Maschinengewehre andererseits. Das Kapitel über Revolver und Pistolen ist durch eine kurze Betrachtung über mit Kolben versehene Waffen abgerundet.

Der Ausdruck «modern» ist im allgemeinen für Waffen des 20. Jahrhunderts verwendet worden, aber dies ist nicht ganz strikt durchgeführt. Alle gezeigten Waffen sind Hinterlader. Es ist natürlich nicht möglich, mit Fotografien dieser Größe alle Waffen zu zeigen, aber die Illustrationen sind sorgfältig ausgewählt worden, um das Fachgebiet möglichst umfassend abzudecken.

Auch über die technischen Daten sollte hier etwas gesagt werden. Die Abmessungen variieren leicht, ebenso wie die Methoden, sie zu messen, unterschiedlich sind. Nur wenige Autoritäten sind sich immer völlig einig, außer beim Kaliber, der Magazinkapazität und ähnlichen absoluten Normgrößen. In Fällen, in denen keine zuverlässigen Daten existieren, oder in denen es große Meinungsverschiedenheiten gibt, sind tatsächliche Muster gewogen und gemessen worden, um zu unseren Daten zu kommen, wenn auch Fakten wie Anfangsgeschwindigkeit und Feuergeschwindigkeit bis zu einem gewissen Grade von den bestehenden Autoritäten übernommen werden mußten.

Fast alle Waffen wurden im Waffenmuseum der britischen Infanterieschule in Warminster, England, fotografiert, das eine umfassende Sammlung britischer Infanteriewaffen seit dem

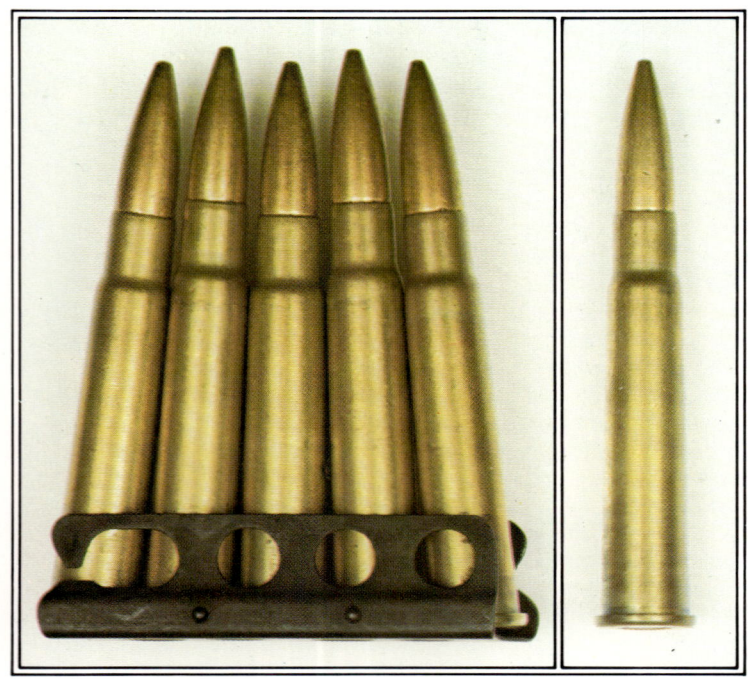

17. Jahrhundert bis zum heutigen Tage besitzt, die von Taschenpistolen bis zu Panzerabwehrkanonen reicht. Daneben besitzt das Museum charakteristische Waffen anderer bedeutender Länder. Die Sammlung wurde im Jahre 1853 zusammengestellt, als die Musketenschule in Hythe an der Küste Kents gebildet wurde. Sie ist jetzt das offizielle Museum der Schule für leichte Waffen. Ich habe das Glück, der Kustos dieser Sammlung zu sein, und ich bin dem Kommandanten der Schule, Brigadegeneral David Anderson, CBE, für seine große Hilfe und Ermutigung bei der Abfassung dieses Buches sehr dankbar. Ich muß auch Generalmajor M. E. Tickell, CBE, MC, dem Kommandanten des Royal Military College of Science in Shrivenham dafür danken, daß er mir erlaubte, acht Stücke aus der Sammlung des College zu fotografieren.

Herr F. Davie, der Assistenzkurator und Techniker, war, wie immer, von größter Hilfe. Es gibt wenige Menschen, die sein Wissen über moderne Militärwaffen haben, und es wäre mir sehr schwierig geworden, dieses Buch ohne seinen Rat und seine Hilfe zu erstellen.

Oberst John Weeks, ein alter Freund, ist zu bekannt in der Fachwelt der Feuerwaffen, als daß es einer Vorstellung von meiner Seite bedürfte, und ich bin erfreut, daß er die Zeit gefunden hat, mir als Technischer Berater zur Seite zu stehen und die Einführung zu schreiben.

Schließlich muß ich Frau P. Kedge danken, die den gesamten Text mit großer Zuversicht tippte, oft von Manuskripten, die ich, der Schreiber, selbst kaum wiederlesen konnte.

F. M.
Warminster, Wiltshire
1978

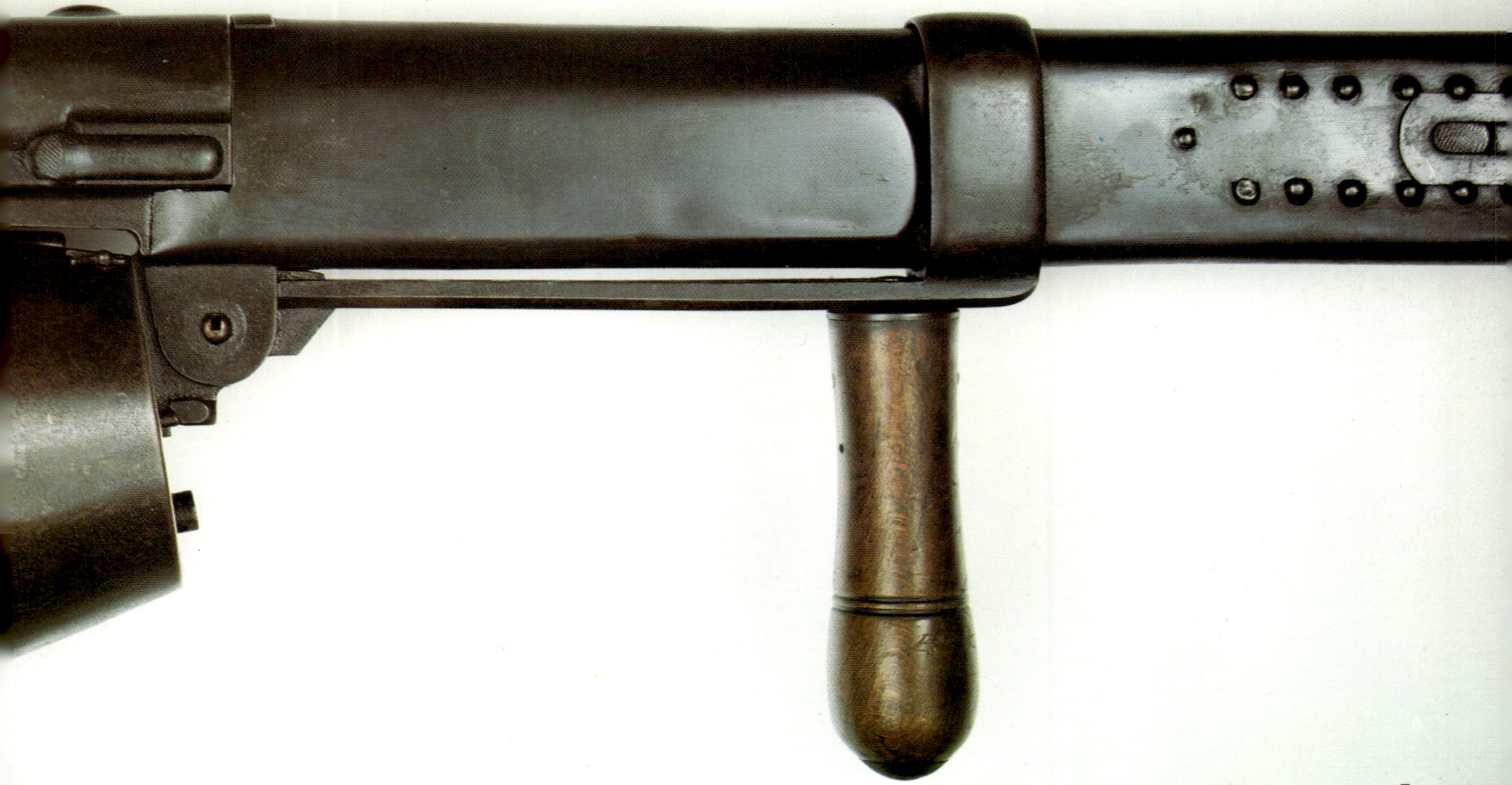

Einführung

«Ohne Infanterie können Sie nichts unternehmen, absolut nichts.»

Feldmarschall The Lord Montgomery

Es ist eine weitverbreitete Ansicht, die von der Presse und gewissen militärischen Beobachtern, die es besser wissen sollten, stark gestützt wird, daß Kriege allein durch Waffen gewonnen werden, durch Atomraketen, durch Schiffe, durch Artillerie, durch Panzer, durch Flugzeuge und durch größeres und besseres elektronisches Gerät. Sie ist einfach nicht wahr; alle diese Dinge helfen, einen Krieg zu gewinnen, und ohne sie kann man einen Krieg heutzutage sehr schnell verlieren, aber die Kriege werden tatsächlich durch Männer, die hinter ihnen stehen, gewonnen, so wie es immer war. Die Wissenschaftler, die Ingenieure, die Radarkonstrukteure und Hersteller hören dies nicht gern. Warum sollten sie auch, wenn es ihre anspruchsvollen Behauptungen zu Phrasen stempelt? Aber es ist dennoch eine Tatsache. Das Ganze wurde kurz nach dem Zweiten Weltkrieg von einem amerikanischen General zusammengefaßt, der sagte: «Sie können Ihre Atombomben, Ihre Panzer und Ihre Flugzeuge behalten. Sie müssen aber immer noch einen kleinen Kerl mit einem Gewehr und einem Bajonett haben, der den anderen Bastard aus seinem Fuchsloch holt und ihn den Friedensvertrag unterschreiben läßt.»
Dies ist das Buch über den kleinen Kerl und seine Werkzeuge.

Die gesamte Geschichte der Infanteriewaffen und leichten Waffen ist viel zu umfangreich, als daß sie in einem einzigen Band erzählt werden könnte, und deshalb hat Major Myatt in diesem Buch Höhepunkte ausgewählt und sie im Detail besprochen. Er beginnt klugerweise im späten 19. Jahrhundert, als die gesamte zivilisierte Welt mit den neuen Methoden der maschinellen Fertigung vorwärtsgaloppierte. Mit diesen Methoden kam auf vielen Gebieten eine Explosion von Erfindungen. Dies galt besonders für leichte Waffen. Einige waren gut, und wir verwenden sie noch heute. Einige weckten große Erwartungen, kamen aber nie über das Stadium des Prototyps hinaus. Einige litten unter wirtschaftlichen Drücken und erhielten nie eine richtige Chance, während andere – eine verblüffend große Zahl wie es scheint – im Stadium der Zeichnung und der Patentbeschreibung verblieben, weil sie von unglaublicher Einfalt und mechanischer Naivität waren. Die letzten drei Dekaden des Jahrhunderts waren die Zeit der großen kolonialen Landergreifung, und hieran waren im gewissen Maße alle europäischen Nationen beteiligt. Sie neigten dazu, ihre Heere für Kriege gegen primitive Wilde auszurüsten, wenn auch nicht alle so umfassend wie die Briten, und die Lektionen des deutsch-französischen Krieges von 1870 – der ein weiterer grausiger Vorgeschmack dessen, was 1914 kommen sollte, war – wurden leichtsinnig mißachtet.

Im 20. Jahrhundert besserten sich die Dinge kaum. England war vom Burenkrieg fasziniert, und nur Japan und Deutschland hatten das Gespür, zu erkennen, daß das Maschinengewehr die Waffe künftiger Schlachtfelder war. Alle Länder experimentierten mehr oder weniger ernsthaft mit automatischen Waffen irgendeiner Art, und es war die Zeit, in der die ersten zögernden Schritte unternommen wurden, um ein Selbstladegewehr zu bauen – mit Sicherheit der größte Fortschritt bei den leichten Waffen seit der Einführung des Hinterladers. Im selben Zeitraum wurde rauchloses Pulver eingeführt, und mit ihm kamen die starke, weitreichende Patrone und die Gewehre, mit denen sie verschossen wurde. Deutschland baute die Serie der Mauser-Repetiergewehre, von denen in den letzten 60 Jahren mehr als 20 Mio. Stück hergestellt wurden. England entwickelte, nicht unumstritten, die Lee-Enfield-Modelle, die das Land durch zwei Weltkriege bringen sollten, und die Russen paßten eine belgische Konstruktion ihren Bedürfnissen an. Es war eine Zeit der Versuche und Entwicklungen, in der einige sehr falsche Gedanken vorherrschten.

Wenige Jahre später wurde die ganze Sache in den Gräben des Ersten Weltkriegs einer Erprobung unterzogen, und man stellte viele Mängel fest. Das vernachlässigte Maschinengewehr wurde zum Beherrscher des Niemandslandes, und die Fabriken arbeiteten Tag und Nacht, um Tausende davon hervorzubringen. Das leichte Maschinengewehr errang seinen festen Platz in der Kriegsführung und unterstützte die schweren, wassergekühlten

Maxims, die mit Ausnahme der Franzosen alle Länder einsetzten. Bajonettangriffe und ähnliche viktorianische Taktiken erwiesen sich gegenüber der Feuerkraft moderner Waffen als nutzlos. Dies hatte sich im amerikanischen Bürgerkrieg klar gezeigt und ein Geschoß mit einer Reichweite von 1,5 Kilometern war von geringem Wert, wenn der Feind nur 100 m entfernt in einem Granattrichter hockte.

Nach dem Ersten Weltkrieg dachte man viel hierüber nach, aber nur wenige Länder konnten auf neues Gerät oder Waffen hoffen, da man zuviel in die laufenden Modelle investiert hatte. Die Briten wollten auf ein kleineres Gewehrkaliber umrüsten, aber sie hatten kein Geld. Den Franzosen gelang es eben, ihre veraltete Munition zu verbessern, aber nur sehr langsam, und nur in den USA wurde mit der Einführung des Garand-Selbstladegewehres einer der großen Fortschritte erzielt. Aber auch dieses Gewehr mußte so umgebaut werden, daß es die 30-06 Patrone aufnehmen konnte, und so entstand der merkwürdige 8-Patronen-Ladestreifen. In Deutschland hatte man viel Zeit zur Entwicklung, aber aufgrund des Versailler Vertrages wenig Gelegenheit zur praktischen Erprobung. In der Rückblende gesehen tat dieser Vertrag wahrscheinlich mehr Gutes für das deutsche Militär als irgend etwas anderes, denn er erlaubte ihm, reinen Tisch zu machen und nicht nur die Taktik des modernen Krieges zu überdenken, sondern auch die Waffen, die für sie notwendig waren. Zwei Gedanken, die sie in jener Zeit verwirklichten, waren die mittelstarke Patrone und das Mehrzweck-Maschinengewehr, das heute auf der ganzen Welt eingesetzt wird.

Der Zweite Weltkrieg war der Höhepunkt der Feuerwaffenentwicklung in diesem Jahrhundert. Nie zuvor oder seither hatte es soviel Aktivität und Vielfalt gegeben. Unter den Neuigkeiten fand man die Maschinenpistole (die allerdings im Ersten Weltkrieg schon eingeführt worden war), die mittelstarke Patrone, das Selbstladegewehr, und seinen Ableger, das Sturmgewehr, und die wundersame Fehlentwicklung der 30er Jahre, das Panzerabwehrgewehr. Gleichzeitig beendete der Krieg schließlich die Existenz der Maxim-Maschinengewehre und brachte das Bajonett und die Pistole auf den ihnen zustehenden Platz als leichtere Waffe zurück. Nichts war zu unwahrscheinlich,

um nicht versucht zu werden, und in Deutschland hatten die Experimente eine derartige Bedeutung, daß sie manchmal ernsthaft die Herstellung der gewöhnlichen Waffen störten.

Vielleicht die größte Neuheit war der Einsatz moderner Industrieverfahren bei der Waffenherstellung. Die Deutschen waren hierbei erneut führend, und sie nutzten die Erfahrung von Männern, die in der Kraftfahrzeugindustrie gearbeitet hatten, um die Hersteller leichter Waffen zu beraten. Das Ergebnis war der Einsatz von Stahlpressen und Stempeln, Schweißen und Nieten, Plastik und Sperrholz statt der sorgfältigen Bearbeitung und Einpassung von poliertem Nußbaumholz. Major Myatt trauert um diesen Verlust, aber es war wirtschaftlich sinnvoll und ist es auch heute noch. Die meisten Waffen des Zweiten Weltkrieges würden niemals einen Preis bei einem Schönheitswettbewerb bekommen, aber sie funktionieren, und das ist es, was der Soldat verlangt.

In den Jahren nach dem Kriege hat sich diese Entwicklung fortgesetzt. Die Waffen sind einfacher und billiger geworden, und wir haben die unglaubliche Verbreitung kleiner Waffen in der ganzen Welt gesehen, als Nationalismus und Terrorismus um uns wuchsen. Heute sind die beiden vorherrschenden Infanteriewaffen, die sowjetische Kalaschnikov, die eine Patrone mittlerer Kalibers aus der Kriegszeit verschießt, und die amerikanische Armalite, die ein modernes, leichtes Kleinkalibergeschoß mit hoher Anfangsgeschwindigkeit verschießt. Nur Gott kennt die Produktionsziffern dieser Waffen und weiß, wie viele Menschen durch sie getötet wurden.

Dies ist die Leinwand, auf die Major Myatt sein Bild malt. Nur wenig entgeht seinem Auge, während er Sie mit den Eigenheiten jeder Waffe bekanntmacht. In seiner eigenen Laufbahn erlebte er eine weitgespannte und aufregende Kriegserfahrung, und er hat eine seltene Fähigkeit, seine Meinung mit Humor zu erklären. Nur wenige kennen ihr Gebiet besser, denn er lebt jeden Tag damit. Folgen Sie ihm auf den faszinierenden und vielfältigen Nebenwegen der Geschichte und hören Sie ihm zu, wenn er Ihnen die Geschichte der Männer erzählt, die die Kriege tatsächlich gewinnen.

**John Weeks
Purton Stoke
Mai 1978**

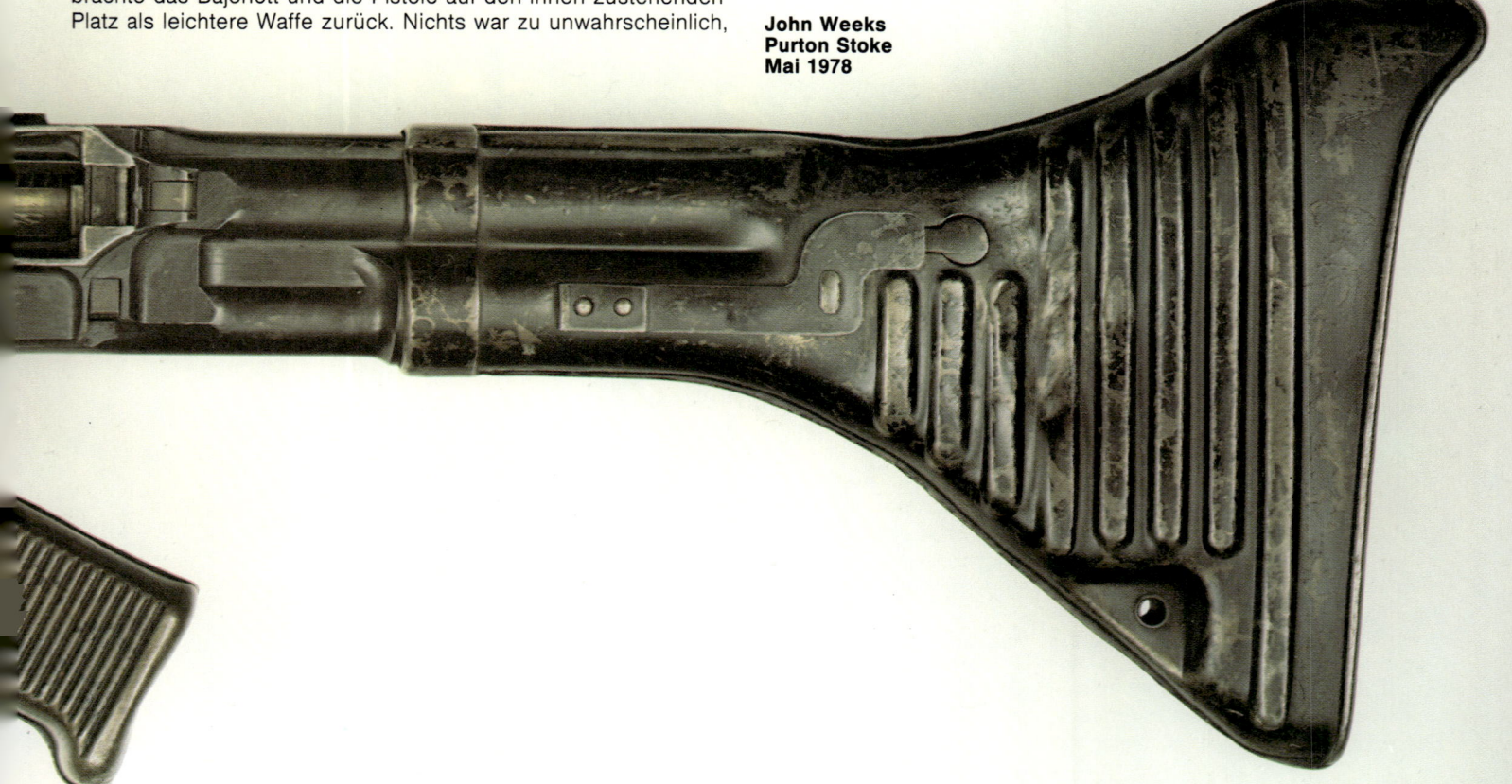

Das Maschinengewehr

Kaum waren die Feuerwaffen entwikkelt, begann der Mensch, ihre Leistung zu verbessern, insbesondere ihre Zielgenauigkeit und Feuergeschwindigkeit. Manche Soldaten, die das Potential der neuen Waffen erkannten, träumten von Gewehren, mit denen ein oder zwei Mann eine Feuerkraft von der zehnfachen Anzahl von Musketen hatten, aber obwohl es nicht an klugen Ideen mangelte, wurde nur geringer Fortschritt erzielt. Das größte Hindernis war das Fehlen eines wirksamen Zündsystems, denn solange die Funken des Steinschlosses das einzige Mittel zum Zünden der Ladung waren, waren die Probleme fast unüberwindbar.

Es stimmt, daß im Jahre 1718 ein gewisser James Puckle sich ein Repetiergewehr, das einem großen Revolver entsprach, patentieren ließ, aber obwohl er übertriebene Behauptungen über seine Feuerkraft aufstellte, steht fest, daß es nicht sehr wirksam war. Es ist nur deshalb noch von Interesse, weil es das einzige Maschinengewehr ist, das jemals von einem Briten erfunden wurde.

Die meisten Neuentwicklungen wiesen Mehrfachläufe auf, und erst mit der Einführung des Perkussionssystems, und insbesondere dessen logischen Nachfolgers, der kompletten Patrone, die aus einem Hinterlader abgefeuert wurde, wurde ein wirklicher Fortschritt erzielt. Eine der ersten Waffen dieser Art war das Gatling-gun in den USA, das auch im amerikanischen Bürgerkrieg eingesetzt wurde. Es erwarb sich einen derart legendären Ruhm, daß seine von einer Kurbel angetriebene Laufgruppe hier nicht weiter beschrieben werden muß.

Der erste Einsatz einer Waffe dieser Art, die richtige Patronen verschoß, kam 1870, als die Franzosen ihre unselige Mitrailleuse bauten, eine Waffe mit 37 Gewehrläufen in einem zylindrischen Gehäuse, die auf eine Art Artillerielaffette montiert wurde. Das Magazin dieser Waffe bestand aus einer Metallplatte mit 37 Löchern im Durchmesser einer Patrone, die auf die Läufe paßten. Um die Waffen zu laden, wurde der Verschlußblock zurückgezogen, und eine Platte mit 37 Patronen wurde in Führungsrillen eingesetzt. Danach wurde der Verschlußblock vorwärts geschraubt und trieb so die Patronen in die Patronenlager. Sie wurden dann durch das Drehen eines Griffes abgefeuert. Vorausgesetzt, daß ausreichende Ersatzmagazine vorhanden waren, war eine Feuergeschwindigkeit von mehr als 300 Schuß pro Minute möglich.

Zur Zeit des Ausbruchs des Krieges gegen Preußen war die Zahl der Läufe der Mitrailleuse auf 25 reduziert worden. Angesichts der erfolgreichen Versuche setzten die Franzosen große Hoffnungen auf diese neue, und wie sie meinten, tödliche Waffe, die sie streng geheim gehalten hatten. Diese Hoffnungen waren nicht gerechtfertigt. Die Waffe selber war zwar äußerst wirksam, aber wahrscheinlich wegen fehlender Zeit zur Entwicklung einer entsprechenden Taktik, sahen die Franzosen sie als Artilleriewaffe an. So wurden Batterien der Waffe in langen Reihen im offenen Gelände eingesetzt, und es überrascht nicht, daß sie schnell von den ausgezeichneten preußischen Geschützen außer Gefecht gesetzt wurden. Dies war schlecht für die Franzosen, denn bei den relativ seltenen Gelegenheiten, bei denen die Mitrailleuse richtig eingesetzt wurde, verursachte sie dem Feind schwere Verluste.

DIE REAKTION IN EUROPA

Der mangelhafte Erfolg der neuen Waffen bei ihrer ersten richtigen Erprobung in einem europäischen Krieg vermittelte einen völlig falschen Eindruck von ihrem wirklichen Potential bei richtigem Einsatz. Die Preußen spotteten über sie, und da sie zu dieser Zeit die größte Militärmacht in Europa waren, überrascht es vielleicht nicht, daß die meisten anderen Länder keine Notwendigkeit sahen, sich wegen dieser Waffe zu sorgen. Die große Ausnahme war Rußland, das schnell eine eigene Ausführung der Gatling-Gun übernahm, und es in seinen fast unaufhörlichen Ausdehnungs- und Befriedigungsfeldzügen entlang seiner Ostgrenzen einsetzte. Zu dieser Zeit führten die Engländer eine Reihe von Kolonialkriegen, und auch sie erkannten bald den Wert dieser neuen Waffe. Die britische Armee war kaum stark genug, um die zahlreichen ihr auferlegten Aufgaben zu erfüllen, und so wurde jedes einigermaßen zuverlässige Mittel, die Feuerkraft zu erhöhen, begrüßt. In den folgenden Jahren übernahmen die Briten die Gatling und das Gardinergewehr. Die Royal Navy experimentierte mit der Nordenfeld, das ein größeres Kaliber hatte. Sie setzte hauptsächlich als Zweitbewaffnung auf ihren Schlachtschiffen gegen schnelle, dampfgetriebene Torpedoboote ein, die im Seekrieg eine neue Bedrohung wurden.

Obwohl diese Waffen zu Unterstützungszwecken sehr nützlich waren, wurde ihre Zuverlässigkeit angezweifelt. Dies hatte zwei Hauptgründe: Erstens die Gefahr von Nachzündungen der Schwarzpulverpatronen, insbesondere bei Feuchtigkeit, was bedeutet, daß das Risiko bestand, daß die Patrone nicht richtig zündete, bis das Geschoß aus der Hülse kam. Dies beschädigte die Waffe und beeinträchtigte die Moral des Schützen. Der zweite Grund war, daß die meisten Waffen dieser Art eine Schwerkraft-Patronenzuführung hatten. Deshalb mußte der Schütze die Kurbel langsam drehen. Wenn er zu schnell drehte, was angesichts eines Mobs von angreifenden Wilden eine verständliche Reaktion war, bestand das Risiko, daß die Hülse nicht ausgestoßen wurde und der Mechanismus sich verklemmte.

1 Das belgische 7,62-mm-FN MAG Mehrzweck-Maschinengewehr – eine ausgezeichnete moderne Waffe.
2 Maxim Maschinengewehre auf fahrbaren und festen Lafetten, um 1890.

1

MAXIMS ERFINDUNG

Diese schlechten Eigenschaften wurden bald durch das Auftauchen des ersten wahren Maschinengewehres beseitigt. Es wurde von Hiram Maxim, einem riesigen Amerikaner hugenottischer Abstammung, erfunden. Er wurde 1840 in Maine geboren, das damals eine Hinterwaldgegend war, und er war ein Mann mit riesigen Kräften, was ihm in seiner rauhen Umwelt gut zustatten kam. Bedeutender war jedoch seine ungewöhnliche Intelligenz, denn obwohl er kaum eine formelle Schulausbildung hatte, entwickelte er bald einen Erfindergeist, der zum Genius wuchs. Dies, in Verbindung mit einer fast unbegrenzten Fähigkeit, hart zu arbeiten, brachte ihn bald dazu, sich einen Namen zu machen. Er begann als Tischler, Maler und Metallarbeiter und ging daran, eine sich selbst einstellende Mausefalle zu bauen. Darauf erfand er eine automatische Gasmaschine für die Hausbeleuchtung, die ihn logischerweise zu der damals neuen Kraft, der Elektrizität, brachte. Er besuchte die Pariser Weltausstellung im Jahre 1881. Dieser Europabesuch scheint ihn zu der Überzeugung gebracht zu haben, daß man mit Waffen Geld machen konnte, denn die kriegführenden Nationen Europas hatten einen fast nicht zu stillenden Bedarf. Wie wir gesehen haben, wurden zu dieser Zeit alle sogenannten Maschinengewehre von Hand bedient, doch Maxim hatte neue Ideen. Er wußte von seinem Umgang mit Gewehren in seinem Heimatland Maine, daß beim Abfeuern einer Patrone ein großer Teil der erzeugten Energie in Form des Rückstoßes nach hinten gerichtet wird. Dies weiß jeder, der einmal eine Schußwaffe abgefeuert hat. Es erschien Maxim möglich,

daß diese vergeudete Energie eingefangen werden konnte, um die Arbeit zu leisten, die zuvor von einem menschlichen Muskel auf einen Griff übertragen wurde. Durch einen geistreichen Umbau eines gewöhnlichen Winchester-Gewehres bewies er dies. Er richtete sich sofort eine Werkstatt in 57, Covent Garden, in London ein und begann mit der Arbeit. In bemerkenswert kurzer Zeit hatte er ein echtes Maschinengewehr erfunden, patentiert und hergestellt, bei dem der Rückstoß einer Patrone verwendet wurde, um die nächste zu laden und abzuschießen. Diese neue Waffe, die zuerst auf der Erfinderausstellung in Kensington im Jahre 1884 gezeigt wurde, wurde zu einem sofortigen Erfolg. Jedermann von Bedeutung, vom Prinzen von Wales abwärts, kam, um zu sehen, wie es schoß. Obwohl sein Gewehr in einer Minute für 5 Pfund Sterling Munition verschoß, war Maxim zu Recht der Meinung, daß die riesige Summe, die er für etwa 200 000 Patronen für diese Vorführung ausgab, gut angelegt war. Einer der ersten Käufer war der amerikanische Forscher Stanley, der durch seine Suche nach Dr. Livingstone berühmt wurde. Er nahm ein Maxim auf die Expedition zur Befreiung von Emin Pasha mit, wodurch das Gewehr zusätzliche Publizität bekam.

Einer seiner größten Förderer war Sir Garnett Wolseley, damals wahrscheinlich der beste und mit Sicherheit der bekannteste englische General. Er wurde fast ständig auf kriegsähnliche Expeditionen in den entlegeneren Teilen des Britischen Empires eingesetzt. Obwohl er ein eigenartiger Charakter war und Publizität suchte, war er dennoch ein fähiger und vorausschauender Soldat, der sofort den Wert von Maxims neuem

Gewehr erkannte, vielleicht besonders für die Kolonialkämpfe, auf denen ein großer Teil seiner Erfahrung beruhte. 1884 schloß Maxim mit Vickers, der bekannten englischen Ingenieurs- und Schiffsbaufirma, einen Vertrag, und es wurde eine Gesellschaft gegründet, die seine Maschinengewehre in dem Stahlwerk in Crayford in Kent herstellen sollte. Wie man erwarten konnte, wurden die hergestellten Waffen ein Erfolg, und 1891 hatte die britische Armee sie in großer Zahl gekauft. Jedes Infanteriebataillon erhielt zwei Maxim-MGs.

Seit dem Krim-Krieg hatte die britische Armee an keinem größeren europäischen Krieg mehr teilgenommen, aber sie hatte eine unerreichte Erfahrung in Kleinkämpfen in den Kolonien. Diese Operationen bestanden zumeist aus dem Einsatz sehr kleiner Expeditionen, die als Routinemaßnahme in entlegene Gebiete gingen und sich mit Horden tapferer, aber mehr oder weniger wilder Feinde herumschlugen. Da diese Krieger nur wenige Schußwaffen hatten, war ihre einzige Möglichkeit, Schlachten zu schlagen, der Kampf mit Schwert, Speer oder Keule. Die britische Taktik bestand deshalb darin, solche Angriffe gegen ihre engen Verbände zu

krieges war langwierig. Das Maschinengewehr erwies sich in Südafrika im allgemeinen als enttäuschend, hauptsächlich wegen schlechten Einsatzes. Das damals eingesetzte Gewehr war auf einer relativ hohen Radlafette montiert, die es zu einem offenen Ziel für die gut versteckten Burenschützen machte, welche dann schnell die Bedienung erschossen. So wie es 30 Jahre zuvor mit der Mitrailleuse geschehen war, brachte dieser mangelhafte Erfolg ernsthafte Zweifel über die Wirksamkeit des Maschinengewehrs im modernen Krieg, Zweifel, die der Russisch-Japanische Krieg von 1904 nicht zerstreute. Eine der bemerkenswerten Einzelheiten jenes Krieges war der Erfolg der Japaner beim Angriff, was einen erneuten Glauben an das Bajonett brachte. Hierbei ließ man allerdings das Unterstützungsfeuer außer acht, das allein den Erfolg möglich gemacht hatte.

Trotz ihrer früheren Verachtung für die Mitrailleuse zögerten die Deutschen nicht, das moderne Maschinengewehr zu übernehmen. Als der Kaiser Maxims Waffe vorgeführt bekam, sagte er: «Das ist das Gewehr – es gibt kein anderes», und es wurde sofort eingeführt. Bei Ausbruch des Ersten Weltkrieges sollen die Deutschen 12 500 Maxim-MGs gehabt haben, und dreimal soviel waren in Auftrag gegeben.

McMAHONS EINFLUSS

Einer der großen britischen Befürworter des Maschinengewehrs war Oberstleutnant McMahon, auf dessen Namen wir im Zusammenhang mit der Entwicklung des Gewehrs erneut stoßen werden. Er wurde im Jahre 1905 Chefausbilder auf der Musketenschule in Hythe, zu einer Zeit, da sich zeigte, daß Englands Allianz mit Frankreich es schließlich in einen Krieg mit Deutschland treiben würde. Er, wie viele andere überlegende Soldaten, sah, daß eine bedeutende Notwendigkeit in jedem zukünftigen Krieg überlegene Feuerkraft sein würde. 1907 hielt er eine Vorlesung über dieses Thema vor der Aldershot Military Society, die als so bedeutend angesehen wurde, daß viele der Prinzipien, die er festlegte, nicht nur in der britischen Gefechtsvorschrift, sondern auch in ihrem deutschen Gegenstück festgelegt wurde.

McMahon und viele andere drängten auf eine höhere Zahl von Maschinengewehren, aber nichts wurde unternommen. Noch 1912 genehmigte das britische Schatzministerium nicht den Ersatz der älteren Maxim-MGs durch eine neuere, leichtere und wirksamere Ausführung, die infolgedessen erst nach dem Ausbruch des Ersten Weltkrieges in die Produktion ging.

Diese Vernachlässigung des Maschinengewehrs führte zu der bedeutenden Verbesserung der Schießausbildung der britischen Gewehrschützen in den Jahren unmittelbar vor 1914, eine Verbesserung, die den Bemühungen des Chefausbilders in Hythe zu verdanken war. Als der Krieg begann, hatte McMahon das Kommando über ein Bataillon der Royal Fusiliers, und es ist vielleicht kein Zufall, daß die ersten beiden Viktoriakreuze des Krieges Angehörigen seiner MG-Abteilung verliehen wurden. Sein Tod im

provozieren, aus denen sie dann einen fast unaufhörlichen Feuerstrom schießen konnten. Trotz der gelegentlichen Katastrophen war diese Taktik im allgemeinen erfolgreich. Ein großer Teil dieses Erfolges beruhte auf den neuen Maxim-MGs, die im Matabele-Land, dem Sudan, in Ashanti und an der Nordwestgrenze Indiens fürchterliche Blutbäder anrichteten. Damals schrieb Hilaire Belloc: «Whatever happens we have got, The Maxim gun, and they have not.» (Was immer geschieht, wir haben das Maxim Gewehr und

sie nicht.) Damit tat er nichts anderes, als eine militärische Wahrheit zu unterschreiben.

Der Krieg in Südafrika von 1899–1902, war der erste, den Großbritannien gegen einen tapferen, beweglichen Feind kämpfte, der mit den modernsten Magazingewehren bewaffnet war. Er brachte einen Schock für das britische Militär. Nach einigen anfänglichen Rückschlägen war die erste, formelle Phase bald erfolgreich durchgekämpft, aber die zweite Phase des Guerilla-

1 Das deutsche MG 34, Kaliber 7,92 mm, das hier auf einem Dreibein im Dauerfeuereinsatz gezeigt wird, war das erste MG der Welt, das in Massen hergestellt wurde.
2 Das moderne US-MG mit Patronengurt ist das M 60 vom Kaliber 7,62 mm.

Gefecht kurz darauf war ein schwerer Verlust für die britische Armee.

Die fast legendären Taten der britischen Gewehrschützen im Jahre 1914 überschatten die tapferen Einsätze der britischen Maschinengewehre in den ersten Monaten des Krieges. Das gesamte britische Expeditionskorps hatte weniger als 150 dieser Waffen, die, wie wir gesehen haben, nicht einmal vom neuesten Typ waren, und ihre Verluste waren riesig. Sie waren offene Ziele für die zahlreichen deutschen Artilleriekanonen und Maschinengewehre, die gut bedient wurden, mit dem Ergebnis, daß die britische Armee Ende 1914 kaum noch ausgebildete MG-Schützen hatte, als ein Reserveoffizier und früherer Ausbilder in Hythe die Initiative ergriff. Captain Baker-Carr war kein Mann, der sich durch Bürokratie behindern oder durch Vorgesetzte einschüchtern ließ. Er stellte – fast ausschließlich durch eigene Initiative – eine Maschinengewehrschule auf und leistete damit einen bedeutenden Beitrag zum Krieg. Später übertrug er seinen Eifer auf die Panzer, die in jenen Tagen eigentlich kaum mehr als bewegliche Maschinengewehrposten waren, und er war bei Kriegsende Brigadegeneral.

Das Erfordernis, Maschinengewehre in Gruppen zusammenzufassen, zeigte sich bald. Die deutschen MGs waren bereits in Kompanien zusammengefaßt, und sobald die Operationen sich zu dem unbeweglichen Grabenkrieg entwickelt hatten, übernahmen die Briten dieselbe Taktik. Dies wurde zunächst innerhalb der Einheiten getan. Die forscheren der Brigadegenerale faßten die MG-Abteilungen ihrer vier Bataillone einfach zu improvisierten Untereinheiten unter dem MG-Offizier der Brigade zusammen. Dies erwies sich als erfolgreich. Als das Grabensystem immer komplizierter wurde, zeigte sich, daß eine noch größere Zentralisierung erforderlich war, und im Oktober 1915 wurde ein neues MG-Korps aufgestellt, in das die Kompanien aller Brigaden überstellt wurden. Zunächst fehlten diesem neuen Korps sowohl ausgebildete Schützen wie

Personal bald hervor. Nachdem die britische Industrie auf Kriegsproduktion umgestellt hatte, verbesserte sich die Lieferung von Gewehren und Ausrüstungen schnell. Mitte 1916 war die Stärke des Korps auf 500 Offiziere und 80 000 Unteroffiziere und Mannschaften angewachsen. Diese Stärke entsprach der Größe des gesamten ursprünglichen britischen Expeditionskorps.

TAKTIK DES GRABENKRIEGES

Die taktischen Lehren waren zunächst unentwickelt, aber harte Erfahrungen, ein wirksamer, wenn auch kostspieliger Weg zu lernen, brachte bald bedeutende Verbesserungen. Bei der Verteidigung, die bei dem Grabenkrieg ihre Hauptrolle war, wurden die MGs in der Tiefe gestaffelt. Sie gaben sich gegenseitig Feuerschutz und waren soweit wie möglich von der Front geschützt, denn Flankenfeuer gegen vorgehende Linien war die wirksamste Einsatzweise der MGs. Oft wurden niedrige Drahtverhaue angebracht, um den vorgehenden Gegner an Punkten aufzuhalten, wo die MGs ein gutes Schußfeld hatten. Später wurden die MGs oft durch Stahlbetonbunker geschützt, die auch starken Artilleriegranaten standhielten.

Obwohl das MG jetzt als feststehende Waffe angesehen wurde, war auch sein Wert beim Angriff hoch. Sowohl die Briten wie auch die Deutschen setzten es kühn in vordersten Stellungen ein, und bei dem Fehlen zuverlässiger Nachrichtenverbindungen mußte ein großer Teil der Initiative Einzelnen überlassen bleiben, um es bestmöglich einzusetzen. In Frankreich, wo der Schlamm

die Beweglichkeit einschränkte, war das MG oft die einzige Unterstützungswaffe, die nach vorn gebracht werden konnte, denn selbst wenn Pferde und Protzen festlagen, konnten Maschinengewehre noch immer vom Menschen getragen werden, obwohl dies keine Arbeit für Schwächlinge war.

1915 beherrschten die Maschinengewehre praktisch das Schlachtfeld, und unaufhörlicher Erfindungsgeist verbesserte ihre Wirksamkeit. Da das MG buchstäblich eine neue Waffe war, zog es einen gewissen Typus von begeisterten Wissenschaftlern und mathematisch denkenden Soldaten an, die ständig neue Verfahren für das indirekte Feuer nach der Karte und Vermessungsinstrumenten und viele andere Verbesserungen entwickelten.

Gute Trupps und ausreichende Versorgung vorausgesetzt, konnten die MGs unglaublich lange Zeit Dauerfeuer schießen. Während des britischen Angriffes auf High auch MGs, aber die MG-Schule brachte das

2

Wood am 22. August 1916 feuerten zehn MGs über 12 Stunden lang Dauerfeuer. Es fehlten nur 200 Schuß an 1 Million. Die Pausen waren nicht länger, als zum Reinigen, Ölen und Neuladen, Auswechseln verschlissener Läufe und Auffüllen des Kühlwassers erforderlich war. Zwei ganze Infanteriekompanien trugen den Nachschub heran, und als das Wasser für die Kühlbehälter knapp wurde, wurden im großen Umkreis die Urin-Behälter requiriert. Die Aufgabe der MGs war es, ein Gebiet hinter den feindlichen Linien zu neutralisieren. Die Entfernung betrug 1820 m, und obwohl es wahrscheinlich ist, daß nur wenige der Schützen tatsächlich einen Deutschen in dieser Zeit sahen, zeigte sich später, daß das Ergebnis ihres Feuers vernichtend war.

Das Maschinengewehr erwies sich auch als sehr wertvoll zum Decken von Rückzügen, denn obwohl die Artillerie gewöhnlich nicht gern Kanonen verlor, wurden Maschinengewehre bedenkenlos geopfert, wenn die Lage

dies rechtfertigte. Großoperationen dieser Art waren an der Westfront bis 1918 nicht üblich, als die Alliierten im März zurückgingen. Wenige Monate später folgte der deutsche Rückzug. Beide Male hatten die MG-Schützen beider Seiten unaufhörlich Gelegenheit, ihre Einsatzbereitschaft zu zeigen.

Am Ende des Ersten Weltkrieges bestand das britische MG-Korps aus 57 Bataillonen mit je 64 MGs, allein an der Westfront. Ähnliche Einheiten hatten die australischen, kanadischen und neuseeländischen Truppen, und es gab eine Vielfalt von selbständigen Staffeln und Kompanien. Viele Leute glaubten, daß eine neue Waffe, weder Infanterie noch Artillerie, sondern irgendein Mittelding, entstanden war und erhalten werden sollte. Um dies zu untermauern, wiesen sie darauf hin, daß auch der Panzer, der ursprünglich als beweglicher Maschinengewehrposten entstanden war der der Infanterie vorwärts helfen sollte, eigenständig geworden war. Diese Argumente fanden je-

doch keine Beachtung, und 1922 wurde das Korps aufgelöst und die MGs gingen wieder an die Infanteriebataillone zurück, die jedoch sehr viel großzügiger ausgerüstet wurden als 1914.

Die frühen Jahre des 20. Jahrhunderts sahen auch die Einführung einer neuen Art automatischer Waffen, des leichten MGs, eine leichtere und besser tragbare Ausführung ihres großen Bruders, das später von ihnen durch den Titel «mittleres» Maschinengewehr unterschieden wurde. Obwohl es naturgemäß eine Vielfalt dieser neuen Waffen gab, ähnelten sie sich sehr stark. Allgemein gesprochen wogen sie zwischen 9 und 14 kg, hatten Magazine und waren luftgekühlt, und sie wurden mit Hilfe eines leichten Zweibeins liegend von der Schulter abgefeuert. Eines der ersten war das dänische Madsen-Maschinengewehr, das die Russen schon im Jahre 1904 hauptsächlich als Kavalleriewaffe eingeführt hatten. Aber seine richtige Verbreitung begann erst 1914/15, als der

15

Erste Weltkrieg zum Stellungskrieg wurde. Der Grabenkrieg verlangte große Feuermengen, oft auf geringe Entfernungen, und bis 1915 hatten die meisten Armeen eine Waffe dieser Art eingeführt.

Die britische Infanterie legte sich auf das in Amerika entwickelte Lewis-MG fest, das bis zu einem gewissen Grad die Lücke füllte, die durch den Abzug der Vickers entstanden war. Ursprünglich hatte jede Kompanie nur eines dieser MGs, doch bei Kriegsende hatte jeder Zug eins, und vier weitere waren dem Bataillonsgefechtsstand zugeteilt. Dies bedeutete, daß jedes Bataillon 36 dieser MGs hatte. Die Kavallerie führte 1916 das leichte Hotchkiss-MG ein.

Die Franzosen verwendeten das St. Etienne und das Chauchat, während die Deutschen eine leichtere Ausführung ihres mittleren Maxim-MGs entwickelten, die dadurch auffiel, daß sie wassergekühlt war und einen Gurt mit 50 Schuß in einem Metallbehälter statt des üblicheren Magazins hatte. Eine vereinfachte, luftgekühlte Ausführung dieses MGs wurde 1918 entwickelt und an die Truppen ausgegeben.

Bei Kriegsende waren die meisten Nationen physisch und finanziell erschöpft. Es gab wenig Begeisterung, große Summen für die Neubewaffnung auszugeben, da riesige Lager alter Waffen verfügbar waren, und deshalb gab es in den ersten Jahren nach dem Krieg kaum Änderungen. Die Briten blieben bei ihren erprobten Vickers und Lewis-MGs. Die Franzosen ersetzten ihr ziemlich schlechtes, leichtes Chauchat-MG durch das neue und zuverlässige Chatellerault. Die USA, deren Armeen in Frankreich kaum automatische Waffen hatten, entschieden sich natürlich für die Ausrüstung mit in Amerika hergestellten Waffen, die ohnehin in großer Zahl aus der Produktion kamen, als ihre Kriegswirtschaft angekurbelt wurde. Sie setzten bald das gute Browing M 1917 ein, ein mittleres MG, und ein ebenso gutes automatisches Gewehr, das von derselben Firma hergestellt wurde. Einige dieser Waffen trafen rechtzeitig in Frankreich ein, um in den letzten Schlachten eingesetzt zu werden und erwiesen sich als ausgezeichnet. Trotz ihrer offiziellen Bezeichnung waren sie für alle Einsatzzwecke leichte Maschinengewehre. Die Deutschen waren natürlicherweise auf die Menge und die Art der Waffen, die sie behalten durften, strikt beschränkt, und sie hatten zunächst keine einsatzfähige Armee, eine Lage, die sich relativ schnell ändern sollte.

Als 1939 der Zweite Weltkrieg ausbrach, hatten die Engländer kaum Änderungen vorgenommen. Sie hatten in dem Jahr zuvor begonnen, ihre Vickers-MGs aus den normalen Infanteriebataillonen zu konzentrieren, aber dies war in Wirklichkeit nichts anderes als die Rückkehr zu dem Prinzip des früheren MG-Korps. Eine bedeutende Verbesserung war der Ersatz des veralteten Lewis-MGs durch das neue und feuerstärkere Bren, wenn auch bei Ausbruch des Krieges nicht alle Einheiten voll mit der neuen Waffe ausgerüstet waren. Zu dieser Zeit wurden die britischen Bataillone in Indien mit dem neuen leichten MG Vickers-Berthier ausge-

rüstet, das die indischen Behörden anstelle des Bren gewählt hatten. Das alte Hotchkiss war mit der Kavallerie von der Bildfläche verschwunden.

ENTWICKLUNG DES MG 34

Die Franzosen und auch die Amerikaner, die natürlich zu dieser Zeit noch nicht direkt am Krieg beteiligt waren, hatten wenig Änderungen vorgenommen. Aber wie zu erwarten war, hatten die Deutschen, die von vorn begannen, große Fortschritte gemacht. Nach einigen Experimenten hatten sie sich auf das MG 34 festgelegt, eine vielseitige Waffe, die je nach Bedarf als mittleres oder leichtes MG eingesetzt werden konnte. Das MG 34 war so der Vorläufer einer großen Vielfalt von Mehrzweck-MGs, die später in allen großen Armeen der Welt eingeführt werden sollten. Ihm folgte während des Krieges das MG 42, eine im wesentlichen gleiche Waffe, die aber für die Serienfertigung besser geeignet war. Wie ihr Vorgänger erwies sie sich als ausgezeichnetes MG mit einer ungewöhnlich hohen Feuergeschwindigkeit.

Die Sowjetunion begann den Krieg mit den leichten Maschinengewehren der Reihe Degtyaryev und dem mittleren Maschinengewehr vom Typ Maxim, das 1943 durch das modernere Goryunov ersetzt wurde. Die japanischen Armeen setzten das zuverlässige mittlere Hotchkiss-MG ein, das aus einem französischen Prototyp weiterentwickelt war, welches sie seit ihrem Krieg mit Rußland im Jahre 1904 in Lizenz hergestellt hatten. Ihr hauptsächlich eingesetztes leichtes MG war der Typ 96, eine ausreichende Waffe, die sich aber nicht besonders auszeichnete.

Nach dem Ende des Zweiten Weltkrieges fanden sich die meisten großen Mächte in verschiedene Kriege oder kriegsähnliche

Operationen verwickelt, aber wie 1919 waren so riesige Waffenlager verfügbar, daß es keinen großen Anreiz gab, sofort Änderungen vorzunehmen. Es begannen Experimente, aber da die Entwicklung in Friedenszeiten immer langsamer vor sich geht, dauerte es lange, bis sich Früchte zeigten. Erst nach dem Ende des Koreakrieges kamen neue Waffen in die Hände der Soldaten, als bei der britischen Armee das General Purpose Machine Gun und bei den Amerikanern sein Gegenstück, das M 60, eingeführt wurde. Die Franzosen, deren eigene Waffenindustrie fast nicht mehr bestand, waren gezwungen, in Indochina alliierte und deutsche Waffen (vor allem das MG 42) einzusetzen, aber auch sie entwickelten ihr eigenes MG in Form des AAT 52.

Rußland, das zwar nicht offiziell in einen großen Krieg verwickelt war, war damit beschäftigt, seinen Griff über Osteuropa zu festigen, während es gleichzeitig Waffen an China und eine Reihe kleinerer Linksregime und an verschiedene Guerillaorganisationen lieferte. In dieser Zeit entwickelte es das neue leichte MG RPD, setzte aber auch die Herstellung eines verbesserten Goryunow unter der neuen Bezeichnung SGM fort.

Als die Deutschen wieder aufrüsteten, zögerten sie nicht, ihr erprobtes und zuverlässiges MG 42 wieder einzuführen, das nach verschiedenen geringfügigen Änderungen als MG 3 bei der Truppe ist.

Dies ist die Lage im Augenblick, und es ist schwierig, für die Zukunft größere Änderungen vorauszusagen. Es ist möglich, daß mit dem Einsatz des mittleren MG in Panzern und in anderen Panzerfahrzeugen schließlich das mittlere MG der Infanterie verschwinden wird, aber dies wird, wenn es tatsächlich geschieht, noch einige Zeit auf sich warten lassen.

1 Ein Waffenmeister überprüft den Verschlußabstand eines Browning 0.5" Heavy Barrel M 2, das seit 50 Jahren das Standard-MG der USA ist.

2 Der Anhänger M 55 mit vier 0.5" Browning HB-MGs, in halb gepanzerter Ausführung mit eigenem Antrieb zum Einsatz in der Flugabwehr.

3 Rumänien bei einem Nachtmanöver mit einem 7,62-mm-PK-Maschinengewehr, dem ersten wirklichen Mehrzweck-Maschinengewehr der Sowjets.

Visier

Deckelriegel

Schließfeder

Pistolengriff

Abzug

Höhenrichtschraube

Vereinigte Staaten von Amerika
BROWNING 1919 A 4

Das erste Modell dieses MG war eine veränderte Ausführung des mittel-
schweren Browning-MG von 1917, das ursprünglich als Flugzeugbewaffnung erprobt worden war. 1919 wurde ein ähnliches Modell mit einem
schwereren Rohr für den Einsatz in Panzern hergestellt. Es gab auch
eine geänderte Ausführung für die Kavallerie, und aus dieser wurde die
abgebildete Waffe entwickelt, die ein echtes leichtes MG ist. Die frühesten Modelle hatten Schlitzlöcher im Gehäuse, aber man ging bald zu
runden Löchern über, wie sie gezeigt sind. Trotz der Luftkühlung konnte
das MG 30 Minuten lang eine durchschnittliche Feuergeschwindigkeit
von 60 Schuß pro Minute schießen, ohne daß es sich übermäßig erhitzte.
Somit war es eine sehr nützliche Waffe. Im Zweiten Weltkrieg wurde es
auf Kompanieebene bei der Infanterie eingesetzt und erhielt schließlich
einen richtigen Gewehrkolben, einen Tragegriff und einen Mündungsfeuerdämpfer. Auch heute ist es noch bei einer Reihe von Ländern im
Einsatz. (Vollständige Beschreibung auf den Seiten *94/95*.)

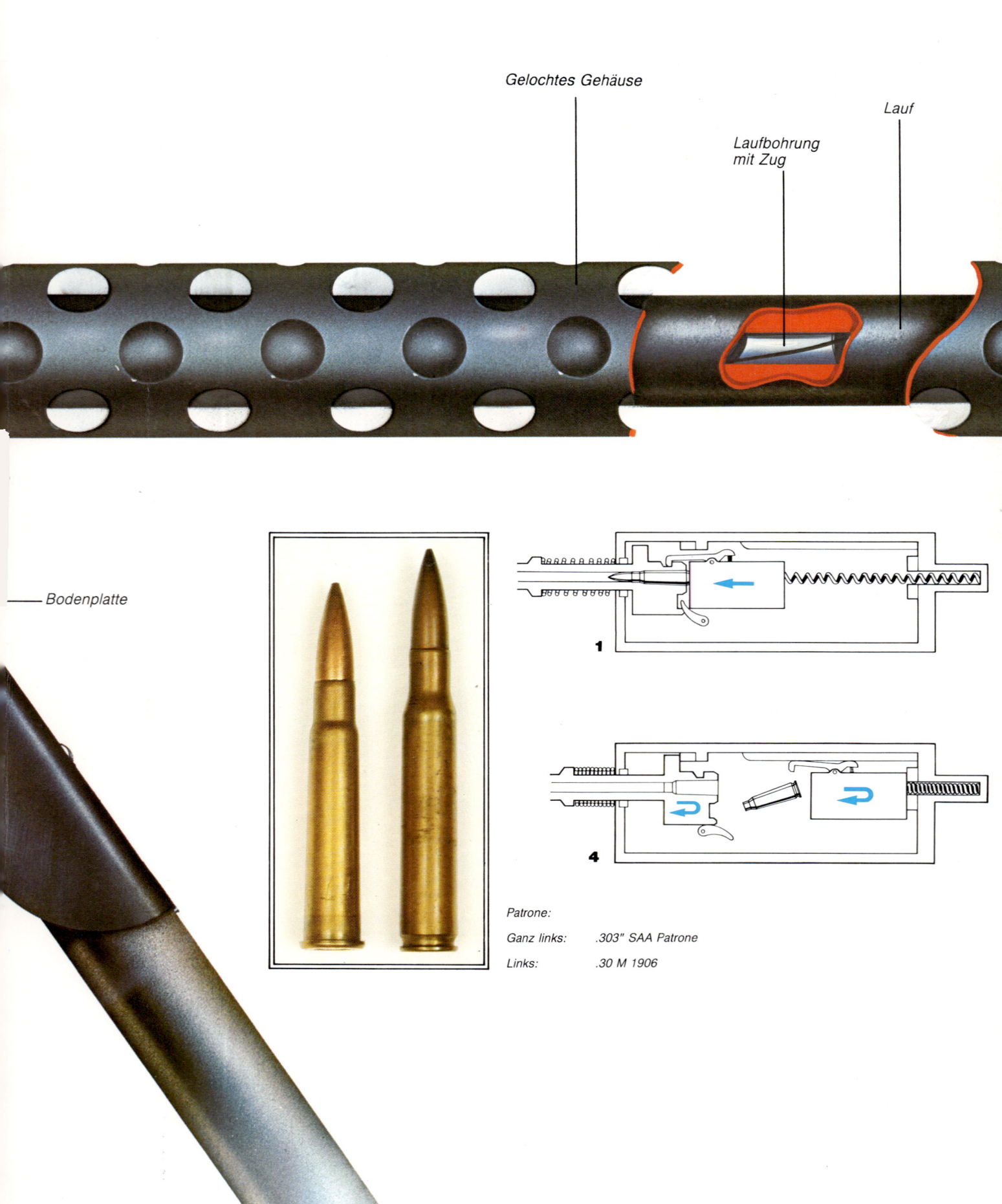

Gelochtes Gehäuse

Laufbohrung
mit Zug

Lauf

Bodenplatte

1

4

Patrone:

Ganz links: .303" SAA Patrone

Links: .30 M 1906

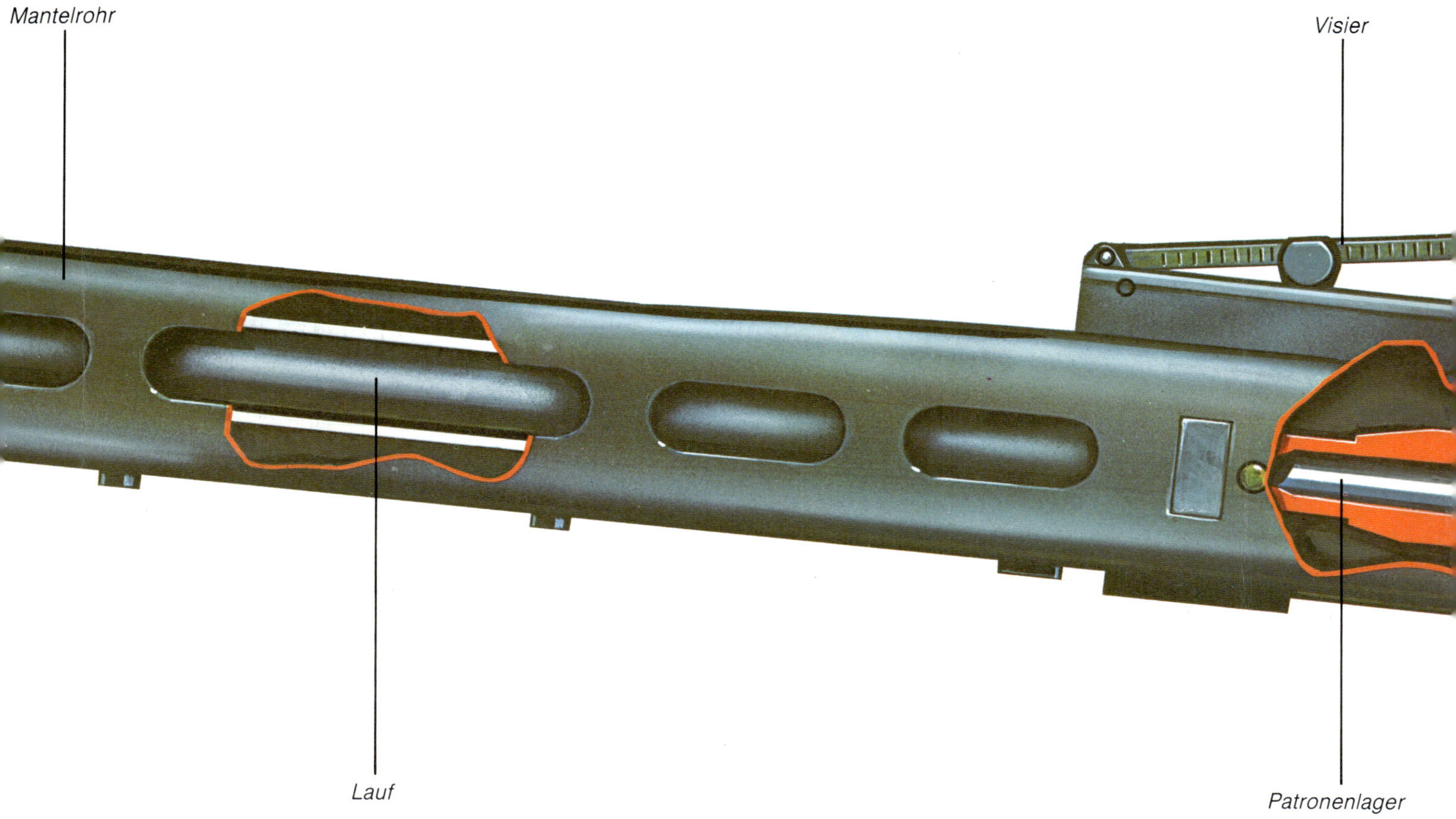

Mantelrohr

Visier

Lauf

Patronenlager

1 Diese Zeichnung zeigt das MG in Feuerbereitschaft. Der Verschluß ist von Hand mit dem Ladeheber auf der rechten Seite der Waffe gespannt worden und befindet sich in hinterer Stellung. Vor ihm liegt eine Patrone

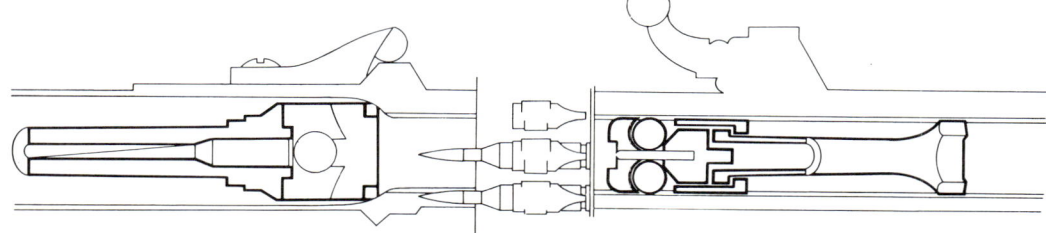

2 Durch das Ziehen am Abzug stößt der Verschluß durch die Kraft der Schließfeder nach vorn. Dabei nimmt er eine Patrone aus dem Gurt und drückt sie in das Patronenlager. In diesem Stadium stoßen die Verriegelungsrollen in die Aussparungen im Verriegelungsstück und beginnen, sich nach außen zu bewegen.

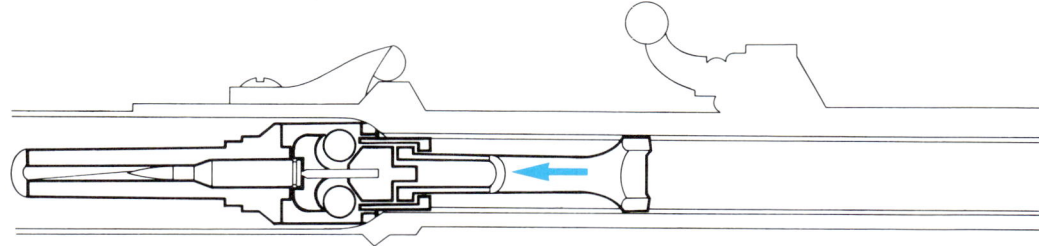

3 Der Verschlußkopf ist so geformt, daß er die seitliche Bewegung der Verriegelungsrollen unterstützt. Sowie der Verschluß und das Verriegelungsstück des Rohres verriegelt sind, stößt der Zündstift zwischen den Verriegelungsrollen nach vorn, und die Patrone wird gezündet.

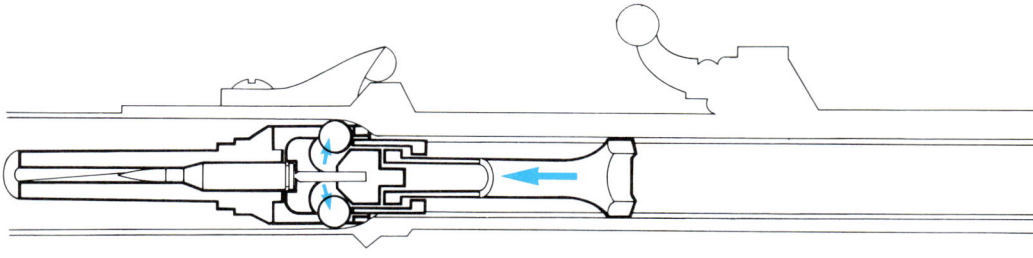

Gelochtes Gehäuse

Rückstoß-
verstärker

Sperre zum Rückstoß-
verstärker

Korn

Deutschland
MASCHINENGEWEHR 42

Bei Ausbruch des Zweiten Weltkrieges war die Wehrmacht mit dem MG 34 bewaffnet. Es war eine ausgezeichnete Waffe, aber da es zwischen den Kriegen gebaut worden war, war es zu sorgfältig gearbeitet und eignete sich nicht für die Massenherstellung. Die Deutschen brauchten jedoch wirksame Maschinengewehre in großen Mengen und sorgten sich nicht um die äußere Verarbeitung. Sofort nachdem die Grundkonstruktion des MG 42 festgelegt worden war, wurde die Angelegenheit einem der erfahrensten deutschen Experten der Massenherstellung übergeben. Das MG 42 erwies sich als ausgezeichnetes Maschinengewehr, und ebenso wie sein Vorgänger konnte es entweder mit einem Zweibein in liegender Stellung oder im Dauerfeuer auf einem Dreibein eingesetzt werden. Es hatte eine sehr hohe Feuergeschwindigkeit, die einige Vibration und damit eine Einbuße an Genauigkeit mit sich brachte, aber dies war bei einer sonst hervorragenden Waffe ein geringfügiger Nachteil. Es wird noch heute – im Prinzip unverändert – als MG 3 hergestellt. (Vollständige Beschreibung auf den Seiten *36/37*.)

Zweibein

Zweibeinhalterung

22

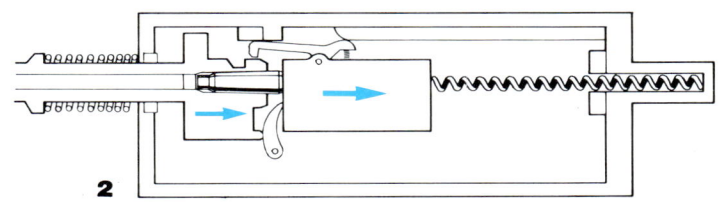

2

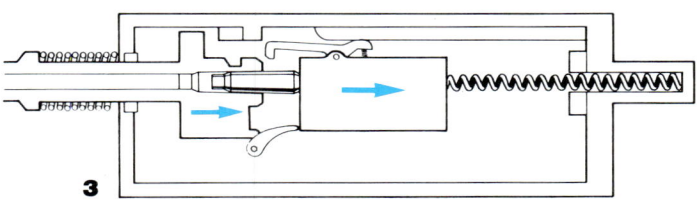

3

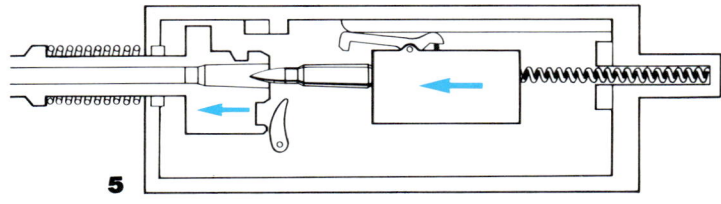

5

1 Für den ersten Schuß muß die Waffe von Hand gespannt werden. Wenn der Abzug gezogen wird, wird die Abzugsstange aus dem Verschlußblock gelöst, wodurch der Zündstift durch die Kraft der Zündstiftfeder nach vorn schnellt und die Patrone zündet.

2 Der starke Rückstoß der Gase stößt den Patronenboden heftig gegen die Vorderseite des Verschlusses und treibt ihn nach hinten, wodurch die Schließfeder gespannt wird. Das Rohr und das Verriegelungsstück, die in diesem Stadium mit dem Verschluß verriegelt sind, stoßen dabei etwa 16 mm mit dem Verschluß zurück.

3 Während der ersten Hälfte dieser Distanz ist der Restdruck im Rohr sehr hoch, aber danach fällt es sehr schnell so stark ab, daß er die Patronenhülse nicht zerreißt. Dann zwingen Schienen am Rahmen des Verschlusses den Verschluß nach unten und entriegeln ihn vom Verriegelungsstück.

4 Das Verriegelungsstück stoppt seine Bewegung, aber der Verschluß gleitet weiter nach hinten, zieht die Patronenhülse heraus und wirft sie aus. Dann zieht er eine neue Patrone aus dem Gurt und drückt die Schlagbolzenfeder zusammen.

5 Wenn der Verschluß seine hinterste Stellung erreicht hat, wird ein etwa noch vorhandener Restdruck durch einen Puffer absorbiert, so daß es keine unerwünschte Vibration gibt. Die zusammengedrückte Schließfeder zwingt dann die beweglichen Teile wieder nach vorn und der Zyklus wiederholt sich.

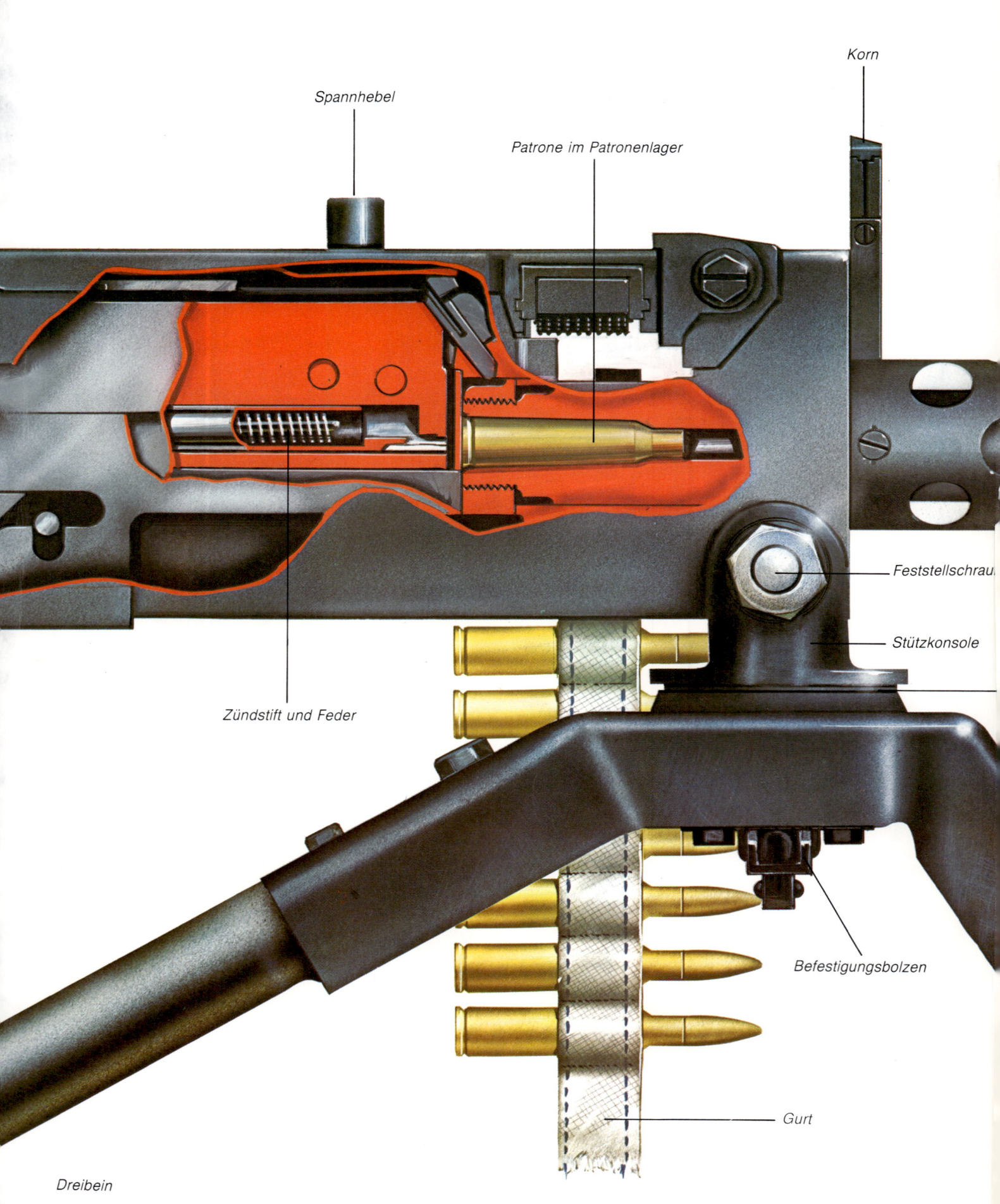

Spannhebel

Patrone im Patronenlager

Korn

Zündstift und Feder

Feststellschrau[be]

Stützkonsole

Befestigungsbolzen

Gurt

Dreibein

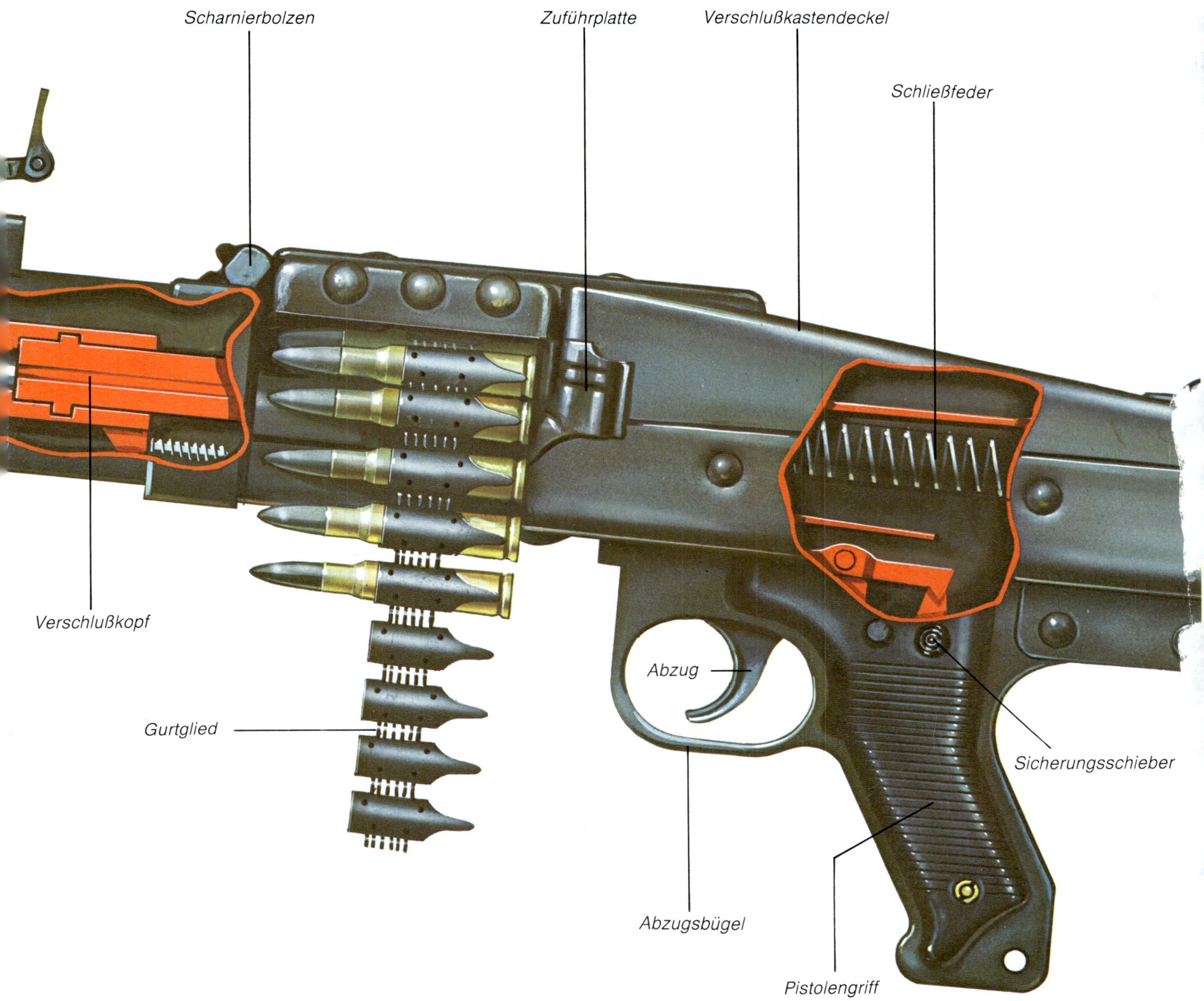

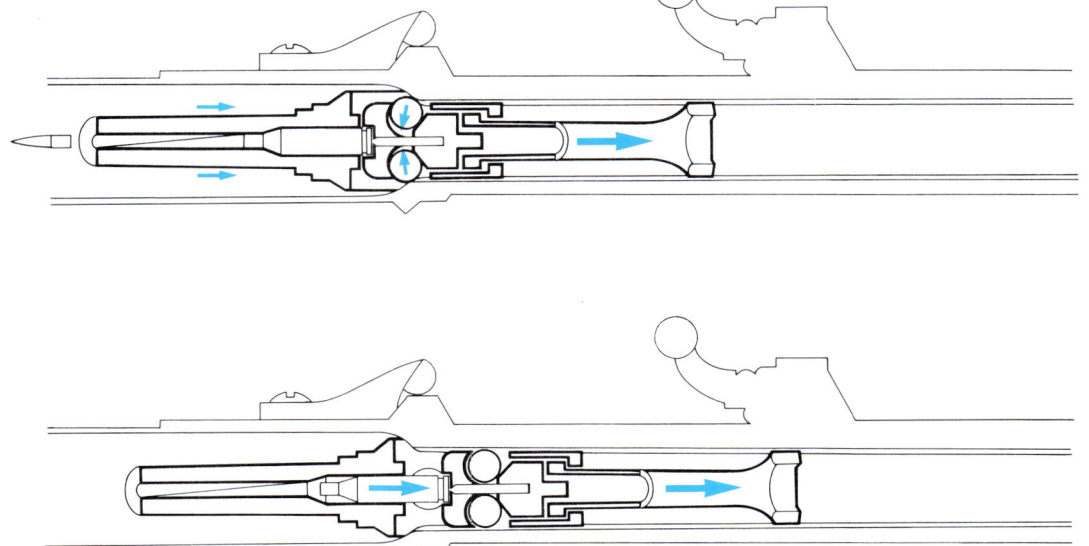

Scharnierbolzen

Zuführplatte

Verschlußkastendeckel

Schließfeder

Verschlußkopf

Gurtglied

Abzug

Sicherungsschieber

Abzugsbügel

Pistolengriff

4 Der Rückstoß der Patrone treibt den Verschluß und den Lauf nach hinten. Diese Bewegung wird durch die Umlenkung der Gase im Rückstoßverstärker an der Mündung verstärkt. Der Lauf und der Verschluß bleiben für etwa 8 mm verriegelt, wodurch der Druck auf ein sicheres Niveau abfällt.

5 In diesem Stadium können sich Lauf und Verschluß sicher entriegeln. Die Verriegelungsrollen stoßen auf Keile in dem nicht zurückgleitenden Teil des Gehäuses und werden nach innen gezwungen. Diese Bewegung nach innen übt auch Druck auf die Vorderseite des Verschlußkopfes aus und treibt ihn nach hinten.

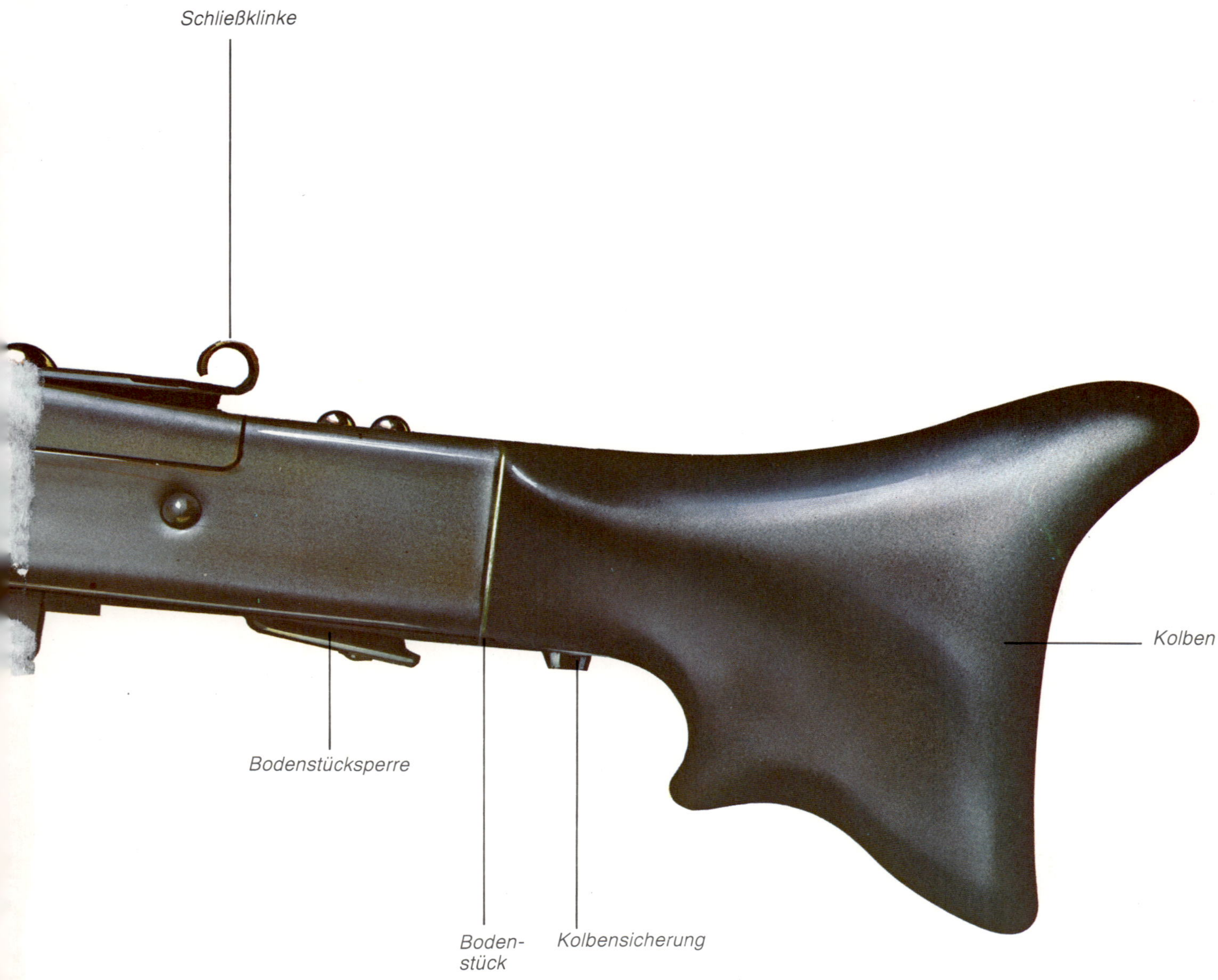

Schließklinke

Kolben

Bodenstücksperre

Boden-
stück

Kolbensicherung

Ganz links: .303" SAA Patrone

Links: 7,92-mm-Patrone 98

SCHWARZLOSE MASCHINENGEWEHR MODELL 05

Länge (Gewehr): 1067 mm
Gewicht (Gewehr): 20 kg
Gewicht (Dreibein): 20 kg
Lauf: 527 mm
Kaliber: 8 mm
Züge: 4, Rechtsdrall
Betrieb: Gasdruck
Patronenzuführung: Gurt
Kühlung: Wasser
Kadenz: 400 Schuß/Min.
Anfangsgeschwindigkeit 610 m/s
Visier: 2800 m

Dieses MG wurde von einem Deutschen, Andreas Schwarzlose aus Berlin-Charlottenburg, erfunden. Er hatte gegen Ende des 19. Jahrhunderts viel an Selbstladepistolen gearbeitet, darunter an einer unge-wöhnlichen Waffe, bei der der Verschluß feststand, während der Lauf nach vorn stieß. Diese Vorarbeiten kamen ihm natürlich gut zustatten, als er kurz darauf sein beträchtliches Talent größeren Waffen zuwandte. Sein erstes Maschinengewehr wurde ursprünglich 1902 patentiert, aber die Herstellung begann erst drei Jahre später. Sein Hauptziel scheint es gewesen zu sein, eine einfache Waffe mit einem weniger komplizierten Mechanismus als den damals üblichen zu bauen. Alle Maschinengewehre wurden entweder durch Rückstoß oder durch Gasdruck betrieben und benötigten deshalb sehr komplizierte Einzelteile. Auf dem Schlachtfeld aber, sind einfachere und zuverlässigere Waffen besser. Schwarzlose kam schließlich auf die Idee, die Patronenhülse den Verschlußblock nach hinten drücken zu lassen, wo-bei eine Feder gespannt wurde, die dann die Kraft für den Vorwärtsstoß, mit dem die nächste Patrone geladen und gezündet wurde, brachte, so wie es heute bei Maschinenpistolen üblich ist. Wenn man dabei eine Gewehrpatrone verwendet, ist das Hauptproblem bei diesem Mechanismus, die Rückwärtsbewegung des Verschlusses im Anfangsstadium zu steuern. Man muß beachten, daß der Druck im Lauf sehr hoch ist, solange sich das Geschoß im Lauf befindet. Wenn dann der Verschluß zu früh geöffnet wird, kann die Patronenhülse reißen, wenn sie die Stützung durch die Wand des Patronenlagers und den Verschlußblock verliert. Schwarzlose löste dieses Problem, indem er einen schweren Verschlußblock und eine ungewöhnlich starke Feder verwendete, die in Verbindung mit einer Reihe von Fangbügeln die Rückwärtsbewegung des Blockes wirksam steuerte. Die Hauptfeder war in genialer Weise so ausgelegt, daß sie sowohl als Stoßdämpfer wie auch als Zündstiftfeder arbeitete, wodurch die Zahl der beweglichen Teile bedeutend verringert wurde. Trotz dieser rein mechanischen Hilfen war es äußerst wichtig, den Gasdruck so schnell wie möglich zu verringern, und dies geschah durch die Verwendung eines kurzen Laufes, was natürlich bedeutete, daß das Geschoß ihn früher verließ und dadurch der Druck schnell abfiel. Schließlich wurde festgestellt, daß der hohe Druck innerhalb der Hülse sie manchmal fest an das Patronenlager preßte. Um dieses Risiko zu verringern, baute der Erfinder eine Ölpumpe in das Gewehr ein, die einen Tropfen Öl auf jede Patronenhülse brachte, während sie

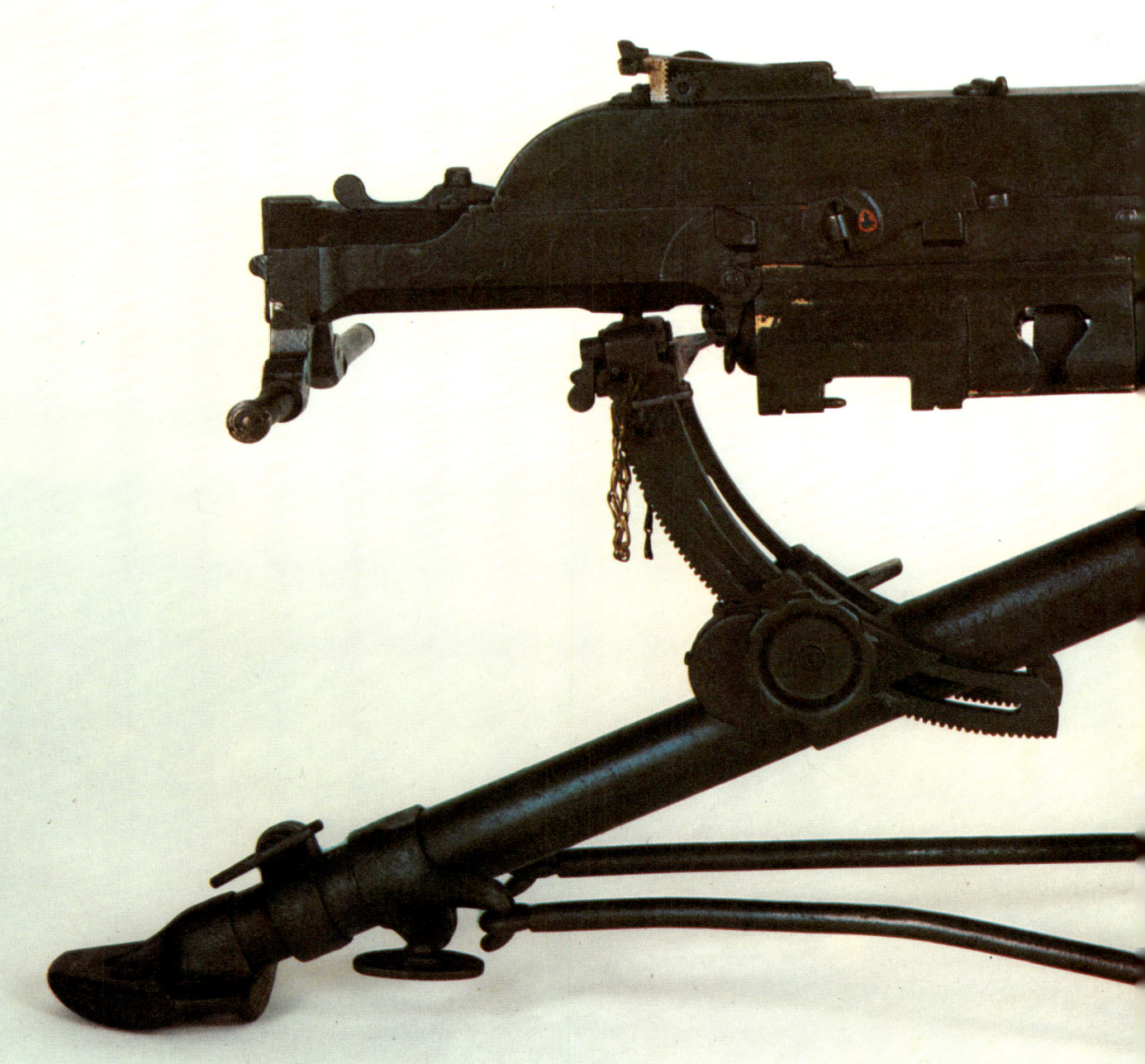

in das Patronenlager gedrückt wurde. Damit war sie für die Rückwärtsbewegung nach dem Schuß geschmiert. Die verschiedenen Mittel, die erforderlich waren, um den Gasdruck zu verzögern, verlangsamten auch den Ablauf als Ganzes, so daß das Schwarzlose-MG eine bezeichnend niedrige Feuergeschwindigkeit von etwa 400 Schuß pro Minute hatte. Das Verfahren, die Patronenhülse zu schmieren, um ihren Auswurf zu erleichtern, war – wenn es damals auch weit verbreitet war – aus mehreren Gründen unerwünscht, denn es brachte besonders in sehr trockenen und staubigen Ländern Schwierigkeiten beim Schießen mit sich. Nach weiteren Arbeiten gelang es Schwarzlose schließlich, auf Schmierung zu verzichten. Dies erreichte er dadurch, daß er das Gewicht des Verschlußblockes und

die Stärke der Feder erhöhte, und auch durch die Verstärkung verschiedener mechanischer Verzögerer, die während des Anfangsstadiums der Rückwärtsbewegung gegen den Schlagbolzen arbeiten. Diese Verbesserungen führten zu einem zweiten Modell seines MGs, das 1912 fertig wurde. Das neue Schwarzlose, das wie die meisten ähnlichen Waffen jener Zeit einen Patronengurt hatte und wassergekühlt war, erwies sich von Anfang an als zuverlässige Waffe. Zwei der frühen Modelle gaben bei einem Versuch je 35 000 Schuß mit nur kurzen Pausen ab. Es trat dabei kein merklicher Verlust der Genauigkeit auf. Die Waffe war auch leicht zu bedienen und zu warten. Sie wurde bald bei der österreichisch-ungarischen Armee eingeführt, bei der sie dann mit beachtlichem Erfolg eingesetzt wurde. Dies beruhte

zumindest zum Teil auf der großzügigen Versorgung mit Übungsmunition. Für das MG wurde auch eine spezielle Übungspatrone für Manöver geliefert. Das Geschoß, das aus Holz bestand, bot dem Gas genügend Widerstand, um den Mechanismus zu betreiben, aber es zerbarst kurz nach dem Verlassen des Laufes. Vorausgesetzt, daß niemand unmittelbar vor dem MG stand, war diese Patrone sicher und zuverlässig. Damals war das eine neue Idee, die sich aber inzwischen durchgesetzt hat. Die Österreicher gingen davon aus, daß das Feuer eines einzigen gut bedienten MGs der Feuerkraft von 80 Schützen entsprach. Das MG wurde auch als Unterstützungswaffe bei der Kavallerie eingesetzt. Jedes Regiment hatte zwei MGs auf Packpferden. Die Abteilung bestand aus drei Offizieren und 45 Mann, alle

beritten, und 12 Packpferden, die zusätzliche Munition trugen. Das MG wurde auch von Schweden, den Niederlanden und der Tschechoslowakei zu verschiedenen Zeiten und mit verschiedenen Kalibern eingesetzt. Nach dem Ende des Ersten Weltkrieges erhielt Italien eine große Anzahl von Österreich als Teil der Kriegsreparationen. Viele davon wurden von der italienischen Armee noch im Zweiten Weltkrieg eingesetzt. Eine beträchtliche Anzahl, viele davon die ursprünglichen Modelle mit der Ölpumpe, gingen der italienischen Kolonialarmee in Ostafrika verloren und wurden später von mehreren Heimwehren (Home Guards) in den damaligen britischen Kolonien in Westafrika verwendet. Offiziell ist diese Waffe jetzt veraltet, es mag aber sein, daß einige noch in entlegenen Gebieten der Erde eingesetzt werden.

8 mm Patronen, Modell 1893

.303" SAA Patrone (Streifen)

SAINT ETIENNE MODÈLE 1907

Länge (Gewehr): 1181 mm
Gewicht (Gewehr): 25,74 kg
Gewicht (Dreibein): 27,24 kg
Lauf: 711 mm
Kaliber: 8 mm
Züge: 4, Rechtsdrall
Betrieb: Gasdruck
Patronenzuführung: Ladestreifen
Kühlung: Wasser
Kadenz: 400 bis 500 Schuß/Min.
Anfangsgeschwindigkeit: 700 m/s
Visier: 2400 m

Der Prototyp dieser Waffe kam zu einer Zeit, als die Entwicklung des Maschinengewehrs noch in den Kinderschuhen steckte. Dieses Gebiet war deshalb Neuland für Erfinder, an denen es nicht mangelte. Die Nationen Europas waren mehr oder weniger dauernd im Kriege oder in Krisen verstrickt, die Kriege befürchten ließen. Und selbst wenn die internationale Szene ruhig war, war irgend jemand irgendwo in einen Kolonialkrieg verwickelt. 1893 erfand Baron von Odkolek, ein Hauptmann der österreichischen Armee, eine neue Art automatischer Waffe, bei der ein Teil des Gasdrucks einer Patrone, zum Laden und Zünden der nächsten verwendet wurde. Da er keine eigene Fabrik hatte, wandte er sich an die französische Waffenfirma Hotchkiss, die eine Fabrik bei Paris hatte. Die Firma zeigte großes Interesse, nicht an der kompletten Waffe, deren Konstruktion sie zu Recht als undurchführbar ansah, sondern an dem Prinzip, Gase aus dem Lauf abzuleiten, um einen Kolben zu betreiben. Da dieses Prinzip natürlich in dem Patent enthalten war, kaufte sie das ganze Gewehr und setzte den Kolben sofort in eine eigene Waffe ein, die sie Hotchkiss nannte. Dieses MG, das sich als sehr erfolgreich erwies, wurde von den Franzosen in kleiner Zahl gekauft, hauptsächlich weil seine wirksame Luftkühlung es für den Einsatz in den verschiedenen Kolonialkriegen prädestinierte, wo Wasser immer knapp war. Die französische Armee war darauf bedacht, eine eigene automatische Waffe zu entwickeln. Nachdem sie die Gelegenheit gehabt hatte, das Hotchkiss-MG unter allen Bedingungen sorgfältig zu prüfen, verwandte sie die daraus

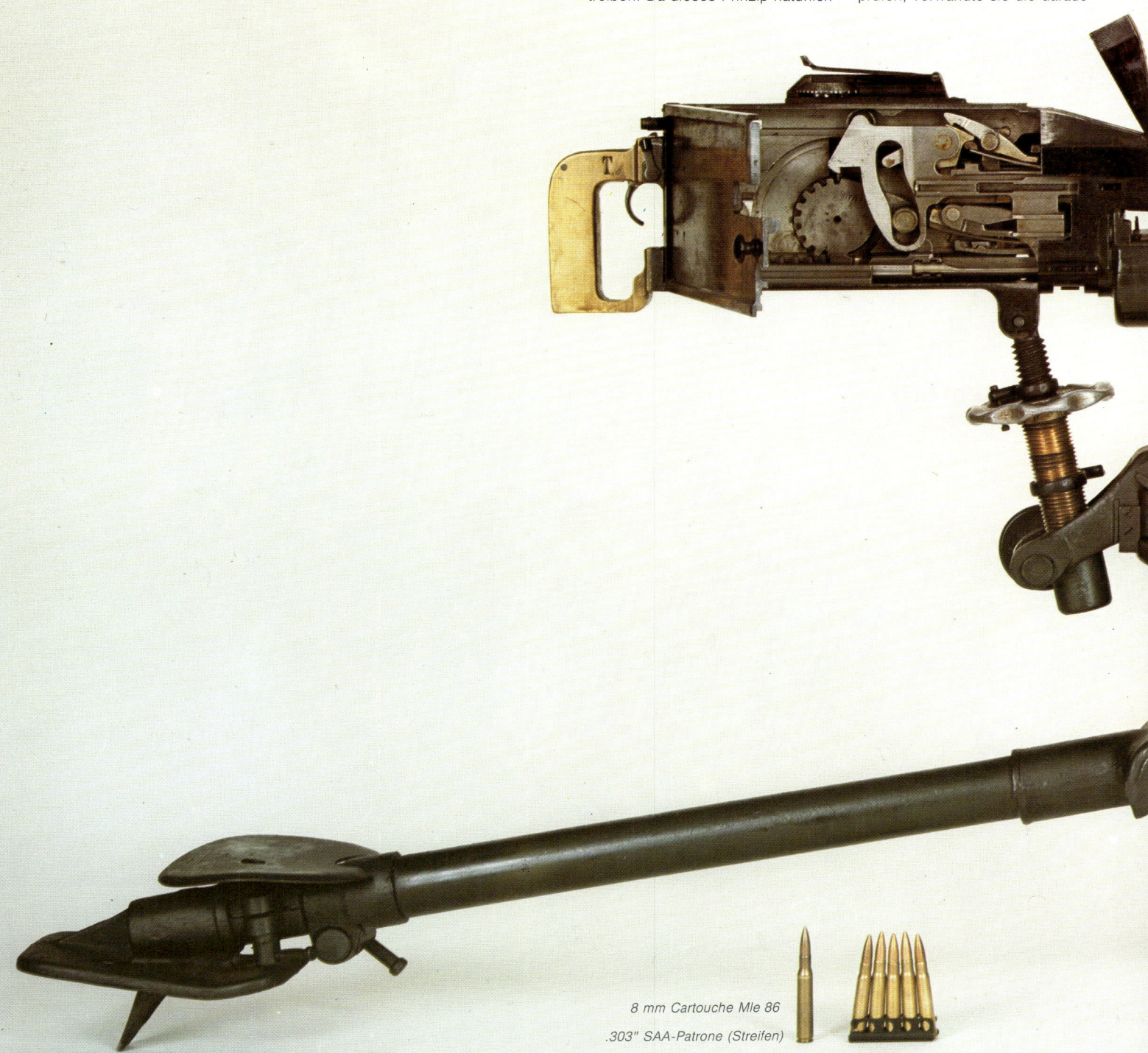

8 mm Cartouche Mle 86

.303" SAA-Patrone (Streifen)

hervorgehenden Informationen für die Konstruktion eines «perfekten» Maschinengewehrs, das immer noch auf dem Grundprinzip des Gaskolbens basierte, aber eine Reihe von Verbesserungen aufwies. Bis 1905 waren alle Vorarbeiten fertiggestellt, und das Nationalarsenal in Putetaux hatte die ersten greifbaren Ergebnisse dieser Aktivität in Form eines MGs zusammengefaßt, das eine Vorrichtung für die Regelung der Feuergeschwindigkeit von 8 auf etwas über 600 Schuß in der Minute hatte, sich aber sonst nicht weiter auszeichnete. Es war nur sehr kurz bei der Truppe und verschwand bald in der Reserve.

Es ist auch nicht wahrscheinlich, daß auch nur ein französischer Soldat seine Ablösung bedauerte. Zu dieser Zeit gab es in Frankreich ständig Bestrebungen zu einer Militärreform. Insbesondere wurde ein wirklich wirksames MG gefordert. Die Franzosen hatten ebenso wie die Engländer den Wert des Maschinengewehrs im Kolonialkrieg erkannt, wo die tapfersten Angriffe der Wilden zu Pferde wie auch zu Fuß durch die entsetzliche Wirkung des Maschinengewehrs zum Halten gebracht wurden. Der Russisch-Japanische Krieg hatte ebenfalls gezeigt, daß diese Waffe im modernen Krieg eine bedeutende Rolle

spielte. Vor allem die Franzosen sahen mit Besorgnis, daß ihre «Erbfeinde», die Deutschen, großes Interesse an automatischen Waffen zeigten. Deshalb bestand ein großer Anreiz für die französischen Waffenfabriken schnell ein Maschinengewehr zu bauen, und so stellten sie im Jahre 1907 die dargestellte Waffe her. Obwohl sie im Prinzip auf dem Hotchkiss beruht, arbeitete sie umgekehrt. Der Kolben wurde nach vorn statt nach hinten gestoßen, um einen Mechanismus von erstaunlicher Komplexität zu aktivieren, wie man auf dem Bild erkennen kann. So erforderte die umgekehrte Bewegung des

Kolbens die Einfügung eines Zahnstangengetriebes, um die Bewegung erneut umzukehren. Die Hauptfeder, die um eine Stahlstange gewickelt war, lag innerhalb des massiven Messingkastens ziemlich frei, um sie kühl zu halten. Das MG wurde mit Streifen von je 30 der Standard-Lebel-Gewehrpatronen geladen. Die gezeigte Waffe ist auf einem Dreibein Modell 1914, montiert. Es ist austauschbar gegen das Modell 1907, wobei der offensichtliche Unterschied das sehr große Messingrad ist, das hauptsächlich zum Feststellen des Höhenrichtgewindes bei dem früheren Modell verwendet wurde.

Frankreich
HOTCHKISS MODÈLE 1914

Länge (Gewehr): 1311 mm
Gewicht (Gewehr): 25,26 kg
Gewicht (Dreibein): 27,24 kg
Lauf: 787mm
Kaliber: 8 mm
Züge: 4 mit Linksdrall
Betrieb: Gasdruck
Patronenzuführung: Ladestreifen
Kühlung: Luft
Kadenz: 500 Schuß/Min.
Anfangsgeschwindigkeit: 709 m/s
Visier: 2400 m

Benjamin Hotchkiss war ein amerikanischer Ingenieur und Konstrukteur. Nachdem er an der Entwicklung von Colt-Revolvern mitgearbeitet hatte, ging er 1867 im Alter von 40 Jahren nach Frankreich und gründete eine Firma, die Handfeuerwaffen baute. Er starb 1885, und zwei Jahre später ernannten die Teilhaber der Firma einen Nachfolger, den Amerikaner Laurence Benét. Benét war der Sohn eines amerikanischen Generals, der früher Leiter des amerikanischen Feldzeugwesens gewesen war und selbst an frühen Gewehren des Typs Gatling gearbeitet hatte, so daß ein starkes Interesse und eine Verbindung mit dem Fachgebiet bereits in der Familie lag. Benét entdeckte schließlich einen talentierten jungen französischen Ingenieur namens Mercie, und diese beiden Männer machten die Firma Hotchkiss berühmt. Anfang der 90er Jahre gelang es der Firma, das Patent für eine automatische Waffe zu kaufen, das ihr von dem Erfinder Hauptmann Baron von Odkolek, einem Offizier der österreichischen Armee, angeboten worden war. Die beiden Partner erkannten sofort, daß das Gewehr selbst nicht funktionieren würde, daß es aber einige Merkmale hatte, die äußerst nützlich für ihre eigenen Entwicklungen sein konnten, so vor allem das Prinzip, durch einen Teil der Gase, die vom Lauf abgezogen wurden, einen Kolben zurücktreiben zu lassen. Nachdem sie dieses Patent sicher in Händen hatten, gingen sie an die Arbeit und hatten bald eine moderne automatische Waffe hergestellt. Das Prinzip, das auch heute noch weit verbreitet ist, war einfach. Der Kolben stieß zurück, nahm den Verschlußblock mit und drückte dabei eine Feder zusammen. Wenn die Kraft des Kolbens erschöpft war, trieb die Feder den Mechanismus vorwärts, führte eine Patrone aus dem Ladestreifen (der dem damals üblicheren Segeltuch-Patronengurt vorgezogen wurde) in das Patronenlager ein und zündete sie. Dieser Zyklus wiederholte sich so lange, wie der Abzug gezogen wurde und Patronen in dem Streifen waren. Obwohl diese neue Waffe sehr gut arbeitete, hatte sie einen ernsten Nachteil, sie überhitzte sich nämlich sehr schnell. Angesichts der Tatsache, daß in jeder Sekunde zehn starke Patronen abgeschossen wurden, überrascht dies nicht, aber man mußte dennoch damit fertigwerden. Andere Maschinengewehre jener Zeit, vor allem die Maxims und seine Imitatoren, waren mit Wasserkühlern versehen, die wirksam, aber sperrig waren. Da das Wasser ständig ersetzt werden mußte, war ihr Einsatz in Wüsten- oder Savannengebieten ein Problem, wo es schon für die Soldaten und Pferde kaum genug Wasser gab, geschweige denn für wassergekühlte MGs. Benét, der sich mit dem Problem befaßte, kam

30

bald zu dem Schluß, daß eine Metallmasse am Verschlußblock erforderlich war, die die Hitze so nah wie möglich an dem Punkt absorbierte, an dem sie erzeugt wurde. Diese Masse mußte so geformt sein, daß sie eine möglichst große Oberfläche gegenüber der umgebenden Luft hatte, in die die überflüssige Hitze abgestrahlt werden mußte. Seine Antwort war, den Lauf in der Nähe des Verschlusses mit fünf festen Metallscheiben zu umgeben, die, obwohl sie zusätzliches Gewicht bedeuteten, die Abstrahlungsfläche um mehr als das Zehnfache vergrößerten. Die Form dieser Scheiben, die einen Durchmesser von etwa 80 mm hatten, ist auf dem Foto der Waffe zu erkennen. Oberstleutnant George M. Chinn beschreibt sie in seinem bekannten Buch «The Machine Gun» als «krapfenförmige Rippen», und diese Beschreibung trifft ebenso

gut zu wie jede andere. Diese relativ einfache Verbesserung der Waffe machte sie sehr zuverlässig. Im Jahre 1900 erprobte ein Ausschuß des US-Heeres ein Modell in Springfield, hauptsächlich um seine Leistung mit den orthodoxeren, wassergekühlten MGs zu vergleichen. Der Versuch war sehr hart. Fast pausenlos wurden Tausende von Schüssen verschossen. Man stellte fest, daß nach etwas mehr als vier Minuten Dauerfeuer der gesamte Lauf von den Kühlringen bis zur Mündung rotglühend war. Fünf Minuten später wurde das Feuer erneut eröffnet, und so ging der harte Test weiter, bis fast 5000 Schuß mit einer Intensität abgefeuert waren, die auch in der wütendsten Schlacht nicht gegeben sein würde. Der Bericht des Ausschusses (ein Mitglied war J. T. Thompson, der später die berühmte Maschinenpistole erfand, die seinen

Namen trägt) war sehr fair. Obgleich er feststellte, daß Wasserkühlung und Gurtzuführung im allgemeinen dem Hotchkiss-System vorzuziehen wären, hatte die Hotchkiss-Waffe eine gute Leistung erbracht. Wenige Jahre später wurden beide Methoden auf die bestmögliche Weise verglichen, denn im Verlauf des Russisch-Japanischen Krieges 1904/05 setzten die Russen ein wassergekühltes Maxim-MG mit Gurtzuführung ein, während die Japaner das Hotchkiss verwendeten. Es zeigte sich, daß beide Systeme den Anforderungen des modernen Krieges standhielten. Als 1914 der Erste Weltkrieg begann, hatte die französische Armee große Schwierigkeiten wegen ihres Mangels an automatischen Waffen, die, wie sich bald zeigte, der Grabenkrieg in großen Zahlen verlangte. Zum Glück war das zuverlässige Hotchkiss verfügbar, und

bald begann seine Massenherstellung. Die ersten Modelle gingen an Reserveeinheiten, während die reguläre Armee damals hauptsächlich mit dem Saint-Etienne 07 ausgerüstet war. Aber als die Hotchkiss-MGs in größeren Zahlen bei der Truppe erschienen, zeigten sie bald ihre Überlegenheit, und die französische Armee verlangte mehr und mehr von ihnen. 1916 blieb eine bei der Verteidigung Verduns eingesetzte Abteilung von zwei Hotchkiss-MGs fast 10 Tage ununterbrochen im Gefecht. In dieser Zeit verschossen sie die erstaunliche Menge von über 150 000 Schuß ohne schlimmere Zwischenfälle als kurze und schnell beseitigte Hemmungen. Als die amerikanische Armee 1918 in Frankreich eintraf, hatte sie fast keine eigenen Maschinengewehre, und deshalb wurden 12 ihrer Divisionen mit dem Hotchkiss Modell 1914 ausgerüstet.

8 mm Mle 86
.303" SAA-Patrone (Streifen)

Deutschland
MAXIM 1908–15 (MG 08)

Länge (Gewehr): 1175 mm
Gewicht (Gewehr): 26,54 kg
Gewicht (Dreibein): 31,98 kg
Lauf: 719 mm
Kaliber: 7,92 mm
Züge: 4, Rechtsdrall
Betrieb: Rückstoßlader
Zuführung: Patronengurt
Kühlung: Wasser
Kadenz: 300 bis 400 Schuß/Min.
Anfangsgeschwindigkeit: 892 m/s
Visier: 2000 m

deutsche Heer einsetzte. Er wohnte einer Vorführung eines Gewehrs von Hiram Maxim bei, und laut Angaben des Erfinders sagte er sofort: «Das ist das Gewehr – es gibt kein anderes.» Maxim kam es auf eine geringe Übertreibung nicht an, aber es scheint etwas daran gewesen zu sein, denn 1899 wurde beim Kaisermanöver der Einsatz einer Anzahl von Maxim-Batterien von je vier MGs erprobt. Zu dieser Zeit war der unvermeidbare Niedergang der Kavallerie weit fortgeschritten, aber der Wunsch, sie zu erhalten war so groß, daß jede Anstrengung unternommen wurde, ihr die gleiche Bedeutung wie der Infanterie zu geben. Deshalb wurden die ersten Maxim-MGs im deutschen Heer für diesen speziellen Zweck hergestellt. Der wahre Durchbruch kam nach dem Rus-

sisch-Japanischen Krieg von 1904/05. Dieser Krieg mit seinen Gräben, Stacheldraht, Konzentrationen von schwerer Artillerie und dem Einsatz vieler Maschinengewehre, gab einen grausigen Vorgeschmack, was Krieg in der Zukunft bedeuten würde. Da alle europäischen Mächte zahlreiche Beobachter abgestellt hatten, wurde über den Fortgang des Krieges durch ausgebildete Militärs im Detail berichtet. Die deutsche Reaktion er-

Der Fehlschlag der französischen Mitrailleuse im Krieg 1870/71 (der aber vor allem auf schlechtem taktischen Einsatz beruhte) hatte bei den siegreichen Deutschen zu einer Geringschätzung von Waffen dieser Art geführt, die überraschend lange anhalten sollte. Sie hatten natürlich ebenso wie die Briten in ihren verschiedenen Kolonialkriegen Maschinengewehre eingesetzt, aber wiederum wie die Briten hatte das deutsche Heer im allgemeinen das MG nicht als ernstzunehmende Waffe angesehen. Es mochte nützlich für das Niedermetzeln von Horden Wilder sein, aber seine Rolle im konventionelleren Krieg war so schlecht definiert, daß es als nicht existent angesehen wurde. Offensichtlich war es der Kaiser, der sich für die Einführung des Maschinengewehrs in das

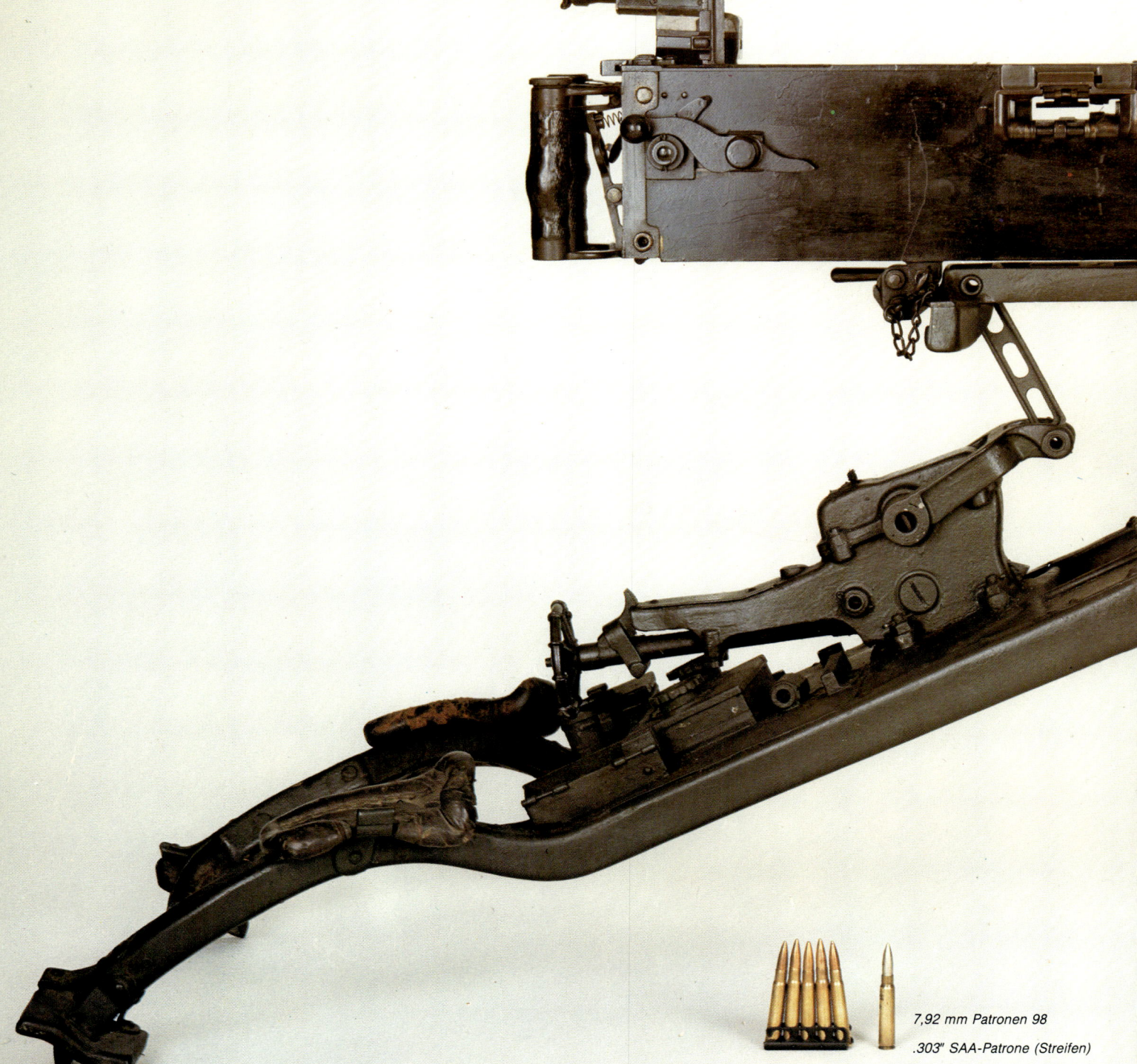

7,92 mm Patronen 98
.303" SAA-Patrone (Streifen)

folgte sofort. Der deutsche Generalstab, eine gut ausgebildete Organisation, hatte sich im Hinblick auf das Maschinengewehr sehr vorsichtig verhalten. Aber die Berichte über die Kämpfe überzeugten ihn schließlich, daß im Falle eines größeren europäischen Krieges Maschinengewehre in beträchtlichen Mengen benötigt würden. Deshalb wurde in einer großen Fabrik in Berlin-Spandau ein schweres Maxim-MG entwickelt und 1908 in Dienst gestellt. Die Waffe selbst entsprach der Konstruktion Maxims, aber ihre Lafette war völlig neu, denn statt eines fahrbaren Untersatzes oder eines Dreibeins hatte sie ein festes Untergestell in Form eines Schlittens. Wie man aus der Fotografie ersehen kann, war es lediglich erforderlich, die Waffe hochzunehmen und die Vorderbeine zu

schwenken, um sie auf dem Schlitten zu ziehen. Wenn die Beine auf den Boden gesetzt wurden, konnten sie so eingestellt werden, daß der Schütze sitzen, knien oder liegen konnte, so wie es erforderlich war. Ende 1908 hatte jedes aus drei Bataillonen bestehende deutsche Regiment seine eigene Batterie mit sechs MGs. Die MGs wurden auf leichten, von Pferden gezogenen Karren transportiert, und die Abteilungen von je vier Mann marschierten. Für die Munition gab es zusätzliche Fahrzeuge. Anders als bei der britischen Organisation, die jedem Bataillon ständig eine Abteilung von zwei MGs unterstellte, unterstand die deutsche Batterie direkt dem Regimentskommandeur. Auch die Kavallerie hatte etliche Batterien, aber diese waren beweglicher. Die Wagen hatten statt zwei

vier Pferde, und die Abteilungen waren beritten. Zu dieser Zeit wurde auch ein veränderter Schlitten eingeführt, der das Gesamtgewicht bedeutend verringerte und es ermöglichte, daß die einzelnen MGs von Männern transportiert wurden, entweder durch Ziehen oder durch Tragen. Bei Ausbruch des Krieges 1914 hatte das deutsche Heer wahrscheinlich 12 oder 13 000 MGs im Einsatz, von denen einige sogar auf frühen Panzerwagen montiert waren. Die dreifache Zahl befand sich in der Herstellung, so daß Deutschland über eine beträchtliche Feuerkraft verfügte. In den frühen Monaten des Krieges erlitten die französischen Armeen, die der Doktrin folgten, daß Schlachten nur durch tapferen Einsatz über offenes Feld gewonnen werden konnten, schreckliche Ver-

luste. Selbst die Engländer, die etwas realistischer ausgebildet waren und sich auf gut ausgebildete Gewehrschützen verließen, wurden durch die größere Zahl und die Feuerkraft der deutschen MGs zurückgezwungen, wenn sie auch ihren Gegnern dabei schwere Verluste zufügten. Als der Krieg fortschritt und die Armeen sich eingruben, wurde das Schlachtfeld mehr und mehr vom Maschinengewehr beherrscht. Die MGs waren oft in Betonstellungen untergebracht, die so angeordnet waren, daß sie Flankenfeuer entlang sorgfältig angeordneter Streifen von Stacheldraht schießen konnten. Dies blieb so, bis der Panzer – selbst nicht mehr als ein beweglicher Unterstand –, dem Schlachtfeld wieder einen gewissen Grad von Bewegung brachte.

Deutschland
MASCHINENGEWEHR MG 34

Länge (Gewehr): 1220 mm
Gewicht (Gewehr): 12,1 kg
Gewicht (Dreibein): 19,19 kg
Lauf: 628 mm
Kaliber: 7,92 mm
Züge: 4 mit Rechtsdrall
Betrieb: kurzer Rückstoß
Patronenzuführung: Gurt oder Trommelmagazin
Kühlung: Luft
Kadenz: 800 bis 900 Schuß/Min.
Anfangsgeschwindigkeit: 756 m/s
Visier: 2000 m

Nach 1918 wurde die deutsche Militärwaffenherstellung, und insbesondere die automatischer Waffen, durch die Bedingungen des Versailler Vertrages stark beschränkt. Es gab jedoch Wege, diese Bedingungen bis zu einem gewissen Grade zu umgehen, und jede Möglichkeit wurde genutzt. Fabriken, die sich auf nichtautomatische oder Sportwaffen konzentrierten, arbeiteten weiterhin. Es wurde sehr viel Forschung betrieben, zum Teil durch diese Waffenfabriken und zum Teil durch in deutschem Besitz befindliche Firmen in anderen Ländern Europas. 1934 glaubte Hitler sich stark genug, dem Rest Europas die Stirn bieten zu können, und er begann ganz offen, Deutschland wiederzubewaffnen. Eine der Grundforderungen war ein gutes, zuverlässiges leichtes Maschinengewehr, und die Firma Mauser erhielt den Auftrag, Prototypen zu entwickeln.

Die bereits im Jahre 1871 entstandene Firma Mauser war im Waffengeschäft gut eingeführt und einflußreich. In ihrer besten Zeit hatte sie eine große Zahl von Armeen Europas und der restlichen Welt bewaffnet. Die Spezifikation für die neue Waffe sah ein Mehrzweck-Maschinengewehr vor, damals ein neuer Ausdruck, der aber seitdem universell gebraucht wird. Es sollte als leichtes MG mit einem Zweibein oder als mittleres MG mit einem Dreibein eingesetzt werden. Die Patronenzuführung sollte entweder durch Gurt oder durch ein Trommelmagazin erfolgen, und es sollte die damals übliche Gewehrpatrone verschossen werden. Die Grundkonstruktion wurde von Louis Stange, einem bekannten Konstrukteur, entworfen, der für die Firma Rheinmetall arbeitete. Mauser ging sofort daran, das erste wirklich moderne Maschinengewehr zu bauen, das das deutsche Heer je hatte. Wie man aufgrund dieser ausgezeichneten Vorgeschichte annehmen konnte, war die neue Waffe, die 1934 eingeführt und deshalb MG 34 genannt wurde, in vieler Hinsicht eine bemerkenswerte Leistung. Sie arbeitete durch die ungewöhnliche Kombination von Rückstoß- und

Gasdruckbetrieb. Wenn die Patrone gezündet wurde, stieß das Rohr zurück. Es erhielt zusätzlichen Schub durch einen Teil der Gase, die in dem Rückstoßverstärker, einem Kegel in der Mündung, aufgehalten und nach rückwärts abgelenkt wurden. Der tatsächliche Rückstoßweg des Rohres war kurz, eben genug, daß der Verschluß um 90 Grad gedreht und verriegelt wurde, wenn der Druck so niedrig war, daß dies mit Sicherheit geschehen konnte. Wenn der Lauf aufgehalten wurde, ging diese Rückwärtsbewegung des Verschlusses weiter, bis die Feder voll gespannt war und die

7,92 mm Gewehr-Patrone 98
.303" SAA-Patrone (Streifen)

Vorwärtsbewegung begann. Dabei wurde der Verschluß nach vorn gestoßen. Er nahm die nächste Patrone aus dem Gurt in das Patronenlager, verriegelte sich und zündete die Patrone. Dieses neue Maschinengewehr hatte viele ausgezeichnete Merkmale, darunter die Möglichkeit, den Lauf schnell zu wechseln, eine leichte Demontage und die Verwendung von Preßteilen. Es fiel dadurch auf, daß es keine Umstellhebel hatte. Es hatte einfach zwei Abzüge, mit denen entweder Einzel- oder Dauerfeuer geschossen wurde, je nach dem ob der obere oder der untere Abzug gedrückt wurde. Das MG 34 schoß entweder aus einem Gurt, der manchmal für den Transport in einer Trommel aufgewickelt war, oder mit einer doppelten Satteltrommel des bei dem früheren MG 15 verwendeten Typs. Wenn erforderlich, konnten die Gurte zusammengefügt werden, so daß man über lange Zeit Dauerfeuer schießen konnte. Vorausgesetzt, daß der ausreichende Führung, und man konnte damit auch indirektes Feuer schießen, wenn es auch wie die meisten ähnlichen Gestelle einen Lauf nach spätestens 250 Schuß gewechselt wurde, konnte man fast unaufhörlich schießen. Das MG 34 war mit einem ziemlich komplizierten Dreibein ausgerüstet, das aber über einen weiten Bereich verstellt werden konnte und leicht genug war, um von einem Mann getragen zu werden. Die auf dem vorderen Bein sichtbaren Lederkissen sollten den Rücken des Trägers schützen, wenn das Dreibein wie ein Rucksack getragen wurde. Es bot eine Sandsack an jedem Fuß zur zusätzlichen Stabilisierung brauchte. Neben dem normalen Visier hatte das MG eine skalenförmige Visiereinrichtung für indirektes oder Nachtfeuer. Da man an den Abzug nicht direkt herankam, wenn das Gewehr auf dem Dreibein montiert war, war an der rechten Seite des Hintergestells eine Fernbedienung angebracht. Wenn das MG als lMG eingesetzt wurde, brauchte man es nur von dem Dreibein abzunehmen, was sehr leicht war, und das vorn angebrachte Zweibein zu entfalten. Obwohl es eine ausgezeichnete Waffe war, war das MG 34 keineswegs perfekt, hauptsächlich – paradoxerweise – weil es zu aufwendig hergestellt war. Zwischen den Kriegen war Qualität alles, und das Gewehr war sorgfältig verarbeitet. Damit waren die Toleranzen sehr gering. Obwohl dies unter idealen Bedingungen keine Rolle spielte, machte es das MG in trockenem, staubigem Klima anfällig für Funktionsstörungen. Dies war jedoch ein relativ geringer Nachteil für eine sonst sehr gute Waffe in den Händen erfahrener Soldaten, und das deutsche Heer hatte bestimmt keinen Grund zur Klage. Das MG 34 wurde in vielen Fabriken in Deutschland, Österreich und der Tschechoslowakei hergestellt, und die deutschen Truppen behielten es zum größten Teil bis zum Ende des Krieges. Für Sonderzwecke wurde das MG geändert, aber dies waren keine bedeutenden Änderungen. Nach dem Krieg wurde es von den Tschechen, den Israelis, den Franzosen und in Biafra eingesetzt. Einige MGs 34 tauchten sogar in Vietnam auf. Sie stammten wahrscheinlich von denen, die von den Franzosen erobert wurden.

Deutschland
MASCHINENGEWEHR MG 42

Länge (Gewehr): 1220 mm
Gewicht (Gewehr): 11,57 kg
Gewicht (Dreibein): 19,19 kg
Lauf: 533 mm
Kaliber: 7,92 mm
Züge: 4, Rechtsdrall
Betrieb: Rückstoß/Gasdruck
Patronenzuführung: Gurt
Kühlung: Luft
Kadenz: 1200 Schuß/Min.
Anfangsgeschwindigkeit: 756 m/s
Visier: 2000 m

Die Wehrmacht begann den Zweiten Weltkrieg mit dem MG 34, einer ausgezeichneten Waffe. Aber da sie zwischen den Kriegen hergestellt worden war, war sie zu kompliziert, als daß sie für die Massen-

produktion geeignet gewesen wäre. Die Deutschen brauchten ein in Massen hergestelltes MG, bei dem es auf Äußerlichkeiten nicht ankam, denn zu jener Zeit waren sie im Krieg mit den kombinierten Kräften der USA, Großbritanniens und der Sowjetunion, und nachdem die drei großen Länder den relativ langsamen Übergang von der Friedens- zur Kriegsproduktion abgeschlossen hatten, begann ihre gemeinsame Industrieproduktion bald, die Deutschen zu Fall zu bringen. Die Deutschen beschlossen, ihr neues MG-Modell soweit wie möglich auf dem alten aufzubauen, aber nicht zu zögern, Verbesserungen zu verwirklichen, die auf Beutewaffen beruhten. Vor allem wollten sie keine Opfer bringen, um ein äußerlich schönes Gewehr zu bekommen. Alles was sie brauchten, war ein MG, das wirksam war, und das oh-

ne übermäßige Belastung ihrer schwindenden Produktionsmittel in Massen produziert werden konnte. Nachdem die Grundkonstruktion der Waffe festgelegt war, wurde die Angelegenheit Dr. Grunow, einem bekannten deutschen Industriellen übertragen, dessen besondere Stärke die Massenproduktion mit Metallpressen, Nieten, Punktschweißen, Hartlöten und jeder anderen Methode war, die keine komplizierten Maschinen und Sonderarbeiten notwendig machten, die den Einsatz von Facharbeitern verlangten. Das Ergebnis, das auf langer Erfahrung, hoher industrieller Fertigung und zu einem großen Teil auf Einsatzerfahrungen beruhte, war das MG 42, wahrscheinlich eine der besten Waffen, die der Zweite Weltkrieg hervorbrachte. Äußerlich ähnelte es dem MG 34, vor allem war der Mechanismus ähnlich. Bei

diesem MG wurde dasselbe Prinzip des kurzen Rückstoßes, unterstützt durch den Gasdruck eines Rückstoßverstärkers, angewandt. Vielleicht der Hauptunterschied war die Art und Weise, auf die der Verschluß verriegelt wurde. Sein Vorgänger, das MG 34, hatte ein rotierendes Schloß mit einem unterbrochenen Gewinde, das sich mit dem Verriegelungsstück des Laufs verriegelte. Beim neuen MG 42 war ein System realisiert, das ursprünglich dem Polen Edward Stecke patentiert worden war. Man sagt, daß die Deutschen, als sie 1939 Polen überrannten, einen Prototyp von Steckes Konstruktion fanden, der sie sofort wegen seiner Stärke und Einfachheit beeindruckte. Bei diesem System hatte der Verschluß zwei kleine Rollen, die zusammengehalten wurden, bis das Schloß fertig zum Verriegeln war. Sie stie-

7,92-mm-Patrone 98

.303" SAA-Patrone (Streifen)

ßen dann in Rillen im Verriege- lungsstück des Laufs. Der Zündstift konnte nicht zwischen ihnen nach vorn schlagen, bevor sie voll in die Rillen eingerastet waren. Dadurch war sichergestellt, daß das Schloß im Augenblick des Zündens verriegelt war. Wenn der Rückstoß begann, stießen die Rollen auf einen Keil, der sie aus den Rillen nach innen zwang, wodurch der Verschluß entriegelt wurde und der Zyklus erneut begann. Die Patronen wurden aus Gurten mit je 50 normalen 7,92-mm-Gewehrpatronen zugeführt. Das MG 42 hatte einen neuen und wirksamen Zuführungsmechanismus, der seither von verschiedenen anderen Herstellern kopiert wurde, vor allem bei dem FN-Mehrzweck-MG, dem schweizerischen Maschinengewehr und dem amerikanischen Modell 60. Das geringe Gewicht des MG 42 in Ver-

bindung mit seiner Funktionsweise führte zu einer sehr hohen theoretischen Feuergeschwindigkeit von etwa 1200 Schuß pro Minute, die zu einer beträchtlichen Vibration führte, was sich nachteilig auf die Genauigkeit auswirkte. Um die Waffe zu stabilisieren, war die Rohrführungshülse genial konstruiert, aber das Problem wurde nie richtig gelöst. Das MG schoß kein Einzelfeuer, so daß die einzige Möglichkeit war, kurze Feuerstöße zu schießen. Es ist natürlich leicht, dies zu befehlen, aber für den Soldaten schwieriger, sich in der Hitze der Schlacht daran zu erinnern, wenn auch die deutsche Disziplin und Schießausbildung hierbei ohne Zweifel halfen. Die hohe Feuergeschwindigkeit führte naturgemäß auch zu hohem Munitionsverbrauch und zu einer beträchtlichen Überhitzung. Es war jedoch sehr ein-

fach, den Lauf zu wechseln, so daß dies keine Probleme brachte. Die Vibration war auch zu spüren, wenn die Waffe auf dem Dreibein eingesetzt wurde, welches dasselbe wie für das MG 34 ist. Die Deutschen glaubten, daß die leichten Nachteile, die durch die hohe Feuergeschwindigkeit verursacht wurden, mehr als ausgeglichen wurden durch die moralische Wirkung des Geräusches, das wie das Zerreißen riesiger Segeltuchplanen klang. Dies ist eine Ansicht, der die meisten alliierten Infanteristen des Zweiten Weltkrieges wahrscheinlich zustimmen werden. Die Waffe selbst war betont zweckmäßig. Im Vergleich zu der Qualitätsarbeit ihres Vorgängers sah sie etwas protzig aus, aber sie war äußerst wirksam, und dies zählte. Man sagt, daß das MG 42 erstmals von Panzergrenadieren von Rommels Afri-

kakorps gegen die britische 8. Armee in Tunesien im Gefecht eingesetzt wurde, und es steht fest, daß es in der Wüste besser als die Präzisionswaffe MG 34 arbeitete. Es blieb bis zum Ende des Krieges eingesetzt, wenn es auch das alte MG 34 nie ganz ablöste. Die Amerikaner beschlossen, das MG 42 zu kopieren, aber dieses Experiment war erfolglos und wurde schließlich aufgegeben. Nach Kriegsende wurden viele MG 42 zur Wiederbewaffnung Frankreichs und anderer Länder eingesetzt, die von den Deutschen besetzt gewesen waren. Als die Bundeswehr aufgestellt wurde, übernahm sie eine Ausführung des MG 42 mit einem Patronenlager für die Standard-NATO-Patrone. Es ist noch heute als MG 3 bei der Truppe, eine Waffe, die 1968 in Dienst gestellt wurde und die 7,62-mm-Patrone der NATO verschießt.

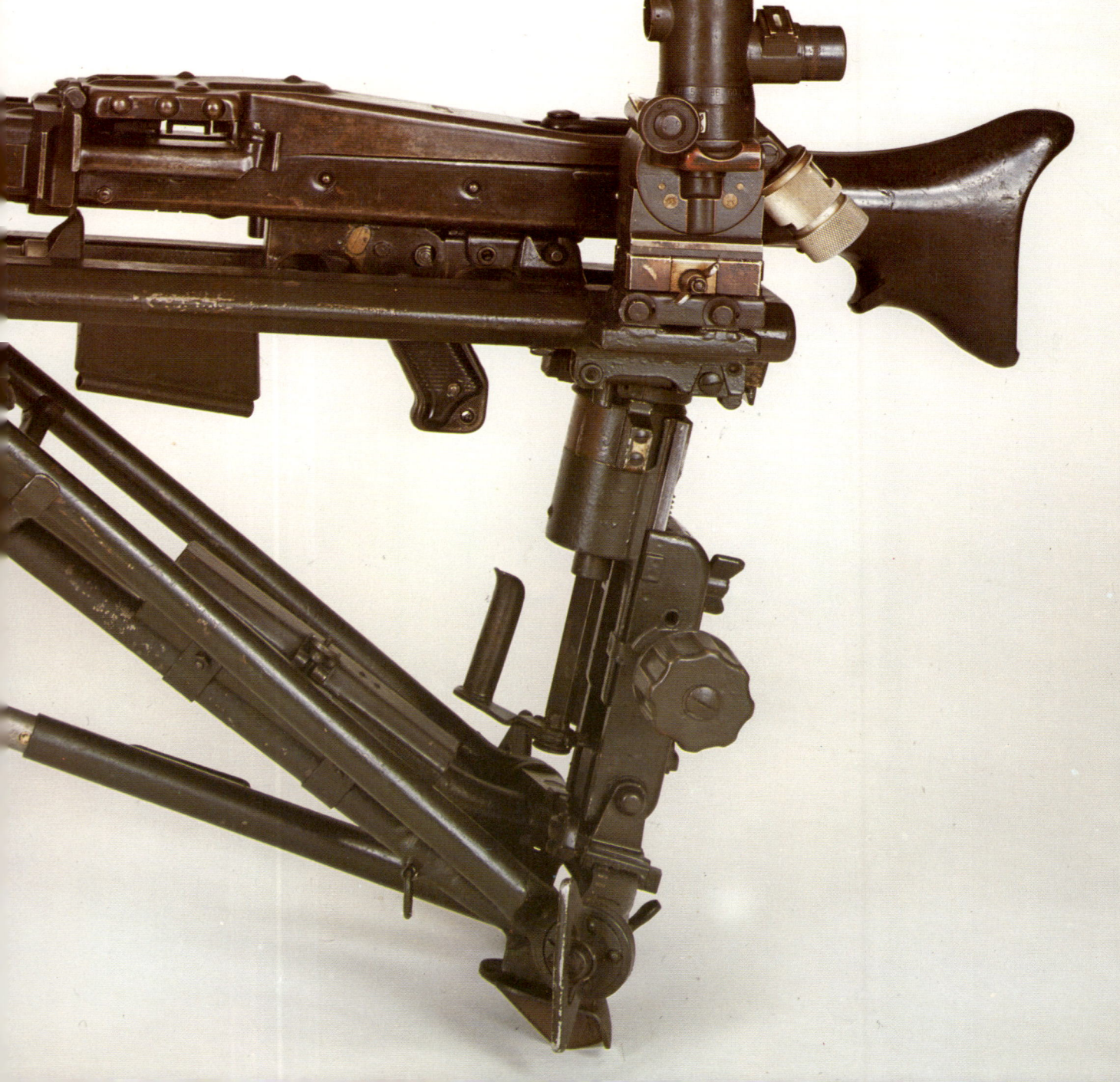

Grossbritannien
MAXIM MASCHINENGEWEHR

Länge (Gewehr): 1169 mm
Gewicht (Gewehr): 11,8 kg
Gewicht (Dreibein): 6,8 kg
Lauf: 610 mm
Kaliber: .45″
Züge: 4, Rechtsdrall
Betrieb: Rückstoß
Patronenzuführung: Gurt
Kühlung: Wasser
Kadenz: 500 bis 600 Schuß/Min.
Anfangsgeschwindigkeit: 488 m/s
Visier: 1372 m

Hiram Maxim, ein 1840 in Maine geborener Autodidakt, war ein Mann mit natürlichem Genius, der eine scheinbar unbegrenzte Erfindungsgabe besaß. Seine Erfindungen baute er zum Teil mit eigenen Händen. Ein Besuch Europas im Jahre 1881 überzeugte ihn offenbar, daß die Europäer einen großen Bedarf an neuen und wirksameren Waffen hatten. Da Maxim nicht nur ein Erfinder, sondern auch ein cleverer Geschäftsmann war, ging er sofort daran, diesen Bedarf zu befriedigen. Lange Jahre der Jagd in Amerika hatten ihm ausgezeichnete Erfahrung im Umgang mit Waffen gebracht, und er wußte, daß ein

beträchtlicher Teil der Kraft der Explosion jeder Patrone gegen die Schulter des Schützen gerichtet wurde. Er ging daran, diese vergeudete Energie zu zähmen, und nachdem er seine Theorie in der Praxis durch den Umbau eines Winchestergewehres zu einer selbstladenden Waffe bewiesen hatte, packte er seine Sachen und ging nach England. Er mietete ein kleines Büro in 57 D Hatton Garden, wo er die Detailkonstruktion seines neuen Projektes begann. Sehr schnell hatte er eine wirklich automatische Waffe konstruiert, gebaut (wie es scheint vor allem selbst), erprobt und sich patentieren lassen. Bei dieser Waffe wurde der Rückstoß der ersten von Hand geladenen Patrone zur Zündung der nächsten verwendet. Das Prinzip war, daß der Lauf eine kurze Strecke zurückstieß, bevor er den Verschluß entriegelte und mit der übertragenen Kraft weiter zurückstoßen ließ. Der Verschluß spannte dabei eine starke Feder und zog eine Patrone aus dem Gurt. Wenn der Verschluß seine hinterste Stellung erreicht hatte, stieß ihn die gedehnte Feder wieder nach vorn.

Dann verriegelte er sich mit dem Patronenlager und zündete die Patrone. Hierauf wurde dieser Vorgang wiederholt, solange der Abzug gezogen war und sich Patronen im Gurt befanden. Die tatsächliche Feuergeschwindigkeit war etwa 600 Schuß pro Minute. Die Munition waren .45″ Boxer-Patronen, die mit Schwarzpulver geladen waren. Der Lauf wurde so heiß, daß es erforderlich war, ihn mit einem Messing-Wasserkühler zu umgeben. Die Waffe selbst war auf einem ziemlich langen Dreibein aus Metallrohr montiert. Für den Schützen wurde dort ein Segeltuchsitz angebracht. Das MG konnte in der Höhe und zur Seite gerichtet werden, und die Visiereinrichtung reichte über 914 m. Im Jahre 1884, nachdem die Waffe sich als echtes Geschäft erwiesen hatte, ging Maxim eine Partnerschaft mit der Fir-

ma Vickers ein und stellte das MG in großer Zahl her, zumeist im Gewehrkaliber. Einige Versionen waren sogar so groß, daß Dreipfünder-Granaten (1,36 kg) vom Kaliber .1.85″ verschossen werden konnten. Die britische Armee hatte das MG im Gewehrkaliber, so wie es hier abgebildet ist. (Es war aber auf eine leichte, zweirädrige Artillerielafette statt auf dem Dreibein montiert.) Sie setzte das MG in den

.45″ Boxer (siehe Gurt am MG)

.303″ SAA-Patrone (Streifen)

38

verschiedenen Kolonialkriegen ein, wo es sich als äußerst wirksam beim Niederkämpfen von Massenangriffen der Eingeborenen erwies. Es wurde am besten an einer Flanke eingesetzt. Die enorme Wolke grauen Rauches, die durch die hohe Feuergeschwindigkeit mit Schwarzpulverpatronen entstand, führte dazu, daß man es so in Stellung brachte, daß eine Brise den Rauch vertrieb. 1891 führte die bri-

tische Armee eine Korditpatrone für ihre kleinkalibrigen Lee-Metford-Gewehre ein, und die meisten Maschinengewehre wurden entsprechend umgerüstet. Dies verbesserte die Leistung des Vickers-Maxim-MG beträchtlich, weil die Patrone einen bedeutend verstärkten Rückstoß ergab und so die Kraftquelle des MG verbesserte. Das Maxim erwies sich unter den besonderen Umständen in Südafrika nicht als

besonders erfolgreich, aber der Russisch-Japanische Krieg bewies die Notwendigkeit von Maschinengewehren, und viele Länder übernahmen Waffen, die entweder von Vickers-Maxim hergestellt oder in ihrer Lizenz gebaut wurden. Maxim war der Vater des modernen Maschinengewehrs im eigentlichen Sinne, und es gab viele Jahre lang sehr wenige Waffen dieser Art, die nicht irgendwie auf den Einfluß sei-

ner frühen Arbeit zurückzuführen waren. Maxim, der von Geburt Amerikaner war, wurde britischer Staatsangehöriger, und im Jahre 1904 wurde er zum Ritter geschlagen. Das abgebildete MG, ein sehr frühes Modell, das noch die Adresse Hatton Garden trägt, wurde 1914 durch Sir Hiram dem Science Museum geschenkt. Auf Bitten seiner Witwe wurde es 1933 der School of Musketry übergeben.

.303" VICKERS-MAXIM

Länge (Gewehr): 1079 mm
Gewicht (Gewehr): 27,21 kg
Länge (Lafette): 1905 mm
Gewicht (Lafette): 80,74 kg
Lauf: 673 mm
Kaliber: .303"
Züge: 4, Rechtsdrall
Betrieb: Rückstoß
Patronenzuführung: Gurt
Kühlung: Wasser
Kadenz: ca. 500 Schuß/Min.
Anfangsgeschwindigkeit: 744 m/s
Visier: 2652 m

Das erste echte Maschinengewehr wurde in den achtziger Jahren des 19. Jahrhunderts von dem Amerikaner Hiram Maxim erfunden und ist an anderer Stelle in diesem Buch beschrieben. Es arbeitete nach dem Prinzip, daß mit der Kraft des Rückstoßes einer Patrone die nächste geladen und gezündet wird. Dieses Maschinengewehr fand bald in ganz Europa Verbreitung, da kein Land seinem Nachbarn traute und jedes bedacht war, mehr und bessere Waffen zu haben. Man glaubte

zunächst, daß das Maschinengewehr vor allem für den Kolonialkrieg im Einsatz gegen Wilde geeignet sei, da seine gewaltige Feuerkraft es kleinen Expeditionskorps leicht machte, mit großen Horden von Feinden fertig zu werden. Selbst in den frühen Tagen der kleinen Vorderladewaffen war es einer Handvoll Europäer möglich gewesen, die hundertfache Zahl von Gegnern zurückzuwerfen, insbesondere wenn sie eine gute Verteidigungsstellung hatten. Ein gutes Beispiel hierfür waren die Wagenburgen der amerikanischen Siedler und der Buren zur Abwehr von Massenangriffen tapferer Feinde, die nicht genügend Feuerwaffen hatten, um über größere Entfernungen Verluste zu erwirken. Auch die Armeen lernten die Lektion. Sie nahmen gute Feuerstellungen ein, in der Hoffnung, Massenangriffe zu provozieren, die ihren Präzisionswaffen leichte Ziele boten. Im Jahre 1889 führte die britische Armee ein kleinkalibriges Schlagbolzengewehr mit Magazin ein, und ihre Maschinengewehre wurden allmählich auf dieses neue Kaliber umgerüstet. Bei diesen neuen Waffen wurde noch ein Treibsatz verwendet, der aus komprimiertem Schwarzpulver bestand, das in flaschenförmige Hülsen gepreßt wurde, um ausreichende Kraft zu erzielen. Der Schütze hatte den Nachteil, daß er nach einigen Schüssen wegen der großen Wolken schmutzig-grauen Pulverdampfes das Ziel nicht mehr

sehen konnte. Seine einzige Hoffnung war ein starker Seitenwind, aber das war meist ein Glücksfall. 1886 begannen die Franzosen, eine neue Patrone einzusetzen, die mit einem rauchlosen Pulver geladen war, das von einem Chemiker namens Vieille zusammen mit Hauptmann Desaleux entwickelt worden war. Die Vorteile dieses neuen Treibstoffes lagen auf der Hand. Neben der zusätzlichen Kraft, die eine gestrecktere Flugbahn und größere Reichweite ergab, wurde das Ziel nie unsichtbar, und die Schützen verrieten ihre Stellung nicht. Deshalb hatten nach wenigen Jahren alle Armeen dieses Pulver eingeführt. Die britische Armee ging 1891 zu einem ähnlichen Treibstoff über, dem Kordit. Sie stellte bald fest, daß die von der Kraft seines Schubs entwickelte größere Hitze und der entsprechende Druck eine neue Art von Zügen erforderten, und so wurden alle Gewehre und Maschinengewehre erneut umgerüstet. Diese Änderung wirkte sich besonders günstig auf das Vickers-Maxim-MG aus, weil neben der besseren Reichweite und der gestreckteren Flugbahn der stärkere Treibstoff natürlich den Rückstoß verstärkte, und damit die Kraft, die für einen ruhigen Betrieb erforderlich war. In den Tagen des Schwarzpulvers war der Rückstoß gerade ausreichend gewesen, vorausgesetzt man achtete peinlich auf Sauberkeit und gute Schmierung. Nun brachte das

Kordit eine ausreichende Arbeitsreserve selbst unter den schlechtesten Bedingungen. Das neue Kordit-Patronen-MG im Gewehrkaliber zeigte bald seine entsetzliche Wirkung, vielleicht besonders bei Kitcheners Feldzug im Sudan im Jahre 1898. Bei Omdurman erlitten die riesigen Armeen von Eingeborenen, die mit rücksichtsloser Tapferkeit über die flache, offene Wüste angriffen, gräßliche Verluste bei ihren fruchtlosen Versuchen, die britische Feuerlinie zu erreichen. Die Waffe bewies ihren Wert auch im Dschungel und im Wald, denn

wenn die Soldaten in einer Marschreihe vorgingen und sich wegen des Geländes nicht gut entfalten konnten, konnte ein einziges Maxim-MG, das von Trägern dicht hinter der Spitze des Verbandes getragen wurde, augenblicklich genügend Feuerkraft entwickeln, um einen Hinterhalt niederzuhalten, bis man ihn umgehen konnte. Das Gewehr erwies sich als etwas weniger nützlich in Südafrika, aber dies beruhte hauptsächlich auf falschem taktischen Einsatz. Das normale MG war auf einer artillerieartigen Lafette montiert, wodurch es schwer zu tarnen war, vor allem in trockenem Gelände, wo der Mündungsdruck viel Staub aufwirbelte und die genaue Stellung verriet. Dies spielte keine Rolle bei einem mit Schwertern und Speeren bewaffneten Feind, aber die tödlichen Schüsse der modernen Mauser-

Gewehre in den Händen der Buren, die sie gut bedienen konnten, machte das MG äußerst verwundbar. Erst unter den besonderen Bedingungen des Grabenkrieges von 1914–18 wurde das MG als unentbehrliche Waffe für den modernen Krieg erkannt. Die abgebildete Waffe wurde besonders wegen ihrer ungewöhnlichen Lafette gewählt, die man «Brustwehr» oder Karren nannte. Sie war usprünglich für das Gardner-MG entwickelt worden, wurde aber sofort sowohl dem Hotchkiss wie auch dem Vickers-Maxim angepaßt. Die Lafette diente zur Verteidigung, um Forts, Stellungen, Nachschubdepots und andere verwundbare Einrichtungen mit einem Minimum von Soldaten zu halten, wodurch die Masse einer Truppe für mobile Operationen im Feld frei wurde. Das vordere Horn wurde angehoben und in die Ober-

kante einer Wand oder einer Erdbrüstung eingehakt, so daß das MG, das auf einer Manschette montiert war, die auf der mittleren Stange entlang gezogen werden konnte, mit ausreichender Schwenkung über die Verteidigungsstellung feuern konnte. Die flache, kreisförmige Platte am hinteren Ende der Mittelstange war einfach ein Fuß, der den dritten Stützpunkt des Dreiecks bildete. Die Platte hatte zwei Löcher von etwa 25 mm Durchmesser, so daß sie notfalls mit Pflöcken befestigt werden konnte. Die beiden kleinen Räder, die einen Durchmesser von 559 mm und einen Radabstand von nur 457 mm hatten, sollten lediglich die Bewegung über geringe Entfernung, vielleicht von einer Seite einer Stellung zu einer anderen, sicherstellen. Sie waren keine Transporträder im üblichen Sinne. Die

zuvor kurz erwähnte Standardlafette war ein normaler Artillerietyp. Ihre Räder hatten einen Durchmesser von 1,06 m, so daß sie von einem Pferd gezogen werden konnte. Das MG selbst ist ein Maxim-Standardtyp. Die abgebildete Waffe wurde 1899 von Enfield hergestellt. Im Jahre 1912 wurde eine neue Ausführung eingeführt, bei der mechanische Verbesserungen es möglich machten, die Tiefe des Waffenkörpers zu reduzieren. Dies sieht man deutlich, wenn man dieses Bild mit der Fotografie des Vickers-MG vergleicht. Der Wasserkühlbehälter wurde aus Messing hergestellt, einerseits weil es ein relativ billiges und leicht zu bearbeitendes Metall war, und andererseits wegen seiner guten Wärmeleitfähigkeit. Im Einsatz wurde er gewöhnlich angestrichen, um eine bessere Tarnung zu erreichen.

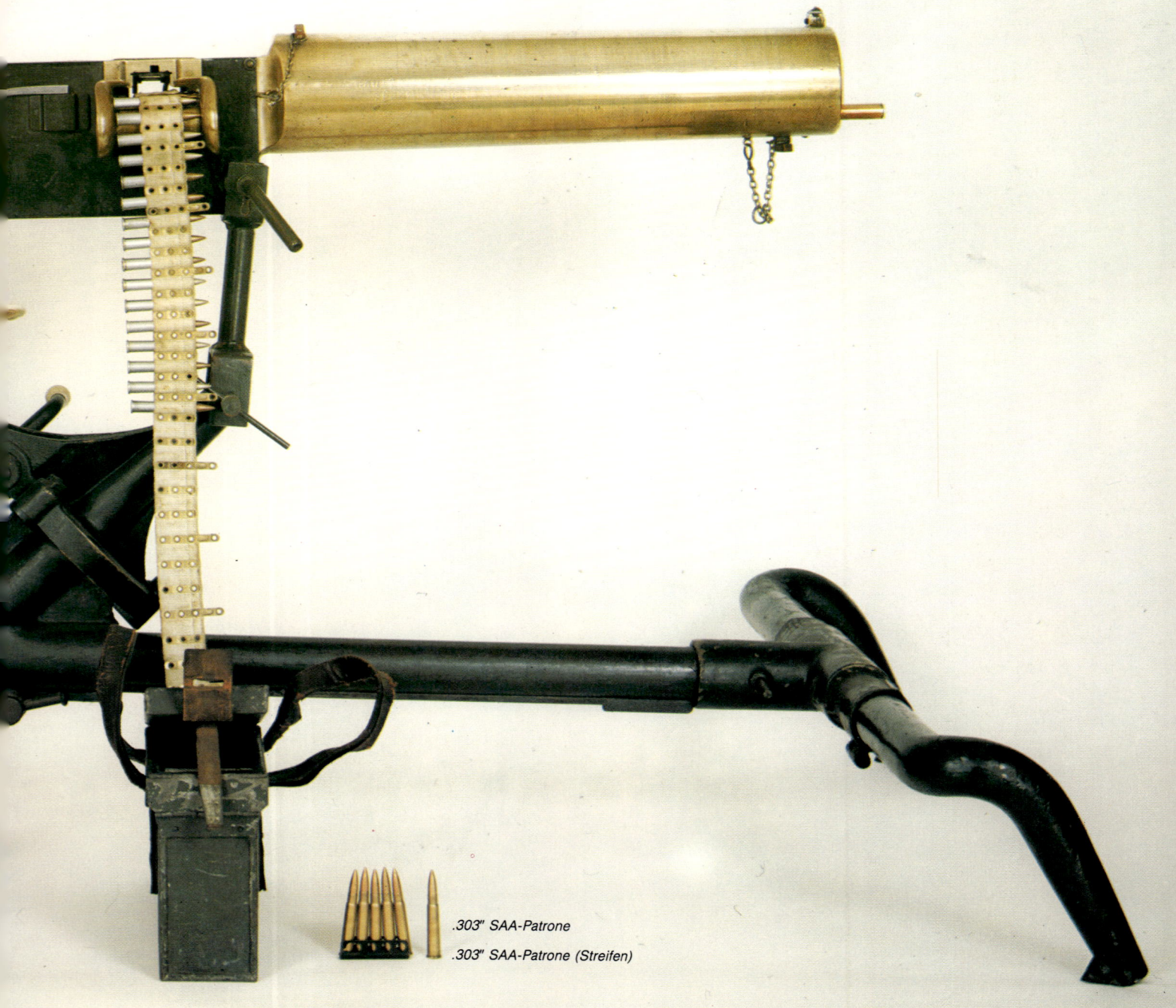

.303" SAA-Patrone
.303" SAA-Patrone (Streifen)

Grossbritannien
VICKERS .303" MG

Länge (Gewehr): 1092 mm
Gewicht (Gewehr): 14,97 kg
Gewicht (Dreibein): 22,7 kg
Lauf: 722 mm
Kaliber: .303"
Züge: 4, Rechtsdrall
Betrieb: Rückstoß
Patronenzuführung: Gurt
Kühlung: Wasser
Kadenz: 500 Schuß/Min.
Anfangsgeschwindigkeit: 744 m/s
Visier: 3475 m

Die britische Armee hatte das ursprüngliche Maxim-MG mit großem Erfolg eingesetzt, und noch vor dem Ende des 19. Jahrhunderts hatte jedes britische Bataillon eine Abteilung von zwei MG unter dem Kommando eines Offiziers. Ihre ungenügenden Leistungen im Burenkrieg brachte ihnen einen schlechten Ruf als Waffe für den regulären Krieg ein, wie gut sie auch immer angreifende Wilde niedergemetzelt haben mochten. Der Russisch-Japanische Krieg führte aber zu einem neuen Interesse an Waffen dieser Art. Eines der Probleme des Burenkrieges war die Lafette mit hohen Rädern gewesen, die auf der offenen Steppe schwer zu tarnen war. 1908 nun wurde diese Lafette durch ein Dreibein abgelöst, das die Bedienung der Waffe bedeutend vereinfachte. Die Ereignisse in Europa schienen auf die Möglichkeit eines größeren Krieges hinzuweisen, und zumindest einige begabte Soldaten, darunter Oberstleutnant McMahon, der bereits in der Einführung zu diesem Abschnitt erwähnt wurde, unternahmen große Anstrengungen um das Interesse

des Militärs anzuregen, obwohl das britische Schatzministerium entschlossen war, nicht mehr Geld auszugeben, als absolut notwendig.

1912 wurde eine beträchtlich verbesserte Ausführung der Waffe eingeführt. Die älteren Modelle waren durch die Verwendung besserer Metalle ständig leichter geworden, aber das MG von 1912 hatte einen neuen Verschluß, der die mechanische Wirksamkeit der Waffe bedeutend verbesserte. Leider billigte niemand in der Regierung den sofortigen Austausch der älteren Gewehre gegen dieses neue Modell

.303" SAA-Patrone

.303"SAA-Patrone (Streifen)

(das als erstes als Vickers-MG bekannt wurde) mit dem Ergebnis, daß das britische Expeditionskorps mit dem älteren Modell nach Frankreich ging. Dieses arbeitete zwar gut und brachte in Verbindung mit dem starken Gewehrfeuer, das eine Spezialität der britischen Infanterie war, den Deutschen schwere Verluste bei, bevor es sie schließlich an der Marne zum Halt brachte, wo ein vierjähriger Grabenkrieg begann. Mechanisch ähnelte das Vickers dem früheren Maxim. Der Arbeitstakt, der durch den Rückstand verursacht wurde, wurde durch die

Anbringung einer Mündungskappe verstärkt, die einen Teil der Gase ablenkte. Diese warfen den Verschluß zurück. Er zog eine Patrone aus dem Gurt und dehnte die Feder, die sich in einem langen Kasten an der linken Seite der Waffe befand. Dann übernahm die Feder und zwang den Verschluß vorwärts, und dadurch wiederholte sich der Zyklus. Bei einer Feuergeschwindigkeit von 250 Schuß pro Minute hielt ein Lauf etwa 10 000 Schuß aus. Danach waren die Züge derart verschlissen, daß das Geschoß keinen wirksamen Drall mehr bekam

und sehr schnell ungenau wurde. Der Lauf konnte außerordentlich rasch ausgewechselt werden, und da man Ersatzläufe hatte, war dies kein ernstes Problem. Das MG war natürlich wassergekühlt, mit einer Kühlwasserkapazität von etwa 3,5 l. Nach 3000 Schuß Dauerfeuer bei einer Feuergeschwindigkeit von etwa 200 Schuß pro Minute begann das Wasser zu sieden und verdampfte danach ständig. 1000 Schuß kosteten etwa 0,5 bis 1 l Wasser, abhängig von der jeweiligen Feuergeschwindigkeit und den klimatischen Bedingungen. Das MG

war mit einem Kondensationsrohr ausgerüstet, das in einen altmodischen 4,5-l-Benzinkanister geführt wurde. Wenn zuerst etwas Wasser in den Kanister gefüllt und der Dampf hindurchgeleitet wurde, konnte eine beträchtliche Menge des verdampften Wassers erneut verwendet werden. Dies war besonders wichtig in der Wüste, wo Wasser knapp war. In beiden Weltkriegen war es nicht ungewöhnlich, daß die Abteilung einige Gurte verschoß, um sich einen Tee zu kochen, verboten, aber sehr bequem. Es gab verschiedene Modelle des

Vickers-MG, die sich jedoch nicht sehr voneinander unterschieden. Einige Kühlwasserbehälter sind geriffelt, andere glatt, aber dies weist nicht unbedingt auf eine andere Ausführung des MGs hin. In den ersten Jahren des 20. Jahrhunderts vernachlässigten die USA ihre Armee, weil sie gegen niemanden aggressive Absichten hatten und der Meinung waren, daß ihre Marine sie beschützen würde. 1913 erschien dieser Glauben angesichts der Weltereignisse unrealistisch, und in jenem Jahr erprobte der Heeresausschuß verschiedene MGs, darunter ein Vickers-Maxim, das von der berühmten Firma Colt hergestellt wurde. Das Vickers wurde als ausgezeichnete Waffe angesehen, die den anderen weit überlegen war. Schließlich wurden zunächst 4000 MGs bestellt, aber die Lieferungen erfolgten langsam, und bis Kriegsende waren nur 12 000 MG produziert, und nur sehr wenige waren im Kampf eingesetzt worden. Diese MGs, die als US-Maschinengewehr Modell 15 bekannt wurden, hatten ein Kaliber von .30″, das normale Gewehrkaliber. Aber kurz nach dem Kriege wurden sie zugunsten des ausgezeichneten Browning 1919 eingezogen. Der verständliche Grund war, daß eine Nation von der Größe der USA im Lande erzeugte Waffen verwenden wollte. Einige dieser in Amerika hergestellten MGs fanden 1940 ihren Weg nach England, wo sie der Home Guard zugeteilt wurden. Sie wurden an markanten Stellen rot angestrichen, um sicherzustellen, daß niemand mit ihnen die britische Standardpatrone vom Kaliber .303″ verschoß. Das Vickers-MG wurde von der britischen Armee im Zweiten Weltkrieg viel eingesetzt, bis sie durch das Mehrzweck-Maschinengewehr abgelöst wurden.

Grossbritannien – Tschechoslowakei
BESA MARKS 1-3

Länge (Gewehr): 1105 mm
Gewicht (Gewehr): 18,97 kg
Gewicht (Dreibein): 16,11 kg
Lauf: 679 mm
Kaliber: 7,92 mm
Züge: 4, Rechtsdrall
Betrieb: Gasdruck
Patronenzuführung: Gurt
Kühlung: Luft
Kadenz: 500 oder 700 Schuß/Min.
Anfangsgeschwindigkeit: 793 m/s
Visier: 2287 m

Dieses Maschinengewehr wurde ursprünglich von einer tschechoslowakischen Firma in Brünn hergestellt. Wegen der schwierigen Aussprache des tschechischen Namens wurde es im Ausland als ZB bekannt. Die Fabrik hatte ihre Produktion im Jahre 1922 begonnen und zunächst eine Vielfalt von kleinen Waffen hergestellt, darunter das französische Hotchkiss in Lizenz. 1924 entwickelte ihr Konstruktionsleiter, Vaclav Holek, den Prototyp eines leichten MGs, das die besten Eigenschaften der im Ersten Weltkrieg eingesetzten MGs

in sich vereinigte, und dank dieses Gewehres, das später das berühmte Bren-MG wurde, ist er noch heute bekannt. Bis in die späten zwanziger Jahre konzentrierte sich die Fabrik auf verschiedene gasbetriebene MGs, darunter eines für die Japaner. Diese Waffe war später die Grundlage für ihre leichten automatischen Waffen, und da sie auf diesem Gebiet einen sehr guten Ruf hatte, beschloß die Firma etwa 1930, Versuche mit einem mittleren MG zu machen. Wie die Konstrukteure und Hersteller der meisten anderen mittleren MGs legte sie sich zunächst auf eine Waffe mit Rückstoßbetrieb statt mit Gasdruck fest. Der Grund war, daß dies sowohl zuverlässig wie auch sauber war. Das zweite Merkmal ist besonders bedeutend bei Waffen, die für Dauerfeuer konstruiert sind. Die beim Gasdruckbetrieb unvermeidbare Verschmutzung kann die Funktion der Waffe stören, vor allem, wenn über längere Zeiträume schnell gefeuert wird. Dieses MG war ein Erfolg, aber es wurde von dem Ruf des Bren überschattet, was die Firma veranlaßte, ein weiteres mittleres MG zu entwickeln. Dieses Mal entwickelte sie zur allgemeinen Überraschung ein Gasdruck-Gewehr. Das MG, das die

Bezeichnung ZB 53 erhielt, beeindruckte die Engländer stark, die damals vor allem nach einem guten mittleren MG als Panzerwaffe suchten. Noch bevor die Waffe im Jahre 1937 offiziell auf den Markt kam, begannen sie eine Erprobung, denn die Unterlagen des britischen Ausschusses für kleine Waffen von 1936 weisen den Kauf von mehreren dieser frühen Prototypen zu einem Preis von etwa 310 Pfund pro Waffe aus. Die Engländer kauften 15 000 Schuß Munition. Obwohl die Waffe streng genommen mit Gasdruck arbeitete, bewegte sich der Lauf auch unter der Kraft des Rückstoßes zurück. Der zeitliche Ablauf war so geregelt, daß die Patrone in das Patronenlager eingeführt wurde und zündete, während der Lauf nach vorn stieß. Dies bedeutete natürlich, daß die Rückwärtsbewegung des Rückstoßes erst aufgehalten und dann umgekehrt werden mußte. Die Vorwärtsbewegung verringerte nicht nur den nächsten Rückstoß beträchtlich, sondern auch verschiedene andere Belastungen an der Waffe. Die MGs hatten sehr schwere Läufe, einige mit Wärmeableitblechen, die Dauerfeuer zuließen. Bei den frühen Modellen gab es die Möglichkeit, die Feuergeschwindigkeit von

450 bis 850 Schuß pro Minute zu variieren. Alle Berichte zeigten an, daß die Waffe ein Erfolg war. Sie arbeitete gut als Panzerwaffe, wenn auch das Erfordernis, den Deckel zu öffnen um einen Gurt einzuführen, bedeutete, daß eine Raumhöhe von mindestens 20 cm erforderlich war, was in der Enge eines Panzers nicht immer leicht war. Man stellte auch fest, daß die beträchtliche Menge von Kohlenmonoxyd, die von der Waffe erzeugt wurde, einen zusätzlichen Ventilator erforderlich machte. Dies waren jedoch geringfügige Nachteile, und das MG war in anderer Hinsicht so zuverlässig, daß man 1937 daran dachte, alle Vickers MGs bei der Infanterie durch das ZB 53 zu ersetzen. Der Grund, warum dies

7,92 mm SAA-Patrone

.303" SAA-Patrone (Streifen)

nicht geschah, war die Tatsache, daß es die randlose 7,92-mm-Patrone verschoß und nicht auf die britische Randpatrone vom Kaliber .303″ umgestellt werden konnte. Die Engländer waren immer äußerst bedacht darauf, daß die leichten Waffen ihres Militärs. d. h. Gewehre, leichte MGs und mittlere MGs dieselbe Patrone verschossen, und bei den Infanteriewaffen waren sie nicht bereit, davon abzuweichen. Die Panzerwaffen galten jedoch als eine andere Kategorie, denn es gab relativ wenige von ihnen, und es war möglich, sie ohne großes Risiko einer Verwirrung beim Nachschub zu versorgen. Die eigentliche Herstellung der Munition verursachte keine Probleme, nachdem erst einmal eine Fabrik hierfür ein-

gerichtet war. Die gezeigte Waffe stellt ein Rätsel, denn obwohl sie offensichtlich eine ZB 53 ist, trägt sie keinerlei Markierung. Es ist möglich, daß sie einer der frühen Prototypen ist, die von der Tschechoslowakei für die Erprobungen bei der Small Arms School in Hythe nach England geschickt wurden. Sie ist auf dem normalen tschechischen Dreibeinmodell 45 montiert, das eine feste Plattform bildet. Seine beträchtliche Größe beruht darauf, daß es notfalls zur Flugabwehr eingesetzt werden kann. Wenn die Waffe abmontiert ist, werden die beiden Vorderbeine entrastet und als Verlängerung des Hauptrahmens nach vorn geschwenkt. Das hintere Bein besteht aus zwei Teilen, einem langen und einem kur-

zen. Der lange Teil wird ausgerastet und nach unten gedreht, um das hohe Dreibein zu bilden, während der kürzere Teil senkrecht von ihm absteht. Dieser kürzere Teil nimmt die Waffe auf. Im Jahre 1936 schloß die Small Arms Company in Birmingham einen Vertrag mit ZB ab, aufgrund dessen sie das MG Nr. 53 herstellen durfte, und kurz darauf begann die Arbeit. Diese MGs erhielten den Namen Besa nach den Anfangsbuchstaben von Brünn und Enfield und den letzten von BSA. Die Waffe wurde in manchen Teilen geändert, aber dies nur zur Erleichterung der Massenproduktion und stellte keine eigentliche Konstruktionsänderung dar. Alle von BSA hergestellten MGs waren für Panzer bestimmt und hatten Pi-

stolengriffe. Obwohl es eine Anzahl von Varianten gab, hauptsächlich um die Produktion im Verlaufe des Zweiten Weltkrieges zu erleichtern, blieben die MGs im Ganzen bemerkenswert gleich. Die Hauptänderung kam mit der dritten Ausführung, bei der schließlich der Umstellhebel für die Feuergeschwindigkeit aufgegeben wurde, so daß sie nur noch Schnellfeuer schoß. Die Besa war in ihren verschiedenen Formen eine ausgezeichnete Waffe, sehr zuverlässig und ungewöhnlich genau. Dies beruhte vor allem auf dem kombinierten Rückstoß- und Gasdruckbetrieb, wodurch das MG sehr ruhig schoß. Es gab eine größere Version im Kaliber 15 mm, die ebenfalls für Panzer vorgesehen war.

Grossbritannien
GPMG L 7 A 1

Länge (Gewehr): 1264 mm
Gewicht (Gewehr): 10,89 kg
Gewicht (Dreibein): 13,2 kg
Lauf: 629 mm
Kaliber: 7,62 mm
Züge: 4, Rechtsdrall
Betrieb: Gasdruck
Patronenzuführung: Gurt
Kühlung: Luft
Kadenz: 800 bis 900 Schuß/Min.
Anfangsgeschwindigkeit: 855 m/s
Visier: 1646 m

Seit 1914 hatte die britische Armee zwei Maschinengewehrtypen gehabt, ein mittleres MG (das während der ganzen Zeit das Vickers-MG gewesen war) und ein leichtes MG (ursprünglich das Lewis-MG und später das Bren-MG). Der Erfolg der Deutschen mit ihrem MG 34 und vor allem auch mit dessen Nachfolger, dem MG 42, schien jedoch darauf hinzuweisen, daß es besser war, die beiden Typen durch ein einziges Mehrzweck-Maschinengewehr zu ersetzen, und als die NATO ein Standardkaliber für leichte Waffen einführte, schien die Gelegenheit zum Wechsel gegeben zu sein. Im Jahre 1957 war ein mögliches Nachfolgemuster bereits entwickelt und in kleiner Zahl hergestellt worden. Es beruhte vor allem auf dem früheren Bren-MG, hatte aber einen schwereren Lauf und eine Gurtzuführung, so daß es eine bessere Dauerfeuerkapazität hatte, als sie jemals mit dem früheren leichten MG möglich gewesen war. Obwohl dieses MG sehr genau war, hatte es gewisse Nachteile, vor allem, daß das Gurtzuführungssystem zu geringe Kraft hatte. Unter normalen Umständen arbeitete es gut, aber wenn das MG ziemlich hoch gehoben wurde, wodurch natürlich der Gurt länger und schwerer wurde, verlangsamte die

7,62 mm NATO

.303" SAA-Patrone (Streifen)

Waffe aufgrund der Reibung ihre Schußfolge. Sie war auch sehr teuer in der Herstellung, denn der MG-Körper wurde aus einem Metallblock gearbeitet. 1958 wurde dieser Prototyp, der vorläufig MG E 4 genannt wurde, einer Vergleichserprobung mit einer Anzahl ähnlicher Waffen, darunter das amerikanische M 60, unterzogen. Das Ergebnis dieser Erprobung war, daß das belgische FN MAG (die drei letzten Buchstaben bedeuten Mitrailleur à Gaz) die beste Waffe war. Wie die anderen Erzeugnisse der Fabrique Nationale war dieses MG sauber gearbeitet, robust und zuverlässig, und es ist von mehreren NATO-Ländern eingeführt worden. Die ersten von der britischen Armee eingesetzten MGs wurden in Belgien hergestellt, aber später wurde die Produktion zur Royal Small Arms Factory nach Enfield verlegt. Dabei wurde eine gewisse Veränderung vorgenommen, um den britischen Herstellungsverfahren gerecht zu werden, aber es gab keine grundlegenden Änderungen. Das britische MG wird mit L7A1 bezeichnet, aber allgemein Mehrzweck-Maschinengewehr genannt. Das neue MG wies wie viele anderen FN-Produkte Ähnlichkeiten mit Patenten von John Browning auf, einem Amerikaner und einer der profiliertesten und erfolreichsten Konstrukteure auf dem Gebiet der Feuerwaffen, den die Welt je gesehen hat. Es arbeitet mit Gasdruck und einem Verriegelungssystem, das demjenigen der ursprünglichen Browning Automatic Rifle von 1917 ähnelt. Sein Zuführungsmechanismus ist buchstäblich identisch mit dem des deutschen MG 42, ebenso wie sein Abzug. Ursprünglich waren zwei verschiedene Läufe für das MG vorgesehen, ein einfacher Stahllauf für die Rolle als IMG und ein schwerer Lauf mit einer besonderen Innenauskleidung für Dauerfeuer. Die Auskleidung sollte aus Stellit bestehen, einer Nichteisenlegierung von extremer Härte, die sehr schwer zu bearbeiten ist, aber den großen Vorteil hat, daß sie bei hohen Temperaturen ihre innere Festigkeit behält. Es erwies sich jedoch als unmöglich, die Auskleidung entsprechend den erforderlichen Toleranzen zu fertigen. Man stellte bei Versuchen fest, daß sie sich bei Dauerfeuer verzog, und schließlich mußte dieser Plan aufgegeben werden. Das ursprüngliche Konzept war, Feuerstöße von zwanzig Schuß durch den Speziallauf zu schießen, aber diese Zahl mußte auf zehn reduziert werden, und selbst dann war es empfehlenswert, den Lauf nach vier Gurten mit je 200 Schuß zu wechseln. Jede britische Infanteriekompanie hat vier Dreibeine mit Extraläufen und Zielfernrohren, so daß ein Teil der MGs der Kompanie auf Dauerfeuer umgerüstet werden kann. Wenn dies geschieht, wird der Kolben normalerweise entfernt und das Zweibein eingeklinkt. Die abgebildete Waffe ist ein frühes Modell. Sie weist die Klemmschiene, die für das Zielfernrohr erforderlich ist, nicht auf. Sie ist auch auf einem Versuchsdreibein montiert. Weiteres Zubehör umfaßt spezielle Läufe für Übungsschießen und ein Trommelmagazin, der an die Seite des MGs angeklinkt werden kann, wenn es als IMG eingesetzt werden soll und Beweglichkeit erforderlich ist. Es wird jedoch nicht oft angewandt. Eine Ausführung dieser Waffe, die L8A1, wurde als Koaxial-MG für Panzer entwickelt. Es ist mit einem schweren Stahllauf ausgerüstet, und mit einer Vorrichtung die sicherstellt, daß die beim Schießen entstehenden Gase aus dem Panzer entweichen. Es gibt auch ein MG L37A1, das im Prinzip für den Einsatz in Panzerfahrzeugen vorgesehen, aber so konstruiert ist, daß es schnell ausgebaut und als Infanteriewaffe verwendet werden kann. Eine weitere Variante, das L20A1, wird in Hubschraubern eingesetzt. Obwohl die Waffe wirksam ist, kann man sich darüber streiten, ob das Konzept eines Mehrzweck-MGs sich im Ganzen als zufriedenstellend erwiesen hat. Kompromißwaffen, die konstruiert wurden, um Aufgaben zu erfüllen, die ursprünglich von zwei verschiedenen Waffen erledigt wurden, sind im jeweiligen Spezialzweck selten so wirksam wie die ursprünglichen Waffen, und das Mehrzweck-MG ist keine Ausnahme. Es ist etwas zu schwer und zu klobig als IMG, hat aber andererseits nicht die wahre Dauerfeuerkapazität des alten, wassergekühlten Vickers-MG. Es erleichtert jedoch die Ausbildung beträchtlich, was in einer modernen Armee mit kompliziertem Gerät ein bedeutender Faktor ist.

Trommelmagazin

Abnehmbarer Kolben

Blindschießlauf

BREDA MODELLO 37

Länge (Gewehr): 1270 mm
Gewicht (Gewehr): 19,28 kg
Gewicht (Dreibein): 18,8 kg
Lauf: 635 mm
Kaliber: 8 mm
Züge: 4, Rechtsdrall
Betrieb: Gasdruck
Patronenzuführung: Ladestreifen
Kühlung: Luft
Kadenz: 450 Schuß/Min.
Anfangsgeschwindigkeit: 793 m/s
Visier: 3000 m

Die Società Italiana Ernesto Breda hat ihren Sitz in Brescia, einer norditalienischen Stadt, die wegen ihrer Stahlindustrie und insbesondere wegen der Qualität ihrer Feuerwaffen berühmt ist. Die Firma begann als Lokomotivenfabrik, aber 1915 erklärte Italien Österreich den Krieg, und 1916 folgte die Kriegserklärung an Deutschland. Zu dieser Zeit war das ganze Land auf Kriegsproduktion umgestellt. Seine ziemlich begrenzte Industriekapazität stellte Rüstungsgüter her. Im Laufe dieser Änderung begann Breda Revelli-Maschinengewehre zu bauen. Breda war damals fast eine Filiale der Firma Fiat, die die ursprünglichen Patente für diese Waffen besaß. Zur Zeit des Waffenstillstandes im Jahre 1918 hatte sich die Firma einen guten Ruf erworben. Trotz des natürlichen Rückganges der Nachfrage nach Waffen gelang es ihr weiterhin Maschinengewehre herzustellen, wenn auch nur im kleinen Rahmen. Während des Krieges hatte Italien einen großen Teil seiner automatischen Waffen aus dem Ausland bezogen, aber Anfang der zwanziger Jahre beschloß es, die Möglichkeit der Herstellung eines zuverlässigen leichten Maschinengewehrs für den Infanterie- oder Bordwaffeneinsatz zu untersuchen. Deshalb lud die italienische Regierung ihre verschiedenen Fabriken ein, etwas Entsprechendes zu konstruieren. 1924 hatte Breda ein leichtes MG hergestellt, das nach einigen Änderungen 1928 in die Produktion ging. Dann zeigte die Regierung Interesse an einem schweren MG für den Einsatz in (und gegen) Panzern und Flugzeugen, und 1931 baute Breda ein MG vom Kaliber 13,2 mm. Diese Waffe erwies sich als sehr gut, und die Firma begann sofort, sie zu einem mittleren MG umzubauen, mit dem die 8-mm-Patrone Modello 35 verschossen wurde. Die Arbeiten gingen bemerkenswert gut voran und 1937 produzierte die Firma das MG, von dem ein Muster abgebildet ist. Der Mechanismus war orthodox und sehr einfach. Er arbeitete mit einem Kolben, der durch Gasdruck aus dem Lauf betrieben wurde. Der Kolben betätigte auch den Verschluß, der in der Feuerstellung durch eine Zunge am Kolben verriegelt wurde, die das Ende des Verschlusses in eine Aussparung am oberen MG-Körper anhob. Die Waffe schoß nur automatisch, und es war möglich, die Feuergeschwindigkeit durch einen Gasregler zu steuern, durch den die Gase

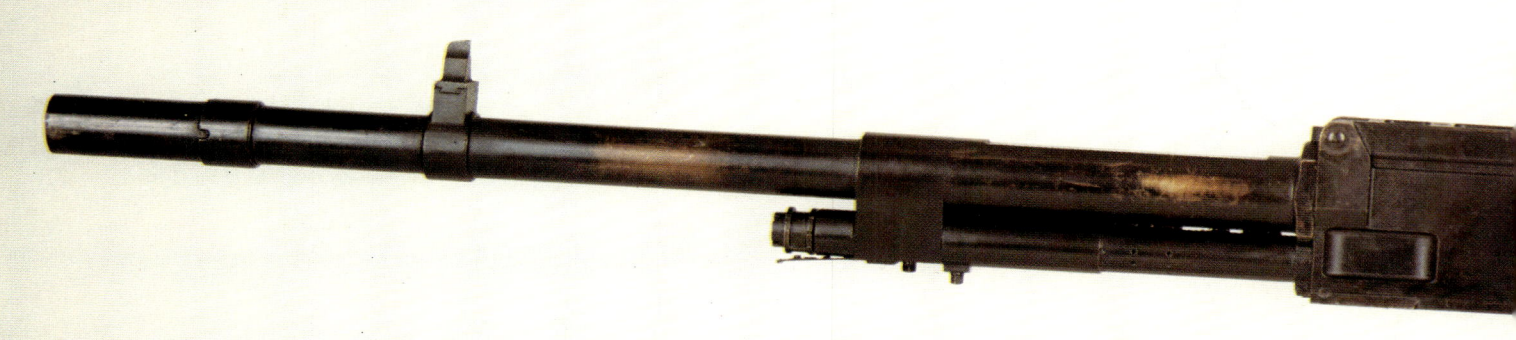

8 mm Modello 35

.303" SAA-Patrone (Streifen)

zum Kolbenkopf gelangten, der austauschbar war. Da die Gasöffnung immer in der richtigen Stellung zum Gasdruckregler sein mußte, war es unmöglich, den Verschlußabstand zu erhöhen oder zu verringern. Er war deshalb etwas größer als erforderlich. Dies brachte natürlich das Risiko von Hülsenreißern, da der Verschlußblock sie nicht direkt führte. Aber Breda löste dieses Problem durch die übliche Methode, jede Patrone mittles einer Pumpe beim Eintritt in das Patronenlager zu ölen. Dadurch konnte die Patrone in der Kammer «schwimmen» und sich fest gegen den Verschluß drücken, bevor der Druck zu hoch wurde. Das System, Patronen zu ölen, war weit verbreitet, und es ist möglich, daß Breda es bei den Schwarzlose-MGs ab-

guckte, die die Italiener nach dem Ende des Ersten Weltkrieges in großer Zahl von den Österreichern erhielten. Es löste das Problem jedoch nicht vollständig und kann in heißen und staubigen Umgebungen Probleme verursachen, wenn auch die Italiener bei ihren Afrikafeldzügen nicht darunter zu leiden schienen. Die Waffe war luftgekühlt, und ihr schwerer Lauf von 4,4 kg ermöglichte zufriedenstellendes Dauerfeuer ohne Überhitzung. Die Waffe wurde durch eine Art Ladestreifen, genauer eine Trogschiene, mit Patronen versorgt. Ohne Zweifel war der ungewöhnlichste Aspekt dieses Systems die Tatsache, daß die leeren Hülsen sauber in der Trogschiene abgelegt wurden, nachdem sie abgeschossen waren. Die Aufgabe dieser bemerkenswer-

ten Vorrichtung ist völlig unklar, denn sie verbrauchte eine beträchtliche Kraft und bedeutete auch, daß vor dem Laden der Schiene die leeren Hülsen entfernt werden mußten. 1938 wurde das Breda-MG für den Einsatz in Panzern umgerüstet. Der Hauptunterschied war der Ersatz der Trogschiene durch ein Kastenmagazin. Außerdem wurde anstelle des Spatengriffes ein Pistolengriff eingeführt. Das Modello 1937 war auf einem einfachen, robusten Dreibein montiert, das denjenigen der österreichischen Schwarzlose-MGs sehr ähnelte. Der Hauptunterschied zwischen beiden Waffen, den man durch Vergleichen der Fotografien erkennt, ist, daß der Schwenkbogen der österreichischen Waffe an das hintere Bein des Dreibeins ange-

klemmt ist, während der Bogen des Breda-MG an einer horizontalen Platte befestigt ist, die am vordersten Punkt des Dreibeins sitzt. Das Breda-MG leistete der italienischen Armee während des Krieges gute Dienste und erwarb sich einen besonderen Ruf der Zuverlässigkeit trotz der Tatsache, daß die meisten von der italienischen Armee unternommenen Feldzüge in Nord- und Ostafrika stattfanden, wo der viele Staub und die Sandstürme sich sehr nachteilig auf die Wirksamkeit einer Waffe auswirken konnte, die mit geölten Patronenhülsen arbeitet. Heute setzen die Italiener ein MG ein, das im wesentlichen eine Version des deutschen MG 42 ist. Diese Waffe wird in Italien in Lizenz hergestellt und ist als Mitragliatrice Leggere 42/59 bekannt.

Japan
TAISHO 14

Länge (Gewehr): 1155 mm
Gewicht (Gewehr): 28,1 kg
Gewicht (Dreibein): 27,25 kg
Lauf: 737 mm
Kaliber: 6,5 mm
Züge: 4, Linksdrall
Betrieb: Gasdruck
Patronenzuführung: Ladestreifen mit 30 Schuß
Kühlung: Luft
Kadenz: 450 Schuß/Min.
Anfangsgeschwindigkeit: 732 m/s
Visier: 2200 m

Gegen Ende des 19. Jahrhunderts hatte Japan nach vielen Jahrhunderten seine Zurückgezogenheit aufgegeben und war auf dem Wege, ein moderner Industriestaat zu werden. Seine Truppen waren wie seine anderen Institutionen gut organisiert. Sie hatten europäische Berater und Unterstützung. Japan hatte eine beträchtliche potentielle Kapazität der Gewehrproduktion. Selbst bei seinem Krieg mit China 1894 hatte es im Inland hergestellte Gewehre eingesetzt, und auf der Grundlage der Erfahrung in jenem Krieg war dieses frühe Gewehr bedeutend verbessert worden. Es gab jedoch verständlicherweise eine Grenze dessen, was selbst die fleißigen Japaner in wenigen Jahren erreichen konnten, und eine der Waffen, die ihnen fehlte, war ein Maschinengewehr. Damals wurde das MG nicht allge-

mein als für den modernen Krieg notwendige Waffe angesehen, nicht einmal von vielen europäischen Soldaten, aber die Japaner, die keine Vorurteile hatten, erkannten sehr früh das Potential der neuen Waffe. Kurz nach 1900 begannen sie das französische Hotchkiss Modell 1897 in Lizenz herzustellen. Die meisten ihrer Militärberater waren Deutsche, so daß nicht klar ist, warum sie sich auf ein französisches MG festlegten. Es mag sein, daß die Deutschen damals noch nicht von der Nützlichkeit des MGs überzeugt waren. Es mag aber auch sein, daß die Franzosen bessere Verkäufer waren. Wahrscheinlich hatten sich die Japaner für eine luftgekühlte Waffe entschieden und meinten, daß die Hotchkiss die beste verfügbare war. Einige der MG-Beschreibungen in diesem

Buch gehen auf den Russisch-Japanischen Krieg von 1904/05 ein. Dies geschieht aus dem Grund, weil dies der erste «moderne» im Gegensatz zum «Kolonialkrieg» war, in dem viele Maschinengewehre eingesetzt wurden. Ein großer Teil des Krieges spielte sich bei der Verteidigung Port Arthurs (heute Lu-Shun in der Mandschurei durch die Russen ab. Die russische Fernostflotte war in diesem Hafen blockiert, und die Landseite war wegen der japanischen Angriffe stark befestigt. Die Japaner hatten drei Divisionen eingesetzt. Jede dieser Division hatte bis zu 25 Hotchkiss-MGs, und die Japaner setzten sie mit großem Geschick und Kühnheit ein. Zuvor war bei den Europäern die Ansicht verbreitet, daß das Maschinengewehr im Prinzip eine Defensivwaffe sei, die dazu diene,

6,5 mm Meiji 30

.303" SAA-Patrone (Streifen)

Massenangriffe aufzuhalten, aber die Japaner erkannten schnell, daß es auch eine ideale Unterstützungswaffe für Offensivoperationen war. Das kritische Problem in den Tagen des kleinkalibrigen Magazingewehrs war, eine Anriffstruppe möglichst unverletzt durch eine Feuerzone zu bringen, damit sie auf der anderen Seite erfolgreich angreifen konnte. Die Japaner lösten dieses Problem, indem sie ihre Maschinengewehre konzentrierten und eine gewaltige Feuerkraft auf die Verteidigungsstellungen des Feindes richteten, die oft klar zu erkennen waren. Im Idealfall sollte diese Art von Feuer von der Flanke vorgetragen werden, aber die Japaner zögerten nicht, Tiefenfeuer anzuwenden. Wenn man davon ausgeht, daß die MGs etwa 1800 m vor dem Ziel lagen, war dies natürlich sicher, und wenn

das Gelände es erlaubte, feuerten sie innerhalb sehr enger Sicherheitsgrenzen. Es ist natürlich gewiß, daß ihre eigene vorgeschobene Infanterie einige Verluste durch dieses Feuer erlitt. Aber wenn geringe Verluste durch eigenes Feuer hohe durch das des Feindes vermeiden, dann sind sie offensichtlich gerechtfertigt. Das abgebildete Maschinengewehr ist von japanischer Konstruktion, basiert aber auf dem Hotchkiss-Modell von 1914 und wurde in jenem Jahr gebaut. Die ursprünglichen französischen Maschinengewehre, die von den Japanern gegen die Russen eingesetzt wurden, hatten natürlich das Kaliber 8 mm, aber das Modell von 1914 war auf ihr eigenes, normales Gewehrkaliber 6,5 mm umgestellt. Dies war eine schlechte Patrone von nur mäßiger Kraft, die für Maschinengewehre nicht gut

geeignet war, weil die relativ geringe Verjüngung beim Ausstoßen Probleme verursachte. Die Japaner hatten auch Schwierigkeiten, den Verschlußabstand einzustellen, das heißt, den Abstand zwischen der Bodenplatte des Geschosses und der Fläche des Verschlußkopfes. Dies ist ein sehr bedeutender Faktor, denn wenn er zu gering ist, wird der Verschluß nicht immer verriegeln, und wenn er zu groß ist, fliegt die Patrone ohne Führung zurück und kann reißen. Die Japaner lösten das Problem, indem sie jede Patrone beim Einführen in das Patronenlager ölten. Dadurch konnte die Patrone leicht gegen den Verschluß zurückgleiten, bevor der Druck ein Maximum erreichte. Angesichts der Neigung des früheren Hotchkiss, zu überhitzen, erhöhten die Japaner die Zahl der Kühlringe, so daß sie sich

über die volle Länge des Laufes erstreckten. Da die Beweglichkeit ein bedeutender Faktor der japanischen Maschinengewehrtaktik war, hatte das Dreibein an jedem Fuß Hülsen, in die Tragegriffe eingeschoben werden konnten. So konnten notfalls drei Männer das MG tragen. 1932 wurde das MG auf die stärkere 7,7-mm-Patrone umgerüstet, aber mit Ausnahme des Laufes und des Verschlusses blieb es fast identisch mit dem Typ 3. Der Hauptunterschied war der Ersatz des alten Spatengriffes durch einen doppelten Pistolengriff. Seltsamerweise hatte auch die neue Ausführung noch einen Patronenöler. Er wirkte sich ungünstig aus, insbesondere bei Trockenheit und Staub. Es überrascht, daß die Japaner nicht die Gelegenheit ergriffen, bei der Umstellung der Waffe auf die neue Patrone auf das Ölen zu verzich-

ten. Dieses neue MG unter der Bezeichnung Typ 92 bewährte sich in den langen Kriegen gegen China in den dreißiger Jahren und war das japanische Standard-MG des Zweiten Weltkrieges. Es verschoß einen ziemlich schweren Ladestreifen mit 32 Schuß. Wahrscheinlich aufgrund der Trägheit dieses toten Gewichtes schoß das MG die ersten Schüsse ziemlich zögernd, bevor es schneller wurde. Es war ein charakteristisches Geräusch, wodurch man das MG im Gefecht leicht identifizieren konnte.

Sowjetunion
SGM (GORYUNOV)

Länge (Gewehr): 1120 mm
Gewicht (Gewehr): 13,5 kg
Gewicht (Lafette): 23,1 kg
Lauf: 719 mm
Kaliber: 7,72 mm
Züge: 4, Rechtsdrall
Betrieb: Gasdruck
Patronenzuführung: Gurt
Kühlung: Luft
Kadenz: ca. 650 Schuß/Min.
Anfangsgeschwindigkeit: 823 m/s
Visier: 2000 m

Das erste mittlere Maschinengewehr, daß Rußland einführte, war ein 1910 in Dienst gestelltes, wassergekühltes Maxim-MG. Diese Waffe war noch bei Ausbruch des Zweiten Weltkrieges im Einsatz, aber sie war kompliziert und teuer in der Herstellung. 1942 stand fest, daß die riesigen Sowjetarmeen nur mit Waffen ausgerüstet werden konnten, die durch moderne Massenfertigungsverfahren schnell und billig herzustellen waren. Das neue MG, das von Goryunov konstruiert wurde, hatte Gurtzuführung und Gasdruckbetrieb und war von einfacher, robuster Konstruktion. Wenn der erste Schuß abgegeben war, wirkte ein Teil der Gase durch eine Gasöffnung im Lauf auf den Kolben, der zurückgestoßen wurde und den Schlitten mitführte. Die erste Bewegung des Schlittens entriegelte den Verschluß und ließ ihn nach hinten gleiten, wobei die Schließfeder zurückgedrückt wurde. Im Verlaufe dieser Rückwärtsbewegung zog ein Klauenpaar die nächste Patrone aus dem Gurt und drückte sie in eine Patronenführung, so daß der Verschluß sie bei seiner Vorwärtsbewegung in das Patronenlager einführen konnte. Dieser etwas komplizierte Vorgang war erforderlich, weil das MG eine Randpatrone verschoß, die nicht aus dem Gurt nach vorn gestoßen werden konnte, aber es schien gut zu arbeiten. Wenn der Verschluß sich seiner vorderen Stellung näherte, zwang ein Keil ihn leicht nach rechts, wo er in einer Aussparung im MG-Körper einrastete und verriegelte, bevor die Patrone gezündet wurde. Dies war wirksam, bedeutete aber, daß die Vorderseite des Verschlusses im Winkel eingerastet werden mußte, damit er dem Patronenboden richtigen Halt gab. Die Kühlung wurde durch einen sehr schweren Lauf mit verchromter Bohrung erreicht. Dieser Lauf konnte sehr schnell gewechselt werden, wodurch die Waffe über lange Zeit hinweg ohne übermäßige Überhitzung Dauerfeuer schießen konnte. Obwohl bis 1945 eine gewisse Anzahl dieser MGs hergestellt worden war, blieb das alte Maxim bis zum Kriegsende im Einsatz. Die abgebildete Waffe ist eine modernisierte Ausführung des Goryunov, die einige mechanische Verbesserungen aufweist. Sie ist jedoch im Prinzip dieselbe Waffe. Ihr Hauptunterscheidungsmerkmal sind die auffallenden Aussparungen des Laufes in Längsrichtung, die eine bessere Kühlung bewirkten. Ursprünglich war das MG mit einer Lafette ausgerüstet, die im wesentlichen dem kleinen Sokolow-Fahrwerk ähnelte, das für das Maxim-MG verwendet wurde. Der Lafettenschwanz dieses Fahrwerks ist eine einzelne Stange mit einem Gelenk am Ende, und es hat einen abnehmbaren Schild. Diese Lafette ist abgebildet, aber es gibt ein späters Modell mit einem U-förmigen Metallrohr und auch ein Dreibein. Alle MGs passen auf alle Gestelle. Die Gestelle sind alle so konstruiert, daß sie zur Flugabwehr verwendet werden können. Bei der abgebildeten Ausführung wird das MG abgenommen und das Gestell vorwärts geneigt, bis das obere Ende des Schildes auf

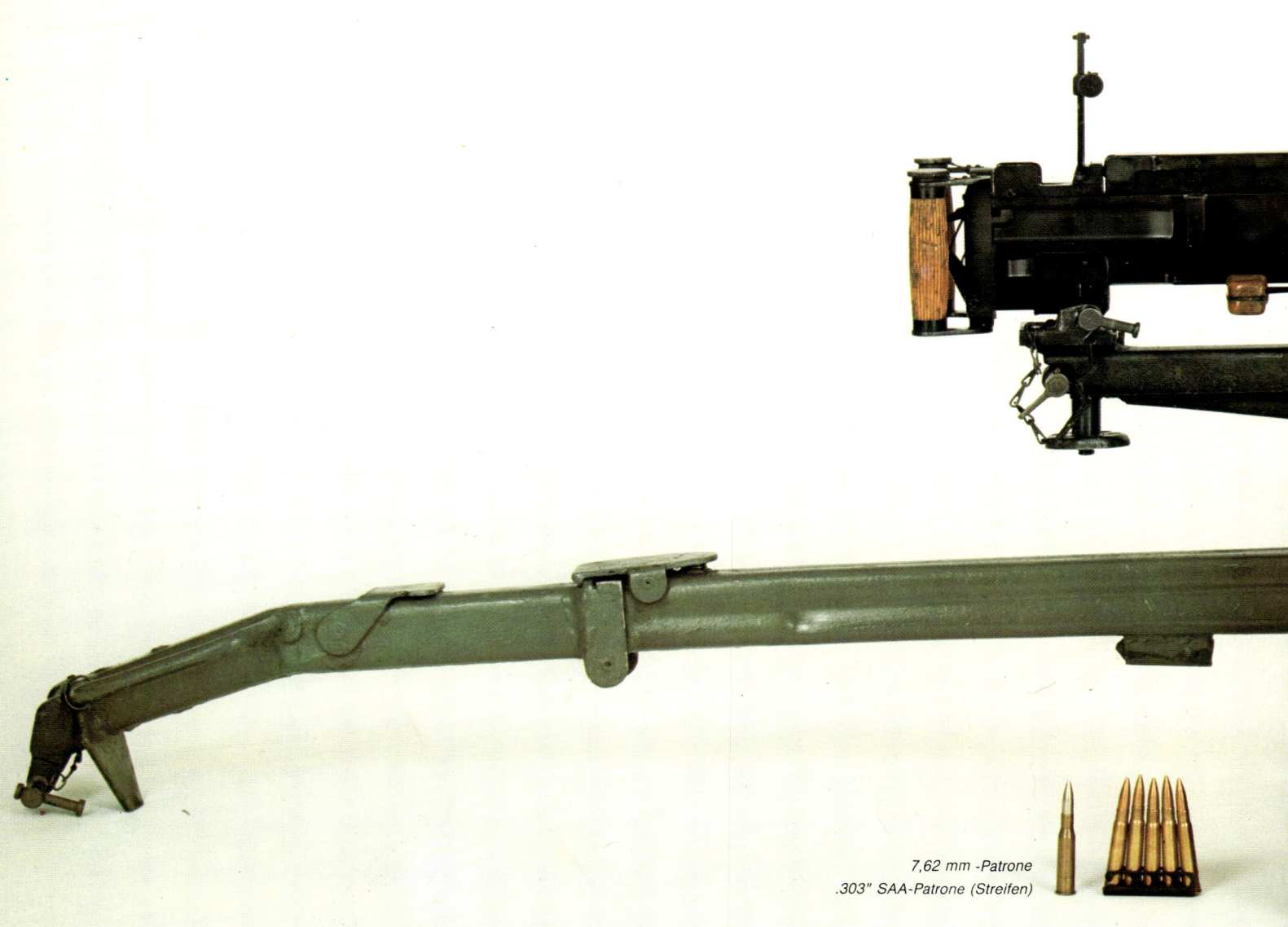

7,62 mm -Patrone
.303" SAA-Patrone (Streifen)

dem Boden aufliegt. Danach wird das MG am Ende des Lafettenschwanzes aufmontiert. Die Waffe kann auch als Fahrzeugwaffe verwendet werden, — dabei ist sie auf einen Spezialrahmen montiert, und hat eine Mulde zur Aufnahme des Gurtkastens, einen Beutel für leere Hülsen und einen einziehbaren Schulterkolben. Das Goryunov hat sich als zuverlässige Waffe erwiesen und ist in fast allen kommunistischen Ländern auf der ganzen Welt noch weit verbreitet. Es ist in großer Zahl von den Chinesen hergestellt und eingesetzt worden, und viele dieser Waffen wurden gegen die amerikanischen Truppen in Vietnam eingesetzt. Es wird auch in Polen, der Tschechoslowakei und Ungarn hergestellt. Obwohl die Waffe in der Sowjetunion noch im Einsat ist, wird sie durch das neue Mehrzweck-MG PK abgelöst. Es ist das erste Mehrzweck-MG, das die russische Armee übernimmt, aber es verschießt noch die Patronen von 1891.

Vereinigte Staaten von Amerika
COLT-BROWNING MODELL 1895

Länge (Gewehr): 1035 mm
Gewicht (Gewehr): 15,87 kg
Gewicht (Dreibein): 27,8 kg
Lauf: 712 mm
Kaliber: .30″
Züge: 4, Rechtsdrall
Betrieb: Gasdruck
Patronenzuführung: Gurt
Kühlung: Luft
Kadenz: 480 Schuß/Min.
Anfangsgeschwindigkeit: 855 m/s
Visier: 1829 m

Das Colt-Maschinengewehr beruht wie viele andere Entwicklungen und Erfindungen auf dem Gebiet der Feuerwaffen auf einer Idee John M. Brownings, des berühmtesten Konstrukteurs in Amerika – und wahrscheinlich in der ganzen Welt. Man sagt, daß er, während er ein Gewehr im langen Gras abfeuerte, die Wirkung des Mündungsknalls auf das Gras sah und erkannte, daß mit etwas Findigkeit eine beträchtliche Kraft daraus gewonnen werden könnte. Diese Entdeckung war derjenigen Maxims vergleichbar, der den Rückstoß bändigte, und wie Maxim führte Browning seine ersten Experimente mit einem Gewehr aus. Durch das Abzapfen von Gasen in der Nähe der Mündung war er in der Lage, ihre Kraft mittels eines Kolbens, der mit einem Bolzen verbunden war, nutzbar zu machen. Nachdem er die Durch-

führbarkeit seiner Idee festgestellt hatte, ging er an die Detailarbeit und an Experimente, die 1890 zum Prototyp einer automatischen Waffe führten. Dieses MG bot er der bekannten Firma Colt an, die es freudig annahm. Im Jahre 1893 wurde die Waffe von der amerikanischen Marine erfolgreich erprobt. Die Marine war wie viele andere Streitkräfte in jener Zeit darauf bedacht, von ihren klobigen, handbedienten Gewehren abzukommen. Nachdem sich das MG bei einem Vergleich mit Wettbewerbsmodellen als überlegen erwiesen hatte, wurden sofort 50 Stück bestellt. Dies waren die ersten wirklich automatischen Waffen, die je von den amerikanischen Streitkräften in Dienst gestellt wurden. Weitere 150 Stück wurden bald fertiggestellt, und 1898 war die gesamte US-Navy mit dieser Waffe ausgerüstet. Das allgemeine Bild

des Colt-MGs ist auf der Fotografie dargestellt. Es arbeitete mit Gasdruck, aber auf eine etwas ungewöhnliche Weise, denn der Kolben, der unter dem Lauf lag, war hinten drehbar befestigt. Die Gasbohrung lag an der Unterseite des Laufes. Wenn das Gas ausgestoßen wurde, schlug es auf das vordere Ende des Kolbens und drehte ihn um 90° nach unten. Ein Hebel an diesem Kolben betätigte dann die beweglichen Teile. Die Waffe hatte einen Patronengurt und einen einzigen Griff, der dem des Colt-Revolvers ähnelte. Sie war auf einem verstellbaren Dreibein montiert, das eine sehr stabile Plattform darstellte. Neben ihrem schweren Lauf hatte sie kein Kühlsystem, wodurch die Schußzahl, die sie ohne Überhitzung verschießen konnte, begrenzt war. Die Marine setzte das Colt-MG im spanisch-amerikani-

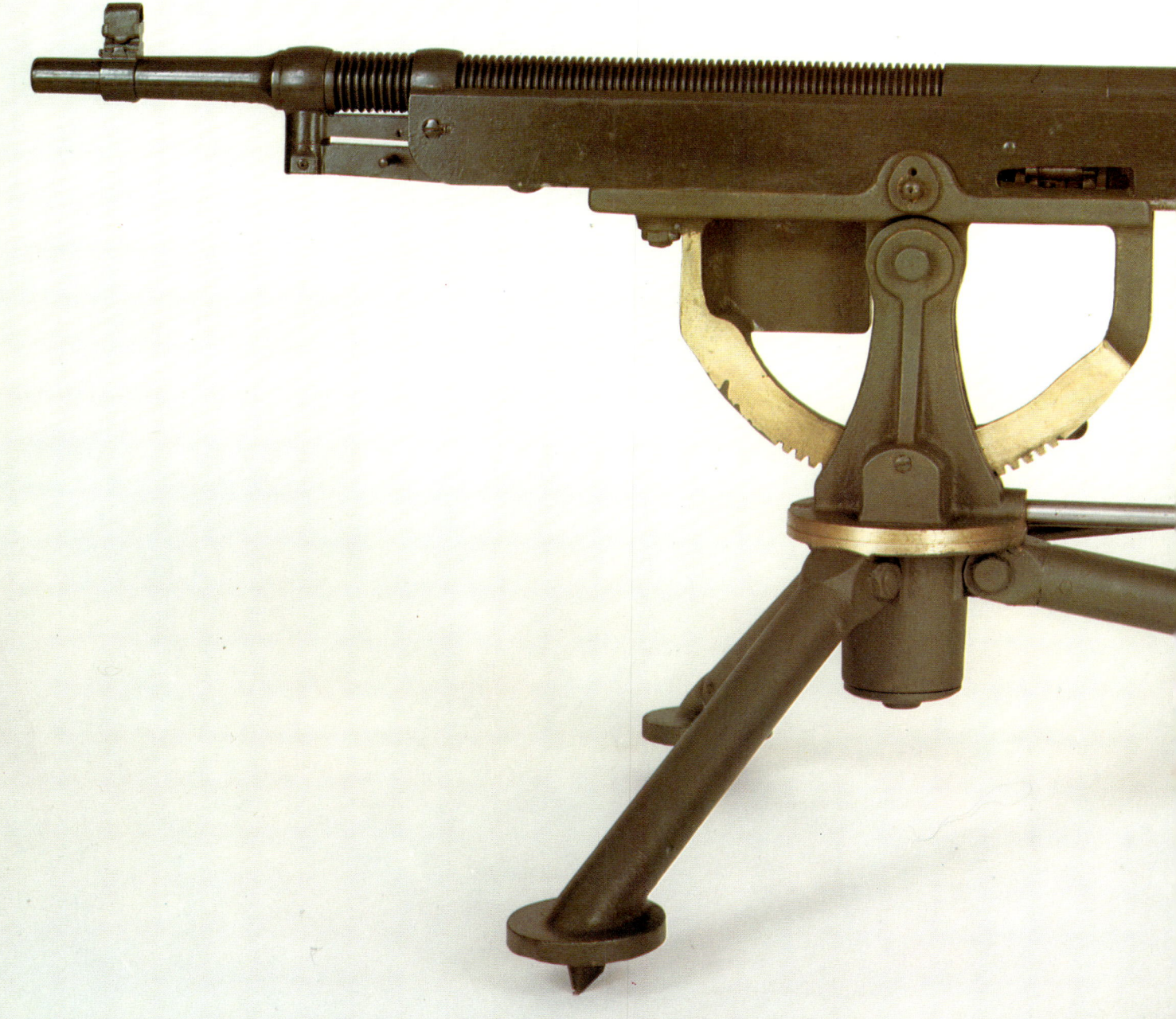

schen Krieg schon mit einem gewissen Erfolg ein, als das Heer noch Gatling-Repetiergewehre hatte, und hierdurch wurde das Heer veranlaßt, die Übernahme des Colt-MGs zu prüfen. Die Waffe hatte jedoch, ebenso wie das Lee-Gewehr, das Kaliber 6,5 mm, was zu Verzögerungen führte, bis die Frage einer standardisierten Patrone für alle Teilstreitkräfte geregelt war. Das Colt-MG wurde vom Heer erneut erprobt, aber man stellte schließlich fest, daß es für den Einsatz an Land zu kompliziert war, und die Sache wurde nicht weiterverfolgt. In der Zwischenzeit waren einige Änderungen durchgeführt worden, und das Endergebnis, das Modell 1904, wurde von einigen anderen Ländern gekauft. So kam es, daß die US-Armee 1917 ohne moderne Maschinengewehre in den Ersten Weltkrieg eintrat. Wenn auch

das Colt-MG veraltet war, so war doch die Fabrik auf die Herstellung noch eingerichtet, und eine neue Ausführung, das Modell 1917 (Army) wurde in beträchtlichen Mengen gekauft. Bis Kriegsende wurden etwa 1500 Stück geliefert. Zu dieser Zeit stand die amerikanische Armee in Frankreich, wo sie fast vollständig mit alliierten automatischen Waffen, hauptsächlich dem britischen Vickers und dem französischen Modell 1914 Hotchkiss, ausgerüstet wurde. Beide Waffen hatten sich bewährt und galten als sehr zuverlässig. Zu dieser Zeit wurde auch ein modernes wassergekühltes Browning-MG in begrenztem Umfang hergestellt, so daß es unwahrscheinlich ist, daß die US-Armee ihre Colt-MGs je im Kampf einsetzte. Unter den damals in Frankreich herrschenden Umständen war dies wahrscheinlich

günstig, denn wenn das Colt-MG auch mechanisch zuverlässig ist, so neigte es doch zur Überhitzung und wahrscheinlich hätte es den ungeheuren Anforderungen des letzten Kriegsjahres nicht genügt. Die Bedienungsanleitung der Waffe sagt zwar aus, daß die Vorwärtsbewegung des Mechanismus wie eine Pumpe wirke und kalte Luft in die Kammer ziehe, aber das scheint in der Praxis nicht der Fall gewesen zu sein. Ein weiterer ernster Nachteil war, daß es nicht im Anschlag liegend verwendet werden konnte, denn wenn die Waffe zu niedrig lag, schlug der 254 mm lange Kolben auf den Boden auf. Deswegen nannten die amerikanischen Infanteristen die Waffe bald «Kartoffelroder» (Potato digger), ein Name den viele kennen, denen die offizielle Bezeichnung der Waffe unbekannt ist. Neben dem begrenzten

Einsatz bei Landungsangriffen der Marine, die es in Kuba einfach und leicht zu bedienen fand, kann die Waffe in Anspruch nehmen, auf dem chinesischen Festland eingesetzt gewesen zu sein. Als die Gesandtschaften in Peking durch den sogenannten Boxeraufstand belagert wurden, wurden sie von den Marinesoldaten der verschiedenen beteiligten Länder verteidigt. Die amerikanische Marineinfanterie war mit einer kleinen Anzahl Colt-MGs ausgerüstet. Die kanadische Armee nahm sie 1914 mit nach Europa, aber es gibt keine Aufzeichnungen über den Einsatz der Waffe außerhalb der Ausbildung. In den ersten Monaten des Ersten Weltkrieges experimentierten die Engländer und die Franzosen mit dieser Waffe für den Bordwaffeneinsatz in Flugzeugen, aber sie gaben diesen Plan schließlich auf.

.30" M 1906

.303" SAA-Patrone (Streifen)

BROWNING MODELL 1917

Länge (Gewehr): 978 mm
Gewicht (Gewehr): 14,97 kg
Gewicht (Dreibein): 24 kg
Lauf: 610 mm
Kaliber: .30″
Züge: 4, Rechtsdrall
Betrieb: Rückstoß
Patronenzuführung: Gurt
Kühlung: Wasser
Kadenz: 500 bis 600 Schuß/Min.
Anfangsgeschwindigkeit: 855 m/s
Visier: 2560 m

Wenn auch John M. Browning einer der Pioniere des Gasdruckbetriebes von automatischen Waffen war, scheint er doch recht schnell zu der Erkenntnis gekommen zu sein, daß bei Maschinengewehren (d. h. Waffen im Gewehrkaliber, die mit einem Dreibein eingesetzt werden) die beste Betriebsart der Rückstoßbetrieb ist. Moderne rauchlose Patronen vorausgesetzt, war die beim Abschießen der Patronen erzeugte Kraft ausreichend für diesen Zweck, und was wichtiger ist, sie war sauber. Gasbetriebene Waffen verschmutzen naturgemäß schnell. Dies mag bei einem leichten MG, das nicht dauernd schießen soll, akzeptabel sein, aber es führt bei Waffen, die ohne Pause Hunderte von Schüssen abgeben sollen, zu Problemen. Schon 1901 beantragte Browning ein Patent für eine orthodoxe, mittelschwere Waffe, die wassergekühlt war und mit Rück-

stoß arbeitete. Im Jahre 1910 hatte er eine ausgezeichnete Waffe gebaut. Sein Problem war jedoch, einen Kunden für sie zu finden. Zu Beginn des 20. Jahrhunderts waren die Vereinigten Staaten etwas weiter von Europa entfernt als heute, und sie sahen immer noch nach Westen. Die amerikanische Armee, Brownings einziger potentieller Kunde, war klein und litt unter chronischem Geldmangel. Obwohl sie an einer modernen Waffe – gegenüber dem zuverlässigen, aber handbetätigten Gatling-Gewehr – interessiert war, konnte oder wollte sie nichts unternehmen. Zum Glück gab es einen fast unbegrenzten zivilen Markt für Pistolen und Sportwaffen aller Art, und da Browning einen guten Ruf hatte, konnte er von diesem Geschäft sehr gut leben. Dennoch war er äußerst interessiert an automatischen Militärwaffen, und er verbesserte seinen bereits ausgezeichneten Prototyp in verschiedener Hinsicht, bis er der Ansicht war, daß er fast perfekt in bezug auf Konstruktion, Funktionsweise und allgemeine Zuverlässigkeit war. Die amerikanische Armee war wie die der anderen großen Demokratien zu Anfang des 20. Jahrhunderts auf einen modernen Krieg schlecht vorbereitet, und als die USA Deutschland im April 1917 den Krieg erklärten, war ihre Fähigkeit, Landschlachten zu schlagen, äußerst begrenzt. Sie hatten eine kleine Berufsarmee, die ausreichend, aber unmodern ausgebil-

det war, und ihre Infanterie war fast nur mit Gewehren bewaffnet. Insgesamt hatten die Vereinigten Staaten etwas über 1000 MGs, von denen aber viele schon fast Museumsstücke waren. Browning bot seine Waffe der amerikanischen Regierung sofort an, und im Mai 1917 wurde sie hart erprobt und von den Behörden akzeptiert. Die Hauptschwierigkeit war natürlich, daß diese ausgezeichnete Waffe nur in zwei Stücken vorhanden war, und selbst in einem hochindustrialisierten Land wie den Vereinigten Staaten dauerte es seine Zeit, die Industrie auf Kriegsproduktion umzustellen. In diesem Fall gelang es den Amerikaner jedoch gut, und bis Kriegsende wurden 43 000 dieser MGs hergestellt. Diese beeindruckende Zahl sollte aber die Tatsache nicht verdecken, daß die amerikanische Armee, die in Frankreich kämpfte, in den letzten Kriegsmonaten hinsichtlich mittlerer Maschinengewehre vollkommen von ihren Alliierten abhängig war. Nur wenige Stücke des Modells 1917 wurden je im Kampf eingesetzt. Das hervorragende Merkmal des Browning-MGs war seine mechanische Einfachheit, die nicht nur die Massenproduktion erleichterte, sondern es auch relativ leicht machte, die hastig aufgestellten amerikanischen Truppen auszubilden. Wenn der Abzug gezogen wurde, (nachdem die erste Patrone mittels eines Spanngriffes, der den Rückstoß ersetzte, manuell geladen

war), und die Patrone zündete, stießen der Lauf und der Verschluß gemeinsam um etwa 13 mm zurück, bis der Druck auf ein sicheres Niveau abgefallen war und Lauf und Verschluß entriegelten. Der Lauf wurde gestoppt, während der Ver-

schluß unter dem ursprünglichen Druck weiter zurückstieß. In dieser Zeit wurde die leere Patronenhülse aus der Kammer ausgezogen und aus der Waffe ausgeworfen und eine frische Patrone aus dem Gurt gezogen. Wenn die Rückwärtsbe-

wegung beendet war, trieb die Schließfeder die beweglichen Teile wieder nach vorn, führte die Patrone in die Kammer ein, verriegelte den Verschluß mit dem Lauf und zündete die Patrone. Dieser Zyklus setzte sich solange fort, wie der Abzug gezogen wurde und sich Patronen im Gurt befanden. Das Browning-MG wurde in einer Vielzahl von Ausführungen hergestellt, darunter luftgekühlte Modelle für den Einsatz in Panzern und Flugzeugen, für die wassergekühlte

Waffen nicht geeignet waren, aber es gab keine grundlegenden mechanischen Änderungen. Die letzte Änderung vor dem Ausbruch des Zweiten Weltkrieges führte zu dem Modell 1917A1, das 1936 eingeführt wurde. Als die Japaner im Dezember 1941 Pearl Harbor angriffen, war die amerikanische Armee fast genauso schlecht für einen großen Krieg gerüstet wie 1917. Aber zumindest hatte sie keine Schwierigkeit, sich für ein mittleres MG zu entscheiden, denn das er-

probte Browning stand zur Verfügung. Der leistungsfähigen amerikanischen Industrie gelang es bald, die riesigen Zahlen herzustellen, die für den weltweiten Krieg erforderlich waren. Es war die erste richtige Feuerprobe des Browning-MG seit seiner Einführung, und wie man erwarten konnte, erwies es sich als ausgezeichnete Waffe. Es wurde auch noch in Korea eingesetzt und erst Anfang der sechziger Jahre durch das neue M 60 abgelöst.

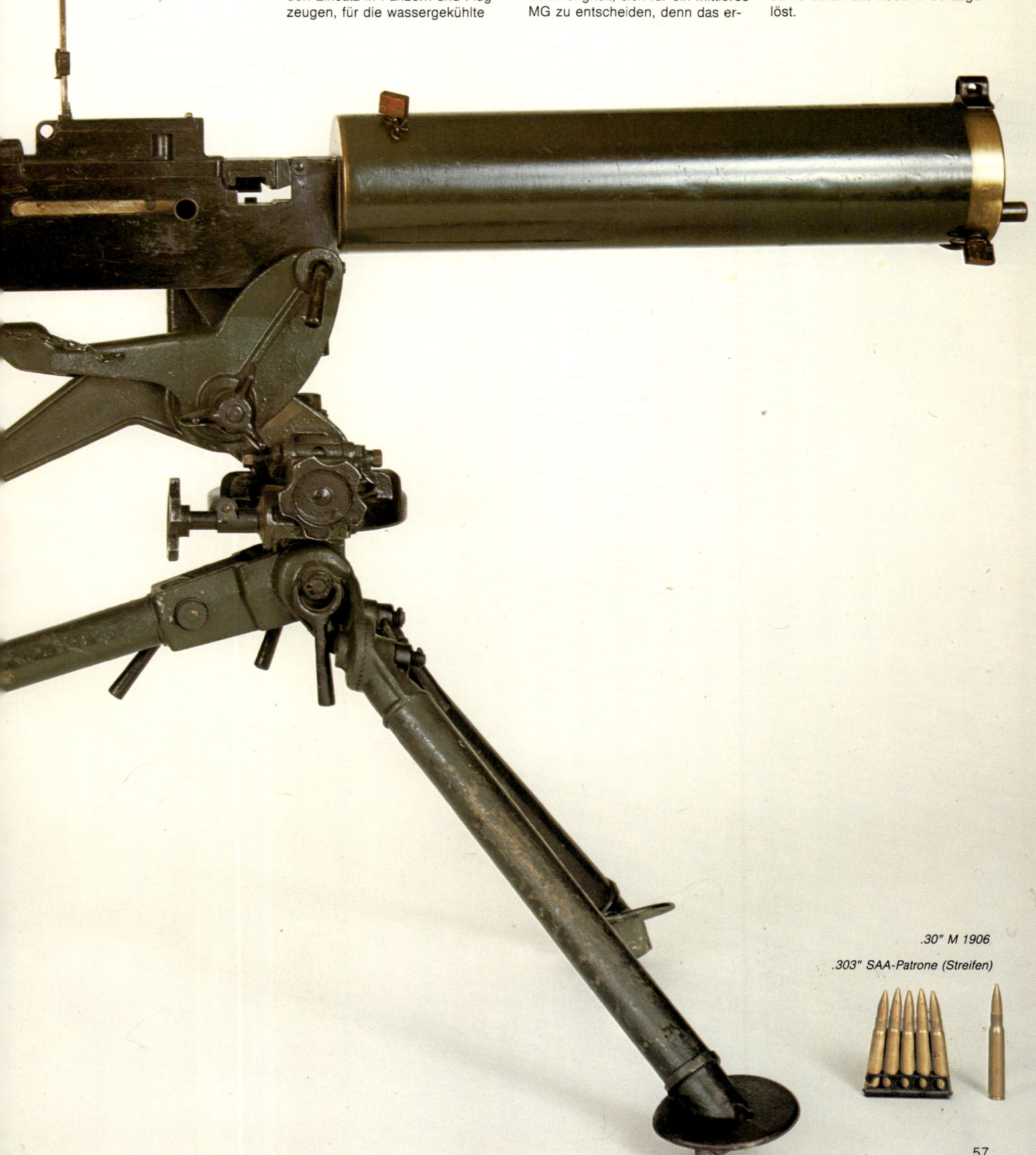

.30" M 1906

.303" SAA-Patrone (Streifen)

57

BROWNING .50″ KALIBER M 2 (HB)

Länge (Gewehr): 1651 mm
Gewicht (Gewehr): 38,11 kg
Gewicht (Dreibein): 19,86 kg
Lauf: 1143 mm
Kaliber: .50″
Züge: 8, Rechtsdrall
Patronenzuführung: Gurt
Kühlung: Luft
Kadenz: 500 Schuß/Min.
Anfangsgeschwindigkeit: 894 m/s
Visier: 2378 m

Als das Expeditionskorps der USA 1917 in Frankreich eintraf, war es hinsichtlich automatischer Waffen vollkommen auf seine Alliierten angewiesen. Zu jener Zeit führten die Engländer und Franzosen umfangreiche Experimente mit schweren Maschinengewehren durch, das heißt, mit Maschinengewehren, die eine beträchtlich größere Patrone verschießen als die normale Gewehrpatrone, die bis dahin weltweit verwendet wurde. Diese Waffen

sollten hauptsächlich gegen die wenigen feindlichen Panzer eingesetzt werden, von denen einige umgerüstete Beutepanzer waren, die die Deutschen hatten. Diese Waffen waren gegen die normale Panzerung einsetzbar, die im Verlaufe des Krieges zunehmend stärker wurde. Hierzu gehörten stählerne Schießschartendeckel und selbst primitive Körperpanzerungen, die natürlich nur der normalen Gewehrpatrone standhalten sollte. Man beabsichtigte auch, mit diesem Gewehr feindliche Beobachtungsballons abzuschießen, denn die schweren Geschosse waren nicht nur genau, sondern sie hatten auch eine größere Kapazität, Zündstoff zu tragen als ein normales Geschoß. Die US-Armee in Frankreich war natürlich sehr interessiert an diesen Experimenten, und einmal unternahmen ihre Rüstungsexperten Versuche, einige ihrer .30″ Brownings auf die 11-mm-Patrone umzurüsten, mit denen die Franzosen experimentiert hatten. Dies hatte nur begrenzten Erfolg, denn je-

des Maschinengewehr ist eine sorgfältig konstruierte Waffe, die für eine spezielle Patrone vorgesehen ist, und jede bedeutende Erhöhung der Kraft der Patrone belastet die beweglichen Teile natürlich außerordentlich. Zu guter Letzt stellte man fest, daß der französischen Patrone die erforderliche Durchschlagskraft fehlte. Deshalb wurden die Experimente an der Front eingestellt, und man überließ es dem unentbehrlichen John Browning, das Problem zu lösen. Er hatte bereits gute Fortschritte mit einem neuen wassergekühlten MG vom Kaliber .50″ gemacht, das eine größere Version seines ursprünglichen mittleren MGs war. Wenn die Waffe auch gut arbeitete, blieb die Patrone noch immer ein Problem. In diesem kritischen Stadium erbeuteten die Amerikaner glücklicherweise einige der neuen deutschen Mauser-Panzerbüchsen mit Munition. Bei einer Erprobung stellte man fest, daß diese Geschosse eine Mündungsgeschwindigkeit von über 850 m/s hatten. Es wurde

schnell eine amerikanische Patrone die der deutschen ähnlich war entwickelt, und das Problem war gelöst. Aber wie bei vielen amerikanischen Schritten im Jahre 1918 kam die Lösung zu spät, denn zu jener Zeit war der Krieg beendet, und die Wirtschaftlichkeit war wieder gefragt. Einige begrenzte Experimente wurden weitergeführt, hauptsächlich mit dem Ziel, schwere Maschinengewehre als leichte Flugabwehrwaffen einzusetzen, denn ihre gestreckte Flugbahn und größere Durchschlagskraft, Leuchtspurmunition und bessere Zündkraft ließen sie für diese Aufgabe geeignet erscheinen. Man ging nun auch daran, die Teile zu normen. Vor allem wurde ein Standard-Gewehrkörper entwickelt, der für verschiedene Waffen verwendet werden konnte. Dies war neu und beschleunigte die Massenproduktion des nächsten Krieges beträchtlich. 1933 wurde eine luftgekühlte Ausführung der Grundwaffe entwickelt. Sie sollte vor allem zur Flugabwehr eingesetzt werden, aber es gab auch

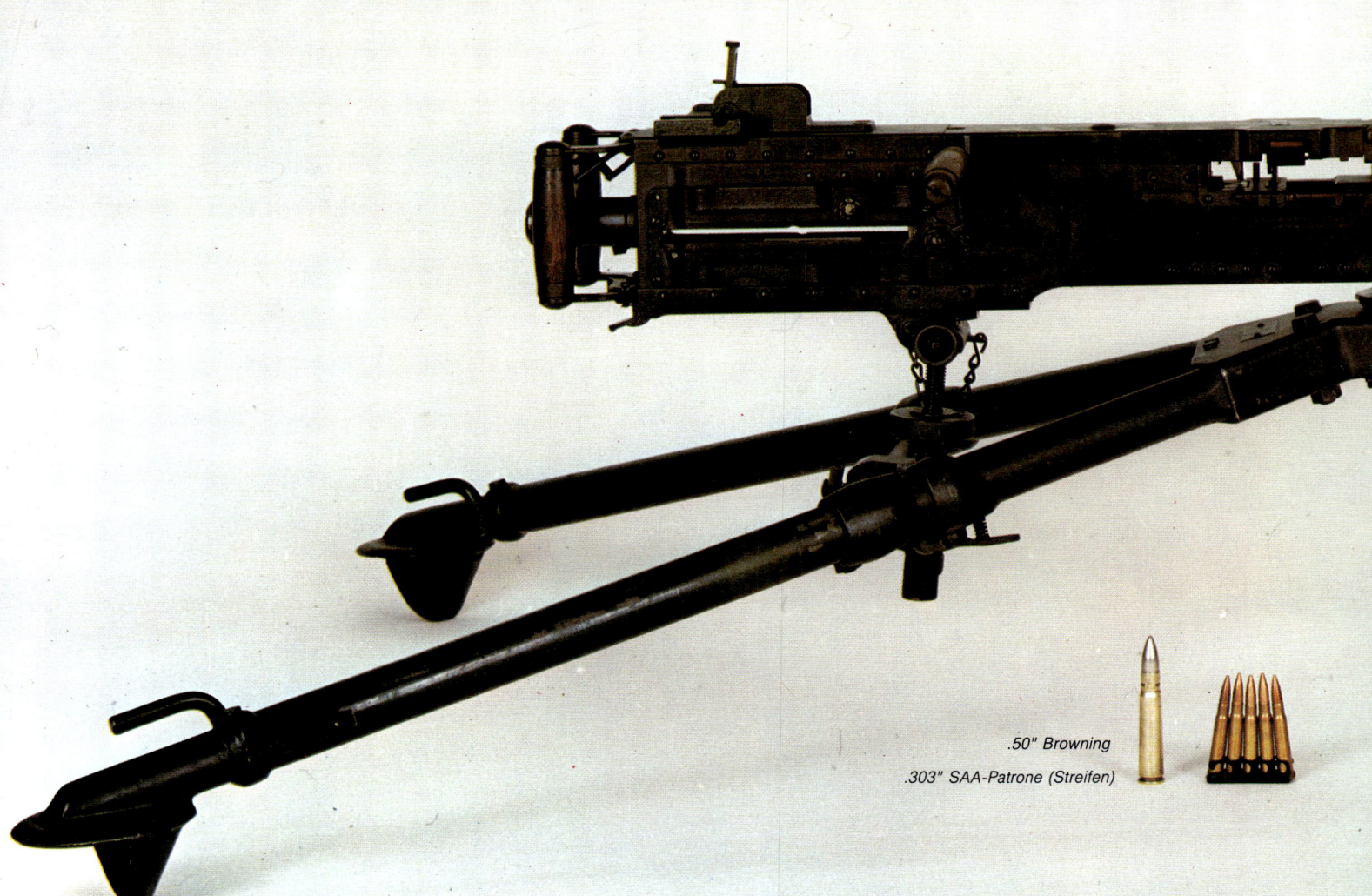

.50″ Browning

.303″ SAA-Patrone (Streifen)

eine Version für den Einsatz als Panzerturmwaffe und noch eine andere für den Bodeneinsatz. Diese Waffe wurde M 2 genannt. Sie arbeitete nach dem üblichen Browning-System des Rückstoßbetriebes. Wenn die Patrone gezündet wurde, verriegelten sich Lauf und Verschluß fest und stießen etwa 2 cm zurück. Dann wurde der Lauf durch einen Ölpuffer gestoppt. In diesem Stadium war der Druck ausreichend abgefallen, so daß sich der Verschluß entriegeln und mit der ihm vom Lauf verliehenen Anfangskraft weiter nach hinten gleiten konnte. Dabei zog er die leere Patronenhülse aus und warf sie aus der Waffe. Gleichzeitig wurde die nächste Patrone aus dem Gurt gezogen. Wenn die Rückwärtsbewegung beendet war, trat die zusammengedrückte Schließfeder in Aktion und trieb die beweglichen Teile abrupt nach vorn. Die Patrone wurde in das Patronenlager gestoßen, der Verschluß verriegelte und die nächste Patrone wurde gezündet. Danach setzte sich dieser Zyklus

solange fort, wie der Abzug gezogen wurde und sich Patronen im Gurt befanden. Die Waffe schoß nur Dauerfeuer, aber einige Exemplare wurden mit einer Schlagbolzenverriegelung ausgerüstet, so daß erforderlichenfalls Einzelfeuer geschossen werden konnte. Die Einstellung des Verschlußabstandes der M 2 war sehr wichtig, denn schon wenige Tausendstel Millimeter konnten von Bedeutung sein. Wenn der Abstand zu groß war, konnte die Patrone den Verschluß zurückschlagen und Schäden verursachen. Wenn er zu gering war, verschloß der Mechanismus nicht völlig. Dies konnte noch gefährlicher sein, denn es bestand das Risiko, daß die Patrone bei unverriegeltem Verschluß zündete, wodurch der Schütze gefährdet wurde. Der Verschlußabstand konnte leicht mit einer Lehre eingestellt werden, oder man konnte den Lauf durch Anschrauben an den Verschluß bringen oder ihn entfernen. Im allgemeinen wird der Verschlußabstand bei der Vorbereitung der Waf-

fe für das Gefecht überprüft. Wenn die Waffe auf einem Fahrzeug oder schlecht zugänglich montiert war, konnte man ohne Schwierigkeiten die Patronenzuführung von einer Seite auf die andere legen. Obwohl diese Waffe mechanisch gut arbeitete, zeigte sie eine ungünstige Neigung zur Überhitzung. Siebzig oder achtzig Patronen waren das Maximum, das im Dauerfeuer ohne längere Pause zur Abkühlung des Laufes verschossen werden konnte. Dies war natürlich nicht akzeptabel, und deshalb wurde eine Ausführung mit schwererem Lauf (Version HB: heavy barrel) eingeführt. Die abgebildete Waffe ist ein solches Modell. Das zusätzliche Metall im Lauf brachte eine bedeutende Änderung, und diese neue Waffe war sehr wirkungsvoll. Sie wurde von den Vereinigten Staaten und vielen anderen Ländern im Zweiten Weltkrieg und in Korea eingesetzt. Nach dem Kriege wurde sie von der britischen Armee als Infanteriewaffe auf Bataillonsebene übernommen. Ihre Aufgabe war hauptsäch-

lich der Schutz von Truppen und Truppenkonvois, die keine andere Flugabwehr hatten. Es wurde ein Fahrzeugaufsatz für den Einsatz über dem Beifahrersitz des britischen Dreitonners und ähnlicher Fahrzeuge entwickelt. Die Waffe konnte durch eine runde Klappe im Dach der Kabine bedient werden. Sie konnte auch für den Erdeinsatz umgebaut werden. In beiden Fällen unterstützten starke Ausgleichfedern die Bewegung der Waffe. Es gab auch das abgebildete Dreibein, so daß die Waffe notfalls gegen Panzerfahrzeuge eingesetzt werden konnte. Verschiedene Ausführungen der M 2 werden noch immer in den meisten amerikanischen Panzerkampffahrzeugen verwendet, und sie ist auch im britischen Chieftain-Panzer eingesetzt. Sie ist in mehreren anderen Staaten im Einsatz, darunter auch in einigen Ländern am Arabischen Golf, wo sie oft auf einem Fahrzeug aufgebaut ist und als weitreichende Waffe gegen relativ entfernte Ziele eingestzt wird.

Der Abschnitt über leichte Maschinengewehre beginnt auf Seite 60.

Tschechoslowakei
LEHKY-KULOMET ZGB VZ33

Länge: 1150 mm
Gewicht: 10,2 kg
Lauf: 635 mm
Kaliber: .303"
Züge: 6, Rechtsdrall
Betrieb: Gasdruck
Patronenzuführung: 30-Schuß-Kastenmagazin
Kühlung: Luft
Kadenz: 500 Schuß/Min.
Anfangsgeschwindigkeit: 744 m/s
Visier: 1098 m

Der Erste Weltkrieg hatte bewiesen, daß das Haupterfordernis der Infanterie Feuerkraft war, die vorzugsweise durch genaue, tragbare und Dauerfeuer schießende Waffen erzielt wurde. Das Bajonett – das ist richtig –, war im Grabenkrieg bei Stoßtrupps und ähnlichen Unternehmen eingesetzt worden, die Nahkampf mit sich brachten, aber selbst in diesen Fällen war gewöhnlich ein schneller Schuß aus dem Gewehr, ein Feuerstoß aus einer automatischen Waffe oder eine gut geworfene Granate besser. Das Bajonett war für den Soldaten lebenswichtig gewesen, als noch alle Gefechte im Nahkampf ausgetragen wurden und es bis zu einer halben Minute dauerte, um den einschüssigen Vorderlader oder die Muskete neu zu laden. Im modernen Gefecht verwendeten jedoch nur sehr wenige Soldaten ein Bajonett, wenn sie auch nur noch einen Schuß im Magazin hatten. Was sich wirklich gezeigt hatte, war der Wert leichter automatischer Waffen bei Offensiven. Vier Jahre Grabenkrieg hatten dazu geführt, daß das Maschinengewehr hauptsächlich als Defensivwaffe angesehen wurde, die in Gräben oder in Betonstellungen geschützt war und taktisch eingesetzt wurde, um angreifende Truppen zu vernichten, die durch günstig angelegte Drahtverhaue zum Halt gebracht wurden. 1918 kam jedoch die überraschende Erkenntnis, daß leichte automatische Waffen auch in der Offensive eingesetzt werden konnten, zunächst in der deutschen Märzoffensive und später bei den großen alliierten Vorstößen, die den Krieg schließlich zum Ende führten. Als er beendet war, gab es einige Soldaten, die die Uhr auf die Zeit vor 1914 zurückdrehen wollten, aber das war natürlich nicht möglich. Das neue System sollte bleiben. Die britische Armee beendete den Krieg mit dem Lewis-MG als leichte automatische Waffe. Jeder Zug von vier Gruppen hatte zwei davon, so daß die vier Schützenkompanien insgesamt 32 MGs hatten. Hinzu kamen vier weitere zur Flugabwehr im Bataillonsgefechtsstand. Diese Organisation behielt die britische Armee bis 1938 im Prinzip bei. Das Lewis-MG war jedoch, wenn es auch ausgezeichnete Dienste geleistet hatte, eine etwas komplizierte Waffe. Die Ausbildung der Schützen war aufwendig. Deshalb überlegte die britische Armee in den späten Zwanzigerjahren ernsthaft, ob es nicht durch ein leichteres, weniger kompliziertes und moderneres MG abgelöst werden sollte. 1932 wurden umfangreiche Versuche durchgeführt, um festzustellen, welches Modell der geeignete Nachfolger sei. Am meisten Chancen hatten das Madsen und das Vickers-Berthier, das, weil es bereits bei der Armee in Indien eingeführt war, als klarer Favorit angesehen wurde. Dann trat im kritischen Augenblick plötzlich ein Außenseiter auf den Plan. Ein Militärattaché schrieb in glühenden Worten über eine Vorführung, der er kurz zuvor beigewohnt hatte, bei der sich ein tschechoslowakisches MG als ausgezeichnet erwiesen hatte. Die britischen Behörden stimmten zu, dieses MG ebenfalls zu erproben. So kam es mehr oder weniger durch Zufall, daß die britische Armee mit einem der besten Maschinengewehre der Welt in den Zweiten

Weltkrieg eintrat. Die tschechoslowakische Firma saß in Brünn, und da sie einen schwer auszusprechenden Namen hatte, hatte sie die Initialien ZB für ihre Exportverkäufe gewählt. Sie war 1923 entstanden und hatte innerhalb eines Jahres Experimente mit einem Prototyp begonnen, der später als ZB 26 bekannt wurde. Der Mann, der hauptsächlich für diese MG verantwortlich zeichnete, das die besten Eigenschaften einer Anzahl von frühen Waffen aufwies, war Vaclac Holek, ein genialer Konstrukteur. Nachdem er bei ZB als einfacher Arbeiter angefangen hatte, war er schnell aufgestiegen, und die Ausschreibung der tschechoslowakischen Armee für eine neue, leichte automatische Waffe, gab ihm seine Chance. Zu seinem Team gehörten sein Bruder Emanuel und zwei in der Tschechoslowakei lebende Polen, Marek und Podrabski. Die von ihnen entwickelte Waffe arbeitete im Gasdruckbetrieb, mit einem Kolben, der einen Kippverschluß betätigte, einem leicht auszubauenden

Lauf und einem senkrechten Kastenmagazin. Das Patronenlager war für die randlose deutsche 7,92-mm-Patrone ausgelegt. Nach einer harten Erprobung war den Briten klar, daß sie einen potentiellen Sieger gefunden hatten. Es waren natürlich einige Änderungen erforderlich, hauptsächlich die Umstellung auf die britische .303" Randpatrone, auf deren Beibehaltung die Briten bestanden. Es wurde auf die Verrippung des Laufes verzichtet, aber sonst gab es keine grundlegenden Änderungen. Die abgebildete Waffe ist eines der geänderten, in der Tschechoslowakei hergestellten Modelle. Nachdem man sich für die Waffe entschieden hatte, beschloß die Regierung, sie in Enfield herstellen zu lassen. Dies erforderte notwendigerweise eine enorme Vorausplanung und die Installation einer großen Anzahl von Werkzeugmaschinen. Im Januar 1935 war der wichtigste Teil, ein Satz Zeichnungen mit den Abmessungen in Zoll, eingetroffen, und nun begann die Arbeit. Der Körper

der neuen Waffe, der aus einem Metallblock geschnitten wurde, erforderte 270 Arbeitsgänge zur Fertigstellung. Es waren 550 Messungen erforderlich, die bis auf einen zweitausendstel Zoll genau sein mußten, was ein Bild von der Komplexität des Unternehmens vermittelt. Im September 1937 war das erste MG fertiggestellt. Captain B. H. Liddell-Hart, ein berühmter britischer Militärexperte, stellte Anfang 1934 in einem Artikel für den Daily Telegraph heraus, daß damit begonnen werden mußte, die britische Armee mit einem neuen leichten MG auszurüsten. Die Waffe kam zuerst zur britischen Kavallerie, die damals noch fast vollständig beritten war, bei der sie die veralteten Hotchkiss ablöste. Man nimmt an, daß sich einige der ursprünglichen Prototypen bei den Sommermanövern 1935 bei einem Kavallerieregiment befanden. Die neue Waffe brauchte natürlich einen Namen, denn die Verwendung einer Kombination von Initialen und Zahlen war damals nicht beliebt.

Schließlich verband man die ersten beiden Buchstaben von Brünn, ihrem Ursprungsort, mit den ersten beiden Buchstaben von Enfield, dem Standort der Royal Small Arms Factory. So entstand die Bezeichnung Bren, einer der berühmtesten Waffennamen in der Geschichte der britischen Armee. Nach dem Anlauf lief die Produktion gut, und im Juli 1938 hatte der Ausstoß 300 Waffen pro Woche erreicht. Dies war angesichts der Ereignisse der folgenden vierzehn Monate gerade genug. Anfang 1938 kamen einige wenige der Waffen schließlich zu den im Lande stationierten Infanteriebataillonen, und der Verfasser erinnert sich noch daran, wie das erste Bren-MG in seiner damaligen Kompanie eintraf. Niemand wollte damit schießen, und nur ältere Unteroffiziere durften es berühren, aber dennoch war es ein Hoffnungsstrahl in einer Zeit, in der der Kriegsausbruch gewiß schien. Die Entscheidung für diese Waffe hatte sich bald als ausgezeichnet erwiesen.

.303" SAA-Patronen
.303" SAA-Patronen (Streifen)

Dänemark
MADSEN 1902

Länge: 1169 mm
Gewicht: 9,98 kg
Lauf: 483 mm
Kaliber: 8 mm
Züge: 4, Rechtsdrall
Betrieb: langer Rückstoß
Patronenzuführung: 30-Schußkastenmagazin
Kühlung: Luft
Kadenz: 400 Schuß/Min.
Anfangsgeschwindigkeit: 824 m/s
Visier: 2000 m

Die frühe Geschichte dieser Waffe liegt durch eine bemerkenswerte Vielfalt von Bezeichnungen im Dunkeln. Patente, die sich ohne Zweifel auf diese Waffe bezogen, wurden schon 1899 von J. Rasmussen, einem Direktor der Königlichen Militärwaffenfabrik in Kopenhagen eingereicht, der sie später dem Dansk Rekyl-Riffel Syndikat (gewöhnlich DRRS abgekürzt) übertrug. Dann reichte im Jahre 1902 ein dänischer Offizier, Leutnant Schouboe, ein Direktor von DRRS, scheinbar identische Patente ein. Die Waffe wurde nach dem dänischen Kriegsminister oft Madsen genannt, während die Briten sie Rexer nannten. Sie war auf viele Weise ungewöhnlich. Ihr Mechanismus war einmalig. Der Verschlußmechanismus bestand aus einem rechteckigen Stahlrahmen, der sich in Rippen im Hauptkörper der Waffe bewegte. In diesem Stahlrahmen befand sich das Schloß, das hinten drehbar aufgehängt war, so daß es nur in einer senkrechten Ebene arbeiten konnte. Es glich im Prinzip dem Verschluß des Peabody Martini, aber während der Martini-Verschluß nur zwei Stellungen hatte, verriegelt oder nach unten aufgeklappt, hatte das Madsen drei Stellungen: verriegelt, nach unten oder nach oben aufgeklappt. Seine vertikale Bewegung wurde durch einen gebogenen Führungsarm gesteuert, der an der linken Seite des Gewehrkörpers befestigt war. Das MG arbeitete nach dem Prinzip des langen Rückstoßes, bei dem Lauf und Verschluß gemeinsam ausreichend weit zurückgleiten, um die nächste Patrone aus dem Magazin zu ziehen und in die Kammer einzuführen. Wenn die erste Patrone, die natürlich durch einen Hebel von Hand geladen werden mußte, gezündet hatte, stießen Lauf und Ver-schlußmechanismus gemeinsam zurück. Bei dieser Bewegung stieß der Führungsarm die Vorderseite des Verschlußblocks nach oben, wodurch die leere Hülse ausgezogen und unterhalb des Verschlusses ausgeworfen wurde. Wenn die

Rückwärtsbewegung beendet war, trat eine Schließfeder in Aktion, die den Mechanismus nach vorn stieß. Dabei wurde die nächste Patrone aus dem Magazin gestoßen und auf der Oberseite des Verschlusses nach vorn befördert. Zur richtigen Zeit drückte der Führungsarm die Vorderseite des Verschlusses nach unten, so daß das Patronenlager offenlag, und zwang die Patrone hinein. Danach hob sich der Verschluß in die verriegelte Stellung, und die Patrone wurde gezündet. Die Waffe wurde 1903 von der amerikanischen Armee erprobt, die von ihr nicht besonders beeindruckt war, teils weil eine Anzahl Patronenböden beim Ausstoßen zerrissen wurden, und teils weil die Schließfeder den Mechanismus nicht immer ganz nach vorn stieß. Da die Waffe später als sehr zuverlässig galt, ist es wahrscheinlich, daß schlechte Munition zumindest zu diesem Mißerfolg beitrug. Die Russen setzten das Madsen mit einigem Erfolg als leichtes Maschinengewehr für die Kavallerie im Russsich-Japanischen

Krieg ein. Kurz darauf zogen sie die Waffen ein, was aber nicht bedeutet, daß sie nicht mit ihnen zufrieden waren. Einige Exemplare wurden von der Rexer Company in London in Lizenz hergestellt. Daher rührt ihr englischer Name. Die Waffe wurde 1904 bei einem Probeschießen in Bisley vorgestellt. In England ereignete sich danach nichts weiteres. Eine Anzahl Madsen wurde von Natal gekauft und im Jahre 1906 bei der Niederwerfung eines Zuluaufstandes eingesetzt. Nachdem der Erste Weltkrieg begonnen hatte, entstand sofort ein dringender Bedarf an leichten automatischen Waffen, und sowohl die Deutschen wie auch die Engländer erwogen die Einführung des Madsen-MG. Die Deutschen wiesen es sofort zurück, aber die Engländer, die wahrscheinlich schlechter dran waren, bestellten 200 Stück in Dänemark. Zu dieser Zeit wandte sich die berühmte Autofirma Rolls Royce der Waffenproduktion zu und stellte in ihren Fabriken das Madsen in Zusammenarbeit mit DRRS

her. Dies ging jedoch schief. Die Zeichnungen und andere technische Einzelheiten trafen mit großer Verzögerung ein, und als sie eintrafen, waren sie zu ungenau. Daraufhin gab der Ausschuß der Armee im Januar 1916 vernünftigerweise bekannt, daß das ganze Projekt aufgegeben wurde. 1917 wurden jedoch neue Versuche begonnen, hauptsächlich um festzustellen, ob das Madsen sich als Panzer- und Flugzeugbewaffnung eignete. Die ersten Berichte waren günstig. Es wurde gesagt, daß die Waffe dem Lewis-MG in vieler Hinsicht überlegen sei, aber da sie nicht in Rükkenlage schießen konnte, war sie für Flugzeuge natürlich nicht geeignet. Es wurde einmal vorgeschlagen, daß DRRS ihre gesamte Fabrik nach England verlegen sollte, aber dieser kühne Vorschlag wurde nie durchgeführt, und das Madsen-MG entschwand aus der britischen Geschichte. Wahrscheinlich war der Fehlschlag dieser Waffe in Großbritannien auch darauf zurückzuführen, daß die Briten auf einer Rand-

patrone bestanden, die in jeder automatischen Waffe ein Hemmschuh ist. Davon abgesehen ist aber klar, daß das Madsen robuste Patronen brauchte, denn das Hochschlagen des Verschlusses führte dazu, daß die Patrone sich beim Einführen in das Patronenlager verzog. Dies führte zu Schwierigkeiten beim Ausstoßen. Sein anderer Nachteil, der bei Waffen mit Langrückstoß üblich ist, war, daß der Mechanismus nicht schnell arbeitete und die Feuergeschwindigkeit deshalb niedrig war. Einige spätere Modelle des Madsen hatten einen Mündungsverstärker, der einen Teil der Gase einfing und den Vorgang beschleunigte, aber dies führte zu einer Erhöhung der Zahl der Hülsenreißer, wenn die Patronen nicht geschmiert wurden, was bei einer automatischen Waffe unerwünscht ist. Das MG wurde mit einer Vielzahl von Kalibern hergestellt, und die späteren Modelle waren mit Dreibeinen ausgerüstet, die ihm einige Merkmale eines Mehrzweck-Maschinengewehrs verliehen.

8-mm-Patrone M/89

.303" SAA-Patrone (Streifen)

Frankreich
CHAUCHAT MODÈLE 1915 (CSRG)

Länge: 1143 mm
Gewicht: 8,62 kg
Lauf: 470 mm
Kaliber: 8 mm
Züge: 4, Rechtsdrall
Betrieb: langer Rückstoß
Patronenzuführung: 20-Schußkastenmagazin
Kühlung: Luft
Kadenz: 250 Schuß/Min.
Anfangsgeschwindigkeit: 700 m/s
Visier: 2000 m

Zu Beginn des 20. Jahrhunderts begannen die Franzosen über die Einführung einer sehr viel leichteren automatischen Waffe nachzudenken, deren Typ später als automatisches Gewehr bezeichnet wurde. Sie ernannten deshalb eine Kommission von vier Mann, die diesem Gedanken nachgehen sollte. Es waren Oberst Chauchat und die Zivilisten Suterre, Riveyrolle und Gladiator. Nach reiflicher Überlegung kam dieses Quartett zu dem

Schluß, daß die beste Antwort eine Waffe war, die von dem ungarischen Ingenieur Rudolf Frommer entwickelt worden war. Frommer war ein anerkannter Experte auf dem Gebiet der Langrückstoßwaffen, d. h. Waffen, bei denen Lauf und Verschluß fast während des gesamten Rückstoßes verriegelt bleiben. Die Wahl dieses Systems war seltsam, denn die Franzosen waren große Verfechter des Gasdruckbetriebes von automatischen Waffen und hatten nie zuvor eine Waffe mit Rückstoßbetrieb in Erwägung gezogen. Nachdem einige Exemplare dieses Gewehrs in einem französischen Regierungsarsenal gebaut worden waren, wurde das Modell ohne Einwendungen akzeptiert und damit war die Sache erledigt. Als im Herbst 1914 der Grabenkrieg begann, war allen Beteiligten klar, daß die Lösung des Problems Feuerkraft, je mehr je besser hieß, und es wurden Maßnahmen zur Erhöhung der Feuerkraft unternommen. Das Problem war, daß das alte Konzept großer Reichweiten überholt war. Die Gräben waren oft nur hundert Meter oder weniger voneinander entfernt, und zu Anfang, als es noch keine Hindernisse gab (Stacheldraht war

zunächst sehr knapp), konnte ein Stoßtrupp dieses Niemandsland manchmal überqueren, vielleicht im ersten Büchsenlicht, bevor die Verteidiger ihre Stellungen besetzen konnten. Das Erfordernis war deshalb eine leichte automatische Waffe, die ebenso schnell wie ein Gewehr eingesetzt werden konnte, die aber die fünfzehn- oder zwanzigfache Feuerkraft entwickelte. Wie wir sehen werden, führten die Briten das Lewis-MG und die Deutschen ihr leichtes Maxim ein, und die Franzosen legten sich auf das Chauchat fest, da es voll entwickelt und leicht herzustellen war, wodurch Zeit gewonnen wurde. Es war eine schlechte Entscheidung und führte dazu, daß die französische und später die amerikanische Armee mit einer Waffe ausgerüstet wurden, die unzweifelhaft die schlechteste war, die es auf beiden Seiten im gesamten Verlauf des Krieges gab. Dies führte zu einer verwirrenden Vielfalt von neuen oder wieder auferstandenen Waffen, seien sie gut, schlecht oder mittelmäßig. Zunächst war die Waffe äußerst schlecht in der Verarbeitung, selbst wenn man die Notmaßnahmen und Improvisationen berücksichtigt, die in Kriegszeiten un-

vermeidbar sind, wenn Schnelligkeit und leichte Herstellung bedeutende Faktoren sind. Viele Waffen wurden aus handelsüblichem Rohrmaterial hergestellt, das nicht für die Belastungen, die bei einer automatischen Waffe auftreten, die eine normale Patrone verschießt, ausgelegt war. Selbst wirklich lebenswichtige Teile, wie Verriegelungsbolzen und ähnliches, wurden gepreßt, zusammengeschraubt und gepfuscht. Wie man auf der Fotografie sehen kann, war der Pistolengriff rohes Holz und der vordere Griff nicht mehr als ein rohgeformter Werkzeuggriff. Schließlich gab es keine wirkliche Austauschbarkeit, weil die einzelnen Teile von einer Vielzahl von Subunternehmern hergestellt und dann zusammengebaut wurden. Diese hatten weder die Zeit noch das Geschick, in engen Toleranzen zu arbeiten. Wahrscheinlich wurden beim Zusammenbau einer Waffe die verschiedenen Teile zurechtgefeilt, bis sie paßten, und das genügte. Wenn die Waffe abgeschossen wurde (vorausgesetzt, daß sie schoß, was durchaus nicht immer der Fall war), stießen der Lauf und der Verschluß zusammen zurück. Der Verschluß war durch Verriegelungsbolzen mit

dem Lauf verriegelt. Dies blieb während der gesamten Rückwärtsbewegung so. Dann wurde der Verschluß gewendet und entriegelte sich, so daß der Lauf nach vorn stoßen konnte. Der Verschluß folgte, nahm eine Patrone mit sich, führte sie in das Patronenlager ein und zündete sie. Der lange Rückstoß führte zu starker Vibration und wenn man bedenkt, daß die Waffe mit Zweibein nur 8,62 kg wog, erkennt man leicht, daß man sie einfach nicht stetig auf ein Ziel richten konnte, wenn man Dauerfeuer schoß. Eines der schlechtesten Merkmale des Chauchat war sein halbkreisförmiges Magazin. Dies war erforderlich, weil die Standard 8 mm Lebelgewehrpatrone, für die es konstruiert war, einen sehr breiten Boden hatte. Das vordere Ende des Magazins wurde zuerst eingeklinkt, dann wurde das hintere Ende hochgezogen, bis es in die Magazinhalterung eingerastet war. Die erste Patrone wurde dann mittels des Spanngriffes von Hand geladen. Als die amerikanische Armee 1918 in Frankreich eintraf, war ihre Infanterie fast nur mit Gewehren bewaffnet. Sie war in bezug auf automatische Waffen vollkommen von ihren Alliierten abhängig. Die Vereinigten Staaten schlossen deshalb einen Vertrag mit den Franzosen über die Lieferung von Chauchat-Gewehren für die Ausrüstung von nicht weniger als neun Divisionen, ohne die Waffen zu inspizieren oder zu erproben. Wenn sich dies wie schlechtes Geschäftsgebaren anhört, so muß man sich in Erinnerung rufen, daß die Sache sehr eilig war und die Franzosen kaum eine andere Wahl hatten, als den für die Franzosen vorteilhaften Handel zu akzeptieren. Nachdem etwa 16 000 Chauchat mit dem Kaliber 8 mm gekauft worden waren, kamen die Amerikaner vernünftigerweise zu dem Schluß, daß zwei verschiedene Gewehrkaliber zu ernsten Nachschubproblemen führten. Im August 1918 wurden deshalb Maßnahmen getroffen, bis zu 25 000 Chauchats auf das amerikanische Standardkaliber .30" umzurüsten. Die Arbeit wurde von den ursprünglichen Lieferanten der Waffen durchgeführt. Es wurde wenig mehr getan, als ein neues Patronenlager einzusetzen, und ein normales Kastenmagazin zu wählen, das besser für die amerikanische Patrone geeignet war. Die neue Waffe, die offiziell .30" Modell 1918 genannt wurde, war noch schlechter als ihr Vorgänger, vor allem, weil sie neben den ererbten Fehlern auch neue entwickelte. Ein neuer Fehler war zum Beispiel, daß die dünnere Hülse der amerikanischen .30" Patrone sich im Patronenlager festsetzte, wenn das Gewehr nach einigen Schüssen warm wurde. Es entbehrt nicht der Ironie, daß zu einer Zeit, als die Presse der USA voll von glühenden Berichten über die neuen automatischen Browning-MGs war, die Armee der Vereinigten Staaten den größten Krieg ihrer Geschichte mit der schlechtesten Waffe führte, die es auf beiden Seiten gab. Die amerikanische Infanterie, die mit wahrer angelsächsischer Verachtung für die Feinheiten einer fremden Sprache die Waffe «Shosho» nannte, verdammte es unaufhörlich und schmiß es im Zorn fort. Auf diese Weise gingen so viele Waffen verloren, daß die ursprünglichen Aufträge bedeutend erhöht werden mußten. Als die Marineinfanteriedivisionen der USA in Frankreich eintrafen, die mit dem ausgezeichneten und erprobten Lewis-MG ausgerüstet waren, die die Savage Arms Company seit einiger Zeit im Kaliber .30" hergestellt hatte, erhielt sie sofort den Befehl, sie gegen Chauchats einzutauschen. Es ist nicht klar, ob dies auf dem Vertrag mit den Franzosen beruhte, oder auf der fast pathologischen Abneigung gegen das Stellen der amerikanischen Armee. Was es auch immer war, es muß einen ernsthaften nachteiligen Effekt auf diese Elitetruppen gehabt haben. Nach so langer Zeit ist es schwierig, zu wissen, warum die Franzosen das Chauchat je in Dienst stellten, und wahrscheinlich ist es auch gut, nicht zu tief zu bohren. Waffen, die von Kommissionen entwickelt werden, neigen dazu, schlecht zu sein. Es gibt eine alte Geschichte, daß das Kamel das Ergebnis einer frühen Kommission sei, die ein Pferd entwickeln sollte. Dies beleuchtet den Fall vielleicht etwas, aber das Chauchat war sogar sehr schlecht. Diese schlechte Qualität beruhte ohne Zweifel teilweise auf der Kriegsproduktion. In dieser Beziehung ist die Waffe mit der britischen Sten-MP von 1941 verglichen worden, aber die Sten schoß wenigstens, so billig sie auch gewesen sein mag. Zur allgemeinen Überraschung setzten die Belgier und die Griechen die Waffe nach dem Krieg ein. Die Griechen nannten ihre Ausführung «Gladiator».

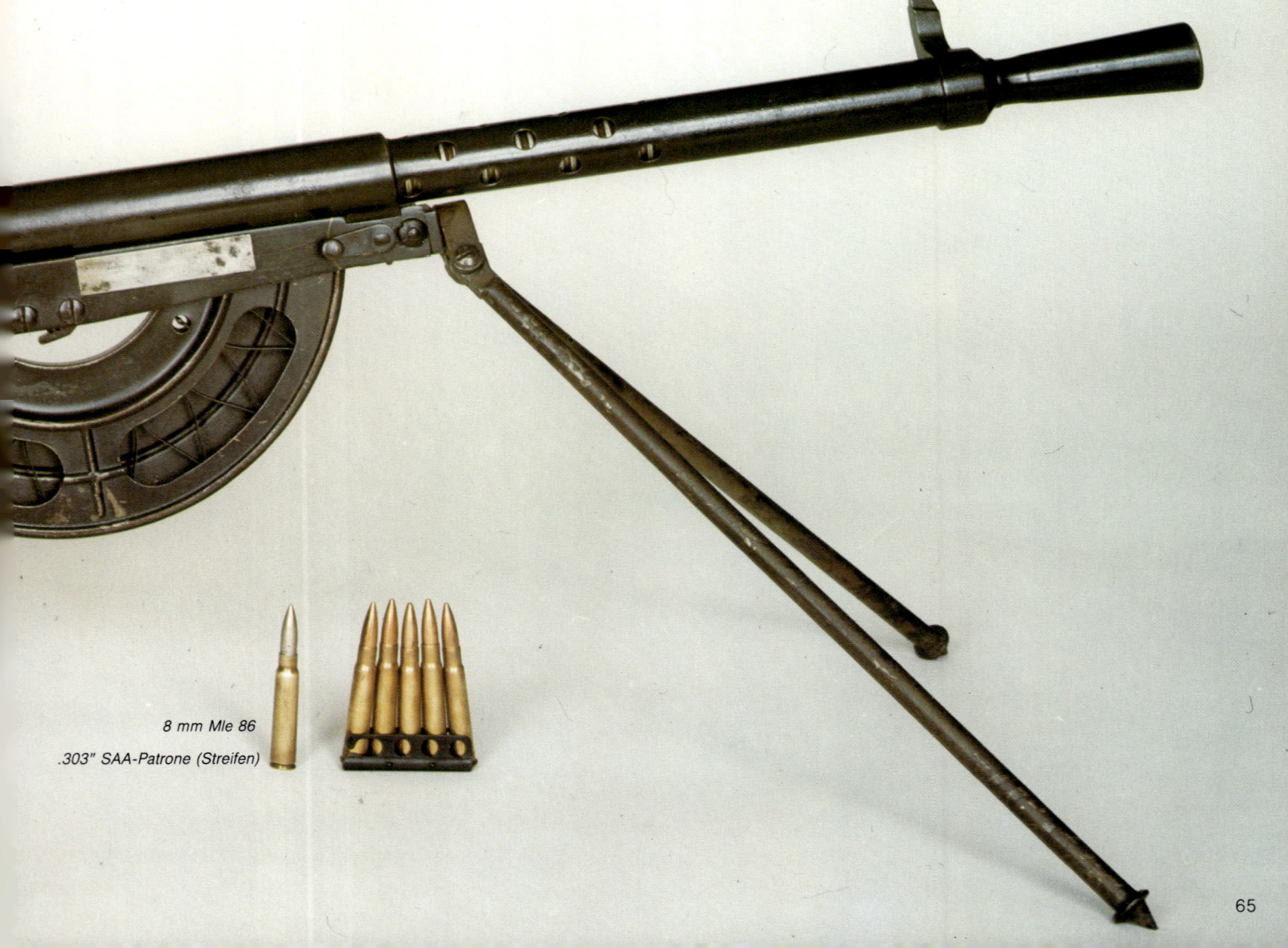

8 mm Mle 86

.303" SAA-Patrone (Streifen)

Frankreich
CHATELLERAULT MODÈLE 1924-9

Länge: 1080 mm
Gewicht: 9,12 kg
Lauf: 500 mm
Kaliber: 7,5 mm
Züge: 4, Rechtsdrall
Betrieb: Gasdruck
Patronenzuführung: 25-Schußkastenmagazin
Kühlung: Luft
Kadenz: 550 Schuß/Min.
Anfangsgeschwindigkeit: 790 m/s
Visier: 2000 m

Obwohl das von den Franzosen hauptsächlich eingesetzte mittlere MG, das Hotchkiss 1914, ihnen im Ersten Weltkrieg gute Dienste erwiesen hatte, litten sie von Anfang bis zum Ende unter dem Fehlen eines zuverlässigen leichten MG, da sie nichts besseres als das no-torische Chauchat hatten. Bei Kriegsende hatten sie 15 000 der neuen automatischen Gewehre von Browning in den USA bestellt, aber der Krieg endete, bevor diese eintrafen. Nachdem der Krieg vorüber war, begannen die Franzosen ernsthaft, diesen Mangel durch die Konstruktion einer guten und zuverlässigen leichten Maschinenwaffe zu beheben. 1921 waren Prototypen entstanden, die alle in Chatellerault, einer der großen nationalen Waffenfabriken, hergestellt worden waren. Wie die meisten Nationen, die durch den Krieg verarmt waren und zögerten, mehr als notwendig für die Rüstung auszugeben, da es so viele Kriegsschäden zu beheben galt, hatten die Franzosen sehr wenig Geld. Deshalb wollten sie nach Möglichkeit eine Waffe herstellen, die andere Länder gern kaufen würden. Der erste Staat der Interesse zeigte, war Jugoslawien, das nach einem neuen leichten Maschinengewehr suchte. Zunächst beschloß die jugoslawische Mission, die auf ihrer Suche in ganz Europa herumgereist war, daß das Hotchkiss genügen würde, aber dann wurde ihnen das neue französische Versuchsgewehr zu einem so niedrigen Preis angeboten, daß sie nicht widerstehen konnten. Unglücklicherweise vereitelten Verzögerungen bei der Herstellung diesen Handel. Die Franzosen wandten sich dann an Rumänien, das ebenfals eine neue Waffe suchte. Die Rumänen waren tatsächlich sehr interessiert, aber bei einem Versuch zerriß eine Explosion ein Gewehr. Mehrere Mitglieder der Einkaufskommission wurden verletzt, woraufhin das Projekt aufgegeben wurde. Zunächst bestand der Verdacht, daß eine defekte Patrone ein Geschoß im Lauf verklemmt und so die Explosion verursacht hatte, als die nächste Patrone zündete, aber dies erwies sich als falsch. Die noch immer zuversichtlichen Franzosen führten die Waffe im Jahre 1926 selbst ein, aber nach kurzer Zeit hatte eine Serie ähnlicher Explosionen die Moral der Soldaten, die mit der Waffe ausgerüstet waren, erschüttert. Dies führte zu dringlichen Forderungen, die Waffe durch eine zuverlässigere zu ersetzen, was wiederum die Personen verletzte, die so hart an ihr gearbeitet hatten. Die Erprobungen gingen weiter, und schließlich wurde festgestellt, daß die Waffe selbst völlig in Ordnung war. Der Fehler beruhte auf schlechtem Metall und auf falscher Wärmeleitung, was beides Folgen der übermäßigen Sparmaßnahmen waren. Sobald dies geklärt war, ging die Produktion voran, und es gab keinen weiteren Ärger. Das leichte Maschinengewehr Châtellerault Modell 1924 sah orthodox aus. Ebenso orthodox war seine Arbeitsweise. Die Waffe funktionierte mit Gasdruck, mit einem Mechanismus, der demjenigen des Browning sehr ähnelte. Sie hatte zwei Abzüge, einen vorderen für

Einzelfeuer und einen hinteren für Dauerfeuer. Zuvor mußte ein Umstellhebel auf Einzel- oder Dauerfeuer gestellt werden. Die Waffe hatte auch einen Gasdruckregler, der es in Verbindung mit einem einstellbaren Puffer ermöglichte, die Feuergeschwindigkeit zu variieren. Ihr bedeutendstes Merkmal war aber vielleicht, daß sie für eine neue Patrone konstruiert war. Die alte 8-mm-Lebel-Patrone, die seit langen Jahren verwendet wurde, hatte eine schlechte Form für den Einsatz in automatischen Waffen. Ihr unverhältnismäßig breiter Boden verlangte Kastenmagazine, die übermäßig gekrümmt waren. Das Magazin des Chauchat war hierfür ein typisches Beispiel. Deshalb entwickelten die Franzosen eine neue, randlose 7,5-mm-Patrone, die in der Ausführung und Leistung der deutschen 7,92-mm-Patrone ähnelte. Sie trug zu dem richtigen Funktionieren der Waffe bei. 1928 gab es eine weitere Änderung, als die

Patrone etwas verkürzt wurde. Danach arbeitete die Waffe mit bester Wirksamkeit. Sie war auch leicht zu bedienen, und die Ausbildung an ihr war einfach. Dies ist ein bedeutender Faktor in einem Land, das Wehrpflichtige mit kurzer Dienstzeit hat. Die Franzosen, die im Ersten Weltkrieg schreckliche Verluste erlitten hatten, fürchteten sich naturgemäß vor weiteren offensiven Aktionen ihrer deutschen Nachbarn, und deshalb arbeiteten sie in der Zeit von 1929 bis 1934 hart an der Maginot-Line, die eine undurchdringbare Mauer zwischen beiden Ländern sein sollte. Um die Feuerkraft ihrer Infanterie zu verstärken, unternahmen die Franzosen einige Änderungen an ihrem Modell 1924-9, die zu dem Modell 31 führten. Es war im Prinzip dieselbe Waffe, aber statt des üblichen Kastenmagazins hatte sie eine riesige, an der Seite befestigte Trommel ähnlich derjenigen des Lewis-MGs, jedoch mit einer Kapazität von 150 Patro-

nen. Diese Waffe hatte nur einen Pistolengriff und war so konstruiert, daß sie von einer Platte auf einem Schwenkgestell schießen konnte Um lange Feuerstöße ohne Überhitzung schießen zu können, entwickelten die Franzosen ein System, das zwischen dem Ausziehen der leeren Hülse und dem Einführen der nächsten Patrone in das Patronenlager einen kleinen Wasserstrahl in den Lauf drückte. Sie hielten diese Vorrichtung geheim. Ihre Behauptungen bezüglich der Wirksamkeit sind nie überprüft worden. Das Modell 1931 erregte auch das Interesse der französischen Luftwaffe. Weitere Verbesserungen führten zu zwei neuen Ausführungen, einer mit Gurtenzuführung und einer anderen mit einer sehr großen Trommel, die 500 Patronen aufnehmen konnte. Sie war 40,6 cm tief und so schwer, daß sie einen zusätzlichen Antrieb benötigte. Das Châtellerault blieb das Haupt-MG der Franzosen bis zum

Beginn des Zweiten Weltkrieges, und nach dem Fall Frankreichs bewaffneten die Deutschen ihre Truppen am sogenannten Atlantikwall, den sie bald darauf bauten, mit Beutewaffen vom Typ Châtellerault. Als nach Kriegsende die französische Armee neu aufgestellt wurde, war sie zu Anfang mit einer Vielfalt von britischen, amerikanischen und deutschen Waffen ausgerüstet. Aber aus verschiedenen Quellen wurden sehr große Zahlen einsatzfähiger Châtellerault besorgt, die später in Französisch-Indochina und in Algerien in den Kolonialkriegen eingesetzt wurden. Obwohl wahrscheinlich noch eine große Zahl dieser Waffen in den früheren französischen Kolonien in Afrika und anderswo eingesetzt wird, gilt sie in der französischen Armee als veraltet, die wie die meisten großen Militärnationen der Welt heute ein Mehrzweck-Maschinengewehr, das MAS 52 oder Arme Automatique Modele 52 verwendet.

7,5 mm Mle 24 und Mle 29

.303" SAA-Patrone (Streifen)

LEICHTES MAXIM MG 08/15

Länge: 1398 mm
Gewicht: 17,7 kg
Lauf: 610 mm
Kaliber: 7,92 mm
Züge: 4, Rechtsdrall
Betrieb: Rückstoßlader
Patronenzuführung: 250-Schuß-gurte
Kühlung: Wasser
Kadenz: 400 Schuß/Min.
Anfangsgeschwindigkeit: 885 m/s
Visier: 2000 m

Nach dem ersten Jahr des Ersten Weltkrieges hatten die Alliierten ihre Industrie auf die Kriegsproduktion umgestellt. Zusätzlich half ihnen die Produktionskapazität der Vereinigten Staaten. Als die britischen Vickers-MGs von den Bataillonen abgezogen wurden, waren die Engländer in der Lage, leichte Lewis-MGs auszugeben, um den

Verlust auszugleichen. Zunächst nur einige, aber im Verlaufe des Krieges auch in größeren Zahlen. Die Deutschen hatten naturgemäß dieselbe Idee. Das Lewis-MG bedeutete für sie eine Überraschung, aber sie hatten bald eine Antwort in Form eines leichten Maxim-MGs. Technisch ähnelte das neue MG dem Maxim 08, und da es 1915 in Dienst gestellt wurde, erhielt es die Bezeichnung Maschinengewehr 08/15. Allerdings ist die Bezeichnung «leichtes Maxim» bekannter. Wie sein größeres Gegenstück war das MG wassergekühlt, aber während das Maxim 08 eine Pumpe hatte, die das Wasser in Bewegung hielt und so die Wärme ableitete, hatte die leichte Ausführung einen einfachen, aber wirksamen Wasserbehälter. Das Gewehr sollte schließlich ein leichtes MG sein und war deshalb nicht für lange Dauerfeuerstöße vorgesehen. Es schoß aus einem 50-Schuß-Gurt, ein ungewöhnliches System für ein leichtes MG, aber dadurch wurden keine größeren Neukonstruktionen des ursprünglichen Mechanismus erforderlich. Die Waffe hatte einen Gurtkasten, der an ihrer rechten Seite angebracht war. Dadurch konnte sie schnell verschoben werden, ohne daß sich der Gurt verwickelte oder in den Schmutz fiel, was im

Grabenkrieg ständig ein großes Problem war. Da diese Waffe dem Modell 08 sehr ähnelte, stellte sie kaum Probleme für die Produktion dar, und so waren die Deutschen in der Lage, in sehr kurzer Zeit große Stückzahlen herzustellen. Das MG 08/15 war eine wirksame Waffe, und bald war es bei der deutschen Infanterie so beliebt, wie das Lewis-MG bei den Engländern. Der wahre Wert des leichten MGs zeigte sich jedoch erst in den ersten Monaten des Jahres 1918. Zu dieser Zeit hatte die russische Revolution Deutschlands Problem eines Zweifrontenkrieges zum größten Teil beseitigt. Die Deutschen waren nun in der Lage, einen größeren Teil ihrer Armee an der Westfront zu konzentrieren. Engländer und Franzosen, die bis dahin den größten Teil der Angriffe vorgetragen hatten, warteten beide ungeduldig auf das Eintreffen der neuen amerikanischen Armeen, die, – obwohl sie keinerlei Kriegserfahrung hatten – sie in die Lage versetzen würden, die deutschen Linien mit einer Reihe von weit auseinanderliegenden Vorstößen zu durchbrechen, für die ihre eigenen Reserven nicht ausgereicht hätten. Deshalb beschlossen die Deutschen, zuerst zuzuschlagen. Nicht weil sie glaubten, die Alliierten vernichtend schlagen zu

können, sondern vor allem in der Hoffnung, daß ein größerer Erfolg ihnen einen Frieden zu vernünftigen Bedingungen sichern würde. Der Angriff traf die Engländer, die noch von der fürchterlichen Materialschlacht von Ypres im Jahr zuvor erschöpft waren. Sie hielten eine Reihe von in der Tiefe angelegten Stellungen statt einer Hauptkampflinie. Diese Stellungen unterstützten sich gegenseitig mit MG-Feuer und waren durch Artillerie gedeckt. Der deutsche Plan bestand darin, nach dem Vorstoßen von besonders ausgebildeten Sturmabteilungen einen Massenangriff vorzutragen. Am Morgen des Angriffs legte ein dichter Nebel die britischen MGs und ihre Artillerie lahm, während er beste Bedingungen für den Erfolg der Sturmabteilungen bot. Hier zeigte das leichte Maxim seine Möglichkeiten, denn die Sturmabteilungen konnten es einsetzen, um MG-Stellungen von der Flanke oder von hinten zu erledigen und allgemeine Verwirrung zu stiften. Die größeren Maxims waren natürlich viel zu schwer für diese Aufgabe, aber das leichte, das zusammen mit einigen der neuen Maschinenpistolen eingesetzt wurde, die gerade an der deutschen Front eingetroffen waren, war eine ideale Waffe und

7,92-mm-Gewehrpatrone 98

.303" SAA-Patrone (Streifen)

zeigte klar die echte zukünftige Aufgabe dieser Waffenkategorie. Der deutsche Angriff schlug jedoch fehl. Als einige Monate später die alliierte Gegenoffensive begann, wurden die englischen Lewis-MGs auf dieselbe kühne Weise eingesetzt. Neben ihrer Aufgabe bei der Infanterie wurden die leichten Maxims auch zur Bewaffnung deutscher Zeppeline verwendet, wo sie gegen alliierte Flugzeuge eingesetzt wurden. Viele der frühen Luftangriffe auf England wurden durch Luftschiffe ausgeführt, und sie mußten zur Erhaltung der englischen Kampfmoral vernichtet werden. Die Deutschen brachten die Maschinengewehre entlang der oberen Ballonhülle und in Kuppeln an, und da die Luftschiffe unter einigermaßen guten Wetterbedingungen äußerst stabil waren, hoffte man, daß ausreichend genaues

Feuer geschossen werden konnte, um angreifende Flugzeuge abzuwehren. Vor der Einführung synchronisierter Maschinengewehre, die durch den Propellerkreis schießen konnten, war es sehr schwierig für den Piloten eines einsitzigen Flugzeuges einigermaßen genau zu schießen, und deshalb waren die Deutschen wahrscheinlich nicht zu optimistisch bei ihrer Beurteilung der Lage. Dieser Einsatz des MGs ähnelte der Praxis des zweiten Weltkrieges, eine große Anzahl von Maschinengewehren in den amerikanischen Fliegenden Festungen vom Typ B 17 einzusetzen. Die Zeppeline wurden jedoch schließlich durch die britische Erfindung des Brandgeschosses geschlagen. Die Luftschiffe waren mit Wasserstoff gefüllt, der sehr leicht war und deshalb einen hohen Auftrieb brachte. Gleichzeitig war er aber

sehr leicht entzündbar, und da die Zeppeline riesige und relativ langsam fliegende Ziele waren, wurden sie in solchen Zahlen abgeschossen, daß die Deutschen sie bald nicht mehr für Bombenflüge einsetzten. Es gab auch eine luftgekühlte Ausführung des leichten Maxims, bei dem der klobige und schwere Wasserbehälter durch ein einfaches, belüftetes Gehäuse ersetzt wurde. Man hatte herausgefunden, daß der Luftstrom um die Luftschiffe zur Kühlung automatischer Waffen ausreichend war. Nachdem die Angriffe der Luftschiffe eingestellt worden waren, wurde eine Ausführung des luftgekühlten Maxims unter der Bezeichnung 08/18 an das deutsche Heer ausgegeben. Die Waffe war kein Erfolg. Sie wurde wahrscheinlich nur eingesetzt, weil die Deutschen im Jahre 1918 so unter Materialmangel in je-

der Hinsicht litten, daß sie es sich nicht leisten konnten, irgend etwas nicht einzusetzen. Beim Einsatz auf dem Boden überhitzte sich diese luftgekühlte Ausführung, die scheinbar nicht einmal ein Zweibein hatte, so schnell, daß sie kaum eingesetzt werden konnte. Man sagt, daß diese Waffen in Batterien zusammengefaßt werden mußten, so daß eine schießen konnte, während die anderen abkühlten. Dies kann natürlich für die hartbedrängte deutsche Infanterie keine zufriedenstellende Lösung gewesen sein. Neben dem eigentlichen Interesse an dieser Waffe ist es interessant, daß sie das einzige leichte Maschinengewehr war, das im Ersten Weltkrieg von den Deutschen eingesetzt wurde, die im Zweiten Weltkrieg mit Mehrzweck-Maschinengewehren in Form des MG 34 und MG 42 ausgerüstet waren.

Das luftgekühlte Maxim

Grossbritannien
LEWIS MASCHINENGEWEHR

Länge: 1282 mm
Gewicht: 12,25 kg
Lauf: 660 mm
Kaliber: .303"
Züge: 4, Linksdrall
Betrieb: Gasdrucklader
Patronenzuführung: 47-Schuß-Trommelmagazin
Kühlung: Luft
Kadenz: 550 Schuß/Min.
Anfangsgeschwindigkeit: 744 m/s
Visier: 1738 m

Die ersten Jahre des 20. Jahrhunderts brachten das erwachende Interesse an leichten automatischen Waffen. Mit diesen Waffen beschäftigte sich auch Oberst Isaac Newton Lewis von der amerikanischen Küstenartillerie. Sein Hauptinteresse lag natürlich auf dem Gebiet der

Artillerie, die er in Europa kennengelernt hatte. In den frühen Jahren des 20. Jahrhunderts entwickelte er eine Anzahl von Entfernungsmessern und anderen Instrumenten für die Artillerie. Dadurch erwarb er sich einen Ruf auf dem Gebiet der Feuerwaffen, und deshalb überrascht es nicht, daß im Jahre 1910 eine Waffenfirma auf ihn zukam, die ihn dazu bewegte, ein Maschinengewehr auf der Basis von Patenten zu entwickeln, die sie zuvor von einem Erfinder namens Samuel McClean gekauft hatte. Die Waffe war viel zu schwer und zu klobig, aber Lewis erkannte ihr Potential und konstruierte sie so um, daß er als ihr Erfinder angesehen werden kann. Bis 1912 hatte er vier Prototypen bauen lassen. Er führte diese hohen Armeeoffizieren vor, von denen viele beeindruckt waren, aber nichts weiter unternahmen. Lewis führte dann ein Experiment durch, das bewies, daß er ein Mensch mit Voraussicht war. Er traf eine Abmachung mit einem Flieger namens Chandler, der mit einem seiner Maschinengewehre ein Ziel auf dem Boden beschoß. Angesichts des primitiven Flugzeuges war diese

Idee bemerkenswert. Auch die Tatsache, daß man sie nicht weiter verfolgte, mindert nicht ihren Wert. Danach bot Oberst Lewis sein MG den Vereinigten Staaten formell an, über es wurde zurückgewiesen. Der Grund hierfür ist nicht bekannt, es mag sein, daß es persönliche Unstimmigkeiten zwischen dem Stabschef der Armee und Oberst Lewis gab, der ein sehr offener Charakter zu sein schien und hohe Ränge nicht respektierte. Aus irgendeinem Grund ging Lewis mit seinen MGs im Jahre 1913 nach Belgien, und schließlich wurde in Lüttich eine Firma gegründet, die seine Waffen auf kommerzieller Basis herstellte. Die belgische Armee übernahm einige davon. Als die Deutschen das Land 1914 überrannten, wurde das gesamte Geschäft der großen britischen Firma Birmingham Small Arms Company übertragen. Als die gegnerischen Armeen zum Grabenkrieg übergingen, wurde klar, daß das Maschinengewehr die bei weitem wichtigste Infanteriewaffe werden würde. Ursprünglich war jedes englische Bataillon mit zwei Vickers-MGs ausgerüstet, aber die erforderliche

Beweglichkeit führte bald dazu, daß die MGs zu Gruppen zusammengefaßt wurden. Deshalb wurden sie 1915 in einem Maschinengewehr-Korps konzentriert. Um die Lücke bei den Bataillonen wenigstens teilweise zu füllen, wurden vier Lewis-MGs an jedes Bataillon ausgegeben. Das Prinzip, nach dem die Waffe arbeitete, war einfach. Aus dem Lauf wurden Gase abgezapft, die einen Kolben zurücktrieben, der das Schloß mitriß und die leere Patrone auszog und auswarf. Ein Nokken auf der Oberseite des Verschlusses betätigte einen Führungsarm, der die nächste Patrone aus dem doppelschichtigen, kreisförmigen Magazin an der Oberseite der Waffe entnahm. Der Mechanismus hatte zwei Sperrklinken, die dafür sorgten, daß sich das Magazin nur soweit drehte wie erforderlich. Während der Rückwärtsbewegung erfaßte eine Zahnstange an der Unterseite des Kolbens ein Zahnrad, das eine uhrfederartige Feder aufzog, die dann die beweglichen Teile nach vorn stieß, wobei die nächste Patrone in das Patronenlager gedrückt und gezündet wurde. Der Verschluß war drehbar,

mit Zapfen, die in Aussparungen an der Verlängerung des Laufes einrasteten. Um den Lauf kühl zu halten, war er in Längsrichtung mit Rippen umgeben, deren Enden man auf dem Bild sehen kann. Die Rippen wiederum hatten ein äußeres Gehäuse, um den Vorderteil der Waffe sauber zu halten. Dieses MG konnte nur Dauerfeuer schießen, aber ein guter Schütze mit einem empfindlichen Zeigefinger konnte einzelne Schüsse abgeben, während «Doppelzapfen», d. h. zwei Schuß auf einmal zu schießen, sehr einfach war. Die britische Armee, die sehr konservativ eingestellt ist, betrachtete das Lewis-MG mit einigem Argwohn. Man hatte das Gefühl, daß es nicht mehr als ein billiger, zweitklassiger Ersatz für das bewährte Vickers war, aber bald war man von ihm begeistert. Es war natürlich ein leichtes MG, das erste, das die britische Armee je einsetzte, mit den Grenzen, die ein MG im Vergleich zu einem mittleren hat. Aber es ermöglichte eine beträchtliche Feuerkraft über die erforderlichen Entfernungen, die gewöhnlich unter 200 m lagen. Bei der Verteidigung wurde es am besten von der Flanke eingesetzt, vor allem, wenn die Angreifer durch Stacheldraht aufgehalten wurden und ein festes Ziel boten. Beim Angriff (und man muß bedenken, daß im Ersten Weltkrieg die meisten Angriffe nur wenige 100 m vorstießen) wurde es als ausgezeichnete Waffe gegen die feindlichen mittleren MGs angesehen, denn aufgrund seines relativ geringen Gewichts konnten ein oder zwei Mann solche Ziele mit einigem Erfolg niederhalten. Mit der steigenden Herstellung in England und den USA wurden immer mehr Lewis-MGs an die britische Armee ausgegeben. Ein aus vier Kompanien bestehendes britisches Bataillon hatte 16 Züge, und bis 1918 hatte jeder Zug zwei Lewis-MGs. Der Bataillonsgefechtsstand verfügte über weitere vier Lewis-MGs, vor allem zur Flugabwehr. Neben ihrem hohen Wert als Bodenwaffen wurden sie auch sehr viel in Flugzeuge eingebaut. Bei Kriegsbeginn wurden die verfügbaren Flugzeuge als sehr wertvoll für die Aufklärung, nicht aber für den Kampf, angesehen. Bald nahmen jedoch Piloten und Beobachter Pistolen und Gewehre mit, mit denen sie feindliche Flieger angriffen, die ihnen zu nahe kamen. Daraus entwickelte sich bald das Jagdflugzeug. Das Lewis-MG war auch so beliebt, weil das Magazin leicht gewechselt werden konnte. Bei MGs, die in Flugzeuge eingebaut wurden, verzichtete man auf die Kühlrippen, denn der Fahrtwind kühlte den Lauf sehr gut. Die britische Armee behielt das Lewis-MG bis kurz vor Ausbruch des Zweiten Weltkrieges. Dann wurde es durch das Bren abgelöst. Das Lewis-MG konnte auch sehr gut als leichte Flugabwehrwaffe eingesetzt werden. Es wurde dann auf ein ziemlich wackliges Gestell montiert, das wie ein Notenständer aussah, und mit einem Spezialvisier ausgerüstet, mit dem der Schütze den Vorhaltewinkel schätzen konnte. Bei den relativ niedrigen Geschwindigkeiten der damaligen Flugzeuge genügte dies, besonders wenn Leuchtspurmunition eingesetzt wurde. In seiner Zeit galt das Lewis-MG als sehr gute Waffe, obwohl seine komplizierte Konstruktion anfällig für eine erschreckende Anzahl von Ladehemmungen war. Die britische Ausbildungsvorschrift von 1931 führt sechs «kleine» Hemmungen und sieben größere Hemmungen auf. Die Einzelheiten und die Erklärungen umfassen 31 kleingedruckte Seiten. Bei der Ausbildung längerdienender Soldaten war dies nicht so schlimm, aber es erwies sich als großer Nachteil in der Kriegsausbildung. In den Händen eines guten Schützen war das Lewis-MG jedoch eine ausgezeichnete Waffe. 1932 schoß Quarter Master Sergeant P. G. Cyster vom britischen Small Arms School Corps, ein Veteran des Ersten Weltkrieges, der die Tapferkeitsmedaille errungen hatte, 219 Schuß auf ein 274 m entferntes Ziel mit einem Durchmesser von 1,2 m und verfehlte es nur dreimal. Die große Masse seiner Schüsse lag in einem mittleren Kreis von 60 cm Durchmesser. Obwohl das Lewis-MG schon vor 1939 nicht mehr das offizielle MG der britischen Infanterie war, lagerten noch Tausende in den Arsenalen als der Krieg begann, und angesichts der bedrohlichen Waffenknappheit wurden sie bald wieder an die Truppen ausgegeben, vor allem als leichte Flugabwehrwaffen.

Das Lewis-Flugabwehr-Visier

.303" SAA-Patrone
.303" SAA-Ptrone (Streifen)

Grossbritannien
HOTCHKISS MARK 1

Länge: 1187 mm
Gewicht: 12,25 kg
Lauf: 597 mm
Kaliber: .303"
Züge: 4, Rechtsdrall
Betrieb: Gasdruck
Patronenzuführung: 30-Schuß-Ladestreifen
Kühlung: Luft
Kadenz: 500 Schuß/Min.
Anfangsgeschwindigkeit: 744 m/s
Visier: 1829 m

Wenn man über automatische Waffen spricht, kommt man früher oder später auf den Namen Hotchkiss zu sprechen, eine bekannte französische Firma, die sich seit der ersten Erfindung solcher Waffen mit ihnen befaßte. 1885 starb B. B. Hotchkiss, der Gründer der Firma. 1887 wurde ein junger Amerikaner, Laurence V. Benét zum Direktor ernannt. Er hatte viele Jahre im Waffengeschäft verbracht und sein Vater, ein pensionierter General und eine bekannte Persönlichkeit in der amerikanischen Rüstungswelt, hatte ihm geraten, nach Europa zu gehen, wo der Bedarf an militärischen Feuerwaffen den der USA bei weitem übertraf. Benét erkannte sehr bald, daß die leichten Waffen der Zukunft automatische Waffen sein würden, und er befaßte sich mit den Problemen der Herstellung einer Reihe von wirksamen Gewehren. Hierbei half ihm sein Assistent Henry Mercié. Ihre gemeinsame Arbeit bei der Herstellung von mittleren Maschinengewehren ist in diesem Buch an anderer Stelle beschrieben, und es braucht deshalb nicht noch einmal darauf eingegangen zu werden. Von Bedeutung ist jedoch, daß die beiden 1909 ein leichtes Maschinengewehr bauten,

das sie dann als automatisches Gewehr bezeichneten. Auf dem Kontinent war es allgemein als Hotchkiss Portative (tragbares Hotchkiss) bekannt, aber in Großbritannien und den USA hieß es Benét-Mercié-Maschinengewehr Modell 1909. Die französische Armee führte diese Waffe ein, sie zeichnete sich aber nicht besonders aus. Bis 1914 war sie fast in Vergessenheit geraten. Das Feld blieb dem schlechteren Chauchat überlassen. Auch die amerikanische Armee übernahm die Waffe und setzte sie in örtlichen Grenzkonflikten ein. Oberst Chinn sagt in seinem Buch «The Machine Gun», daß bei einem nächtlichen Angriff des berüchtigten mexikanischen Banditen Villa auf die Stadt Columbus in New Mexiko, die Benét-Mercié-MGs das Feuer nicht eröffneten, weil ihre Schützen behaupteten, daß sie ihre Waffen in der Dunkelheit wegen des komplizierten Mechanismus nicht einsetzen konnten. Die amerikanische Presse schlachtete die Geschichte gehörig aus, und nannte das Benét-Mercié eine «Tageswaffe». Sie schlug unfreundlich vor, daß die Kriegsregeln geändert, und nur noch Kämpfe bei Tage erlaubt werden sollten, damit die Armee ihre

Maschinengewehre einsetzen könne. Dieser Spott untergrub schließlich das Vertrauen der amerikanischen Armee in die Waffe, und 1917 wurde sie abgelöst, ironischerweise genau zu jener Zeit, als die USA jede automatische Waffe brauchten, die sie erreichen konnten. Kurz nach Ausbruch des Ersten Weltkrieges führte die britische Armee das Lewis-MG als leichtes Infanterie-MG ein, und kurz darauf erhob sich die Frage nach einer ähnlichen Waffe für die britische Kavallerie. Die berittene Kavallerie hatte seit langen Jahren ständig an Bedeutung verloren, vor allem weil es die schnellen Verbesserungen der leichten Waffen in der zweiten Hälfte des 19. Jahrhunderts mit sich brachten, daß berittene Truppen Infanterie nur unter günstigsten Umständen schlagen konnten. Zuvor hatten beide Seiten Kavallerie für die Aufklärung und bei der taktischen Sicherung eingesetzt, und es hatte sogar ein oder zwei Gefechte Kavallerie gegen Kavallerie mit Säbeln und Lanzen gegeben, aber der Grabenkrieg hatte dies beendet. In den erbitterten Schlachten von 1914 und 1915 hatte die britische Kavallerie, deren Soldaten gute Schützen waren, die Lücken der

.303" SAA-Patrone
.303" SAA-Patrone (Streifen)

überlasteten Infanterielinien gefüllt. Nachdem aber die Fronten erstarrt waren, wurde sie für den großen Durchbruch, auf den man zuversichtlich wartete, in Reserve gehalten. Es sollte dann ihre Aufgabe sein, den Erfolg auszunutzen und die feindlichen Nachhuten zu bedrängen, und dafür hätte sie natürlich leichte automatische Waffen zur Ergänzung ihrer Gewehre benötigt. Das Lewis-MG wurde erprobt, aber als zu schwer befunden. Die Kavallerie brauchte eine leichte Waffe, die möglichst von einem Mann in einem Sattelschuh getragen werden konnte. Die Wahl fiel auf das Benét-Mercié-MG. Großbritannien erwarb die Herstellungsrechte für die Waffe, und sie wurde 1916 unter der Bezeichnung Hotchkiss Maschinengewehr Mark 1 eingeführt. Natürlich hatte sie das britische Kaliber .303″. Die abgebildete Waffe, eine Mark 1, arbeitete nach dem üblichen Prinzip des Gasdruckbetriebes. Die aus dem Lauf abgezapften Gase stießen auf einen Kolben, der mit dem Verschluß verbunden war. Die Vorwärtsbewegung des Mechanismus unter dem Druck der Rückstoßfeder drehte den Verschluß und verriegelte ihn, so daß er zu einem Teil der Laufverlängerung wurde. Der Spanngriff war ein lange Stange. Sein hinteres Ende, das wie ein Gewehrhahn aussieht, kann man auf dem Bild über dem Pistolengriff erkennen. Er wurde voll zurückgezogen, 152 mm, und dann wieder nach vorn gestoßen. Wenn er wieder in der vorderen Stellung war, konnte er nach rechts gedreht werden, bis eine Linie die Stellungen A, R oder S anzeigte, die englischen Bezeichnungen für Dauerfeuer, Einzelfeuer oder gesichert. Am besten spannte man die Waffe mit beiden Händen. Der große Durchbruch an der Westfront, der vor der Schlacht von Loos im September 1915 mit Zuversicht vorausgesagt worden war, kam schließlich drei Jahre später. Aber zu dieser Zeit war der Panzer auf der militärischen Szene erschienen, so daß die Träume der Kavallerie, eine aufgeriebene deutsche Armee an den Rhein zurückzutreiben, sich nicht realisierten.

Das Hotchkiss-MG war auch eine Panzerwaffe, wenn auch nur eine sekundäre, und deshalb spielte es in der letzten Phase eine Rolle. Viele Soldaten glaubten, daß die Kavallerie unmittelbar nach Kriegsende verschwinden und durch den Panzer und Panzerwagen ersetzt würde. Dies wäre in der Tat eine vernünftige, wenn auch revolutionäre, Reorganisation gewesen. Der Einfluß der Kavallerie war jedoch zu stark. Der letzte Krieg, so wurde gesagt, war ein fürchterlicher Fehler, und bei jedem zukünftigen Konflikt, würde mehr Vernunft herrschen und die Kavallerie würde die Chance haben, ihre traditionelle Aufgabe zu erfüllen. Zur Rechtfertigung wurde Allenbys glänzender Feldzug in Palästina herangezogen, obwohl die Umstände dort anders gewesen waren, so daß es gefährlich, wenn nicht einfach unehrlich war, irgendwelche Lehren daraus zu ziehen. Aber die Kavallerie überlebte, wenn auch in geringerer Stärke, und mit ihr überlebte das Hotchkiss-MG, das auf einem Packpferd an der Flanke der Truppen mitgeführt wurde. Es war ein bemerkenswerter Anachronismus in einer Zeit, in der in Deutschland zumindest die Umrisse der neuen Panzerdivisionen Formen annahmen. Einige MGs blieben bei der Infanterie als Bewaffnung für die kleinen Carden-Lloyd-Fahrzeuge, die zeigten, was die Zukunft bringen würde. Als 1939 der Zweite Weltkrieg begann, existierte die britische berittene Kavallerie nicht mehr. Einige Einheiten blieben, vor allem im Mittleren Osten und in Indien, aber die Masse war zum Panzerkorps geworden. Das Hotchkiss-MG wurde noch begrenzt eingesetzt, denn als die mobilisierten Leibgardenregimenter 1940 in den Mittleren Osten gingen, nahmen sie unglaublicherweise Pferde mit, fast genauso, wie ihre Vorgänger, die dort ein Vierteljahrhundert zuvor unter Allenby gekämpft hatten. Jeder Trupp hatte eine Abteilung Hotchkiss-MGs auf Packpferden. Selbst nachdem dies aufgegeben wurde, blieb das MG im Einsatz und wurde erst 1946 ganz außer Dienst gestellt.

Grossbritannien
BEARDMORE-FARQUHAR EXPERIMENTAL

Länge: 1258 mm
Gewicht: 8,62 kg
Lauf: 673 mm
Kaliber: .303''
Züge: 4, Rechtsdrall
Betrieb: Gasdruck
Patronenzuführung: 81-Schuß-Trommelmagazin
Kühlung: Luft
Kadenz: 500 Schuß/Min.
Anfangsgeschwindigkeit: 744 m/s
Visier: 1646 m

Diese Waffe erhielt ihren Namen von der bekannten Waffenfabrik Beardmore in Birmingham und von ihrem Erfinder M. G. Farquhar. Obwohl er als beharrlicher, wenn auch erfolgloser Erfinder automatischer Waffen bekannt ist, hatte Oberst Farquhar auch beträchtliche eigene Kriegserfahrung. Im Burenkrieg von 1899–1902 hatte er den Distinguished Service Order, eine hohe Auszeichnung, erhalten. Sein erstes verzeichnetes Unternehmen auf dem Gebiet automatischer Waffen war die Vorführung eines automatischen Gewehrs, das er zusammen mit einem Herrn Hill erfunden hatte, in Versuchen vor dem Automatic Rifle Committee, das von der britischen Armee zur Prüfung solcher Waffen bestellt war. Diese Waffe, die zwar von der Firma Beardmore gut gefertigt wurde, war äußerst kompliziert und wurde deshalb als ungeeignet für den Kriegsdienst zurückgewiesen. 1917 wurde eine geänderte und verbesserte Ausführung erneut dem Small Arms Committee vorgeführt. Sie wurde jedoch wieder zurückgewiesen, vor allem weil das Gewehr nach 400 Schuß stark verschmutzte und die Patronenzuführung nicht mehr arbeitete. Diese Waffe hatte noch ein konisches Magazin der Art wie sie in dem Abschnitt über Gewehre (siehe Seite 172/173) abgebildet ist. 1919 hatte Oberst Farquhar jedoch tatsächlich eine völlig neue Waffe gebaut. Sie arbeitete nach einem neuen Prinzip. Die Patronen wurden aus einem waagerechten, doppelschichtigen Trommelmagazin zugeführt, das 81 Schuß aufnahm und durch ein Uhrwerk angetrieben wurde. Die letzte Patrone in dieser Trommel war eine feste Attrappe, die den Mechanismus in der hinteren Stellung arretierte, so daß der Schütze merkte, daß er ein neues Magazin einlegen mußte. Dem Erfinder wurde offiziell mitgeteilt, daß zu jener Zeit absolut keine Aussicht bestand, daß die britische Armee eine neue leichte automatische Waffe einführen würde, da sie mehr als ausreichende Stückzahlen der erprobten Lewis- und Hotchkiss-MGs besaß, die in den vorausgegangenen vier Jahren ausgezeichnete Dienste geleistet hatten, und daß diese Waffen aus Gründen der Wirtschaftlichkeit beibehalten werden sollten. Colonel Farquhar sagte jedoch, daß er seine Waffe dennoch gern vorführen würde, und man stimmte zu. Die Erprobungen waren weder vollständig noch hart, aber trotzdem schien das Kommitee sehr beeindruckt. Da es selbst nicht die Hoffnung hegte, einen Auftrag vergeben zu können, wies es darauf hin, daß die neu aufgestellte Royal Air Force interessiert sein könnte. Die RAF war eine junge Teilstreitkraft, die noch in der Entwicklung war und deshalb vielleicht noch Mittel hatte. Sie erprobte das MG im Hinblick auf einen möglichen Einsatz in Flugzeugen, und ihr Bericht war günstig. Die Waffe war leicht, was immer ein Pluspunkt für einen Flieger ist, und sie war wirksam, denn sie war in 6000 m Höhe in allen Fluglagen erprobt worden. Dennoch wollte man die Waffe nicht. Der Krieg war vorüber, Beschränkungen und Wirtschaftlichkeit waren die Erfordernisse, und die Waffe wurde zurückgewiesen. 1922, drei Jahre später, versuchte das scheinbar nicht entmutigte Gespann Beardmore-Farquhar, etwas Neues, eine hauptsächlich als Flugabwehr-Waffe gedachte Maschinenwaffe mit Gurtzuführung vom Kaliber .5'', die jedoch wiederum nicht angenommen wurde. Im selben Jahr bauten sie eine modernisierte Ausführung des leichten Modells. Es sah orthodox aus und hatte eine starke Ähnlichkeit mit dem späteren russischen Degtjarjev-MG. Interessant bei dieser Waffe war jedoch ihr einmaliger Mechanismus, eine unübliche Kombination aus Gasdruck und Federbetrieb. Fast alle normalen gasdruckbetriebenen leichten Maschinengewehre haben einen Kolben, der durch den Druck der aus dem Lauf in der Nähe der Mündung abgezapften Gase zurückgestoßen wird und den Verschluß mitnimmt, der dann durch die in der Schließfeder gespeicherte Energie wieder vorwärts gestoßen wird, die er bei seiner Rückwärtsbewegung zusammengedrückt hat. Beim Beardmore war ungewöhnlich, daß der Kolben nicht direkt mit dem Verschluß verbunden war. Anstelle einer Verbindungsstange hatte es eine Spiralfeder, und wenn der Kolben zurückstieß, spannte er diese Feder. Das andere Ende stieß gegen den Ver-

.303'' SAA-Patrone

.303''-Patrone (Streifen)

schluß, und dieser war so konstruiert, daß der Gasdruck dazu beitrug, ihn verriegelt zu halten. Wenn der Druck auf ein sicheres Niveau abgefallen war, überwand die Kolbenfeder die Verschlußverriegelung, und die übliche, entgegengesetzte Bewegung begann. Wenn der Verschluß den Puffer erreichte, betätigte er den Kolben, und die Schließfeder konnte dann den Verschluß und den Kolben vorwärts stoßen, und der Zyklus wiederholte sich. Die Patronenzuführung erfolgte beim Vorwärtsstoß. Eine weitere Besonderheit war, daß die Schließfeder gedehnt und nicht wie bei allen anderen Waffen zusammengepreßt wurde. Eine Folge hiervon war, daß die Waffe sehr ruhig schoß und weniger Ladehemmungen und Schwierigkeiten beim Patronenausziehen auftraten. Aber sie schoß auch sehr viel langsamer als ihre Rivalen. Der Einsatz einer Zwischenfeder brachte gewisse Vorteile. Vor allem bedeutete es, daß die geringe aber unvermeidbare Differenz des von den Patronen entwickelten Drucks sich nicht auf die Funktion der Waffe auswirkte. Es beseitigte auch, und das ist vielleicht noch wichtiger, einen großen Teil des Rüttelns der Waffe aufgrund der schnellen Rückwärts-

und Vorwärtsbewegung eines orthodoxen Kolbens. So konnte die Waffe sehr leicht gebaut werden, ohne daß ihre Genauigkeit durch übermäßige Vibration beeinträchtigt wurde. Die Versuche in Hythe, ein Vergleichsschießen leichter Maschinengewehre, wurden im Oktober 1922 durchgeführt. Das Beardmore-Farquhar-MG glänzte nicht. Man bemängelte vor allem und das überraschte bei einer Beardmore-Waffe, die allgemein schlechte Qualität des Materials, auf der eine Reihe von Defekten beruhte. Die Patronenausziehung war schwach, und das MG hatte eine gefährliche Neigung, zu stoppen, wenn die beweglichen Teile in vorderer Stellung und eine scharfe Patrone im Patronenlager waren, wahrscheinlich, weil der Auszieher nicht über den Patronenrand faßte, und der Haken infolgedessen die Kappe nicht erreichte. Der Zuführungsmechanismus wurde als fehlerhaft angesehen, und die Genauigkeit der Waffe ließ merklich nach, nachdem der Lauf erhitzt war. Bei einer Dauererprobung soll die Waffe schließlich nach 11 000 Schuß explodiert sein. Der Grund hierfür wurde nicht angegeben, aber dies führte sicher zu der Aufgabe dieser interessanten aber unglückseligen Waffe.

VICKERS-BERTHIER MASCHINENGEWEHR

Länge: 1181 mm
Gewicht: 9,43 kg
Lauf: 607 mm
Kaliber: .303"
Züge: 5, Rechtsdrall
Betrieb: Gasdruck
Patronenzuführung: 30-Schuß
Kastenmagazin
Kühlung: Luft
Kadenz: 500 Schuß/Min.
Anfangsgeschwindigkeit: 744 m/s
Visier: 1464 m

Das leichte Vickers-Berthier-MG war französischen Ursprungs. Zu Beginn des 20. Jahrhunderts befaßten sich viele Soldaten und Waffenkonstrukteure mit dem Gedanken, ein automatisches Gewehr zu entwickeln. Eine Waffe, mit der ein Soldat eine beträchtliche Feuerkraft

entwickeln könnte, ohne daß seine Beweglichkeit mehr eingeschränkt war als durch ein normales Gewehr. Die Franzosen waren auf diesem Gebiet sehr aktiv und ermutigten jeden Konstrukteur, der an solchen Waffen arbeitete. Insbesondere ermutigten sie alle technisch interessierten Offiziere, sich mit der Herstellung einer solchen Waffe zu befassen. Auch Pläne für eine solche Waffe wurden begrüßt, und einer der Erfolgreichen, Leutnant André Berthier, hatte einen solchen Plan. Schon 1905 baute er eine funktionsfähige Waffe, die auf einem normalen Gewehr mit einem zusätzlichen Kolben basierte. Sie ähnelte im Prinzip Hauptmann Cei-Rigottis Gewehr, von dem es vielleicht sogar kopiert war. Diese Waffe, die er in Belgien patentieren ließ, brachte ihm einen Ehrentitel des Sultans der Türkei ein, aber sonst nichts, vor allem, weil sie als nicht ausreichend robust für den Einsatz angesehen wurde. Aber der junge Offizier setzte seine Experimente fort und 1908 hatte er eine andere, etwas stärkere Waffe ge-

baut, die gut funktionierte. Technisch ähnelte sie der Browning Automatic Rifle. Besonders bemerkenswert war ihr Kühlsystem. Der Lauf hatte einen Außenmantel, der an jedem Ende mit einem Gummiball, ähnlich der alten Autohupe bestückt war, der mit Wasser gefüllt war. Wenn der Lauf heiß wurde, drückte der Schütze oder der Hilfsschütze einfach auf einen Ball und trieb damit das Wasser durch den Raum zwischen dem Lauf und dem Mantel in den Ball am anderen Ende, von wo es zurückgedrückt werden konnte. Dieses eigenartige System wurde durch ein moderneres ergänzt, nämlich durch die Möglichkeit des schnellen Laufwechsels. Trotz der unbestreitbaren Leistung der Waffe geriet sie in Vergessenheit. Als der Erste Weltkrieg die Notwendigkeit einer solchen Waffe erwies, entschieden sich die Franzosen für das primitive und leitungsschwache Chauchat. Damit verpaßten sie die Chance, ihre Soldaten mit einem der fortschrittlichsten leichten Maschinengewehre zu bewaffnen, die es damals gab. Der

unternehmungslustige Erfinder wurde General, und 1916 ging er nach Amerika, um zu versuchen, seine Waffe dort zu verkaufen oder herzustellen. Sowohl das amerikanische Heer wie auch die Marineinfanterie sprachen sich für die Einführung der Waffe aus. Es wurden beträchtliche Aufträge erteilt, aber die beteiligte Firma geriet in Liquiditätsschwierigkeiten, und als diese geklärt waren, war der Krieg vorbei und das Projekt wurde auf Eis gelegt. Anfang der zwanziger Jahre kaufte die britische Firma Vickers die Herstellungsrechte für Berthiers MG und begann eine modifizierte Ausführung des Modells 1908 zu bauen. Die Zeit nach dem Kriege eignete sich nicht für Waffenverkäufe, aber einige kleine Länder kauften das MG, wodurch Vickers seine Fabrik gerade unterhalten konnte. Die britische Regierung erwog zu jener Zeit die Einführung eines neuen Maschinengewehrs, und 1924 schrieben Vickers, die verständlicherweise darauf bedacht waren, den lukrativen Auftrag zu erhalten, an die Regierung, daß sie

.303" SAA-Patrone

.303" SAA-Patrone (Streifen)

ein neues und verbessertes Modell hatten. Diese Waffe wurde im Januar 1925 dem Small Arms Committee vorgeführt. Abgesehen von einigen geringfügigen Punkten, die schnell behoben werden konnten, wurde sie als leistungsfähig angesehen. Der erste Bericht nannte sie einen ernsthaften Rivalen für die Browning Automatic Rifle, die ebenfalls erprobt wurde, wenn sie auch etwas schwerer und teurer in der Herstellung war. Das Hauptproblem war, daß die Magazinfeder manchmal klemmte, wenn alle 30 Schuß im Magazin waren. Mit 28 Schuß arbeitete die Waffe gut. Man glaubte, daß das Magazin vielleicht den Einsatz der Waffe in der Flugabwehr beeinträchtigen könnte, aber dies wurde nicht als bedeutend angesehen. Die Erprobung lief weiter. Zwei weitere Waffen wurden komplett mit Ersatzläufen und Zubehör für etwa 240 Pfund gekauft, und am Ende der Versuchsreihe war das Vickers-Berthier das beste MG. Ein neuer Zugang, das ZB, war zweiter. Das Madsen dritter und das Browning lag an vierter

Stelle. Im nächsten Jahr gab es weitere Erprobungen, diesmal mit einem leichteren Aluminium-Außenmantel für Kühlzwecke, wahrscheinlich weil die verspätete Spezifikation des Generalstabes vorschrieb, daß man nach einem Mehrzweck-MG als Ersatz für die Vickers und Lewis suchte. Gesucht war eine Waffe, die 1500 Schuß in 15 und 5000 in 30 Minuten verschießen konnte. Es war die allgemeine Ansicht, daß das Vickers-Bertier soweit verbessert werden könnte, wenn auch in dem Bericht festgestellt wurde, daß der Lauf für Dauerfeuer 9,1 kg wiegen müßte. Daraufhin wurden von Vickers schwere Läufe hergestellt, deren Gewicht nicht angegeben ist, und man bereitete die abschließenden Versuche vor. In Friedenszeiten ging dies verständlicherweise langsam voran, besonders weil Wirtschaftlichkeit verlangt wurde. 1933 wurde die Armee in Indien ungeduldig und legte sich einseitig auf das Vickers-Berthier Mark 3 als Ersatz für das Lewis-MG fest. Sie sah es offenbar keinesfalls als Mehr-

zweck-MG an und behielt die erprobten mittleren Vickers-MGs. Die britische Armee war etwas vorsichtiger und beschloß ihre methodischen Versuche fortzusetzen. Zu dieser Zeit waren nur noch zwei Waffen im Gespräch, das Vickers-Berthier und das tschechoslowakische ZB 26, und alles deutete darauf hin, daß das Vickers siegen würde. 1934 wurden die abschließenden Dauererprobungen in Hythe unter der Aufsicht des Experimental Small Arms Wing des Kriegsministeriums durchgeführt, und in deren Verlauf begann die tschechische Waffe ihre eindeutige Überlegenheit zu zeigen. Selbst mit seinem neuen schweren Lauf begann das Vickers-Berthier sehr schnell heiß zu werden, bis es schließlich mit einer scharfen Patrone in der Kammer klemmte. Diese Patrone explodierte, als der Verschluß entriegelt wurde. Der Auszieher flog ab, und die Verwirrung war groß. Man stellte fest, daß beim ZB die Verschmutzung auf den Gaszylinder begrenzt war, und daß die Möglichkeit, die Waffe in der

Manschette des Zweibeins zu drehen dazu beitrug, daß die Verschmutzung sich löste. Das MG schoß fünf Minuten lang ununterbrochen 90 Schuß pro Minute, während das Vickers-Berthier dies nur 3 Minuten lang durchhielt. Der Bericht beschrieb es als seinem Rivalen unendlich unterlegen, was die Waage zugunsten jener Waffe ausschlagen lassen sollte, die bald als Bren bekannt werden sollte. Trotz der Zurückweisung blieb das Vickers-Berthier, das eine völlig ausreichende Waffe war, bei der Armee in Indien eine Zeitlang in Dienst. Eine beträchtliche Zahl wurde in der bekannten indischen Gewehrfabrik in Ishapore hergestellt. Bald nach Ausbruch des Zweiten Weltkrieges brachte der ständige Austausch zwischen Verbänden der britischen und indischen Armee Ersatzteil- und Ausbildungsschwierigkeiten, und so wurde das Vickers-Berthier langsam abgeschafft. Wäre nicht plötzlich das ZB aufgetaucht, hätte das Vickers-Berthier sehr gut das englische Standardgewehr werden können.

Grossbritannien
LEICHTES MASCHINENGEWEHR BREN

Länge (Gewehr): 1156 mm
Gewicht (Gewehr): 10,2 kg
Gewicht (Dreibein): 12 kg
Lauf: 635 mm
Kaliber: .303″
Züge: 6, Rechtsdrall
Betrieb: Gasdruck
Patronenzuführung: 30-Schuß Kastenmagazin
Kühlung: Luft
Kadenz: 500 Schuß/Min.
Anfangsgeschwindigkeit: 744 m/s
Visier: 1829 m

Das Bren-MG wurde Mitte der dreißiger Jahre aus dem tschechoslowakischen ZB 26 entwickelt. Ab 1938 löste es bei der britischen Infanterie das veraltete Lewis-MG ab. Zeitlich traf dies mit einer Reorganisation der Infanterie zusammen, bei der die Vickers-MGs von den Bataillonen abgezogen und zu Spezialeinheiten zusammengefaßt wurden. Danach hatten die Bataillone nur noch leichte Maschinenwaffen. Die neue Schützenkompanien hatten drei Züge mit je drei Gruppen von 10 oder 11 Mann. Jede Gruppe hatte ein Bren-MG, während für die Flugabwehr und als Bewaffnung für die neuen leichten Kettenfahrzeuge, die gerade eingeführt wurden, zusätzliche MGs vorhanden waren. Der Grundmechanismus der neuen Waffe ähnelte dem des tschechischen Prototypen, der in diesem Buch bereits beschrieben wurde. Man konnte Einzel- oder Dauerfeuer schießen, je nach der

Stellung eines Umstellhebels. Bei Einzelfeuer mußte der Abzug merklich weiter durchgezogen werden. Die ersten Waffen hatten einen Gewehrriemen, so daß der Schütze das MG auf der Schulter tragen konnte, und einen Griff unter dem Kolben für die linke Hand. Sie hatten auch ein kompliziertes hinteres Visier mit einer Trommel und einem drehbaren Hebel, der das Visierloch trug. Wegen des oben befindlichen Magazins war die Visiereinrichtung nach links versetzt. Zu jedem Gewehr gehörte eine Ersatzteiltasche mit einem Kombinationswerkzeug und einigen Ersatzteilen, außerdem das Gewehrreinigungsgerät sowie der zweite Lauf, der in zwei bis drei Sekunden gewechselt werden konnte. Diese Teile wurden vom Schützen oder dem Schießgehilfen getragen, und mit ihnen konnte das MG unter allen Kampfbedingungen eingesetzt werden. Für jedes MG wurden 25 Magazine ausgegeben,

von denen je 12 in Stahlkästen und eines im Gewehr mitgeführt wurden. 1937 wurde eine neue Ausrüstung eingeführt, bei der die älteren Magazintaschen durch die neuen Magazinkästen für Bren-Magazine abgelöst wurden. Die offizielle Magazinkapazität war 30 Schuß, aber man stellte bald fest, daß dies zuviel war, und die Gesamtzahl wurde auf 28 Schuß reduziert. Wegen der Verwendung von Randpatronen mußten die Magazine sorgfältig ge-

Wechesllauf

laden werden, und die am häufigsten auftretende Ladehemmung, die zum Glück leicht zu beheben war, wurde durch Nachlässigkeit beim Füllen der Magazine verursacht. Es wurde eine Anzahl von Dreibeinen mitgeführt, so daß das Bren notfalls auf einer festen Auflage zur Abwehr von Angriffen bei Nacht oder in Rauch oder Nebel eingesetzt werden konnte. Die beiden Hauptteile des Rahmens enthielten je ein zusätzliches Bein hal-

ber Länge, mit denen ein hohes Dreibein zur Umrüstung der Waffe auf Fliegerabwehr gebildet werden konnte. Ständig zur Fliegerabwehr eingesetzte Brens waren gewöhnlich auf Paare von Motley-Gestellen montiert und hatten besondere Befestigungen, durch die 100-Schuß Trommelmagazine statt des Kastenmagazins verwendet werden konnten. Das Bren erwies sich als zuverlässige und leistungsfähige Waffe, und alle, die damit schossen, Briten, Commonwealth-Truppen und die freien Truppen einer Anzahl besetzter Länder, vertrauten ihm. Bei der Verteidigung ermöglichte es die übliche tiefengestaffelte Feuerkraft. Beim Angriff war es leicht genug, um wie eine Maschinenpistole aus der Hüfte abgeschossen zu werden. Ein einigermaßen starker Mann konnte mit dem Gewehr stehend freihändig schießen, und dies geschah oft im Nahkampf. Verglichen mit dem

deutschen MG 42 und verschiedenen japanischen leichten Maschinenwaffen schoß es relativ langsam, wodurch man es in der Schlacht leicht identifizieren konnte. Es hatte eine bemerkenswerte Dauerfeuerkapazität. Selbst wenn die Gasleitung stark verschmutzt war, schoß es weiter. Regelmäßiger Laufwechsel war erwünscht, aber manchmal wurde auch aus rotglühenden Läufen geschossen. Da das Bren mit offenem Verschluß schoß, d. h. Verschluß und Patrone waren in hinterer Stellung, bis der Abzug tatsächlich gezogen wurde, bestand nicht die Gefahr, daß eine Patrone in der überhitzten Kammer vorzeitig zündete. Es geht das Gerücht, daß die Australier, die immer abenteuerlustig waren, die Feuergeschwindigkeit manchmal durch das Aufsetzen einer Schlagbolzenfeder der Granate Nr. 36 auf die Rückholfederstange beträchtlich erhöhten. Im Verlaufe des Krieges er-

lebte das Bren-MG eine Reihe von Änderungen. Diese bezogen sich hauptsächlich auf die Vereinfachung des Herstellungsverfahrens, indem man auf unwichtige Teile verzichtete oder sie zumindest vereinfachte. Neben anderen Teilen wurde auf den Tragriemen und den Griff unter dem Kolben verzichtet, während die Beine des Dreibeins unverstellbar gemacht und das hintere Visier vereinfacht wurden. Trotzdem blieb die Waffe im Prinzip unverändert. Mit dem Fortschreiten des Krieges kam das Dreibein mit festen Beinen außer Gebrauch und wurde nur noch selten für die Flugabwehr eingesetzt. Man hatte festgestellt, daß wenn Leuchtspurmunition eingesetzt wurde, die Waffe von der Hüfte gegen Flugzeuge eingesetzt werden konnte. Ursprünglich wurden alle Brens in Enfield hergestellt, aber bei Kriegsende war über die Hälfte kanadischer Herstellung. Das Bren blieb weiterhin das leichte Standard-MG der britischen und Commonwealth-Truppen und wurde einige Jahre nach dem Krieg auf der ganzen Welt in einer Reihe kleiner Kämpfe eingesetzt. Als England die 7,62-mm-Patrone der NATO übernahm, wurde eine Anzahl der neueren Brens darauf umgestellt, und viele Truppen außerhalb der Infanterie haben diese Waffen noch heute im Einsatz. Diese umgebauten MGs werden nach der modernen Weise mit L4A1 bis 4A6 bezeichnet, und man erkennt sie leicht daran, daß der übliche kegelförmige Mündungsdämpfer fehlt und sie ein gerades Magazin haben, das durch die andere Form der randlosen NATO-Patrone erforderlich wurde.

.303" SAA-Patrone

.303" SAA-Patrone (Streifen)

LEICHTES MASCHINENGEWEHR BREN (SCHNITTZEICHNUNG)

Das Bren schießt Dauerfeuer, wenn der Wahlhebel in der vorderen oder Einzelfeuer, wenn er in der hinteren Stellung ist. Wenn die Patrone bei Dauerfeuer gezündet wird, dringen einige der Gase durch den Gasdruckregler in den Gaszylinder, wo sie auf den Kolben schlagen und ihn zurückdrücken. Wenn der Kolben sich etwa 13 mm zurückbewegt hat, fällt das hintere Ende des Verschlusses aus der verriegelten Stellung, und Verschluß und Kolben gleiten gemeinsam weiter zu-

rück. Während dieser Phase wird die leere Patrone ausgezogen und ausgeworfen, und die Schließfeder wird durch die Betätigung mit der Stange zusammengedrückt. Wenn die Kraft des Gases verbraucht ist, hört die Rückwärtsbewegung auf, und die Schließfeder drückt die beweglichen Teile wieder vorwärts. Zuführungsstücke am Verschluß ziehen die untere Patrone aus dem Magazin und drücken sie in die Kammer. Der Kolben gleitet noch etwas weiter und hebt das hintere

Ende des Verschlusses in die Aussparungen zur Verriegelung. Der Kolben trifft dann auf den Schlagbolzen, der die Patrone zündet. Wenn Einzelfeuer geschossen wird, ist der Ablauf zunächst derselbe, aber wenn der Mechanismus in die hintere Stellung kommt, wird er durch den einen Metallstift, der mit dem Abzug verbunden ist, dort gehalten. Wenn der Abzug gezogen wird, fällt der Stift, und die beweglichen Teile bewegen sich nach vorn.

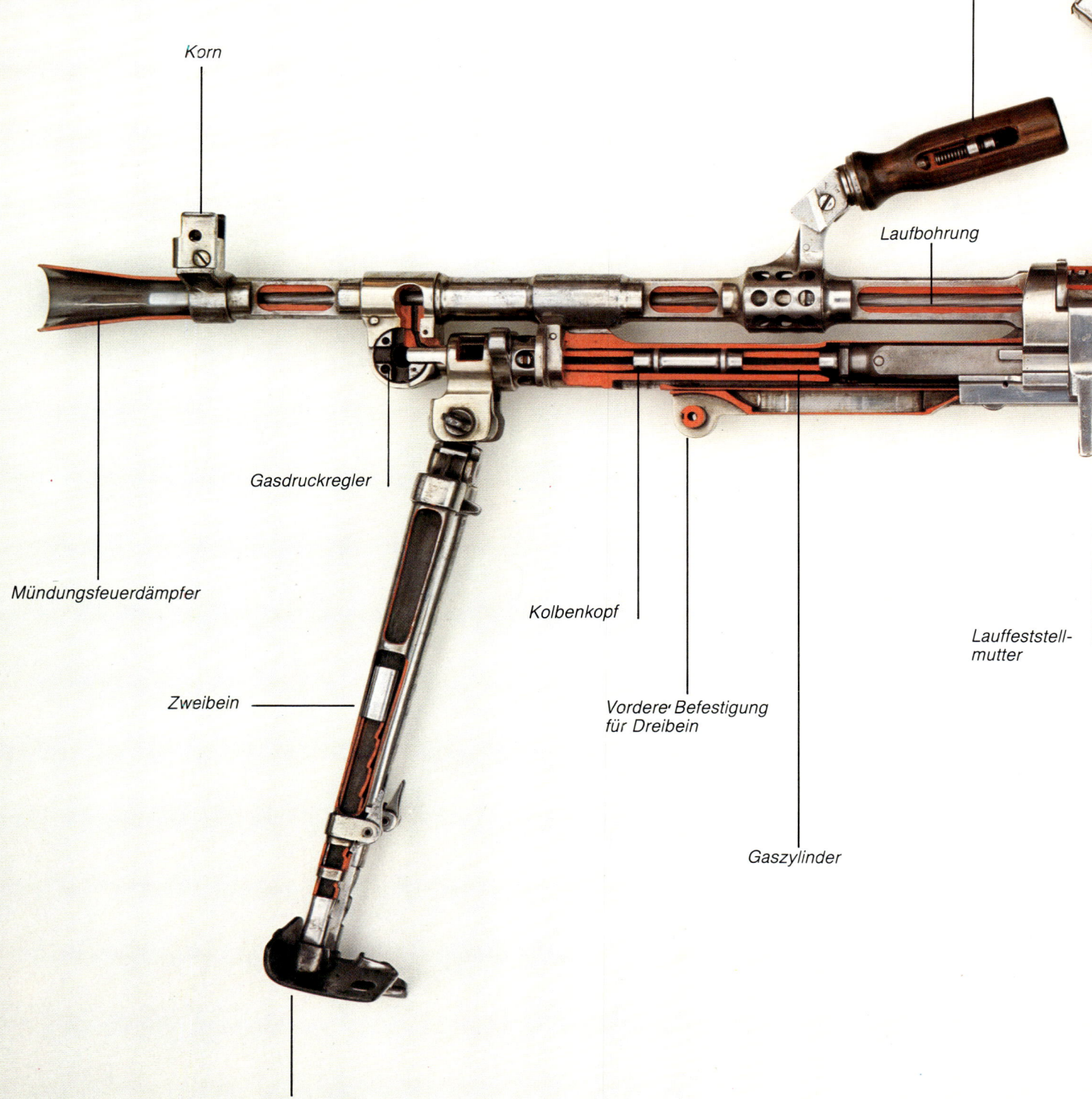

Tragegriff

Korn

Laufbohrung

Mündungsfeuerdämpfer

Gasdruckregler

Kolbenkopf

Lauffeststellmutter

Zweibein

Vordere Befestigung für Dreibein

Gaszylinder

Verstellbarer Schuh

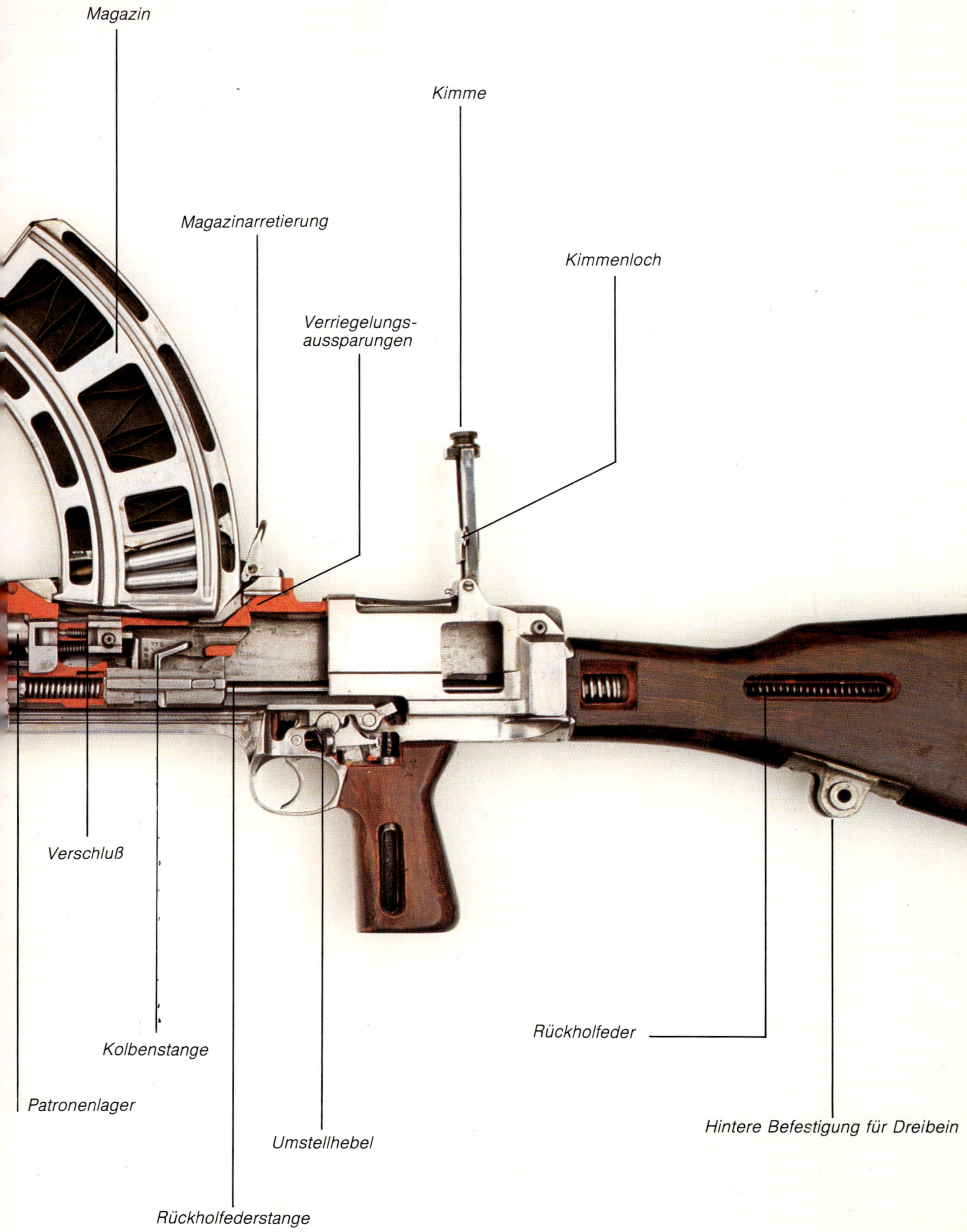

Magazin

Kimme

Magazinarretierung

Kimmenloch

Verriegelungs-
aussparungen

Verschluß

Kolbenstange

Patronenlager

Rückholfeder

Umstellhebel

Hintere Befestigung für Dreibein

Rückholfederstange

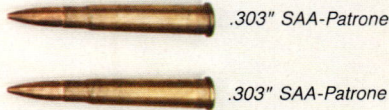

.303" SAA-Patrone

.303" SAA-Patrone

BESAL MK 2

Länge: 1185 mm
Gewicht: 9,75 kg
Lauf: 559 mm
Kaliber: .303"
Züge: 4, Rechtsdrall
Patronenzuführung: 30-Schuß
Kastenmagazin
Kühlung: Luft
Kadenz: 600 Schuß/Min.
Anfangsgeschwindigkeit: 744 m/s
Visier: 274 m

Sofort nachdem man sich für das Bren-MG entschieden hatte, wurden die Vorbereitungen zu seiner Herstellung getroffen. Angesichts der ständigen Verschlechterung der internationalen Lage war dies auch erforderlich. Die letzten Zeichnungen mit Abmessungen in Zoll statt in Zentimetern trafen im Januar 1935 ein, und im September 1937 verließ das erste MG die Fabrik. Im

Juli 1938, ungefähr zur Zeit des Münchner Abkommens, war die Produktion auf 300 Stück pro Woche gestiegen, und zur Zeit des Kriegsausbruches hatte sie 400 Stück erreicht. Die acht Monate des «Sitzkrieges» ermöglichten eine ununterbrochene Herstellung, aber der Bedarf war natürlich riesig, denn England, seine Dominions und Kolonien stellten alle so schnell wie möglich Truppen auf. Der Frankreichfeldzug, der in der Evakuierung von Dünkirchen gipfelte, brachte den britischen Kriegsanstrengungen einen fürchterlichen Rückschlag, denn obwohl ein überraschend großer Teil des britischen Expeditionskorps gerettet wurde, waren seine Materialverluste gewaltig. Viele Einheiten brachten zwar ihre Handwaffen zurück, aber die Verluste an Bren-MGs waren beträchtlich, und das in einer Zeit als sie sehr knapp waren. Zu dieser Zeit wurde die gesamte Produktion an Bren-MGs in einer einzigen Fa-

brik, der Royal Small Arms Factory in Enfield in Middlesex hergestellt. Sie liegt nur wenige Kilometer vom Zentrum Londons entfernt und als im Sommer 1940 die Bombenangriffe auf England begannen, wurde sie sofort zu einem äußerst attraktiven Ziel für die deutschen Bomber. Der deutsche Geheimdienst arbeitete gut, und da die Fabrik seit langen Jahren an demselben Platz gelegen hatte, konnte weder ihr Standort noch ihre Funktion verheimlicht werden. Es lag auf der Hand, daß eine andere Produktionsstätte notwendig war. Aber unter den laufenden Umständen waren die Probleme, eine völlig neue Fabrik zur Herstellung einer so komplizierten Waffe zu bauen, auszurüsten und personell zu besetzen, so riesig, daß ein solch ehrgeiziges Projekt nicht in Frage kam. Es gab natürlich eine Reihe kommerzieller Waffenfabriken im Land, aber sie arbeiteten auf Hochtouren an einer großen Vielfalt von Waffen,

die alle ebenso lebenswichtig waren wie das Bren-MG. Wenn auch die Zahl der Waffenfabriken begrenzt war, so war England doch ein hochindustrialisiertes Land, voll von Fabriken und selbst kleinen Handwerksbetrieben, die in der Lage waren, eine Vielfalt von Metallartikeln herzustellen. In diesem riesigen Reservoir von Firmen gab es einige, die in der Lage waren, Waffen herzustellen. Das Bren-MG war natürlich eine Präzisionswaffe, deren Produktion einen hohen Grad an technischem Geschick erforderte, aber die Fachleute für Massenproduktion untersuchten bereits leichtere Herstellungsverfahren, und 1940 schien eine gute Zeit zu sein, diese zu realisieren. Der Mann, der schließlich das Problem löste, war H. Faulkener, Chefkonstrukteur der berühmten Birmingham Small Arms Company, der jeden Gedanken an Drehen und Bearbeiten und die verschiedenen anderen Verfahren, die vorher bei der

.303" SAA-Patrone
.303" SAA-Patrone (Streifen)

Herstellung von Waffen als unverzichtbar angesehen wurden, vor allem auch bei Feuerwaffen, vergaß. Er dachte an Stanzen, Punktschweißen und andere einfache, aber wirksame Mittel, die Herstellungsverfahren zu beschleunigen. Schließlich wurden zwei neue Ausführungen der Waffe hergestellt. Die abgebildete ist eine Mark 2, und beide Ausführungen ähnelten sehr der alten Bren. Der Gewehrkörper bestand vollständig aus gestanzten, genieteten und punktgeschweißten Teilen. Das MG hatte ein nicht verstellbares Zweibein, das vorn mit einer Manschette befestigt war. Der Lauf, der zwar robust und innen sorgfältig gezogen war, war außen nur roh bearbeitet. Er hatte einen Griff, einen einfachen runden Mündungsfeuerdämpfer, und das Korn saß auf einer angeschraubten Muffe. Es gab keine eigentlichen Verriegelungsstifte. Der Lauf wurde durch einen halbrunden Stift am Körper gehalten

und durch einen Hebel in eine Nute am Verschluß gedreht. Das Gas gelangte durch einen einfachen, angeflanschten Gasdruckregler, der mit der Spitze eines Geschosses gedreht werden konnte und durch einen an einer Kette hängenden Stift in seiner Stellung gehalten wurde, zum Kolben. Wenn der Kolben zurückstieß, wurde das Ende des Rückholfederrahmens durch einen senkrechten Stift festgehalten, dessen geriffelter Kopf unterhalb des Verschlusses zu sehen ist. Dadurch wurde die Feder zusammengedrückt. Der Verschluß, eine einfache, rechteckige Konstruktion mit oberen Zuführungsstücken und einem fliegenden Schlagbolzen, bewegte sich mit dem Kolben. Wenn der Verschluß seine Vorwärtsbewegung beendete, glitt der Kolben etwas weiter, und eine Zunge am Kolben stieß zwei rechteckige Stifte am hinteren Ende des Verschlusses nach oben, die in zwei Aussparungen an der Ober-

seite des Gewehrkörpers einrasteten. Sie verriegelten fest, wenn die Patrone gezündet wurde. Das hntere Visier bestand aus einem L-förmigen Klappvisier für 300 und 500 Yards. Der Hauptunterschied zwischen den beiden Ausführungen bestand in ihrer Spannweise: die Mark 1 hatte einen Spanngriff, der am Kolben befestigt war und mit diesem arbeitete. Bei der Mark 2 wurde ein kleiner Arretierhebel am Pistolengriff gedrückt, dann wurde der ganze Griff nach vorn gestoßen und scharf zurückgezogen, wodurch die Abzugstange den Kolben erfaßte und ihn ebenfalls zurückzog. Das Mark 1 hatte einen einfachen Skelettkolben, der am Mark 2 mit Holz ausgelegt war. Beide Ausführungen konnten auf ein Dreibein montiert werden. Die Enden der Befestigungsbolzen sind am hinteren Kolben und unter dem Gewehrkörper zu sehen. Natürlich konnten beide Ausführungen das Standard-Bren-Magazin aufnehmen. Eine fast

unglaubliche Verquickung von Glück und Schicksal ließ die Royal Small Arms Factory die Bombardements ohne Beschädigung überstehen. Die Produktion des Bren lief also weiter. Nach Lage der Dinge war das Besal- oder Faulkener-MG, wie wir es vielleicht nennen sollten, nicht mehr als eine Notlösung, die aus wenigen Prototypen und einer Anzahl von Zeichnungen und Spezifikationen bestand, so daß sie falls erforderlich, doch noch gebaut werden konnte. Aus diesem Grunde ist das MG heute kaum bekannt, was schade ist, denn zu seiner Zeit war es eine revolutionäre Waffe. Selbst das Sten, eine von Englands bekanntesten Massenproduktionen, gab es noch nicht und wenn auch später viele gute Maschinenpistolen nach denselben Prinzipien hergestellt wurden, scheint keine ähnliche automatische Waffe, die eine Gewehrpatrone verschießen sollte, tatsächlich hergestellt oder auch nur geplant worden zu sein.

BREDA MODELLO 30

Länge: 1232 mm
Gewicht: 10,32 kg
Lauf: 520 mm
Kaliber: 6,5 mm
Züge: 4, Rechtsdrall
Betrieb: Rückstoß
Patronenzuführung: 20-Schuß
Kastenmagazin
Kühlung: Luft
Kadenz: 500 Schuß/Min.
Anfangsgeschwindigkeit: 618 m/s
Visier: 2000 m

Der Name Breda hat seit langem einen guten Ruf in der Welt der automatischen Waffen. Die Firma stellte Lokomotiven her und wurde auf Gewehrproduktion umgestellt, als der Erste Weltkrieg es erforderlich machte, Waffen herzustellen. Die ersten waren in Lizenz hergestellte Revelli-Maschinengewehre. Es ist interessant, den Einfluß dieser frühen MGs auf einige spätere eigene Modelle von Breda zu sehen. Nach dem Waffenstillstand von 1918 entschied die italienische Regierung, daß ihre automatischen Waffen veraltet waren und ersetzt werden mußten. Die weltweite Nachfrage nach Waffen war nach dem Krieg zurückgegangen, so daß die Nachricht über diese Entscheidung, die lukrative Geschäfte zu einer Zeit versprach, als man sie kaum fand, natürlich die verschiedenen italienischen Waffenfabriken veranlaßte zu prüfen, ob sie akzeptable Modelle herstellen konnten. 1924 baute Breda ihr erstes selbstentwickeltes MG, das wie üblich als Modellnummer die beiden letzten Zahlen des Jahres der Herstellung erhielt. Dieses neue Modello 24 war in verschiedener Hinsicht eine ungewöhnliche Waffe, hauptsächlich weil es dem nahekam, was man heute als Mehrzweck-Maschinengewehr einstufen würde. Es hatte sowohl Spatengriffe wie auch einen gewehrartigen Kolben mit

Riemen und konnte auf einem leichten, verstellbaren Dreibein schießen, entweder von der Schulter als MG oder mit den Spatengriffen als mittleres MG. Die Kühlung erfolgte durch die Möglichkeit, den Lauf schnell zu wechseln. Das Gewehr hatte ein umständliches Patronenzuführsystem, das später beschrieben wird. Es arbeitete nach dem Rückstoßprinzip, aber die geringen Toleranzen bei der Herstellung machten es unmöglich, den Verschlußabstand zu verstellen. Deswegen mußten die Patronen geschmiert werden, so daß sie beim Ausziehen glatt zurückkamen und der Patronenboden fest an der Vorderseite des Verschlusses lag, wodurch das Risiko von Hülsenreißern vermieden wurde. Dieses MG war einigermaßen erfolgreich, und die Entwicklung wurde fortgesetzt. Ein zweites, sehr ähnliches Modell erschien 1928. 1930 übernahm die Firma Breda alle Waffenarbeiten, die zuvor von Fiat ausgeführt wurden, und im gleichen Jahr stellte sie ihr neues Modello 30 her, das in diesem Kapitel beschrieben wird. Es war streng gesprochen ein leichtes Maschinengewehr und wog nur 10,4 kg. Es wurde mit einem normalen, gewehrartigen Kolben, einem Pistolengriff und -abzug mit Zweibein eingesetzt. Die Mechanik ähnelte dem früheren Revelli-MG, welches Breda während des Ersten

Weltkrieges in Lizenz von Fiat hergestellt hatte, denn es arbeitete mit einer Kombination von Gasdruck und Rückstoß. Wenn die Patrone gezündet wurde, stieß der Lauf etwa 12,7 mm zurück und wurde dann aufgehalten. Dabei entriegelte sich der Verschluß, und dann konnten die beweglichen Teile weiter zurückgleiten, zum Teil aufgrund des Rückstoßes und zum Teil durch den Rest des Gasdrucks im Lauf. Wenn sie ihre hintere Grenze erreichten, stießen sie auf einen Puffer, der sie in Verbindung mit der zusammengedrückten Schließfeder wieder nach vorn stieß, wobei der Verschluß eine Patrone aus dem Magazin in das Patronenlager stieß, sich mit dem Lauf verriegelte und der Schlagbolzen auf das Zündhütchen schlug. Dieser Zyklus wiederholte sich dann solange, wie der Abzug gezogen und Patronen im Magazin waren. Die Waffe schoß nur Dauerfeuer. Der Lauf, der mit dem Verriegelungsstück durch ein robustes unterbrochenes Gewinde verbunden war, konnte sehr schnell gewechselt werden. Es wurden Reserveläufe mitgeführt. Die Verwendung des direkten Gasdrucks ohne vorherigen Beginn des Ausstoßes der Patronenhülse führt immer zu Ausziehproblemen, selbst wenn der Verschlußabstand verstellt werden kann, was bei dem Modello 30 nicht der Fall war. Deshalb mußte

weiterhin eine Ölpumpe zum Schmieren der Patronen beim Einführen in die Kammer verwendet werden. Vielleicht das ungewöhnlichste Merkmal des MGs war sein Patronenzuführungssystem, das aus einem Kastenmagazin auf der rechten Seite bestand, welches an seinem vorderen Ende mit einem Scharnier an der Waffe befestigt war, so daß bei dem Ausrasten eines Arrettierhebels das ganze Magazin nach vorn geschwenkt werden konnte, bis es parallel zum Lauf lag. Die Patronen waren in flachen Kartons vorgepackt, so daß der Schütze sie in das Magazin drücken und dann das Magazin drehen konnte, bis es einrastete. Es hieß, dies erforderte eine sorgfältigere Bearbeitung der Magazinlippen als es bei abnehmbaren Magazinen, die in Kästen oder Taschen umhergestoßen wurden, der Fall war. Aber das Nachladen dauerte länger. Das Beste was über das Modello 30 gesagt werden kann, ist, daß es ausreichend war, aber nicht mehr. Das langsame Nachladen ist bereits erwähnt worden. Dies und die Tatsache, daß jede Beschädigung des Magazins, welches natürlich offen lag und leicht Scharten und Beulen erhielt, das Gewehr außer Gefecht setzen konnte, machten es ziemlich unzuverlässig. Der Laufwechsel konnte schnell und einfach erfolgen, aber

da es keinen Tragegriff am Lauf gab, war es unmöglich, den heißen Lauf ohne Handschuh zu halten. Das vordere Lauflager war ebenfalls schlecht konstruiert, wodurch unnötige Vibrationen entstanden und die einzelnen Schüsse eines Feuerstoßes weit streuten. Am schlimmsten war wahrscheinlich die komplizierte Konstruktion, die es schwer machte, das Gewehr staubfrei zu halten. Dies und der Einsatz eines Ölers bedeutete, daß in der Wüste oder unter ähnlichen Bedingungen die beweglichen Teile ständig in einer Schleifpaste liefen, was zu übermäßigem Verschleiß führte. Ohne Tragegriff muß das MG für den unglücklichen Schützen sehr schwer gewesen sein. Das Modello 30 war das Standard-MG der italienischen Armee in Abessinien und bei ihren Feldzügen in Nord- und Ostafrika während des Zweiten Weltkrieges. Als sie auf Grund ihrer Erfahrung bei den Kämpfen in Abessinien eine größere Patrone vom Kaliber 7,35 mm einführte, wurde eine Anzahl von Modello 30 darauf umgerüstet. Breda stellte auch das italienische leichte Standard-MG Modello 37 her, das an anderer Stelle beschrieben ist. Die italienische Armee setzt das Modello 30 nicht mehr ein, nachdem sie, der modernen Praxis folgend, ein Mehrzweck-Maschinengewehr, das deutsche MG 42/59 eingeführt hatte.

6,5 mm Modell 95

.30" SAA-Patrone (Streifen)

Japan
TYP 96

Länge: 1054 mm
Gewicht: 9,07 kg
Lauf: 553 mm
Kaliber: 6,5 mm
Züge: 4, Rechtsdrall
Betrieb: Gasdruck
Patronenzuführung: 30-Schuß Kastenmagazin
Kühlung: Luft
Kadenz: 550 Schuß/Min.
Anfangsgeschwindigkeit: 732 m/s
Visier: 1600 m (mit Vorrichtung für Zielfernrohr)

Die Japaner erkannten und nutzten als erste das Maschinengewehr als Offensivwaffe. Die konservativen Armeen der anderen großen Nationen brauchten lange, um die Möglichkeiten der neuen Waffe zu erkennen. Länder mit Besitzungen in Übersee sahen es als nützlich für ihre mehr oder weniger ständigen Kolonialkriege an, aber hier galt das taktische Prinzip, tief in feindliches Gebiet einzudringen und dann in einer starken Stellung den Angriff abzuwarten. Wenn er kam, und gewöhnlich kam er, bestand er aus wilden Angriffen von Schwärmen von Reitern und Fußvolk, und gegen diese war das Maschinengewehr tödlich. Seine Rolle im modernen Krieg war jedoch weniger klar definiert. Die japanische Armee, die erst kurz zuvor nach Jahrhunderten der Weltabgeschiedenheit auf den Plan getreten war, hatte keine vorher festgelegten Vorstellungen von Taktik und bei ihrer Belagerung von Port Arthur im Krieg gegen die Russen 1904/05, setzte sie ihre französischen Hotchkiss-MGs zur Nahunterstützung ihrer Angriffe ein. Die MGs wurden kühn dicht hinter der Infanterie eingesetzt und errangen so viele Erfolge. Da die Japaner im Ersten Weltkrieg ihr Heer nicht einsetzten, waren sie nicht demselben Druck ausgesetzt, wie Europäer und Amerikaner, leichte automatische Waffen zu entwickeln. Erst 1922 bauten sie ihr erstes im Lande konstruiertes und hergestelltes leichtes MG, das oft Nambu Typ II, nach General Nambu, genannt wird, der zu jener Zeit für die Entwicklung leichter Waffen verantwortlich zeichnete. Obwohl die Waffe kein Erfolg war, hatte sie mehrere ungewöhnliche Merkmale, vor allem das System, mit dem anstelle des üblicheren Magazins oder Gurts Patronen zugeführt wurden. Es schoß aus fünfschüssigen Gewehrladestreifen, die durch einen Trichter an der linken Seite eingeführt wurden. Sechs Ladestreifen wurden gleichzeitig eingelegt und durch einen gefederten Hebel festgehalten. Bei der Rückwärtsbewegung des Verschlusses, der mit Gasdruck arbeitete, trieb eine Gleitschiene die Patrone in das Gewehr, wobei der Streifen draußen blieb. Die Theorie, daß die Schützen mit diesem System das MG leicht und schnell laden konnten, war keineswegs schlecht, sie hatte aber den ernsten Nachteil, daß der Trichter im Gefecht Schlamm und Staub aufnahm und ihn durch den ganzen Mechanismus mahlte, wodurch der Verschleiß sich stark erhöhte. Es gab auch Schwierigkeiten beim Ausziehen, so daß die Patronen geölt werden mußten. Dies machte den Schmutz zu einer noch stärker schleifenden Paste und führte schließlich zur Einführung einer weniger starken Patrone, die das Problem mehr oder weniger löste, aber nur um den Preis, daß der Munitionsnachschub im Felde schwieriger wurde. Trotz dieser verschiedenen Nachteile waren diese Waffen jedoch noch gegen Ende des Zweiten Weltkrieges im Einsatz. Das abgebildete Modell, der Typ 96, wurde 1936 als Ersatz für den Typ II eingeführt. Zu dieser Zeit waren die Japaner in ständige Kämpfe mit ihren Erbfeinden, den Chinesen, verwickelt, und wie gewöhnlich führte die umfangreiche Kampferfahrung zu einer Anzahl von Verbesserungen der neuen Waffe. Die Konstruktion entsprach im Prinzip noch dem Hotchkiss, dem die Japaner treu blieben. Einer der Hauptunter-

6,5 mm Meiji 30
.303" SAA-Patronen (Streifen)

schiede zu ihrem Vorgänger war die Abschaffung des schlechten Ladesystems mittels Trichter und die Einführung eines orthodoxen, oben befestigten Kastenmagazins. Die Waffe verschoß noch die ziemlich schlechte 6,5-mm-Patrone, aber die Ölpumpe saß nun im Magazinlader, und deshalb war sie von der Waffe völlig getrennt, was eine bedeutende Verbesserung war. Die Läufe konnten schnell gewechselt werden, wodurch sich die Dauerfeuerkapazität ohne Überhitzung erhöhte. Das MG hatte einen Tragegriff und einen charakteristischen Kolben, kombiniert mit einem Pistolengriff. An der Waffe konnte das Standardbajonett der Infanterie befestigt werden, obwohl dies lediglich den Offensivgeist demonstrieren sollte, denn eine 9,07 kg schwere Waffe ist schlecht als Stichwaffe einzusetzen, besonders bei den Japanern, die zwar stark und drahtig, aber klein sind. Am eigenartigsten war vielleicht, daß die Waffe oft mit einem Zielfernrohr versehen wurde. Eine Visiereinrich-

tung dieser Art ist bei automatischen Waffen gewöhnlich nicht von großem Wert. Die verwendete Patrone war noch immer die Patrone mit reduzierter Ladung, die bei dem Vorgänger verwendet wurde, so daß die Nachschubprobleme weiter bestanden. In der Mandschurei hatten sich die Probleme einer Waffe gezeigt, die nur mit geölten Patronen richtig schoß, und 1937 wurde ein neues leichtes MG ohne diesen Nachteil entwickelt. Das Ergebnis war der Typ 99, der aber nicht mehr als eine verbesserte Ausführung seines Vorgängers war. Die Verbesserungen waren jedoch bedeutend. Sie bestanden aus einer neueren und besseren Patrone und der Möglichkeit, den Verschlußabstand zu verstellen, so daß die Patronen nicht mehr geölt werden mußten. Die Waffe ähnelte dem tschechoslowakischen ZB, von dem das Bren-MG abstammte. Sie hatte ein Einbein unter dem Kolben, wodurch sie theoretisch fest in Stellung gebracht werden konnte, aber in der Praxis brachte die Vibration

die Waffe bald vom Ziel ab. Obwohl sie gegenüber ihren Vorgängern ein beträchtlicher Fortschritt war, kam sie zu spät, um von Nutzen zu sein, denn die japanische Industrie war bereits zu überlastet, als daß diese Waffe in bedeutenden Zahlen produziert werden konnte. Wie man von einer Nation erwarten kann, die bahnbrechend beim Einsatz des MGs gewesen war, setzten die Japaner im Zweiten Weltkrieg sehr viele leichte MGs ein. Neben ihren eigenen Waffen zögerten sie nie eine Vielzahl von Beutewaffen einzusetzen, die ihre Schwierigkeiten beträchtlich erhöhen mußten, die richtige Munition zu den richtigen MGs im Felde zu bringen. Ihre MGs wurden mit großer Entschiedenheit eingesetzt. Oft operierten die MGs scheinbar völlig selbständig, und immer weit vorn. Vielleicht zum Glück für die Alliierten, war die Zielgenauigkeit der Japaner nicht so groß wie ihr Mut und ihre Kühnheit, vielleicht wegen ihrer schlechten Augen, aber auch wegen ihrer Gewohnheit, extrem lange Feuer-

stöße zu schießen. Die britische Erfahrung über die Jahre hat gezeigt, daß mit einem leichten Maschinengewehr die beste Wirkung erzielt wird, wenn Feuerstöße von nicht mehr als fünf Schuß abgegeben werden. Die Japaner neigten aber dazu ganze Magazine zu verschießen, mit dem Ergebnis, daß ein großer Teil ihres Feuers zu hoch lag. Am Ende des Zweiten Weltkrieges ließen die Japaner viele leichte Maschinengewehre in den zuvor von ihnen besetzten Gebieten zurück, und einige, vor allem der Typ 99, wurden von den Chinesen auf 7,62 mm umgerüstet. Obwohl Japan heute keine eigentliche Armee hat, besitzt es Selbstverteidigungskräfte, was dasselbe unter einem anderen Namen ist. Diese setzen zur Zeit ein Mehrzweck-Maschinengewehr, das Modell 62, ein, eine gut konstruierte Waffe mit Gasdruckbetrieb europäischer Bauart. Man glaubt, daß die Japaner ihre Waffen in Übereinstimmung mit den Vereinigten Staaten auf 5,56 mm umrüsten wollen

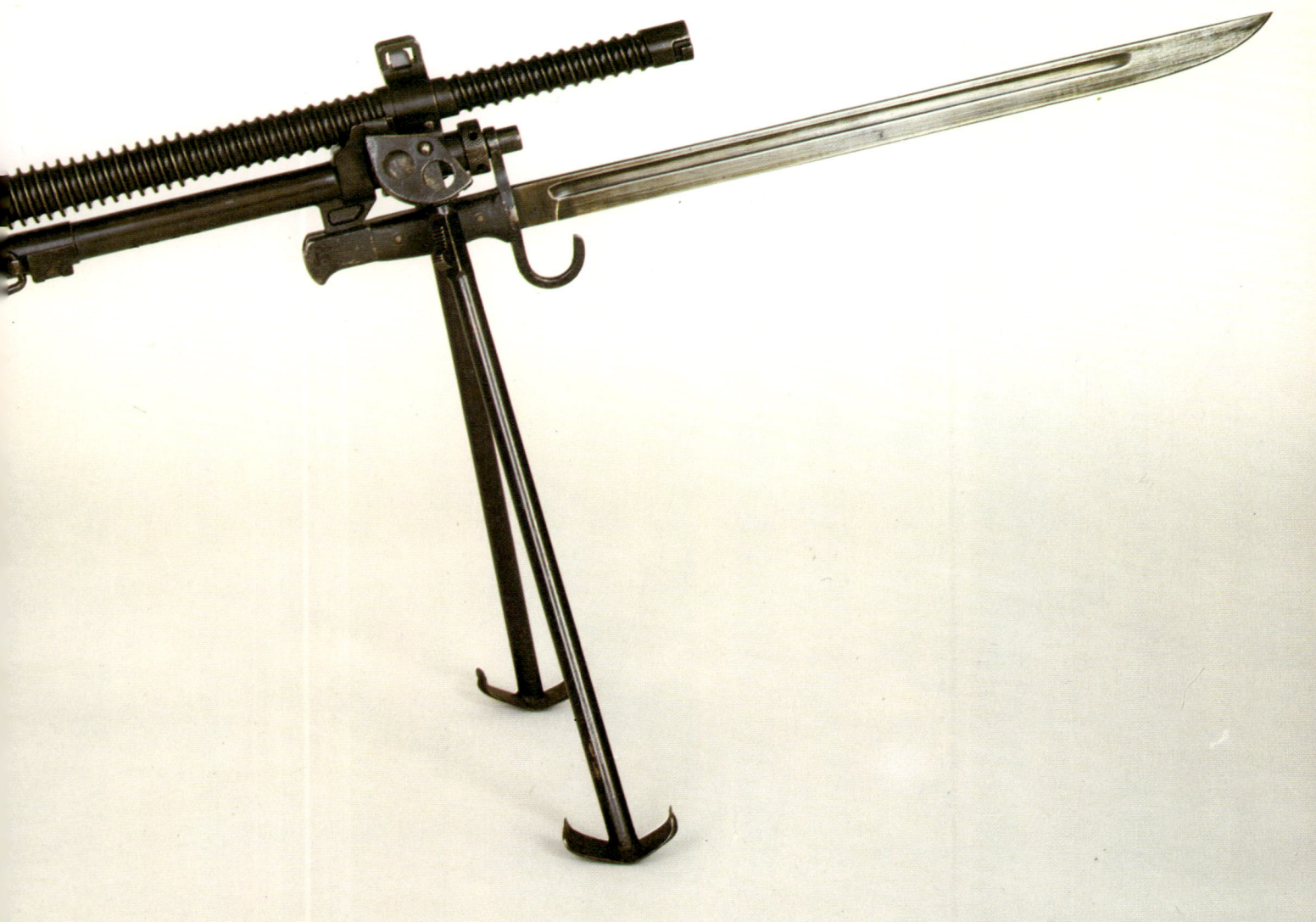

Sowjetunion
RPD (RUCHNOI PULEMJOT DEGTJARJEW)

Länge: 1036 mm
Gewicht: 7 kg
Lauf: 520 mm
Kaliber: 7,62 mm
Züge: 4, Linksdrall
Betrieb: Gasdruck
Patronenzuführung: Gurt
Kühlung: Luft
Kadenz: 700 Schuß/Min.
Anfangsgeschwindigkeit: 732 m/s
Visier: 1000 m

Im Zweiten Weltkrieg setzten die Sowjettruppen leichte und mittlere Maschinengewehre in ihrem normalen Gewehrkaliber ein, so wie alle anderen kriegführenden Nationen. Mit dem Verlauf des Krieges beeindruckte der deutsche Maschinenkarabiner Modell 42, der eine Patrone verschoß, die «mittlere Patrone» genannt wurde, die Russen jedoch immer mehr, denn ihre Leistung lag irgendwo zwischen der Pistolenpatrone, der Maschinenpistolenpatrone und der Gewehrpatrone. Degtjarjev, der bekannte russische Konstrukteur, ging bald daran, ein neues leichtes Maschinengewehr für eine ähnliche Patrone zu entwickeln. 1944 war die Grundarbeit getan. Der sowjetischen Wirtschaft wurde zu dieser Zeit jedoch Ungeheures abverlangt, und während des Krieges gab es deshalb kaum Fortschritte mit dem MG oder der Patrone. Sofort nach Kriegsende verlagerten sich die

Prioritäten, und die Russen, die immer befürchteten, in der Rüstung zurückzubleiben, verstärkten ihre Bemühungen, ihren Soldaten so schnell sie konnten ein neues MG in die Hand zu geben. Die neue Waffe wurde bald unter der Bezeichnung Ruchnoi Pulemjot Degtjarjev eingeführt, die sofort zu RPD abgekürzt wurde. Als ihre Hauptvorteile erwiesen sich bald ihr geringes Gewicht und ihre einfache Handhabung. Das neue MG war wie sein Vorgänger von Degtjarjev gasbetrieben, und auch der Mechanismus ähnelte im Prinzp dem der früheren Waffen. Der Verschluß blieb mittels beweglicher Bolzen verriegelt, die normalerweise plan mit dem Verschlußkörper lagen, beim Vorstoßen aber nach außen in Aussparungen im Gewehrkörper getrieben wurden und so den Verschluß im Moment der Zündung verriegelten. Bei den älteren Gewehren hatte der letzte Teil der Be-

wegung des Schlagbolzens die Auswärtsbewegung bewirkt, während sie bei dem neuen durch eine Backe, die an der Oberseite des Gleitstückes befestigt war, bewirkt wurde. Der Hauptunterschied war wahrscheinlich die Art der Patronenzuführung. Von der markanten großen, flachen Trommel war man zu einem Gurt übergegangen. Der Gurt bestand aus einer Reihe offener Metalltaschen, die jeweils eine der neuen randlosen Patronen enthielten und durch ein kurzes Spiralfederstück untereinander verbunden waren. Der Gurt nahm 50 Schuß auf. Wenn es erforderlich war, konnten die Gurte leicht miteinander verbunden werden, indem einfach die Zunge des Endgliedes eines Gurtes mit dem ersten Glied des zweiten zusammengesteckt und dann eine Patrone eingeführt wurde. Die Waffe konnte auf zwei Arten geladen werden. Wenn der Gurt eine Zuführungsnase hatte,

7,62-mm-Patrone 1943

.303" SAA-Patrone (Streifen)

brauchte man ihn nur von links nach rechts in die Patronenzuführung einlegen und bis zum Anschlag zu ziehen. Dann wurde die Waffe gespannt. Wenn der Gurt keine Zuführungsnase hatte, mußte man die Arretierung am hinteren Ende des Gehäusedeckels lösen, den Deckel anheben und den Gurt in die richtige Lage legen und dann die Waffe spannen. Man mußte natürlich darauf achten, daß der Gurt so eingelegt wurde, daß die offene Seite der Patronenhalter nach unten lag. Beim Schießen wurde der Gurt von einer Rolle bewegt, die vom Kolben getrieben wurde. Oft mußte die Waffe im Laufen eingesetzt werden. Dazu konnte der Gurt aufgewickelt und in eine Blechtrommel mit einer Befestigung gelegt werden. Diese Trommel hatte einen Schiebeverschluß, der unterhalb des Patronenzuführers am MG eingerastet werden konnte, so daß die Trommel beim Schießen nicht zu-

rückglitt. Das MG hat einen drehbaren Gasregler und einen festen Lauf. Da es nur Dauerfeuer schießen konnte, konnte der Schütze die Überhitzung des Laufes nur dadurch vermeiden, daß er nicht mehr als 100 Schuß pro Minuten schoß, was für die meisten Gefechtslagen ausreichte. Im Verlaufe der Jahre wurde die ursprüngliche Waffe einer Anzahl von Änderungen unterzogen. Das erste Modell hatte einen Spanngriff, der mit dem Kolben vor und zurück bewegt wurde, die neuere einen Hohlgriff, der über den Gasreglervorsprung griff. Beim zweiten Modell wurde der Kolbenkopf geändert und ein Schutz für das hintere Visier angebracht, während beim dritten Modell schließlich ein zusammenfaltbarer Griff und eine Staubkappe über die Auswerföffnung hinzukamen. Erst bei dem vierten Modell wurde jedoch eine bedeutende Änderung vorgenommen. Die Kraft der Waffe für die

Bewegung des ziemlich schweren Gurtes war immer eben ausreichend gewesen. Um dies zu beheben, wurde der Kolben bedeutend vergrößert. Ein anderes Problem war die von der schnellen Rückwärts- und Vorwärtsbewegung des Mechanismus hervorgerufene Vibration, die wegen des geringen Gewichtes der Waffe besonders zum Tragen kam und sich nachteilig auf ihre Genauigkeit auswirkte. Dies wurde durch den Einbau eines Puffers im hinteren Gehäuse gemildert. Seither ist noch die eine oder andere unbedeutende Änderung vorgenommen worden, vor allem die Ausrüstung mit einer zusammenfaltbaren Reinigungsstange, die in einer Öffnung des Kolbens mitgeführt wird. Alle Modelle hatten den charakteristischen keulenförmigen Kolben, der zwar häßlich aussah, aber so konstruiert war, daß er dem von den Russen gewöhnlich angewandten Unterhandgriff ange-

paßt war, bei dem die linke Hand den Kolben an der Innenseite ergreift und in die Schulter einzieht. Das RPD wurde in sehr großen Stückzahlen hergestellt. Es war das Standard-MG, nicht nur bei der sowjetischen Infanterie, sondern auch in den Armeen von Rußlands Satelliten. Bei den Streitkräften des Warschauer Paktes ist die Waffe nach der Einführung der RPK, die im wesentlichen ein leichtes MG auf der Basis des Sturmgewehres AK 47 ist, veraltet. Sie wird jedoch von kommunistischen Ländern in Südostasien in großem Umfang eingesetzt und scheint auch bei einer Anzahl von Guerilla-Truppen in Afrika und anderswo beliebt zu sein. Die chinesischen Kommunisten, die nach ihrer Revolution im Jahre 1949 von den Russen ausgerüstet wurden, stellen noch ihre eigene Version der RPD unter der Bezeichnung Typ 56 her und setzen sie auch ein.

DEGTJARJEV PACHOTNJI (DP)

Länge: 1290 mm
Gewicht: 9,30 kg
Lauf: 605 mm
Kaliber: 7,62 mm
Züge: 4, Rechtsdrall
Betrieb: Gasdruck
Patronenzuführung: 47-Schuß-Trommelmagazin
Kühlung: Luft
Kadenz: 500 Schuß/Min.
Anfangsgeschwindigkeit: 849 m/s
Visier: 1500 m

Das kaiserliche Rußland, das ein Agrarstaat mit sehr geringer Industriekapazität war, bezog seine automatischen Waffen ausschließlich aus dem Ausland. Es setzte in seinem Krieg gegen Japan 1904/05 eine Version des Maxim-MGs ein, und rüstete gleichzeitig seine Kavallerie mit dem leichten Madsen-MG aus. Während des Ersten Weltkrieges war Rußland im wesentlichen von seinen Alliierten abhängig und kaufte bedeutende Mengen der Colt-MGs aus den USA und sogar einige in Amerika hergestellte Vikkers-MGs, die für die russische 7,62-mm-Patrone ausgelegt waren. In den Jahren nach der Revolution von 1917 wurde eine solche Vielfalt von Waffen verwendet, daß es schwierig ist, sie auseinanderzuhalten. Das einzige in Rußland hergestellte MG jener Zeit scheint das Federow gewesen zu sein. Es war aber eigentlich mehr ein leichtes automatisches Gewehr als ein echtes Maschinengewehr. Dennoch ist es von Interesse, denn sein Erfinder entdeckte Vasily Degtjarjev und machte ihn zum Mitarbeiter in seinem Konstruktionsbüro. Degtjarjev begann die Konstruktionsarbeit sei-

nes ersten leichten Maschinengewehrs im Jahre 1920. Dieses MG wurde 1926 in geringem Umfang produziert, und nach zwei Jahren umfangreicher Erprobungen wurde es von der Roten Armee übernommen. Seine volle Bezeichnung lautete Ruchnoi Pulemjot Degtjarjeva Pachotnji. Die wörtliche Übersetzung lautet: Automatische Waffe, Degtjarjev, Infanterie. Es bürgerte sich die Abkürzung DP ein. Die ursprüngliche Waffe war von einfacher, aber robuster Konstruktion und hatte insgesamt nur 65 Teile. Sie war so konstruiert, daß sie von angelernten Kräften hergestellt und zusammengebaut werden konnte. Es überrascht nicht, daß die Waffe unter den Umständen, unter denen sie konstruiert wurde, einige Nachteile bekam. Dies sind hauptsächlich die sehr großen Gleitflächen, die beim Schießen überflüssige Reibung verursachten, und ihre Anfälligkeit für das Eindringen von Schmutz. Auch die Überhitzung stellte sich als Problem ein, weil das Wechseln des Laufes sehr langsam und umständlich vor sich ging. Außerdem wurde kein zweiter Lauf mitgeführt. Die ersten MGs

hatten mit Rippen versehene Läufe zur besseren Wärmeabstrahlung, aber das Problem wurde nie vollständig gelöst. Die einzige Möglichkeit war, die Feuergeschwindigkeit zu beschränken. Die Waffe wurde im Spanischen Bürgerkrieg von 1936/39 in großem Umfang eingesetzt. Hier hatten sowohl die Faschisten wie auch die Kommunisten eine gute Gelegenheit zur Erprobung ihrer Waffen und Verfahren unter echten Kriegsbedingungen. Aufgrund dieser Erfahrungen wurde die Waffe verbessert, und ihre schlimmsten Fehler wurden beseitigt. Sie arbeitete nach dem normalen System des Gasdruckbetriebes, bei dem vom Lauf abgezapfte Gase auf einen Kolben schlagen und ihn nach hinten stoßen, so daß er den Verschluß mitnimmt, der dann durch die Wirkung der zusammengedrückten Schließfeder wieder nach vorn gestoßen wird. Die Vorrichtung zum Verriegeln des Verschlusses war ziemlich ungewöhnlich. Auf beiden Seiten des Verschlusses befand sich ein Zapfen mit einem Scharnier, der normalerweise in seiner eigenen Aussparung lag und nach außen hin plan

mit der Außenfläche des Verschlusses war, so daß er dessen freie Vor- und Rückwärtsbewegung im Gehäuse nicht beeinträchtigte. Wenn der Verschlußkopf fest gegen den Patronenboden in der Kammer lag, stoppte er natürlich, aber der Kolben stieß etwas weiter nach vorn und nahm ein Gleitstück mit, an dem der Schlagbolzen befestigt war. Während dieses letzten Teiles der Bewegung stieß der Schlagbolzen mit einem Keil die Verriegelungsbolzen in Aussparungen in den Gehäusewänden, so daß der gesamte Verschlußmechanismus im Augenblick des Zündens fest verriegelt war. Wenn die Gase durch die Gasbohrung drangen, auf den Kolben stießen und ihn so nach hinten bewegten, war der Druck im Rohr soweit abgefallen, daß der Verschluß entriegeln und nach hinten gleiten konnte. Dies wurde durch die umgekehrte Bewegung des Schlagbolzens bewirkt, der die Verriegelungsbolzen aus den Aussparungen in der Gehäusewand zwang und sie in ihre eigenen Aussparungen im Verschluß brachte, der dann zurückgleiten konnte und dabei die Patrone auszog. Die Pa-

tronenzuführung arbeitete ausreichend. Bei leichten automatischen Waffen verursachen Randpatronen gewöhnlich einige Probleme, die bei der Verwendung von Kastenmagazinen noch schlimmer werden, weil sich die Ränder gelegentlich verklemmen, wenn das Magazin hastig und ohne Sorgfalt gefüllt wurde. Dies verursacht natürlich Hemmungen. Die große flache Trommel des Degtjarjev beseitigte zumindest das Problem doppelter Patronenzuführung, aber sie konnte wegen ihrer Größe und Dünne leicht beschädigt werden. Anders als bei der ähnlichen Trommel des britischen Lewis-MG wurde das Magazin des Degtjarjev nicht durch die Waffe angetrieben, sondern durch ein Uhrwerk im Magazin selbst. Die Magazinkapazität betrug ursprünglich 49 Schuß, aber in der Praxis erwies sie sich wie bei anderen MGs, vor allem dem Bren-Gun, als zu hoch. Mit 47 Patronen arbeitete das Magazin einwandfrei. Alle Degtjarjev-Magazine haben die Einprägung «47 Patronen» als Hinweis für das Füllen. Das abgeänderte Maschinengewehr, das hier abgebildet ist, hatte einen herausnehmbaren Lauf, aber man mußte einen Spezialschlüssel verwenden, wodurch der Vorgang in der Hitze des Gefechtes ziemlich beschwerlich wurde. Auch die Hauptfeder wurde geändert. Sie war ursprünglich unterhalb des Laufes um den Kolben gewickelt, doch die Erfahrung hatte

gezeigt, daß die Hitze sich schnell auf die Feder übertrug. Bei der geänderten Ausführung wurde die Feder deshalb in ein eigenes Rohr unterhalb des Gehäuses gelegt, wodurch das Problem behoben wurde. Die Waffe, die nur Dauerfeuer schoß, arbeitete nach dem Prinzip des offenen Verschlusses,

bei dem der Verschluß in hinterer Stellung blieb, wenn die Waffe nicht schoß, wodurch die Luft das Patronenlager erreichen und kühlen konnte. Sie hatte einen Gasregler mit drei Stellungen. Die Waffe bewährte sich im Zweiten Weltkrieg und wurde anschließend in Korea und Vietnam eingesetzt.

7,62-mm-Patrone 1891fg

.303" SAA-Patrone (Streifen)

RUCHNOI PULEMJOT KALASCHNIKOWA (RPK)

Länge: 1029 mm
Gewicht: 5 kg
Lauf: 7,62 mm
Züge: 4, Rechtsdrall
Betrieb: Gasdruck
Patronenzuführung: 30-Schuß Kastenmagazin oder 75-Schuß Trommelmagazin
Kühlung: Luft
Kadenz: 600 Schuß/Min.
Anfangsgeschwindigkeit: 735 m/s
Visier: 800 m

Die Bedeutung des Sturmgewehres, die sich erst vor relativ kurzer Zeit gezeigt hat, hat zu einer Reihe von Änderungen der Art und Funktion von schwereren automatischen Infanteriewaffen geführt. Das ursprüngliche Konzept bestand in einem mittleren MG für die Feuerunterstützung und einer leichteren Ausführung, die bei den Gruppen war. Nach dem Ende des Zweiten Weltkrieges wich dieses Konzept dem Gedanken des sogenannten Mehrzweck-Maschinengewehrs, der hauptsächlich auf den beträchtlichen Erfolgen der Deutschen mit ihrem MG 34 und MG 42 beruhte. Insbesondere das MG 42 war als Mehrzweck-MG eingesetzt worden. Viele Länder scheinen zu dem Schluß gekommen zu sein, daß das Mehrzweck-MG in der Praxis ein zweischneidiges Schwert ist, denn für Dauerfeuer ist es zu leicht, und als Waffe für einen Mann zu schwer. Deshalb scheint man daran zu gehen, das echte Maschinengewehr als Feuerunterstützung auf Kompanieebene wieder einzuführen und es auf Zugsebene durch verbesserte Ausführungen eines Sturmgewehrs zu ersetzen. Viele Länder setzen zum Beispiel das NATO-Gewehr mit schwerem Lauf, auf Dauerfeuer umgestellt, für diese Aufgabe ein, während die Briten zwei Arten einer leichten Waffe für den Einzelschützen in Erwägung ziehen, die die Aufgabe übernehmen können, die vorher das Mehrzweck-MG als MG und die derzeitigen Selbstladegewehre hatten. Die Russen folgten jedoch nicht dieser Linie. Sie zeigten nie große Begeisterung für das Konzept des Mehrzweck-MGs, sondern hielten sich an zwei verschiedene Waffen, von denen jede genau ihrer eigenen Aufgabe angepaßt war. Diese Waffen werden an anderer Stelle in diesem Buch besprochen, deshalb braucht auf sie hier nicht im Detail eingegangen zu werden. Eines der Ergebnisse der Einführung des automatischen Sturmgewehres war, daß das leichte MG an Bedeutung verlor, denn jetzt haben alle sowjetischen Schützen die Möglichkeit, Dauerfeuer zu schießen. Jedoch können sie dies nicht über längere Zeit tun, denn ein Gewehr überhitzt natürlich schneller, so daß noch immer eine schwere Waffe erforderlich ist. Bald nach der Einführung des AK 47 ließen die sowjetischen Militärbehörden ihre Experten eine schwerere Version konstruieren, die das derzeitige MG der Infanterie, das RPD, ablösen sollte. Dies war eine gute, zuverlässige Waffe, und sie wird noch immer von verschiedenen kommunistischen Ländern in Südostasien und von einer großen Zahl von Guerilla-Truppen auf der ganzen Welt eingesetzt. Aber die Vorteile der schwereren Ausführung des AK 47 überwogen offensichtlich alle anderen Erwägungen. Wie man auf dem Bild sieht, gleicht diese neue Klasse der automatischen Waffe im wesentlichen dem Sturmgewehr AK 47, aus dem es von dessen Erfinder, dem profilierten und erfolgreichen Konstrukteur Kalaschnikov, entwickelt wurde. Die hauptsächlichen äuße-

ren Unterschiede sind der charakteristische Keulenkolben und der merklich längere und schwerere Lauf. Es ist mit einem Zweibein ausgerüstet, das sehr weit vorn befestigt ist und zusammengeklappt werden kann, wenn es nicht benötigt wird. Die Waffe ist natürlich ein Gasdrucklader. Wenn die erste, von Hand geladene Patrone gezündet wird, gelangt ein Teil der Gase durch eine Bohrung im Lauf in den über ihm sichtbaren Zylinder, wo sie auf den Kolben schlagen und ihn zurückdrücken. Die anfängliche Rückwärtsbewegung des Kolbens läßt die Verschlußverriegelungsbolzen entgegengesezt dem Uhrzeigersinn drehen, wodurch der Verschluß entriegelt. Daraufhin gleitet er zusammen mit dem Kolben nach hinten und drückt dabei die Schließfeder zusammen. Wenn die Kraft der Gase verbraucht ist, greift die Schließfeder ein und stößt den

Mechanismus wieder nach vorn. In dieser Phase drückt der Verschluß eine Patrone aus dem Magazin in das Patronenlager. Dann stoppt er, aber der Kolben gleitet weiter nach vorn und läßt die Verriegelungsbolzen in die Verriegelungsschulter einrasten. Danach gleichtet der Schlagbolzen weiter nach vorn, zündet die Patrone und der Zyklus setzt sich fort. Die Waffe hat einen Umstellhebel an der rechten Seite des Gehäuses über dem Abzug. Er ist am hinteren Ende befestigt. In seiner oberen Stellung ist sie gesichert, in der Mitte auf Dauer- und unten auf Einzelfeuer eingestellt. Sie soll hauptsächlich das normale 30-Schuß-Magazin des Sturmgewehres aufnehmen, aber es gibt auch ein Trommelmagazin mit 75 Schuß. Dieses Trommelmagazin hat ein kleines Verlängerungsstück, das in die Magazinöffnung paßt. Dann wird die Trommel selbst um

etwa 45° nach vorn gedreht. Sie ist schwer und langsam zu füllen, deshalb wird sie nur dann eingesetzt werden, wenn maximale Feuerkapazität gefordert ist, zum Beispiel in den letzten Phasen eines Sturmangriffes oder in einer kritischen Lage beim Abwehren eines Angriffs. Die Waffe hat keinen Gasregler, was bedeutet, daß sie so eingestellt sein muß, daß sie auch unter den schlechtesten Bedingungen noch schießt. Hierdurch wird die Produktion vereinfacht. Aber es bringt starke Vibrationen mit sich wenn die Waffe sauber ist, die allmählich nachlassen, wenn sich Verschmutzung bildet, die die Feuergeschwindigkeit herabsetzt. Man kann auch den Lauf nicht wechseln, so daß der Schütze darauf achten muß, daß die Waffe kühl bleibt. Dies erfordert eine gute Ausbildung und Besonnenheit des Schützen. Wahrscheinlich liegt die maximale

Feuergeschwindigkeit bei 80 Schuß pro Minute, was für eine Waffe dieser Art ausreicht. Einzelne Teile sind gegen die des AK 47 austauschbar, und in den meisten Fällen wird sie einen Verschluß eines Gewehrs aufnehmen können, aber dies hängt zu einem gewissen Grad vom Verschlußabstand ab. Es bedeutet jedoch, daß im Falle eines Versagens das RPK auf Kosten eines Gewehrs im Gefecht bleiben kann. Die Waffe scheint insgesamt gut und zuverlässig zu sein. Ihr geringes Gewicht beruht hauptsächlich auf der Verwendung der nützlichen sowjetischen mittleren Patrone. Man kann mit Interesse feststellen, daß die Sowjetunion zur Zeit eine neue Waffe, das PK2 konstruiert, ein echtes Mehrzweck-Maschinengewehr und das erste, das sie je baute. Es gibt Versionen dieser Waffe für den Einsatz auf einem Dreibein oder in Panzerfahrzeugen.

7,62 mm Sowjet M43

.303" SAA-Patrone (Streifen)

Vereinigte Staaten von Amerika
BROWNING MODELL 1919A4

Länge (Gewehr): 1041 mm
Gewicht (Gewehr): 14 kg
Gewicht (Dreibein): 6,35 kg
Lauf: 610 mm
Kaliber: .30"
Züge: 4, Rechtsdrall
Betrieb: Rückstoß
Patronenzuführung: Gurt
Kühlung: Luft
Kadenz: 500 Schuß/Min.
Anfangsgeschwindigkeit: 854 m/s
Visier: 2195 m

Die USA traten sehr schlecht vorbereitet in den Ersten Weltkrieg ein, und obwohl sie schnellstens einen großen Teil ihrer Industrie auf die Kriegsproduktion umstellten, war

der Krieg vorüber, bevor die Waffen in den Händen der kämpfenden Truppe waren. Bei den neuen Waffen, die eingeführt wurden und im wesentlichen von Browning entwickelt worden waren, fehlte ein dem britischen Lewis-MG vergleichbares leichtes Maschinengewehr, denn obwohl das automatische Browning-Gewehr eine exzellente Waffe war, war es nur beschränkt einsetzbar. Die Amerikaner hatten das französische Konzept vorrückenden Feuers erlebt, bei dem angreifende Infanterie mit starkem Feuer vorgeht, das aber nicht von unterstützenden Truppen, sondern aus Waffen in den Händen der Angreifer selbst kommt. Davon waren sie sehr beeindruckt. Hierbei hatte sich das automatische Browning-Gewehr bewährt, aber angesichts seines geringen Gewichtes konnte es natürlich nicht lange Dauerfeuer schießen. Eine geänderte Ausführung des mittleren Browning, die konstruktiv dem ursprünglichen Ge-

wehr sehr ähnelte, aber anstelle des schweren Wasserkühlers ein leichtes durchlöchertes Gehäuse um den Lauf hatte, war versuchsweise mit einigem Erfolg in Flugzeugen erprobt worden. Dies wurde 1919 mit einem ähnlichen Modell fortgesetzt, das aber einen schwereren Lauf hatte und als Panzer-MG vorgesehen war. Die nächste Truppe, die auf dem Plan erschien, war die US-Kavallerie. Seit dem Bürgerkrieg von 1861/65 hatte sie erkannt, daß sie zwar noch gut bei Grenzpatrouillen und ähnlichen Aufgaben eingesetzt werden konnte, daß ihre wahre Funktion im modernen Krieg aber die einer berittenen Infanterie sein würde. Sie würde mit ihren Pferden sehr beweglich sein, aber zu Fuß kämpfen müssen. Nachdem dies feststand, war klar, daß sie soviel tragbare Feuerkraft wie möglich benötigte. Die Kavallerie war mit Browning Automatic Rifles ausgerüstet worden, verlangte aber nach einer Waf-

fe, die über längere Zeit Dauerfeuer schießen konnte, ohne ein wesentlich höheres Gewicht zu haben. So entstand das Modell 1919A2, das ein leichtes Zweibein hatte und auf einem Packpferd zusammen mit ausreichender Munition mitgeführt werden konnte. Diese Waffe erwies sich als Erfolg, und aus ihr wurde das Modell 1919A4, eine Art leichtes Mehrzweck-MG entwickelt, das nach geringen Veränderungen in Panzern und Panzerfahrzeugen, zur Flugabwehr und bei der Infanterie eingesetzt werden konnte. Es ähnelte im wesentlichen seinem Vorgänger, dem MG der Kavallerie. Der Hauptunterschied bestand darin, daß es, weil das Gewicht kein kritischer Faktor war, ein größeres und festeres Dreibein hatte. Der Mechanismus dieser Waffe ähnelte im wesentlichen dem wassergekühlten Browning Modell 1917. Das MG arbeitete mit der Rückstoßkraft des Laufes, der bei einer kurzen Rückwärtsbewegung den Verschluß

.30" M 1906

.303" SAA-Patrone (Streifen)

entriegelte und ihn nach hinten stieß, wobei die Patrone ausgezogen wurde. Die Kraft der zusammengedrückten Schließfeder bewirkte die Vorwärtsbewegung, bei der eine neue Patrone aus dem Lauf in das Patronenlager gestoßen und gezündet wurde. Die Waffe hatte einen schweren Lauf, der von einem leichten durchlöcherten äußeren Gehäuse umgeben war. Bei den ersten Modellen waren es Langlöcher, aber die meisten Ausführungen haben runde Löcher. Die Patronenzuführung erfolgte mittels eines Webgurtes, der 150 Schuß aufnehmen konnte und hinten und vorne Messingenden zur Erleichterung des Ladens hatte. Bei normalen Betriebstemperaturen ging man davon aus, daß die Waffe 30 Minuten lang eine tatsächliche Feuergeschwindigkeit von 60 Schuß pro Minuten schießen konnte, ohne daß Überhitzungsprobleme auftraten. Die Waffe hatte einen einzelnen, pistolenartigen Griff, der dem Griff

des Colt-Revolvers ähnelte. Der Abzug, der keinen Abzugsbügel hatte, stand fast waagerecht aus dem hinteren Ende des Gehäuses hervor. Beim Einsatz bei der Infanterie war das MG auf dem Standarddreibein M 2 montiert. Es war leicht, aber stark konstruiert, und seine Form und Funktion können am besten aus der Abbildung ersehen werden. Die beiden hinteren Beine sind durch eine Verbindungsstange verbunden, auf der die hintere Befestigung sitzt. Mit einem Gewinde kann die Richthöhe verändert werden. Vorn ist das MG durch einen Kupplungsbolzen befestigt, der fest mit der Waffe verbunden ist und mit einer Arretierung am Dreibein festgehalten wird. Das Zubehör für den Einsatz bei der Kavallerie umfaßte eine leichte Metallbefestigung zur Befestigung der Waffe am amerikanischen Standard-Packsattel, auf dem das Gewehr getragen wurde. Außerdem das Dreibein, einen Ersatzlauf,

einen Ersatzteilkasten und drei Munitionskästen mit je zwei Gurten. Die Waffe war leicht zu bedienen und zuverlässig. Die wenigen Hemmungen, für die sie anfällig war, konnten leicht behoben werden. Die Bedienung bestand aus zwei Mann. Eine besondere Lafette für den Einsatz in der Flugabwehr war nicht vorhanden, aber die Bedienungsanleitung von 1940 zeigte, daß eine größere Richthöhe erreicht werden konnte, indem der Schütze das vordere Bein des Dreibeins auf das Knie des Hilfsschützen legte. Es ist interessant zu wissen, daß diese Bedienungsanleitung unter der Aufsicht des Chefs der Kavallerie erstellt wurde. Die in Fahrzeugen eingesetzten Waffen hatten natürlich richtige Gestelle, aber es war eine allgemeine Regel, daß für jedes MG ein Dreibein M 2 mitgeführt wurde, so daß es, falls erforderlich, auf dem Boden eingesetzt werden konnte. Das Browning 1919A4 wurde im Zwei-

ten Weltkrieg sehr viel eingesetzt, hauptsächlich auf Kompanieebene zur Feuerunterstützung und in einer großen Zahl von Panzerfahrzeugen. Im Verlaufe des Krieges wurde es etwas geändert, um es den anderen, etwas orthodoxeren leichten Maschinengewehren anzupassen. Diese Änderungen umfaßten die Ausrüstung mit einem gewehrartigen Kolben mit Pistolengriff, ein leichtes verstellbares Zweibein, einen Tragegriff und einen Mündungsfeuerdämpfer, wodurch die Waffe beweglicher wurde. Dieses neue und verbesserte Modell wurde mit Modell 1919A6 bezeichnet. In den Vereinigten Staaten ist das leichte Browning-MG heute veraltet. Es wird seit vielen Jahren nicht mehr hergestellt, aber es wird wahrscheinlich noch von einer Reihe von Ländern eingesetzt, denen die USA in der Vergangenheit Militärhilfe geleistet haben. Einige Waffen werden sogar noch von dem britischen Panzerkorps verwendet.

BROWNING AUTOMATIC RIFLE 1918 A2

Länge: 1220 mm
Gewicht: 8,85 kg
Lauf: 610 mm
Kaliber: .30"
Züge: 4, Rechtsdrall
Betrieb: Gasdruck
Patronenzuführung: 30-Schuß
Kastenmagazin
Kühlung: Luft
Kadenz: 350 oder 600 Schuß/Min.
Anfangsgeschwindigkeit: 855 m/s
Visier: 1372 m

Es ist eine überraschende, aber unleugbare Tatsache, daß die Vereinigten Staaten, die damals schon eine der großen Industriemächte der Welt waren, fast völlig unvorbereitet für den Krieg waren, als sie ihn im April 1917 erklärten. Das auslösende Ereignis war die Versenkung der Lusitania durch ein deutsches U-Boot. Aber es hatte bereits seit einiger Zeit festgestanden, daß Amerika auf jeden Fall an der Seite der Alliierten in den Krieg eintreten würde, die es seit Kriegsbeginn mit beträchtlichen Munitionsmengen beliefert hatte. Ein großer Teil der mangelnden Vorbereitung beruhte auf der Vernachlässigung der kleinen Armee in den ersten Jahren des 20. Jahrhunderts, und insbesondere auf dem Versäumnis, die Entwicklung moderner automatischer Waffen zu betreiben, die in jedem weiteren Krieg mit Sicherheit eine bedeutende Rolle spielen würden. Die USA hatten Glück, vielleicht mehr Glück als sie ahnten, daß sie die Dienste von John M. Browning zur Verfügung hatten, dessen unzweifelhaftes Genie nur noch von seinem Patriotismus übertroffen wurde. Schon 1910 hatte er ein ausgezeichnetes wassergekühltes mittleres Maschinengewehr entwickelt, aber mangels militärischer Kunden hatte er den Plan beiseite gelegt. In der Zeit von 1914 bis 1917 hatte er auch den Bedarf leichterer automatischer Waffen erkannt, und bereits einige Zeit bevor Amerika in den Krieg eintrat, hatte er funktionierende Prototypen gebaut. Diese führte er im Februar 1917 zusammen mit seinem mittleren Maschinengewehr vor. Das MG wurde für weitere Erprobungen zurückgestellt, aber die Vereinigten Staaten übernahmen die leichte Waffe, die Browning als automatisches Gewehr bezeichnete, aufgrund der ersten, sehr überzeugenden Vorführung. Die neue Waffe wog etwas weniger als 7,25 kg und wurde zu recht als Gewehr beschrieben, denn sie konnte als solches eingesetzt werden. Die ersten Modelle hatten auch keine Zweibeine, und deswegen konnten sie nur als Gewehr verwendet werden. Streng genommen würde das Gewehr nach der modernen Terminologie wahrscheinlich als Sturmgewehr bezeichnet, und tatsächlich war es ein früher Vorläufer dieser Kategorie. Die Notwendigkeit einer solchen Waffe hatte seit langem auf der Hand gelegen, aber die Kombattanten beider Seiten hatten dazu geneigt, sich entweder dem Einsatz leichter Maschinengewehre oder einer frühen Form von Maschinenpistolen zuzuwenden. Die Militärbehörden der USA hatten ein klares Konzept, das sie vorrückendes Feuer nannten, bei dem eine Linie von Infanteristen vorgeht und ihr Ziel ständig mit ausreichendem Feuer belegt, um die Verteidiger niederzuhalten. Es wurde natürlich argumentiert, daß dieses ungezielte Feuer äußerst verschwenderisch sei, außer im Nahkampf. Aber die amerikanische Ansicht war, daß es besser sei, Munition zu verschwenden als Soldaten. Ein solches Vorgehen mußte sich nachteilig auf die Kampfmoral des Feindes auswirken. Browning arbeitete ursprünglich in der Fabrik von Colt an seinem automatischen Gewehr, aber später bot auch Winchester seine Unterstützung an. Die Waffe arbeitete nach dem normalen Gasdruckprinzip. Die Herstellung begann 1918, und nach einigen unvermeid-

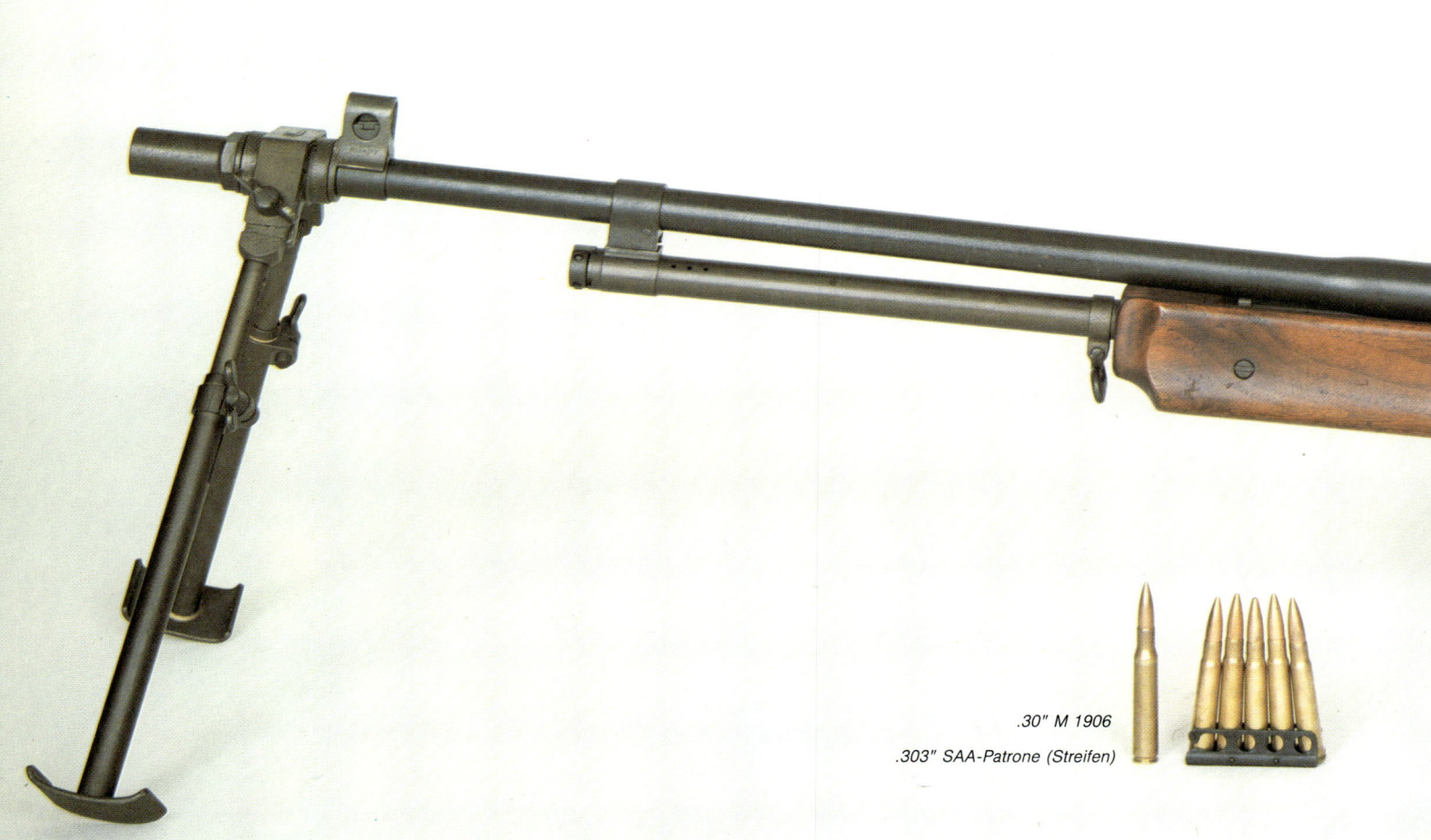

.30" M 1906
.303" SAA-Patrone (Streifen)

baren Kinderkrankheiten ging sie gut voran. Die Produktion aller Fabriken stieg schnell auf 700 Stück pro Tag. Insgesamt wurden mehr als 50 000 Brownings hergestellt. Leider war die große Masse dieser Waffen zu spät für den Einsatz im Krieg gekommen. Die erste Waffe wurde am 13. September 1918 im Gefecht eingesetzt. Die amerikanischen Zeitungen lobten sie ständig über alle Maßen, und es muß für die Masse der amerikanischen Infanterie in Frankreich niederschmetternd gewesen sein, diese glühenden Berichte zu lesen und dann mit dem französischen Chauchat, einem der schlechtesten automatischen Gewehre, das es je gab, in das Gefecht zu gehen. Die Browning Automatic Rifle wurde von den Alliierten, von denen keiner eine Waffe dieser Art hatte, mit großer Begeisterung aufgenommen, und sie wurde in großen Zahlen bestellt. Allein Frankreich bestellt 15 000 Stück. Es muß für den Erfinder eine Befriedigung gewesen sein, daß sein Sohn, Leutnant Valentine Browning, die Waffe im Ge-

fecht gegen die Deutschen verwendet hatte. Nach dem Ende des Ersten Weltkrieges starb in den Vereinigten Staaten ebenso wie in den anderen Demokratien das Interesse an militärischen Dingen ab. Obwohl das Browning weiterhin eingesetzt blieb, wurde es nur wenig geändert. Der einzige wirklich neue Typ der eingeführt wurde, war das Modell 1922, das hauptsächlich als Unterstützungswaffe für die Kavallerie der USA eingeführt wurde, die damals natürlich noch beritten war. Das Modell ähnelte der ursprünglichen Waffe, hatte aber einen schwereren, mit Rippen versehenen Lauf, ein Zweibein und eine Stütze am Kolben, und es konnte nur Dauerfeuer schießen. Es scheint zwar für die Kavallerie gut geeignet gewesen zu sein, wurde aber nur in kleinen Zahlen an die Truppe ausgegeben. Es gab auch ein Modell 1918A1, das ebenso wie die ursprüngliche Waffe Einzel- oder Dauerfeuer schießen konnte. Es hatte zusätzlich ein Zweibein, da die Erfahrungen von 1918 gezeigt hatten, daß dies ein wünschens-

wertes Zubehör war, wenn es auch das Gewicht um einige Kilo erhöhte. Die nächste Änderung kam 1940 mit der Einführung des Modells 1918A2. Auch dieses hatte ein leichtes Zweibein, das weit vorn am runden Mündungsfeuerdämpfer montiert war, und ebenso wie das Kavalleriemodell hatte es eine Kolbenstütze, die die Waffe in etwa horizontal hielt, wenn sie angehoben wurde. Dieses Modell hatte zusätzlich einen sogenannten Schulterstreifen, ein flaches Metallstück, das so an der Hinterseite des Kolbens angebracht war, daß es zurückgedreht werden konnte und ein Schütze in liegender Stellung die Waffe im Anschlag behalten konnte und beide Hände für andere Arbeit frei hatte. Dieses Zusatzteil ist auf der Abbildung gut zu sehen. Bei diesem Modell war interessant, daß es zwar nur Dauerfeuer schießen konnte, aber einen Umstellhebel hatte, mit dem man zwei Feuergeschwindigkeiten einstellen konnte. Die höhere lag bei etwa 600 und die niedrigere bei 350 Schuß/Min. Die tatsächliche, wirksame Feuer-

geschwindigkeit war etwa 125 Schuß pro Minute. Die Bedienungsanleitung des Modells 1918A2, die 1940 veröffentlicht wurde, zeigt das Zweibein und die Schulterstütze. 1942 wurden bei der neuen Ausführung jedoch beide Teile weggelassen. Man scheint damals wieder zur ursprünglichen Aufgabe eines Sturmgewehres zurückgekehrt zu sein. Die Wartungsanweisung desselben Jahres behandelt jedoch auch das Zweibein, das scheinbar allgemein in Verwendung blieb. Dieses Modell blieb als automatische Waffe auf Gruppenebene im Zweiten Weltkrieg und in Korea im Einsatz. Trotz seines etwas ungewöhnlichen Typs, denn für ein Gewehr war es ziemlich schwer und als Maschinengewehr ziemlich leicht, wurde das automatische Browning-Gewehr von vielen Ländern verwundet und in Belgien als das «Herstal» hergestellt. 1940 wurde eine Anzahl zur Ausrüstung der Heimwehr nach England verkauft, wo sich die Waffe bewährte, wenn es auch Probleme mit dem Kaliber gab.

Vereinigte Staaten von Amerika
M 60

Länge: 1111 mm
Gewicht: 10,43 kg
Lauf: 647 mm
Kaliber: 7,62 mm
Züge: 4, Rechtsdrall
Betrieb: Gasdruck
Patronenzuführung: Gurt
Kühlung: Luft
Kadenz: 600 Schuß/Min.
Anfangsgeschwindigkeit: 853 m/s
Visier: 1006 m

Die von der amerikanischen Armee im Zweiten Weltkrieg hauptsächlich eingesetzten automatischen Waffen im Gewehrkaliber waren die beiden von John Browning erfundenen MGs, sein wassergekühltes mittleres MG, und sein noch berühmteres automatisches Gewehr, das zu spät in Frankreich eingetroffen war, um noch in den Kämpfen im November 1918 eingesetzt zu werden. Trotz der Zuverlässigkeit ihrer Waffen waren die Amerikaner wie eine Anzahl anderer Länder von der Flexibilität beeindruckt, die die deutschen Mehrzweck-Maschinengewehre gegeben hatten. Sofort nach Kriegsende gingen sie daran, eine eigene Ausführung zu entwickeln. Bereits 1944 und 1945 war ein großer Teil der Konstruktionsarbeit auf der Grundlage von deutschen Beutewaffen erfolgt, so daß das erste Versuchs-MG, das T 44, die besten Eigenschaften des MG 42 und des frühen Sturmgewehres FG 42 aufwies. Dieser frühe Prototyp erwies sich als Enttäuschung, und es wurde weiter daran gearbeitet, vor allem am Kolben. Diese Arbeiten führten zum T 52, das aber auch nicht völlig in Ordnung war, vor allem weil die Patronenzuführung Probleme verursachte, die aber schließlich behoben wurden. Das geänderte MG erhielt die Bezeichnung T 161. Nach umfangreichen Erprobungen wurde die Waffe schließlich nach einigem Zögern als zufriedenstellend erklärt und offiziell von der US-Armee eingeführt. Sie wurde mit modernen Verfahren hergestellt. Im wesentlichen bestand sie aus gepreßten Teilen, Gummi und Plastik, und sah insgesamt etwas zu bepackt aus. Aber leider war ihre Konstruktion im Prinzip falsch. Die Gase der ersten, von Hand geladenen Patronen, wurden durch ein etwa 203 mm vor der Mündung in den Lauf gebohrtes Loch abgezapft, von wo sie in den Gaszylinder gelangten, auf den Kolbenkopf stießen und ihn zurückwarfen, wobei er die Stoßstange und den Verschluß mitnahm. Die Rückwärtsbewegung des Kolbens selbst betrug weniger als 76 mm, aber während dieser Strecke stieß er mit ausreichender Geschwindigkeit und Kraft zurück, um die Stoßstange und den Verschluß weiter nach hinten zu stoßen, so daß der Zyklus vollendet wurde. Dann stieß die Schließfeder den Verschluß wieder nach vorn. Bei der Vorwärtsbewegung nahm eine Backe am oberen Verschluß die Rückseite der Patrone aus dem Gurt und drückte sie in das Patronenlager. Der Verschlußkopf griff dann in das Verriegelungsstück des Laufes, wo er sich drehte und fest verriegelte. Hierdurch wurde auch der Schlagbolzen ausgelöst und zündete die Patrone. Danach wiederholte sich der Zyklus so lange wie der Abzug gezogen wurde und sich Patronen im Gurt befanden. Bei diesem System gab es eine Anzahl von ungewöhnlichen und nicht unbedingt vorteilhaften Eigenschaften. Zunächst hatte die Waffe keinen Gasregler, also war der Gasdruck festgelegt und der Schütze konnte ihn nicht verstellen. Die Theorie war, daß mit Beginn der Rückwärtsbewegung des Kolbens automatisch der Gasdruck nachließ, und daß, wenn er sich erst einmal bewegte und genug Energie für diese Bewegung hatte, er gleichermaßen Energie für die Vollendung des Zyklus haben mußte. Dies war im Gefecht jedoch nicht immer richtig, wo Schmutz, Staub und Pulverrückstände den Kolben verlangsamen konnten, nachdem der Gasdruck abgefallen war, so daß die Waffe entweder aufhörte zu schießen, oder – seltener –, durchging. Durchgehen einer Waffe nennt man die Situation, bei der die beweglichen Teile weit genug zurückstoßen, um eine neue Patrone zuzuführen, in die Kammer

98

zu drücken und zu zünden, aber nicht weit genug, um in der hinteren Stellung einzurasten, so daß die Waffe weiter schießt, selbst wenn der Finger nicht mehr den Abzug drückt. Dies ist ein verwirrender Vorgang, der keinesfalls auf das M 60 beschränkt ist, und der nur dadurch unterbrochen werden kann, daß man den Gurt festhält und so die Patronenzuführung unterbindet. Das Verriegelungssystem, das sehr zuverlässig war, war abhängig von einer ungewöhnlich langen Rückwärtsbewegung der Abzugstange, was in Verbindung mit der Unterstützung durch einen ziemlich weichen Energie absorbierenden Puffer die Feuergeschwindigkeit gegenüber dem britischen Gegenstück bedeutend und gegenüber dem MG 42 auf die Hälfte verringerte. Mit dem M 60 kann kein Einzelfeuer geschossen werden, aber bei der niedrigen Feuergeschwindigkeit ist es einem guten Schützen möglich, Einzelfeuer zu schießen, indem er den Abzug schnell genug losläßt. Wie alle luftgekühlten MGs konnte das MG 60 nur eine begrenzte Anzahl von

Schüssen verschießen, bevor es überhitzte. Für Dauerfeuer wurde deshalb ein zweiter Lauf mitgeführt, aber der Laufwechsel war sehr umständlich. Wegen der eigenartigen Konstruktion des Kolbens waren an jedem Lauf ein neuer Gaszylinder und ein Zweibein befestigt. Wenn dies auch zusätzliches Gewicht bedeutete hatte es doch den Vorteil, daß mit dem Lauf ein neuer, sauberer Zylinder eingebaut wurde. Der Lauf hatte jedoch keinen Tragegriff, und da er sehr wohl eine Temperatur von 500 Grad Clesius erreichen konnte, mußte der Schütze sehr vorsichtig sein. Zu jeder Waffe gehörte ein Asbesthandschuh für diese Arbeit, der aber im Gefecht oft schnell verloren ging. Dann mußte an seiner Stelle ein Stück Tuch, ein Handtuch oder alte Socken verwendet werden, was den Schützen und seinen Hilfsschützen wahrscheinlich zu bildhaften Bemerkungen veranlaßte. Das Zuführungssystem, das dem deutschen MG 42 nachempfunden war, war ausreichend. Es wurde behauptet, daß ein sauberes MG einen Gurt von bis zu 100 Schuß Munition senk-

recht einziehen konnte, ohne zu stocken. Eines der besten Merkmale der Waffe war, daß ihre Läufe nicht nur verchromt waren, sondern auf den ersten 152 mm vom Patronenlager her mit Stellit ausgelegt waren. Stellit ist eine Legierung aus Kobalt, Chrom, Molybdenum und Wolfram, und die Auslegung des Laufes verlängert dessen Lebensdauer beträchtlich. Der Leser wird sich daran erinnern, daß die ursprünglichen englischen Mehrzweck-MGs die gleiche Art von Auslegung haben sollten, aber daß dies damals nicht gelang. Man muß natürlich äußerst genau arbeiten, weil die unterschiedlichen Ausdehnungskoeffizienten des Laufes und der Auslegung bei Dauerfeuer dazu führen, daß hochkorrosive Gase zwischen die Auslegung und den Lauf dringen und ihn beschädigen. Die Visiereinrichtung der Waffe war ausreichend, nicht aber die Visiereinstellung. Alle automatischen Waffen schießen mit verschiedenen Läufen unterschiedlich, und die ideale Weise, die Genauigkeit beizubehalten, ist, die Nullstellung am Korn zu verändern. Die Läufe des

M 60 hatten ein festes Korn und die Nullstellung wurde durch seitliche und senkrechte Verstellung der Kimme bewirkt. Dies war einfach auszuführen, aber es bedeutete, daß der Schütze bei jedem Laufwechsel berücksichtigen mußte, wie weit er seine Kimme verstellen mußte. Dies war auf einem Schießstand gerade noch möglich, aber es erforderte im Gefecht einen bemerkenswert kühlen Schützen. Für den Einsatz in der Bewegung wurde ein Gurtkasten mitgeführt, und es gab ein einfaches robustes Dreibein für Dauerfeuer. Das ursprüngliche M 60 war, vielleicht wie sein britisches Gegenstück, kein ganzer Erfolg. Möglicherweise weil beide Länder zuviel von einem Mehrzweck-Maschinengewehr erwarteten, das unvermeidlicherweise als leichtes MG zu schwer und als schweres MG zu leicht ist. Das M 60 wurde in Vietnam viel eingesetzt, und aufgrund der praktischen Erfahrungen dort wurde es bedeutend verbessert. Die verbesserte Ausführung ist das M 60 E1. Es ist noch immer das Standard-Mehrzweck-MG der US-Army.

7,62 mm NATO

.303" SAA-Patrone (Streifen)

Die Maschinenpistole

Eine Maschinenpistole ist eine automatische Waffe, die Pistolenpatronen verschießt und leicht genug ist, um mit zwei Händen ohne weitere Stütze von der Schulter oder aus der Hüfte eingesetzt zu werden. Waffen dieser Art kamen erstmals im Ersten Weltkrieg zum Einsatz, wo kurzreichende Feuerkraft vorherrschte. Das Land, das sie einführte, war Italien, schon 1915 mit der Villar-Perosa. Dies war eine etwas ungewöhnliche, doppelläufige Waffe, die eine randlose 9-mm-Patrone für Selbstladepistolen verschoß, aber trotz ihres offensichtlichen Nutzens im Grabenkrieg wurde sie nicht in dem Umfang eingeführt, den man hätte erwarten können. Die britische Armee erprobte sie, wies sie aber zurück, vor allem wegen des Vorrangs, den sie genauem, weitreichendem Feuer gab, das die Maschinenpistole nicht bieten konnte.

Die nächsten waren die Deutschen, die es als vorteilhaft ansahen, einen Teil ihrer Infanterie, hauptsächlich ältere Unteroffiziere, mit Schäften versehenen Selbstladepistolen der Art, wie sie von Luger und Mauser eingeführt wurden, auszurüsten. Dies waren natürlich keine echten automatischen Waffen, denn der Abzug mußte für jeden Schuß gezogen werden, aber dennoch konnte man mit ihnen bequem Nahfeuer schießen, das für den Grabenkrieg geeignet war. Um weniger nachladen zu müssen, entwickelten die Deutschen Magazine mit einer Kapazität von 30 oder mehr Schuß, und von da war es nur noch ein kurzer Schritt bis zur Herstellung einer echten Maschinenpistole.

Die Arbeit an dieser neuen Waffenart begann 1916. Der Konstrukteur war der bekannte Hugo Schmeisser. 1918 waren die ersten Waffen hergestellt. Da die Arbeiten in der Waffenfabrik Bergmann ausgeführt wurden, hieß die Waffe gewöhnlich «Bergmann». Ihre offizielle Bezeichnung war MP 18 (Maschinenpistole 1918). Nach einer Veränderung, die zu der Bezeichnung MP 18.1 führte, wurde sie in die Produktion gegeben, und im Sommer 1918 waren etwa 35 000 Stück hergestellt. Diese neue Waffe erwies sich als sehr nützlich für die deutsche Infanterie, besonders bei ihrem Großangriff im Frühjahr 1918. Aber zu dieser Zeit waren die Dinge zu weit fortgeschritten. Der Krieg war für die Deutschen unweigerlich verloren. Nach 1918 durfte die Reichswehr keine Maschinenpistolen behalten, mit dem Ergebnis, daß ihre Bedeutung bis zu einem gewissen Grade vergessen wurde. Die Bergmann war jedoch im echten Sinne der Prototyp fast aller ähnlicher Waffen, so daß eine kurze Beschreibung ihrer Funktionsweise für alle nützlich ist.

Sie hatte einen etwas weniger als 20 cm langen Lauf und einen schweren, zylindrischen Verschluß mit einem festen Spanngriff. Die 9 mm-Patronen wurden in einem sogenannten «Schneckentrommel»-Magazin mitgeführt. Der Grund für die Bezeichnung ist aus der Abbildung (siehe Seiten 112/113) ersichtlich. Wenn man mit der Waffe schießen wollte, wurde der Verschluß von Hand zurückgezogen und dann durch eine Klinke in hinterster Stellung gehalten. Gleichzeitig wurde eine Feder gespannt. Wenn der Abzug gezogen wurde, klinkte die Klinke aus und der Verschluß stieß durch die Kraft der Feder nach vorn, streifte eine Patrone aus dem Magazin, drückte sie ins Patronenlager und zündete sie. Es gab keine Verriegelung, sie war auch nicht erforderlich. Der schwere Verschluß glitt noch nach vorn, wenn die Patrone gezündet wurde. Wenn seine Vorwärtsbewegung gestoppt und durch die Rückwärtsbewegung der Patronenhülse umgekehrt wurde, war der Druck auf ein sicheres Niveau abgefallen. Dieser Vorgang wurde durch den sehr kurzen Lauf beschleunigt. Der Verschluß wurde dann wieder nach vorn gestoßen, und der Zyklus wiederholte sich, solange der Abzug gezogen wurde und sich Patronen im Magazin befanden. Es befand sich keine Patrone im Patronenlager, und deshalb bestand nicht die Gefahr, daß ein Schuß durch die Resthitze des Laufes gezündet wurde, die nach längeren Feuerstößen beträchtlich war. Die tatsächliche Feuergeschwindigkeit betrug etwa 400 Schuß/Min. Die Waffe konnte kein Einzelfeuer schießen, was bei allen späteren Maschinenpistolen der Fall war.

DIE BERGMANN UND SPÄTERE ENTWICKLUNGEN

Die ursprüngliche Begmann, die mit einem schweren, gewehrartigen Schaft versehen war, war im Nahkampf eine wirksame Waffe. Sie hatte zwar eine Visiereinrichtung bis 1000 m, aber das war völlig unrealistisch. Das Geschoß mag bis etwa 200 m einigermaßen genau gewesen sein, aber es hätte auf diese Entfernung eine relativ geringe Durchschlagskraft gehabt, denn es wurde schließlich von einer schwachen Pistolenpatrone aus verschossen.

Der einzige alliierte Versuch eine ähnliche Waffe herzustellen, war die amerikanische Petersenvorrichtung, eine kleine Maschinenpistole, die in das Springfield-Gewehr eingesetzt werden konnte und ein Magazin spezieller Pistolenmunition verschoß. Sie wurde nie im Gefecht eingesetzt. 1923 wurde sie außer Dienst gestellt, und die vorhandenen Bestände wurden vernichtet.

Während des Ersten Weltkrieges veranlaßte Oberst (später Brigadegeneral) J. T. Thompson Experimente zur Herstellung einer Maschinenpistole. Er hatte viele Jahre in der Rüstungsabteilung der amerikani-

1 Ein englischer Soldat schießt mit seiner 9 mm-Maschinenpistole L2A3.
2 Britische Truppen mit Maschinenpistolen Sten Mark 2 vom Kaliber 9 mm in den Straßen von Arnheim im Jahre 1945.

UZI MASCHINENPISTOLE

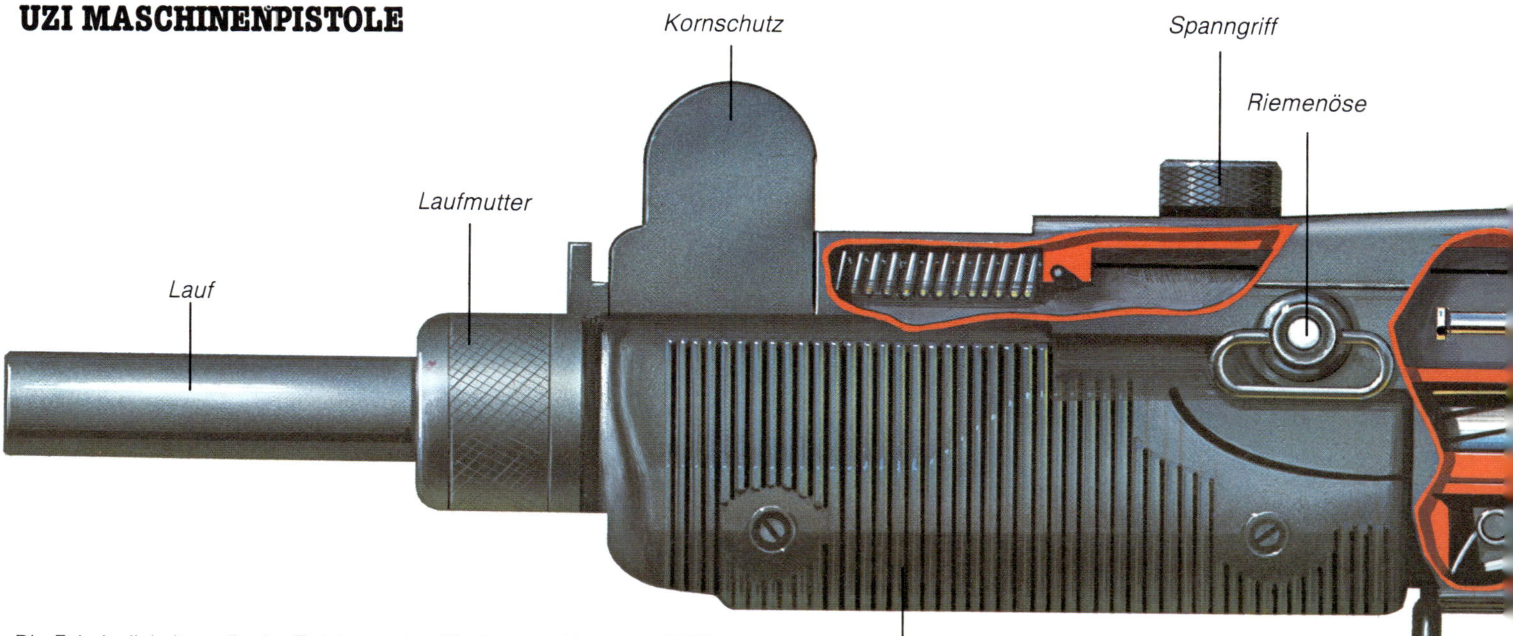

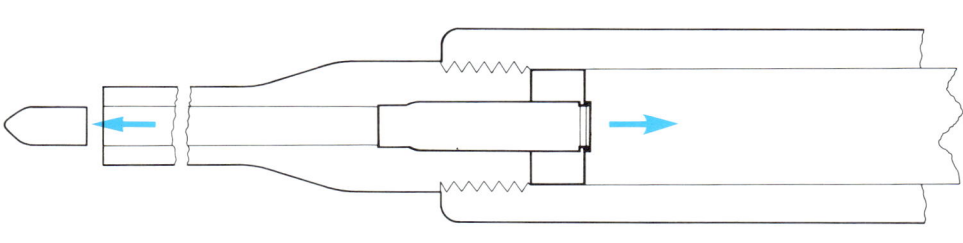

Kornschutz

Spanngriff

Riemenöse

Laufmutter

Lauf

Vorderer Handgriff

Abzugsbügel

Die Feindseligkeiten, die der Errichtung des Staates Israel im Jahre 1948 folgten, überzeugten die israelischen Behörden bald von der Notwendigkeit von zuverlässigen, im Lande hergestellten Waffen für ihre Verteidigungskräfte. Die Maschinenpistole UZI war eine solche Entwicklung, und viele Jahre des Einsatzes unter Kriegsbedingungen haben ihre Zuverlässigkeit und Vielseitigkeit überzeugend bewiesen. Von zahlreichen Ländern ist sie zu Hunderttausenden bestellt worden, darunter von den NATO-Mächten. Sie ist wahrscheinlich die am weitesten verbreitetste Maschinenpistole der westlichen Welt. An Zusatzeinrichtungen gibt es ein kurzes Bajonett und ein am Lauf zu befestigendes Suchlicht. (Volle Beschreibung auf den Seiten *110/111*).

Rückstoß (links)

Wenn die Patrone gezündet wird, zwingen die sich ausdehnenden Gase das Geschoß durch die Bohrung des Laufes, aber sie zwingen auch die Patronenhülse nach hinten. Hierbei entsteht genügend Kraft, um den Verschluß gegen den Widerstand der Rückholfeder nach hinten zu drücken.

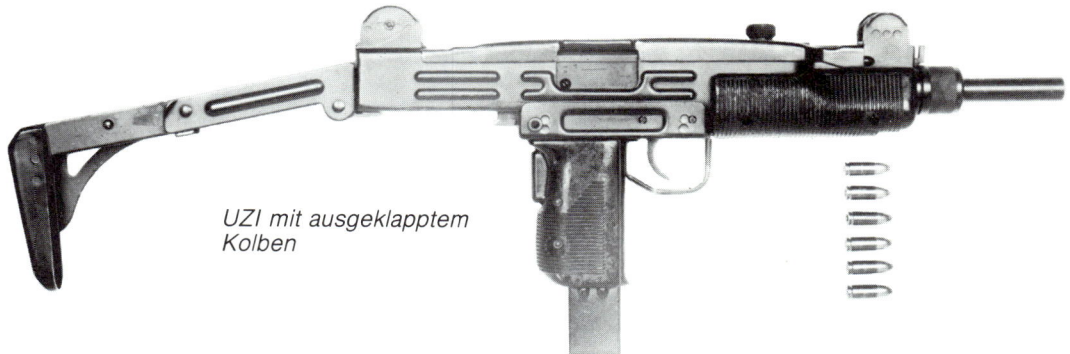

UZI mit ausgeklapptem Kolben

Patrone:
Ganz links: .303" SAA-Patrone
Links: 9 mm-Parabellum

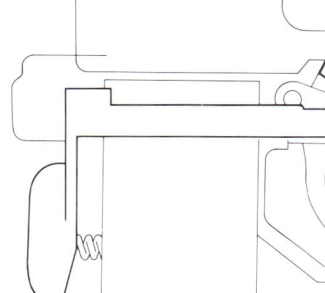

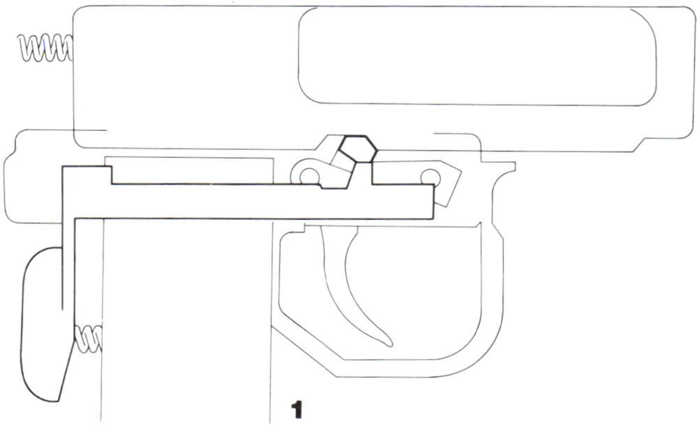

1

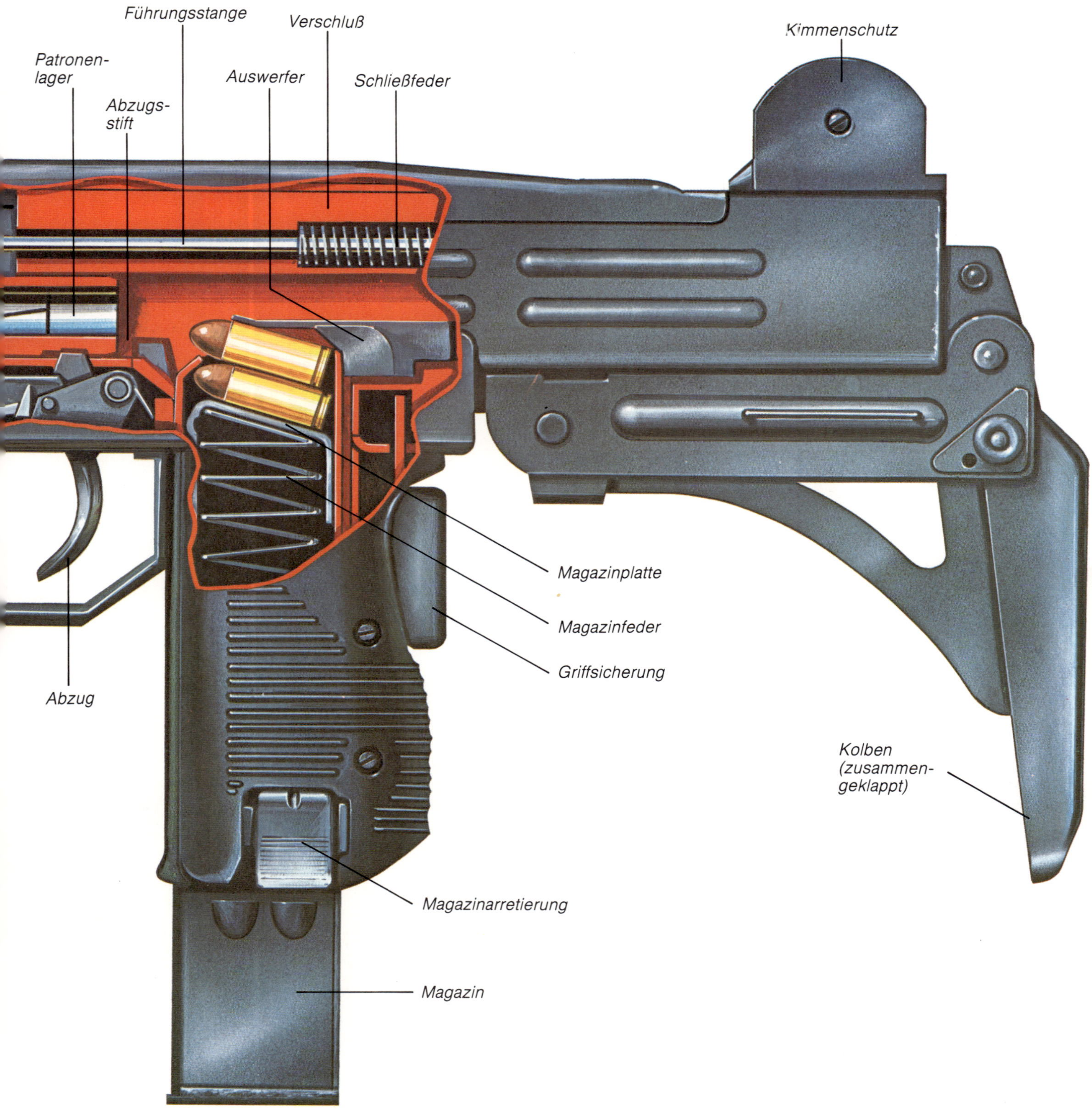

Patronen-
lager
Abzugs-
stift
Führungsstange
Auswerfer
Verschluß
Schließfeder
Kimmenschutz

Magazinplatte

Magazinfeder

Griffsicherung

Abzug

Kolben
(zusammen-
geklappt)

Magazinarretierung

Magazin

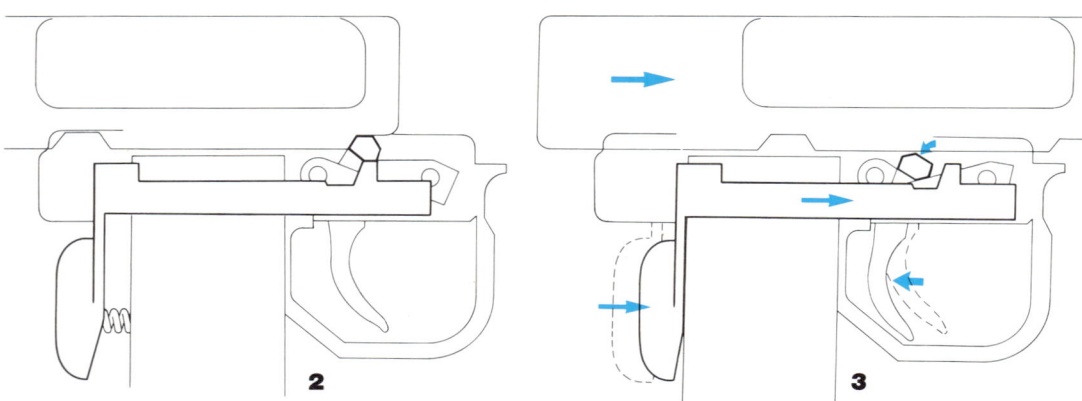

2

3

Griffsicherung (links)

Die Griffsicherung, die hinter dem Pistolengriff liegt, arbeitet wenn die Waffe entspannt (**1**) oder gespannt (**2**) ist. Das Prinzip ist, daß die Sicherung mit einer waagerechten Stange mit einer oben liegenden Zunge verbunden ist, die normalerweise unter den Abzugstift paßt und ihn arrettiert. Wenn der Sicherheitsgriff gegen seine Feder nach vorn gedrückt wird, gibt die Zunge den Abzugsstift frei und der Abzug kann arbeiten (**3**).

schen Armee verbracht, hatte aber 1914 den Dienst quittiert, um für die Waffenfirma Remington Arms zu arbeiten. Er erkannte schnell den Nutzen dieser Waffenart im Grabenkrieg, aber leider entstand die erste Maschinenpistole, die seinen Namen trug, erst 1921. Dies war eine schlechte Zeit für jemand, der den auf Wirtschaftlichkeit bedachten Armeen der Welt neue Waffentypen verkaufen wollte, und von seiner Waffe wurden nur sehr wenige Exemplare an legitime Kunden verkauft. Eine Anzahl, die wahrscheinlich in den Vereinigten Staaten von Sympathisanten gekauft wurde, wurde nach Irland geschickt, wo sie dann im Bürgerkrieg von 1922/23 eingesetzt wurden. Sie waren

dort weit verbreitet. So weit verbreitet, daß lange Jahre das traditionelle Bild eines Angehörigen der Irish Republican Army ein Mann mit einem weichen Filzhut mit heruntergeschlagener Krempe, einem schmuddligen Trenchcoat und einer Thompson-MP war, eine Bild, das sich erst vor relativ kurzer Zeit durch neuere und sehr viel wirksamere Terroristenwaffen änderte.

Die anderen Leute, die sie sehr schätzten, waren die Gangster, die nach der Verfassungsänderung von 1920, die für die Vereinigten Staaten die totale Prohibition brachte, prominent wurden. Wahrscheinlich hatten sie relativ wenige Maschinenpistolen, aber ihre Verwendung brachte die Sensation, die

1 *Ein finnischer Soldat mit einer 9 mm-Konepistooli M/31, die auch «Suomi»-Maschinenpistole heißt.*
2 *Die Thompson-Maschinenpistole 0.45" M1A1 bei Bastogne, 1944*
3 *Die Thompson-Maschinenpistole M 1928 A1 im Kaliber 0.45" mit einem Cutts-Kompensator auf der Mündung*
4 *Die Thompson M1 war im Prinzip eine wesentlich vereinfachte M 1928 A1.*

die Massenblätter brauchen, und das sogenannte «Chicago-Piano» wurde ein Symbol
krimineller Gewalttätigkeit.

Das letzte Modell vor dem Kriege kam
1928, aber trotz ihres Rufes fand die Maschinenpistole bei den Behörden nie richtig An-
klang. Einige Polizeitruppen kauften eine
geringe Anzahl, aber die weitere Herstellung
war sehr zweifelhaft, bis die Thompson
schließlich 1938 offiziell bei der amerikanischen Armee eingeführt wurde. Dann kam
der Krieg, und im Verlauf der nächsten Jahre
wurden Hunderttausende hergestellt. 1942
wurde ein vereinfachtes, der Kriegsproduktion angepaßtes Modell entwickelt.
Brigadegeneral Thompson starb 1940 und

erlebte deshalb nicht den Boom seiner Erfindung. Die späte Einführung ist auf eine
Weise ironisch, denn damals gab es bereits
eine Anzahl modernerer Waffen. Die
Thompson, so altmodisch sie auch erschien,
war verfügbar, und da niemand warten konnte, war ihr Kriegsruhm sichergestellt.

Während des Zweiten Weltkrieges stellten
die Vereinigten Staaten eine Vielfalt anderer
Maschinenpistolen her. Die Reising war
kompliziert und nicht ganz zuverlässig, während die M 3 eine sehr zweckmäßige Ganzmetallwaffe war, die wegen ihrer großen
Ähnlichkeit mit diesem Werkzeug allgemein
«Fettpresse» genannt wurde. Keine dieser
Maschinenpistolen erreichte jedoch die Be-

rühmtheit von General Thompsons ur-
sprünglicher Waffe, die in allen Sprachen der
Welt bald «Tommy-Gun» genannt wurde.

Es ist interessant, daß alle amerikanischen
Maschinenpistolen die Standardpatrone
.45″ der Colt-Selbstladepistole von 1911
verschossen. Dies überrascht nicht, wenn
man die Tatsache berücksichtigt, daß

5 Ein Vietkong mit einer amerikanischen
Maschinenpistole M3A1 ergibt sich.
6 US-Soldaten in Brest 1944. Der Mann
in der Mitte trägt eine Thompson-Maschinenpistole M1A1.

105

Thompson mit ihrer ursprünglichen Einführung befaßt war. Obwohl dies eine ausgezeichnete Patrone war, war sie in vieler Hinsicht zu stark und erschwerte die Handhabung der Waffen.

Der Zeitraum zwischen den beiden Weltkriegen sah einen ständig wachsenden Einsatz von Maschinenpistolen, die auch im Spanischen Bürgerkrieg verwendet wurden. Trotz dieser klaren Hinweise unternahm England keinen wirklich positiven Schritt zur Entwicklung einer Waffe dieser Art für den Zweiten Weltkrieg, selbst als viele Leute ihn als unvermeidbar ansahen. Dies beruhte zum Teil auf Gründen der Wirtschaftlichkeit, aber zum größeren Teil auf der weiter andauernden Hinwendung zur Hochgeschwindigkeitspatrone, ein Relikt, das vielleicht auf der Vernichtung beruht, die seine fast legendären Schützen 1914 anrichteten. England erprobte verschiedene Modelle, die im Small Arms Committee gewöhnlich als «Gangsterwaffen» bezeichnet wurden, aber als der Krieg 1939 tatsächlich ausbrach, war es gezwungen, eine große Zahl von Thompson zu bestellen. Sie waren ausreichend zuverlässig, aber im Vergleich mit den Waffen seiner Gegner schwer und altmodisch, und England begann schnell, eigene Maschinenpistolen zu entwickeln und herzustellen.

Die erste, die in Produktion ging, war eine Nachbildung der deutschen MP 28, die selbst eine Weiterentwicklung der ursprünglichen Bergmann MP 18.1 war. Diese neue Waffe, die nach ihrem englischen Konstrukteur Lanchester genannt wurde, war eine robuste, altmodische, messingbeschlagene Waffe, die fast ausschließlich an die Royal Navy ausgegeben wurde, die sie noch lange Jahre nach dem Krieg behielt, sie aber wahrscheinlich sehr wenig einsetzte, weil sie größere und bessere Waffen hatte. Inzwischen ging die Forschung nach einer leichten, einfachen, leicht herzustellenden Waffe für die Massenproduktion weiter, und Anfang 1941 trat das Sten-Gun auf den Plan. Der Name kam von den Anfangsbuchstaben der zwei Männer, die für sie verantwortlich waren, Sherpherd und Turpin und den ersten beiden Buchstaben von Enfield. Und trotz einiger unvermeidbarer Nachteile erwies sich die Waffe als Erfolg. Die Waffe wurde von der britischen Armee spöttisch das «Blech-Tommy-Gun» genannt. Sie wurde in Millionen für die britische Armee und einige Alliierte hergestellt, und sie wurde auch in den von den Deutschen besetzten Gebieten für Partisanen abgeworfen. Die Waffe wurde mehrmals geändert, wodurch sie zur Erleichterung der Herstellung immer einfacher wurde. Außerdem wurden schallgedämpfte Ausführungen für Spezialtruppen entwickelt. Da das Geschoß die Schallmauer nicht durchdrang, gab es keinen Überschallknall, und der Schalldämpfer, der zwar klobig war, war eine relativ einfache Vorrichtung. Feuerstöße konnten durch ihn nicht, außer in Notfällen, abgegeben werden, aber bei Einzelfeuer erwies er sich als nützlich für die lautlose Beseitigung von Wachen und für ähnliche Aufgaben. Selbst die deutsche Genialität konnte die Sten als einfache Waffe für die Massenproduktion nicht verbessern, und die

deutschen kopierten sie, hauptsächlich für den Volkssturm.

Eine ziemlich ungewöhnliche Waffe, die von den Engländern während des Zweiten Weltkrieges entwickelt wurde, war der schallgedämpfte Karabiner de Lisle. Da er nicht automatisch schoß, war er keine Maschinenpistole im eigentlichen Sinne des Wortes, aber aus verschiedenen Gründen scheint dieser Abschnitt der richtige Platz für ihn zu sein. Er basierte auf einem normalen Gewehr, das bedeutend verkürzt war und ein neues Patronenlager für die .45″ Colt-Patronen erhielt, wie sie von den Thompson-MPs verschossen wurde. Er ist interessant wegen seines Schalldämpfers, der zwar sehr klobig, aber äußerst wirksam war. Er schoß über 200 m weit und wurde von Spezialtruppen eingesetzt. Er wurde für die Aufstände in Malaya wieder in Dienst gestellt, wo die Fähigkeit, Wachen, die Banditenlager bewachten, lautlos zu erledigen, ihn sehr nützlich werden ließ.

DER VERSAILLER VERTRAG

Nach 1918 wurden der Reichswehr durch den Vertrag von Versailles starke Beschränkungen hinsichtlich automatischer Waffen auferlegt, und die Bergmann verschwand als Militärwaffe. Die Polizei durfte sie jedoch für die innere Sicherheit noch behalten. Man fand jedoch schnell Wege, um den lästigen Vertrag zu umgehen, und 1922 stellte Deutschland unter dem Deckmantel der schweizerischen Tochterfirma Steyr-Solothurn Maschinenpistolen in der Schweiz her. Nach wenigen Jahren gab Hitler schließlich

1 *Gedeckt von einer Maschinenpistole L2A3 säubert ein britischer Fallschirmjäger ein verlassenes Haus in Berlin.*

alle Vortäuschungen der Einhaltung des Vertrages von Versailles auf und rüstete offen wieder auf. 1938 führte die Wehrmacht die MP 38 ein. Sie wurde gewöhnlich «Schmeisser» genannt. Obwohl es unwahrscheinlich ist, daß der bekannte Hugo Schmeisser viel mit ihr zu tun hatte, hat sie einen bemerkenswerten Ruf erlangt. Sie war eine moderne Ganzmetallwaffe mit faltbarem Schaft, und obwohl sie während des Krieges Änderungen unterworfen war, blieb sie im Prinzip unverändert.

Die Russen scheinen vor 1934 keine Maschinenpistole entwickelt oder eingesetzt zu haben. Während der Kämpfe zwischen den Kommunisten und den Weißrussen im Jahre 1919 wurde eine leichte automatische Waffe eingesetzt, aber sie war eher ein früher Typ eines Sturmgewehres als eine Maschinenpistole und kann deshalb außer acht gelassen werden. Es gab auch eine frühe Erfindung von Tokarev, der wegen seines Revolvers bekannt ist, aber sie erwies sich als Fehlschlag, vor allem weil sie Revolver-Randpatronen verschoß, die ständig Hemmungen im Magazin verursachten. Der erste Vorläufer einer langen Reihe war die RPD, die Pistolet Pulemjot (Maschinenpistole) Degtjarjev von 1934. Dies war eine gute und zuverlässige

Waffe mit einer Trommel von 71 Schuß, die sie sehr schwer machte. Wie alle späteren sowjetischen Waffen dieser Art verschoß sie die flaschenförmige 7,62-mm-Pistolenpatrone.

Ohne Zweifel setzten die Russen im Zweiten Weltkrieg die meisten Maschinenpistolen ein. Dies beruhte nicht auf der etwaigen Überlegenheit dieser Waffe, sondern auf der Notwendigkeit, Schwierigkeiten bei der Herstellung zu überwinden. Bei ihren anfänglichen überstürzten Rückzügen verloren sie einen großen Teil ihrer Industriekapazität. Die Maschinenpistole war leichter herzustellen als kompliziertere Waffen, und so wurde sie in Millionen gebaut. Sie erwies sich als erfolgreiche Waffe im verzweifelten Nahkampf in den verschiedenen belagerten russischen Städten, und schließlich wurden ganze Regimenter damit ausgerüstet. Während des Krieges kam eine Reihe von PPs, die sich kaum von ihren Vorgängern unterschieden, in Verwendung. Die letzte war die PPS 43, von der noch heute viele in verschiedenen Ländern Asiens verwendet werden.

Es gab natürlich eine Anzahl anderer erfolgreicher Maschinenpistolen, vor allem eine Serie von italienischen Berettas und die australische Owen-MP.

Die Entwicklung der Maschinenpistole nach dem Kriege wurde durch die wachsende Bedeutung einer neuen Waffenart, des Sturmgewehrs, behindert. Hierüber wird im Einführungskapitel über das Gewehr gesprochen, so daß es an dieser Stelle genügt, zu sagen, daß es im Prinzip eine Maschinenpistole ist, die aber eine Patrone verschießt, die

mehr der Gewehrpatrone ähnelt. Diese neue Waffe wirkte sich naturgemäß auf die Entwicklung der Maschinenpistole aus, weil sie alles konnte was eine Maschinenpistole kann, und einen guten Teil mehr. Die Patronen wogen mehr, und da sie stärker waren, erhöhten sie natürlich das Gewicht und die Komplexität der neuen Waffe, aber dies war ein geringer Preis gegenüber der erhöhten Verwendbarkeit. Die Deutschen hatten diese Entwicklung begonnen, und kurz nach dem Krieg folgten ihnen die Russen, die ihre AK 47 dem deutschen Original nachempfanden, und die Amerikaner mit ihrer Serie Colt-Armalite. Die einzige neue Maschinenpistole, die eine wirkliche Bedeutung bekam, war die amerikanische Ingram, die auf den Seiten 144/145 gezeigt wird, die aber eigentlich mehr eine Waffe für die Polizei und andere Sicherheitskräfte ist, als für Streitkräfte. Die Colt-Commando hat die Eigenschaften einer Maschinenpistole, aber da sie eine leichtere Ausführung des Armalite-Gewehrs ist und dieselbe Munition verschießt, sollte man sie wahrscheinlich besser in der Klasse der Sturmgewehre belassen.

Selbst die Länder, die nicht sofort Sturmgewehre übernahmen, machten keine großen Fortschritte. England, das das sehr fortgeschrittene Gewehr EM 2 zurückgewiesen hatte, gab schließlich die Sten-MP auf und übernahm die L2A1, jetzt die L2A3, die als Sterling bekannt ist. Deutschland experimentierte nach seiner Wiederbewaffnung mit mehreren mehr oder weniger orthodoxen Konstruktionen und entwickelt jetzt eine Waffe, die eine neue Art von Patronen ohne

2 *Ein amerikanischer Soldat untersucht eine in China hergestellte Ausführung der 7,62 mm-Maschinenpistole PPsh 41, die von G. S. Schpagin zur leichteren Herstellung umkonstruiert wurde.*

Hülse verschießt. Israel brauchte nach seiner Unabhängigkeit im Jahre 1948 dringend Waffen zur Verteidigung gegen seine arabischen Nachbarn und übernahm bald die ausgezeichnete UZI, während Frankreich seine Mat 49 entwickelte.

DER NIEDERGANG DER MASCHINENPISTOLE

Die alte Maschinenpistole war im Fernen Osten eine beliebte Waffe und wurde von den Chinesen in Korea und von den Vietnamesen in Indochina in großem Umfang eingesetzt, aber sie ist heute größtenteils von russischen Sturmgewehren abgelöst worden. Dies ist die allgemeine Entwicklung. Die Maschinenpistole ist im wesentlichen eine Waffe mittlerer Kapazität, die aber billig und leicht hergestellt werden kann. Ihre hauptsächliche Schwäche ist ihre relativ schwache 9-mm-Patrone. Die einzig mögliche Verbesserung wäre die Verwendung einer stärkeren Patrone, aber es ist schwierig, dies ohne Veränderung der Eigenschaften zu erreichen. Abschließend kann man sagen, daß ihre Bedeutung für das Militär schwindet, daß sie aber eine nützliche Waffe für die Polizei bleiben wird.

Tschechoslowakei
Z K 383

Länge: 899 mm
Gewicht: 4,25 kg
Lauf: 325 mm
Kaliber: 9 mm
Züge: 6, Rechtsdrall
Patronenzuführung: 30-Schuß Stangenmagazin
Kadenz: 500 und 700 Schuß/Min.
Anfangsgeschwindigkeit: 356 m/s
Visier: 800 m

Diese Waffe, die von den Gebrüdern Koucky in Brünn konstruiert wurde, kam 1933 auf den Markt und wurde noch drei Jahre nach dem Ende des Zweiten Weltkrieges produziert. Sie ist eine komplizierte und sehr gut gearbeitete Waffe, die aus Präzisionsgußstücken von ausgezeichneter Verarbeitung hergestellt ist, und die deshalb nicht billig gewesen sein kann. Bemerkenswert an ihr ist, daß sie zwei Feuergeschwindigkeiten hat. Durch Ent-

Tschechoslowakei
VZ 61 (DER SKORPION)

Länge: zusammengelegt 271 mm
Gewicht: 1,31 kg
Lauf: 114 mm
Kaliber: 7,65 mm
Züge: 6, Rechtsdrall
Patronenzuführung: 10- oder 20-Schuß Stangenmagazin
Kadenz: 700 Schuß/Min.
Anfangsgeschwindigkeit: 294 m/s
Visier: 75 und 150 m

Diese Waffe ist ein gutes Beispiel für die kleine Zahl echter Maschinenpistolen, denn ihre Abmessungen sind jenen der Mauser-Pistole Modell 1896 vergleichbar. Als Militärwaffe ist ihre Verwendung deshalb beschränkt, ausgenommen vielleicht für Panzerbesatzungen, Kradfahrer und ähnliche Soldaten, für die eine kompakte kleine Waffe bedeutender ist als große Schußleistung. Ihr kleines Kaliber bringt auch nur eine geringe Durchschlagskraft, obwohl natürlich das Dauerfeuer die Wirkung verstärkt. Es gibt auch eine größere Ausführung, die aber nur in geringer Zahl hergestellt wurde. Sie verschießt

eine 9-mm-Patrone, und infolgedessen ist sie schwerer, wenn sie auch im wesentlichen der VZ 61 gleicht. Die Skorpion ist ein normaler Gasdrucklader. Sehr leichte automatische Waffen haben oft den Nachteil, daß ihre Feuergeschwindigkeit sehr hoch ist, aber bei dieser Waffe wurde das Problem durch die Verwendung eines Puffers im Kolben gelöst. Sie hat einen leichten Drahtkolben für den Schulteranschlag, der nach vorn geklappt werden kann ohne die Funktion der Waffe zu beeinträchtigen. Obwohl die Größe und Kapazität der Skorpion ihre militärische Wirksamkeit verringern, ist sie eine ausgezeich-

nete Waffe für die Polizei oder andere innere Sicherheitskräfte, denn sie kann leicht versteckt werden. Ihre geringe Anfangsgeschwindigkeit erleichtert die Schalldämpfung. Es gibt einen wirksamen Schalldämpfer, der für die Polizei ein zusätzlicher Vorteil ist. Die Waffe ist an viele afrikanische Länder verkauft worden.

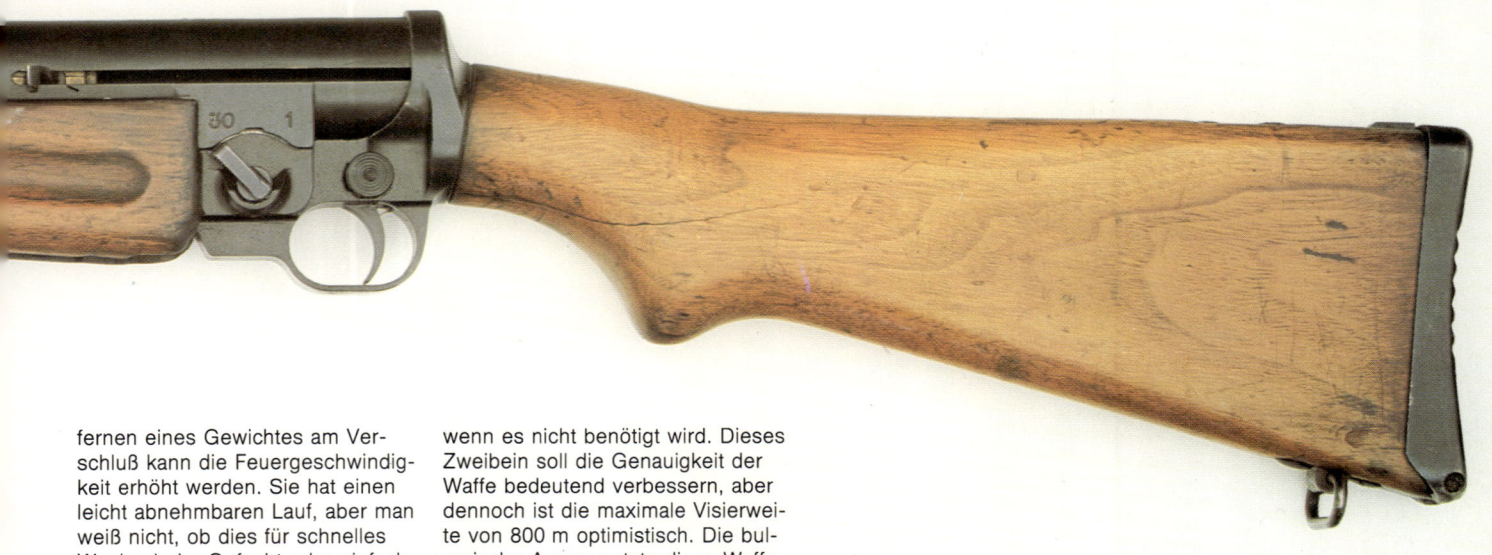

fernen eines Gewichtes am Verschluß kann die Feuergeschwindigkeit erhöht werden. Sie hat einen leicht abnehmbaren Lauf, aber man weiß nicht, ob dies für schnelles Wechseln im Gefecht oder einfach zur Erleichterung der Reinigung gedacht war. Die ZK 383 schießt entweder Einzel- oder Dauerfeuer. Der Umstellhebel über dem Abzug wird je nach Bedarf vor- oder zurückgeschoben. Der dahinter befindliche Stift ist die Sicherung. Der gelochte Rohrmantel trägt das Korn und eine sauber gearbeitete Tangentenkimme. Ein ungewöhnliches Merkmal der Waffe ist das faltbare Zweibein, das in einer Aussparung im Holzschaft eingerastet werden kann,

wenn es nicht benötigt wird. Dieses Zweibein soll die Genauigkeit der Waffe bedeutend verbessern, aber dennoch ist die maximale Visierweite von 800 m optimistisch. Die bulgarische Armee setzte diese Waffe während des und nach dem Zweiten Weltkrieg als Standard-Maschinenpistole ein. Die Deutschen stellten sie nach der Besetzung der Tschechoslowakei weiter her und rüsteten die SS damit aus. Diese Waffe hatte kein Zweibein und keine Tangentenkimme. Es wird angenommen, daß es eine Ausführung dieser MP mit einem nach vorn zu faltenden Zweibein gab. Einige Modelle konnten ein Bajonett aufnehmen.

9 mm Parabellum

7,65 mm Auto Pistol

.303" SAA-Patrone

Die Skorpion mit nach vorn geklapptem Kolben

Israel
UZI

Länge: 640 mm
Gewicht: 3,5 kg
Lauf: 260 mm
Kaliber: 9 mm
Züge: 4, Rechtsdrall
Patronenzuführung: 25, 32 oder 40-Schuß Stangenmagazin
Kadenz: 600 Schuß/Min.
Mündungsgeschwindigkeit: 390 m/s
Visier: 100/200 m

Am 14. Mai 1948 endete um Mitternacht das britische Mandat über Palästina, und der jüdische Staat Israel wurde ausgerufen. Bereits am nächsten Tag fielen die arabischen Nachbarn in den neuen Staat ein, und es folgte ein fast achtmonatiger Krieg, an dessen Ende Israel nicht nur sein Gebiet verteidigt, sondern auch Territorium der Angreifer besetzt hatte. Trotz seiner Erfolge war

klar, daß es eine zuverlässige Waffe brauchte, die es selbst in ausreichender Zahl herstellen konnte, um notfalls die Masse seiner Bevölkerung zu bewaffnen. 1950 hatte Major Uziel Gal von der israelischen Armee die abgebildete Waffe entwickelt. Die Produktion begann sofort, und sie läuft noch heute. Die UZI ist ein normaler Gasdrucklader. Sie wird aus schweren Stanzteilen

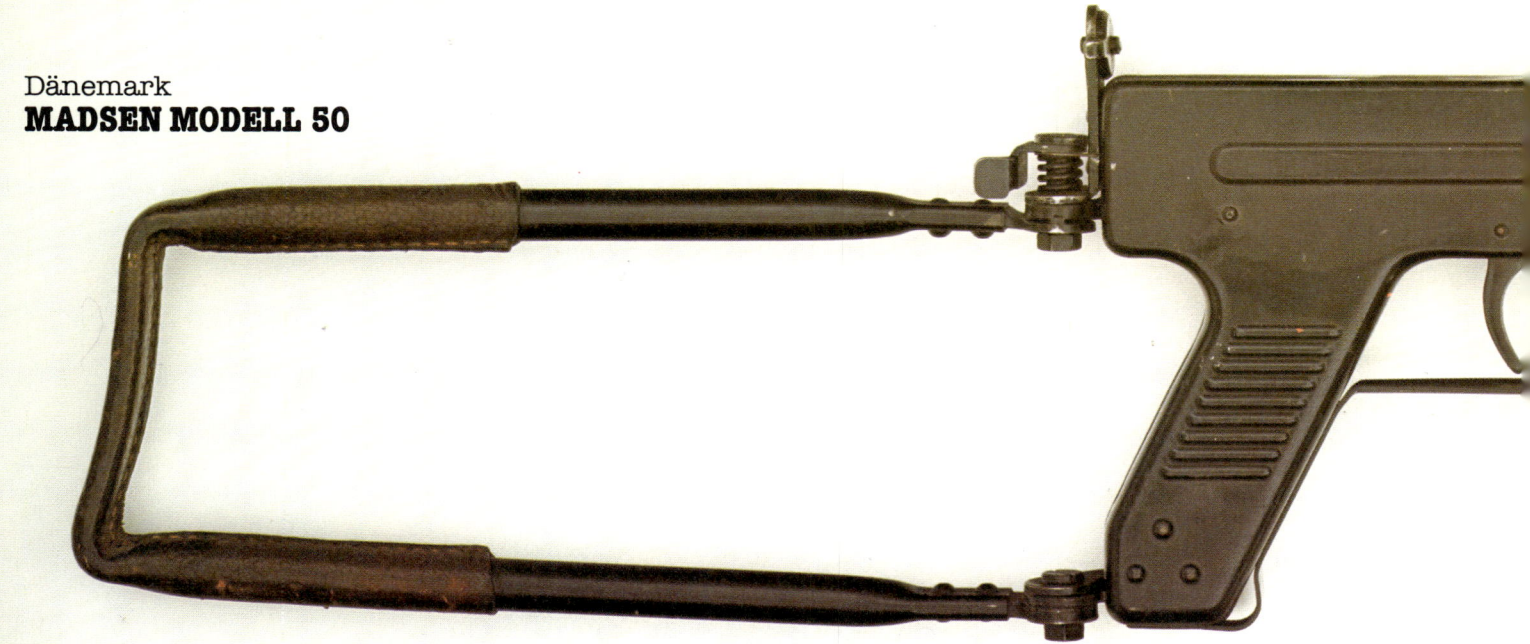

Dänemark
MADSEN MODELL 50

Länge: 794 mm
Gewicht: 3,15 kg
Lauf: 199 mm
Kaliber: 9 mm
Züge: 4, Rechtsdrall
Patronenzuführung: 32-Schuß Stangenmagazin
Kadenz: 550 Schuß/Min.
Anfangsgeschwindigkeit: 365 m/s
Visier: Feststehend

Die erste in Dänemark hergestellte Maschinenpistole war eine Ausführung der finnischen Suomi, die 1940 vom dänischen Madsen-Syndikat in Lizenz hergestellt wurde. Die Produktion lief während des ganzen Krieges weiter, und die Waffe wurde nicht nur von den Dänen selbst, sondern auch von den Deutschen und den Finnen verwendet. Dasselbe Syndikat hat seither alle dänischen Maschinenpistolen hergestellt. Die erste Waffe der heutigen Reihe war das Modell 1946, und die Dänen, die von den Fortschritten in der Massenproduktion aus der Kriegszeit profitierten,

stellten sicher, daß sie für diese verbesserten Verfahren konstruiert wurde. Das Gehäuse einschließlich des Pistolengriffes wird aus zwei Hälften hergestellt, die am hinteren Ende verbunden sind, so daß die Waffe zur Reparatur, Reinigung oder Inspektion leicht geöffnet werden kann. Das hat jedoch den Nachteil, daß die Federn herausfallen können, wenn man nicht sorgfältig ist. Die Madsen ist ein normaler Gasdrucklader und schießt je nach Bedarf Einzel- oder Dauerfeuer. Eines ihrer ungewöhnlichen Merkmale ist eine Griffsicherung hinter dem Magazingehäuse, die in

in Verbindung mit einem gewissen hitzebeständigen Plastikmaterial hergestellt. Das hintere Ende des Laufes erstreckt sich nach hinten in das Gehäuse, und die Vorderseite des Verschlusses ist ausgehöhlt, so daß er das hintere Ende des Laufes umschließt. Das Magazin ist vom Pistolengriff umschlossen, wodurch es fest in der Hand liegt. Außerdem bleibt dadurch der Schwerpunkt

über der Hand, so daß mit der Waffe auch wie mit einer Pistole mit einer Hand geschossen werden kann. Sie schießt nach Bedarf Einzel- oder Dauerfeuer. Die meisten frühen UZIs hatten einen 20,3 cm langen Holzkolben, wie er abgebildet ist. Einige hatten einen längeren Kolben. Die späteren Ausführungen hatten einen zusammenklappbaren Metallkolben. Die Waffe wird in Holland in Lizenz hergestellt und von vielen anderen Ländern verwendet.

Verbindung mit dem Magazin als vorderer Griff dient. Wenn diese Sicherung nicht ausgelöst ist, arbeitet die Waffe nicht, wodurch es unmöglich wird, sie mit einer Hand abzuschießen. Der Kolben aus Metallrohr ist drehbar befestigt und kann an die rechte Seite der Waffe geklappt werden. Das Modell 50, die abgebildete Waffe, ähnelt dem Modell 46. Der Hauptunterschied ist der knopfförmige Spanngriff, der die flache Platte des früheren Modells ablöste. Als das neue Modell 1950 vorgeführt wurde, zeigten viele Länder großes Interesse. Die Delegation aus Großbritannien war

so beeindruckt, daß sie empfahl, diese Waffe als Ersatz für die Sten-MP vorzusehen. Sie wurde zusammen mit anderen Waffen erprobt und für die Einführung bei nicht kämpfenden Truppen empfohlen, wenn das neue britische Gewehr

EM 2 eine Maschinenpistole für die Infanterie überflüssig machte. Das EM 2 wurde jedoch nicht eingeführt, und die Sterling wurde in Dienst gestellt. Das gekrümmte Magazin gehört zum späteren Modell.

9 mm Parabellum

9 mm Parabellum

.303" SAA-Patrone

111

Deutschland
BERGMANN MP 18.1

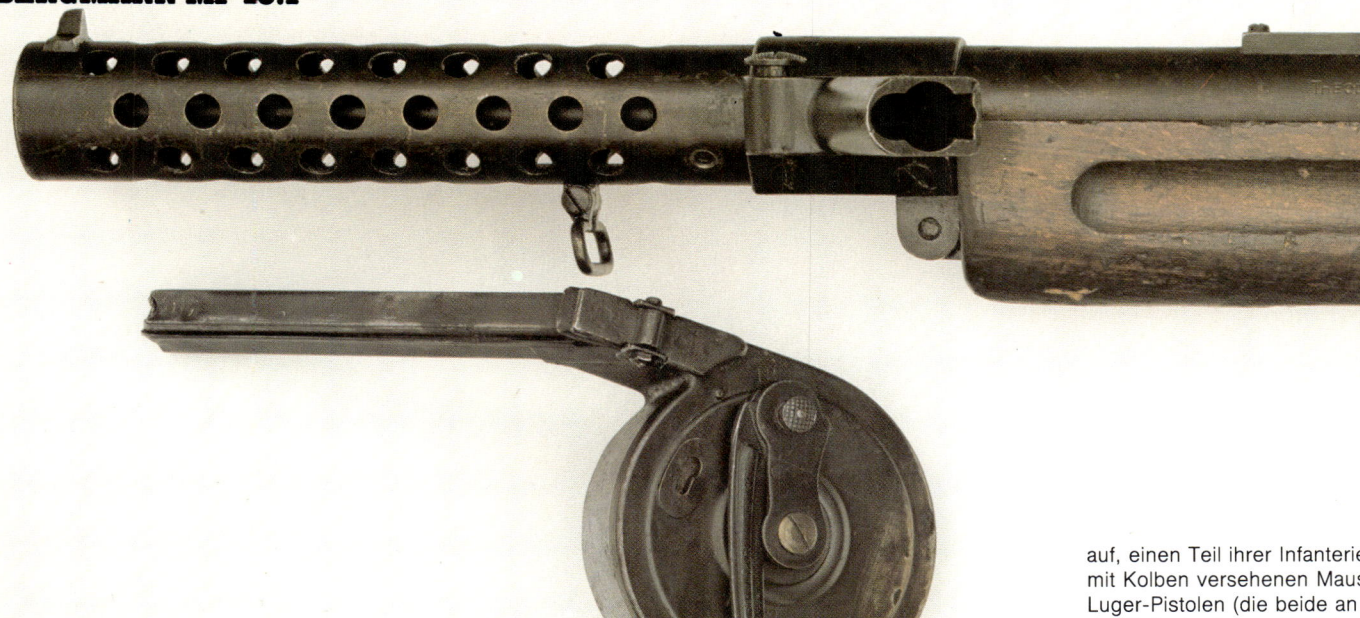

Länge: 813 mm
Gewicht: 4,18 mm
Lauf: 200 mm
Kaliber: 9 mm
Züge: 6, Rechtsdrall
Patronenzuführung: 32-Schuß
Schneckentrommel
Kadenz: 400 Schuß/Min.
Anfangsgeschwindigkeit: 365 m/s
Visier: 100/200 m

Ende 1914 war der Erste Weltkrieg zu einem ruhenden, wenn auch blutigen Kampf in gegenüberliegenden Gräben abgeflaut, der einer gegenseitigen, riesigen Belagerung ähnelte. Diese neue Art der Kriegsführung brachte eine Unzahl neuer Waffen. Einige davon, wie Mörser und Granaten, waren einfach moderne Ausführungen lange veralte-

ter Waffen, aber einige waren auch wirklich neu, und zu diesen gehört die Maschinenpistole. Die erste, die auf dem Schlachtfeld auftauchte, war die italienische Villar-Perosa von 1915. Sie war jedoch ziemlich kompliziert und scheint trotz ihres offenbaren Potentials keinen großen Eindruck gemacht zu haben. Die Deutschen begannen bald dar-

auf, einen Teil ihrer Infanterie mit mit Kolben versehenen Mauser und Luger-Pistolen (die beide an anderer Stelle in diesem Buch besprochen werden) auszurüsten, und dann war es nur ein kurzer Schritt bis zur Einführung einer etwas schwereren Ausführung, die Feuerstöße abgeben konnte. Arbeiten an einem Prototyp begannen 1916 in der Waffenfabrik Bergmann. Der Konstrukteur war Hugo Schmeisser, der berühmte Sohn eines gleichermaßen berühmten Vaters, und Anfang 1918 war die Waffe in der Vorserienfertigung. Die Deutschen, wie immer Realisten, erkannten, daß in jenem Stadium des Krieges,

Deutschland
BERGMANN MP 28.II

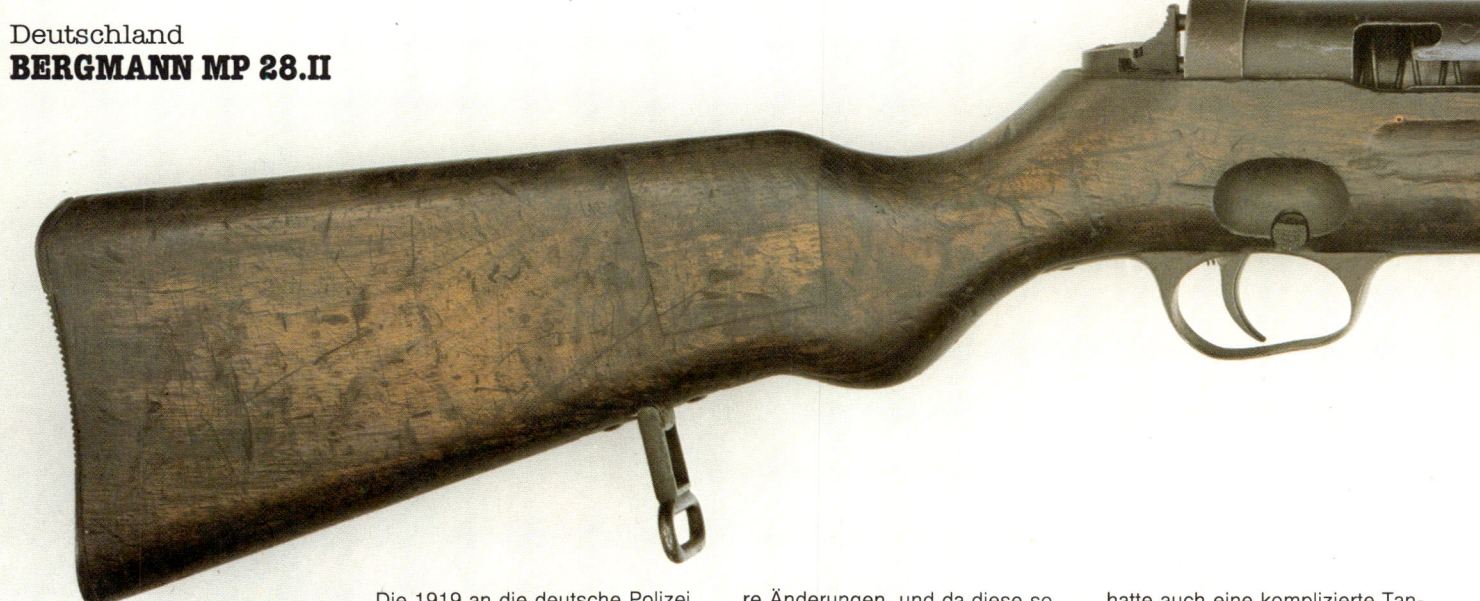

Länge: 812 mm
Gewicht: 4 kg
Lauf: 199 mm
Kaliber: 9 mm
Züge: 6, Rechtsdrall
Patronenzuführung: 20, 30 oder
50-Schuß Stangenmagazin
Kadenz: 500 Schuß/Min.
Anfangsgeschwindigkeit: 365 m/s
Visier: 1000 m

Die 1919 an die deutsche Polizei ausgegebene MP 18.1 war aufgrund der praktischen Erfahrungen im Jahr zuvor von Schmeisser leicht geändert worden. Die hauptsächliche Änderung war ein neues Magazingehäuse, das ein moderneres, gerades Kastenmagazin statt der komplizierten von einem Uhrwerk angetriebenen Schneckentrommel aufnehmen konnte, die im Grabenkrieg viele Probleme bereitet hatte. Einige Jahre später unternahm derselbe Konstrukteur weite-

re Änderungen, und da diese so umfangreich waren, daß sie eine neue Bezeichnung rechtfertigten, wurde die neue Waffe 1928 MP 28.II genannt. Die II weist auf zwei kleine Änderungen am Prototyp hin. Die neue Waffe hatte einige interessante Merkmale, vor allem die Möglichkeit, je nach Bedarf Einzel- oder Dauerfeuer zu schießen. Über dem Abzug befand sich ein runder Bolzen, der für Dauerfeuer nach links und für Einzelfeuer nach rechts gedrückt wurde. Die Waffe

hatte auch eine komplizierte Tangentenkimme, die von 100 bis 1000 m verstellbar war, was jedoch unrealistisch war. Sie hatte gerade Kastenmagazine, aber die Magazinhalterung war so konstruiert, daß sie notfalls auch die alte Schneckentrommel aufnahm. Diese verschiedenen Verbesserungen änderten nicht das allgemeine Bild der Waffe, die der alten MP 18 ähnelte. Die Bergmann MP 28.II wurde in Deutschland von der Waffenfabrik Haenel in Suhl hergestellt, aber da

in dem ihre Herstellungskapazität voll ausgeschöpft war, eine neue Waffe einfach herzustellen sein mußte, und die MP 18.1 erfüllte diese Anforderungen. Die Verfahren der Massenproduktion, Stanzen, Punktschweißen und Nieten waren jedoch kaum entwickelt, so daß «einfach» ein relativer Ausdruck ist im Vergleich etwa zur Sten-MP, die 25 Jahre später kam. Die Bergmann wurde maschinell bearbeitet. Obwohl auf komplizierte Dreharbeiten verzichtet werden mußte, sah die Verarbeitung relativ gut aus. Ihr schwächster Teil war ihr ursprünglich für die Luger-Pistole entwickeltes Magazin, das zu

komplex und anfällig für Hemmungen war. Die Deutschen schlugen vor, sechs MPs pro Kompanie auszugeben. Jede Waffe sollte einen Hilfsschützen haben, der die Munition tragen sollte. Außerdem sollten Karren ausgegeben werden, mit denen man eine Art Sperrfeuer schießen konnte, aber diese kamen zu spät. Das Hauptinteresse an dieser Waffe liegt aber in ihrem Einfluß auf die zukünftigen Entwicklungen, der sehr bedeutend war.

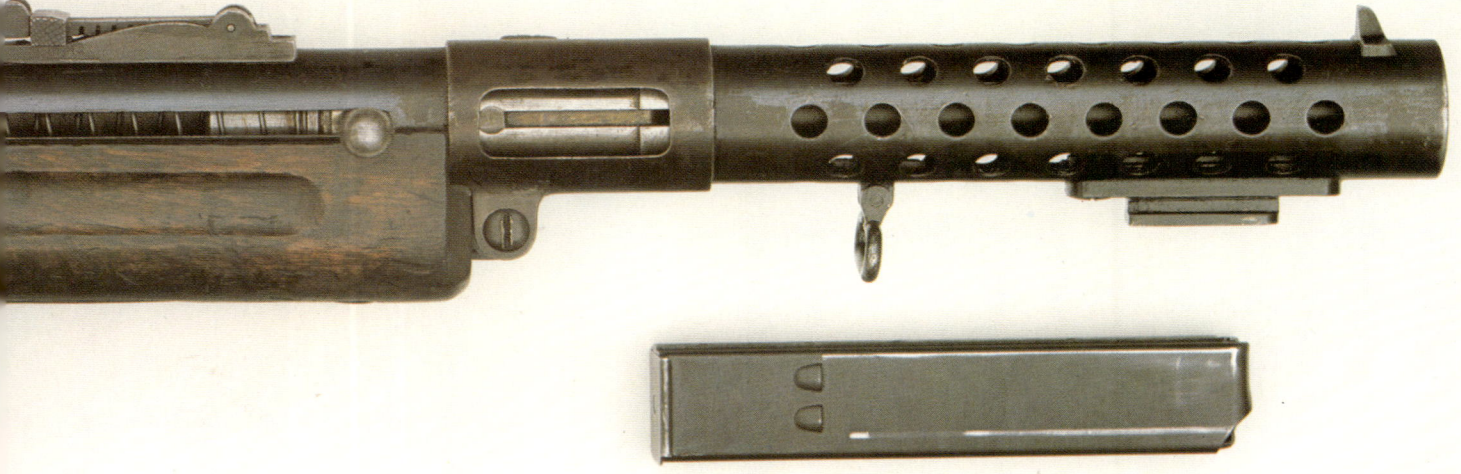

es noch Produktionsbeschränkungen für militärische Waffen gab, wurden sehr viel mehr von einer belgischen Firma in Herstal in Lizenz von Schmeisser hergestellt, und deshalb wurde die Waffe in geringer Zahl 1934 bei der belgischen Armee eingeführt. Die Bergmann erwarb sich bald einen Ruf guter Zuverlässigkeit und wurde in Südamerika (wo sie in einer Reihe kleiner Kriege in großem Umfang eingesetzt wurde) und von den Portugiesen gekauft, die sie als Polizei-

waffe einsetzten. Obwohl sie hauptsächlich im Kaliber 9 mm-Parabellum hergestellt wurde, war sie auch für die 9 -mm-Bergmann-Patrone, die 7,65 mm-Parabellum, 7,63 mm und sogar für die amerikanische .45″ Patrone zu haben. Wahrscheinlich wurde sie hauptsächlich im Spanischen Bürgerkrieg von 1936/39 eingesetzt, wo ihre robuste Konstruktion sie zu einer idealen Waffe für die Milizen machte, die vor allem den Kampf ausfochten. Die Produktion wurde vor dem

Zweiten Weltkrieg aufgegeben, aber die Waffe trat in Form der britischen Lanchester noch einmal hervor.

9 mm-Parabellum

9 mm-Parabellum

.303″ SAA-Patrone

Deutschland
STEYR-SOLOTHURN S 100

Länge: 850 mm
Gewicht: 3,9 kg
Lauf: 199 mm
Kaliber: 9 mm
Züge: 6, Rechtsdrall
Patronenzuführung: 32-Schuß Stangenmagazin
Kadenz: 500 Schuß/Min.
Anfangsgeschwindigkeit: 417 m/s
Visier: Tangentenkimme 500 m

Anfang der zwanziger Jahre hatten verschiedene deutsche Konstrukteure die Arbeit an leichten Waffen wieder aufgenommen, darunter Louis Stange von der Firma Rheinmetall, der für die ursprüngliche Entwicklung der Steyr-Solothurn S100 verantwortlich zeichnete. Die Produktion deutscher Waffen war natürlich in den ersten Jahren nach dem Ersten Weltkrieg sehr beschränkt, und der Versailler Vertrag wurde auf verschiedene Weise umgangen. 1929 erwarb die Firma

Deutschland
MASCHINENPISTOLE MP 40 (SCHMEISSER)

Länge: 833 mm
Gewicht: 4,024 kg
Lauf: 251 mm
Kaliber: 9 mm
Züge: 6, Rechtsdrall
Patronenzuführung: 32-Schuß Stangenmagazin
Kadenz: 500 Schuß/Min.
Anfangsgeschwindigkeit: 365 m/s
Visier: 100/200 m

Trotz der Erfolge der Bergmann-Maschinenpistole in den letzten Monaten des Ersten Weltkrieges scheint die Reichswehr oder zumindest ein großer Teil von ihr, in den dreißiger Jahren die Maschinenpistole als Polizeiwaffe angesehen zu haben, die vielleicht einen Platz im Grabenkrieg hatte, aber nicht bei der neuen Art der Kriegsführung, die sie plante. 1938 wurde jedoch, vielleicht aufgrund der Erfahrungen des Spanischen Bürgerkrieges, der Firma Erma ein Auftrag zur Entwicklung und Produktion einer zuverlässigen und leicht herzustellenden Maschinenpistole gegeben, die hauptsächlich von Panzer- und Luftlandetruppen verwendet werden sollte. Die Waffe war schnell entwickelt, und im gleichen Jahr wurde sie als MP 38 bei der Wehrmacht eingeführt. Sie war die erste Maschinenpistole, die seit 1918 bei deutschen Truppen einge-

führt wurde. Sie sollte sich zusammen mit ihren Nachfolgetypen als eine der beliebtesten und bekanntesten Maschinenpistolen des Zweiten Weltkrieges erweisen. Sie war die erste Waffe ihrer Art, die ganz aus Metall und Plastik, ohne jedes Holz, hergestellt wurde. Vergessen war der schwere Kolben der Bergmann und ihr sorgfältig gearbeitetes Gehäuse. An ihre Stelle waren ein einklappbarer Metallrohrkolben und ein Gehäuse aus Stahlrohr getreten, das zur Gewichtsersparnis mit Schlitzen versehen war. Ein ungewöhnliches Merkmal war die Nase unter dem Lauf nahe der Mündung. Diese Nase war angeblich vorhanden, damit mit der Waffe durch einen Schlitz aus einem Panzerfahrzeug geschossen werden konnte, ohne daß das Risiko bestand, daß die Waffe durch einen plötzlichen Stoß ins Fahrzeug gezogen wurde und noch feuerte. Die

Rheinmetall die Schweizer Firma Solothurn, so daß sie von nun an Waffen legal herstellen und verkaufen konnte. In Solothurn erfolgte die eigentliche Entwicklung. Nachdem die Waffe jedoch vollendet war, wurde die Serienproduktion an die österreichische Firma Steyr vergeben, die 1928 mit der Arbeit begann. Der Ursprung der Waffe ist deshalb in gewissem Grade international, aber die Hauptinitiative kam ohne Zweifel aus Deutschland. Die Steyr-Solothurn, die einen or-

thodoxen Mechanismus hatte, war äußerst gut hergestellt. Die Verarbeitung, die Dreharbeiten und die allgemeine Erscheinung waren ungewöhnlich gut, wodurch die Waffe sehr teuer in der Herstellung gewesen sein muß. Die meisten Waffen haben eine Bajonetthalterung, und es wurde eine geringe Anzahl mit längeren Läufen hergestellt. Die meisten Serienmodelle waren mit einer ungewöhnlichen Vorrichtung, einem Magazinfüller, ausgerüstet. Die Magazinhalterung hatte an der

Oberseite einen Schlitz mit Aussparungen, der den Mauser-Pistolenladestreifen aufnahm, und unten eine Magazinarretierung. 1934 wurden zwei dieser Waffen, eine von der normalen Ausführung und eine mit dem längeren Lauf, von der englischen Regierung gekauft und erprobt, die zu jener Zeit Interesse für derartige Waffen zeigte. Aber obwohl die Waffe für gut befunden wurde, geschah nichts weiter. Viele andere Länder zeigten jedoch größeres Interesse an dieser Waffe,

die sehr viel verkauft wurde. Mindestens vier südamerikanische Länder kauften sie in beträchtlichen Mengen, und sie wurde 1932 im Urwaldkrieg in Argentiniens Gran Chaco eingesetzt. Auch Österreich führte sie bei seiner Armee und Polizei ein, wobei die Waffe auf die stärkere Mauser-Patrone umgerüstet wurde.

MP 38, eine zwar ausgezeichnete Waffe, war relativ langsam und teuer in der Herstellung. Nachdem die frühen Kämpfe des Zweiten Weltkrieges den Nutzen von Maschinenpistolen gezeigt hatten wurden Schritte zur Massenherstellung einer ähnlichen Waffe unternommen. Diese führten zu der abgebildeten Waffe, der MP 40, die zwar ihrem Vorläufer ähnelte, aber leichter herzustellen war. Die Hauptänderung war wohl die Einführung einer Sicherung, da man festgestellt hatte (wie bei der Sten), daß ein harter Stoß den Verschluß zu-

rückstoßen und eine Patrone zünden konnte. Auch eine Anzahl der MP 38 wurden mit Sicherungen ausgerüstet. Die meisten der späteren MP 40 wurden mit horizontalen Rippen an der Magazinhalterung versehen. Nur wenige wurden wie die abgebildete Waffe ohne diese Rippen hergestellt. Ein späteres Modell wurde mit einem doppelten Magazin in einem Gleitgehäuse ausgerüstet. Es überrascht zu hören, daß der bekannte Hugo Schmeisser nicht an der ursprünglichen Entwicklung der MP 38 beteiligt war (wenn auch seine Fabrik

die MP 40 herstellte). Dennoch blieb sein Name an ihr haften, und die MP wurde eine der bekanntesten Waffen des Zweiten Weltkrieges. Einige wurden sogar von alliierten Soldaten verwendet, die sie ihren eigenen Maschinenpistolen vorzogen. Bis 1945 wurden über 1 Million Stück hergestellt.

9 mm-Parabellum

9 mm-Parabellum

.303" SAA-Patrone

Grossbritannien
LANCHESTER MARK 1

Länge: 851 mm
Gewicht: 4,38 kg
Lauf: 200 mm
Kaliber: 9 mm
Züge: 6, Rechtsdrall
Patronenzuführung: 50-Schuß Stangenmagazin
Kadenz: 600 Schuß/Min.
Anfangsgeschwindigkeit: 365 m/s
Visier: Tangentenkimme 549 m

Im Juni 1940 war England in einer sehr ernsten Lage. Sein Expeditionskorps war gezwungen, sich überstürzt abzusetzen, vor allem durch den Hafen Dünkirchen, wobei es die Masse seiner schweren Waffen zurücklassen mußte. So bestand die ernsthafte Gefahr, daß die siegreiche Wehrmacht in England einfallen würde. Eine der Waffen,

deren Wert die britischen Militärbehörden zu spät erkannt hatten, war die Maschinenpistole. Wenn auch eine große Anzahl in den USA bestellt worden war, so gab es doch kein britisches Modell. Deshalb wurde überstürzt damit begonnen, die deutsche MP 28 zu kopieren, die als sehr zuverlässig bekannt war. Eine britische Ausführung wur-

de von George Lanchester von der Sterling Armament Company entwickelt, nach dem die fertige Waffe benannt wurde. Die neue Maschinenpistole war zunächst für die Royal Air Force und die Royal Navy vorgesehen und ging schließlich an die Navy. Die Lanchester, der man ihre Abstammung von der MP 28 ansah, war eine robuste und zuver-

Grossbritannien
STEN MARK 1

Länge: 896 mm
Gewicht: 3,72 kg
Lauf: 198 mm
Kaliber: 9 mm
Züge: 6, Rechtsdrall
Patronenzuführung: 32-Schuß Stangenmagazin
Kadenz: 550 Schuß/Min.
Anfangsgeschwindigkeit: 365 m/s
Visier: Feststehend

Mitte 1941 trafen in England große Zahlen von Maschinenpistolen aus den USA ein. England und der Commonwealth waren jedoch dabei, neue Armeen aufzustellen und auszurüsten, und außerdem lagen dringende Nachschubanforderungen für Nord- und Ostafrika vor, wo britische und Kolonialtruppen gegen die Italiener kämpften. Damit stand fest, daß eine einfache, in England hergestellte Maschinenpistole dringend erforderlich war, und

Mitte 1941 war eine solche Waffe nicht nur entwickelt, sondern bereits in der Vorserienfertigung und in der Erprobung. Es war die bekannte Sten, die ihren Namen von den Anfangsbuchstaben der Nachnamen der beiden Männer erhielt, die am engsten mit ihrer Entwicklung befaßt waren, Major (später Oberst) Shepherd, ein Direktor der Birmingham Small Arms Company, und ein Herr Turpin, der eigentliche Konstrukteur. Diese in Verbindung

mit den ersten beiden Buchstaben von Enfield, dem Standort der Royal Small Arms Factory, wo sie zuerst hergestellt wurde. Sobald

lässige Waffe. Die britische Industrie war damals noch nicht auf die Kriegsproduktion umgestellt, so daß die Verarbeitung der Waffe von sehr hoher Qualität war. Sie hatte einen gewehrartigen Nußbaumkolben (mit Messingkolbenplatte) und eine Magazinhalterung aus Messing. Außerdem hatte sie eine Bajonetthalterung für das Lee-Enfield-Bajonett. Die Waffe war ein einfacher Gasdrucklader und konnte entweder Einzel- oder Dauerfeuer schießen. Sie arbeitete mit den meisten randlosen 9 mm-Patronen gut, mit Ausnahme der Beretta-Patrone. Es gab eine spätere Ausführung Mark I, die nur Dauerfeuer schoß. Die Lanchester wurde kaum im Kampf eingesetzt, außer bei gelegentlichen Landungsunternehmen, aber die Royal Navy behielt sie sehr lange im Einsatz. Nach langen Jahren nach dem Krieg hatten die britischen Kriegsschiffe MP-Ständer für die Lanchester, in denen sie angekettet war, aber kaum verwendet wurde.

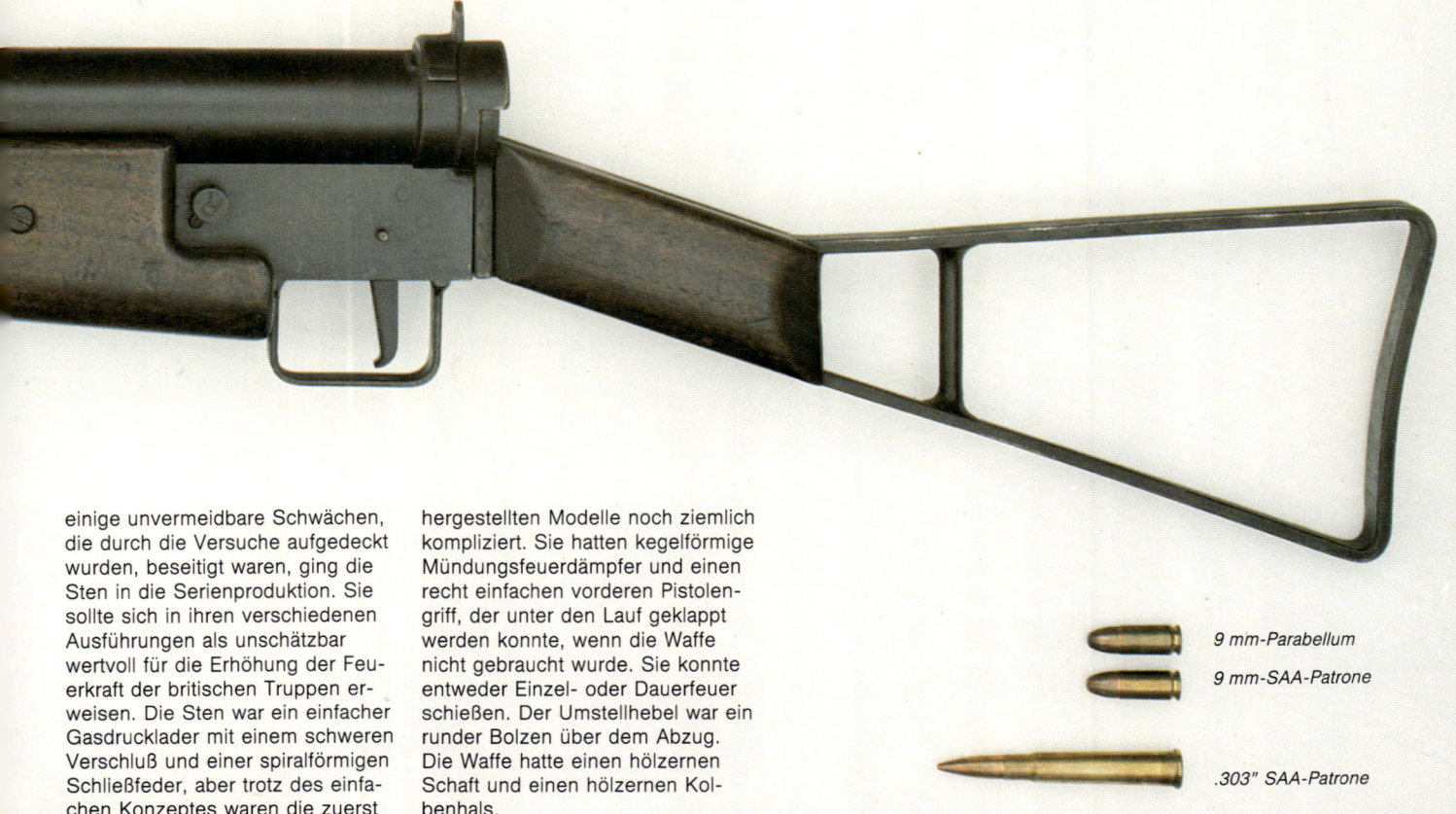

einige unvermeidbare Schwächen, die durch die Versuche aufgedeckt wurden, beseitigt waren, ging die Sten in die Serienproduktion. Sie sollte sich in ihren verschiedenen Ausführungen als unschätzbar wertvoll für die Erhöhung der Feuerkraft der britischen Truppen erweisen. Die Sten war ein einfacher Gasdrucklader mit einem schweren Verschluß und einer spiralförmigen Schließfeder, aber trotz des einfachen Konzeptes waren die zuerst hergestellten Modelle noch ziemlich kompliziert. Sie hatten kegelförmige Mündungsfeuerdämpfer und einen recht einfachen vorderen Pistolengriff, der unter den Lauf geklappt werden konnte, wenn die Waffe nicht gebraucht wurde. Sie konnte entweder Einzel- oder Dauerfeuer schießen. Der Umstellhebel war ein runder Bolzen über dem Abzug. Die Waffe hatte einen hölzernen Schaft und einen hölzernen Kolbenhals.

9 mm-Parabellum

9 mm-SAA-Patrone

.303" SAA-Patrone

STEN GUN MARK 2

Länge: 762 mm
Gewicht: 3 kg
Lauf: 197 mm
Kaliber: 9 mm
Züge: 6/2, Rechtsdrall
Patronenzuführung: 32-Schuß Stangenmagazin
Kadenz: 550 Schuß/Min.
Anfangsgeschwindigkeit: 365 m/s
Visier: Feststehend

Gegen Ende 1941 kam eine veränderte Ausführung der Sten Mark 1 in Form der Mark 2 auf. Sie war die erste einer langen Reihe von Änderungen in der allgemeinen Konstruktion der Waffe. Die Mark 2 war im Prinzip eine etwas verkleinerte Ausführung der Mark 1, vor allem, um die Produktion zu vereinfachen. Die britische Waffenindustrie war immer stolz auf die gute Verarbeitung und die Wirksamkeit ihrer Waffen gewesen. Man sah sehr auf die Tradition gut verarbeiteten und brünierten Metalls in Verbindung mit poliertem Nußbaumholz. Aber jetzt

kämpfte Großbritannien buchstäblich um seine Existenz und war deshalb zu dem unvermeidbaren Schluß gekommen, daß in Notfällen das Äußere nicht von Bedeutung sei, sondern nur die Wirksamkeit, was zu einer langjährigen «Mode» in der MP-Herstellung führte. Das Resultat war die Sten Mark 2, die häßlichste Waffe, die je von der britischen Armee verwendet wurde. Sie sah billig aus, weil sie billig war, mit ihren großen unbearbeiteten Kloben rohen Metalls, die ihr ein Aussehen von Schrott verliehen. Sie hatte die Neigung, auseinan-

STEN GUN MARK 2 (ZWEITE AUSFÜHRUNG)

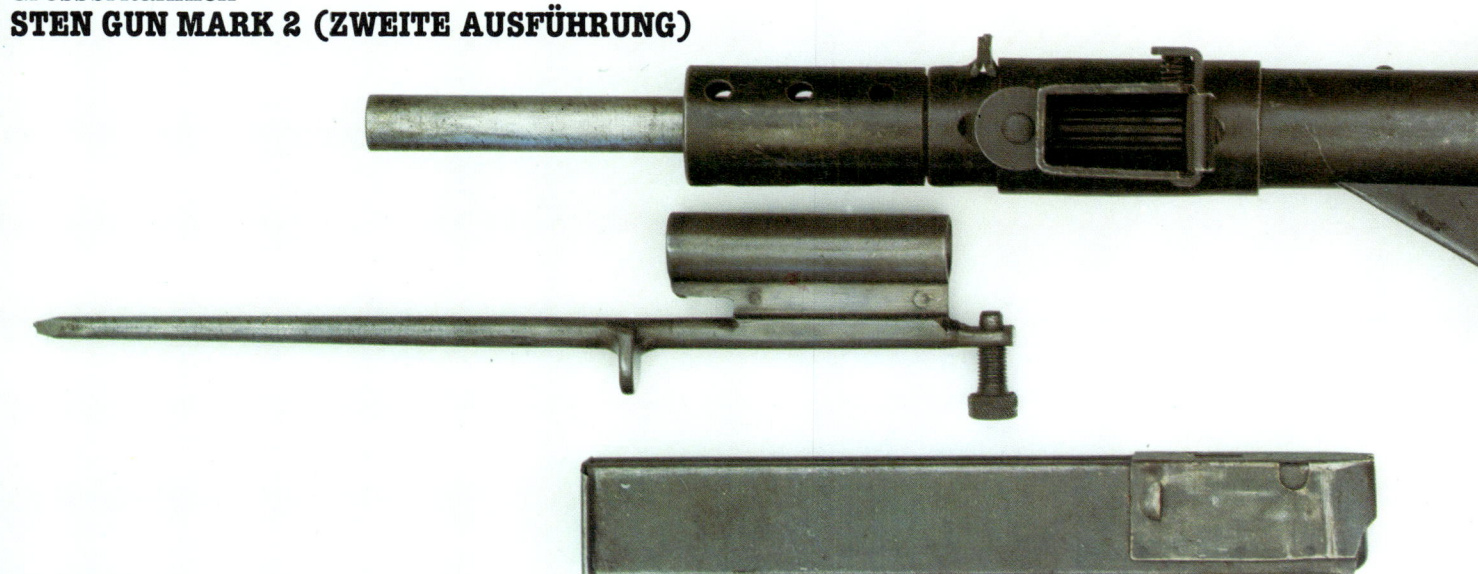

Länge: 762 mm
Gewicht: 3 kg
Lauf: 197 mm
Kaliber: 9 mm
Züge: 2 oder 5, Rechtsdrall
Patronenzuführung: 32-Schuß Stangenmagazin
Kadenz: 500 Schuß/Min.
Anfangsgeschwindigkeit: 365 m/s
Visier: Feststehend

Die britischen und Kolonialtruppen schienen einen unstillbaren Appetit auf Sten-MPs zu haben. Anfang 1942 waren über 100 000 Stück der frühen Ausführungen hergestellt, und der Bedarf ließ immer noch nicht nach. Neben den unvermeidbaren Verlusten und Beschädigungen im Gefecht wurden immer mehr Truppen aufgestellt und ausgebildet, und als die Aussicht auf eine Invasion in Nordwest-Europa mit der Wahrscheinlichkeit umfang-

reicher Straßenkämpfe in Städten und Dörfern näherkam, stieg der Bedarf an Maschinenpistolen weiterhin. Neben den regulären Armeen kam auch ein wachsender Bedarf an leichten, leicht versteckbaren automatischen Waffen von den verschiedenen Widerstandsbewegungen im besetzten Europa, so daß die Produktion entsprechend erhöht werden mußte. Außerdem brauchte man natürlich auch andere Waffen, so daß kein Vorrang gege-

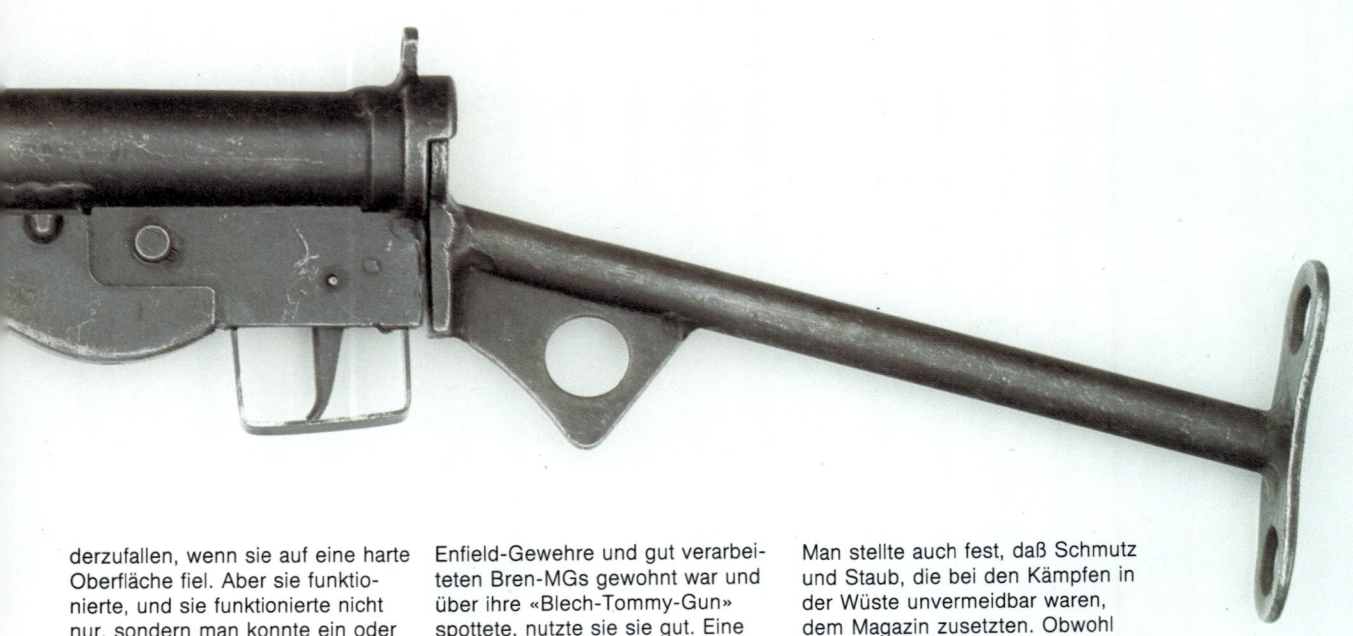

derzufallen, wenn sie auf eine harte Oberfläche fiel. Aber sie funktionierte, und sie funktionierte nicht nur, sondern man konnte ein oder zwei Verbesserungen improvisieren. Vor allem wurde die Magazinhalterung auf einer drehbaren, von einer Feder gehaltenen Manschette befestigt, so daß sie im Gefecht um 90 Grad gedreht werden konnte und als Staubkappe für die Auswerföffnung diente. Dies war eine gute Verbesserung zu einer Zeit, in der die britische Armee in Nordafrika kämpfte. Obwohl die britische Armee die hohe Qualität ihrer Lee-

Enfield-Gewehre und gut verarbeiteten Bren-MGs gewohnt war und über ihre «Blech-Tommy-Gun» spottete, nutzte sie sie gut. Eine der andauerndsten Schwächen der Sten aus der Kriegsproduktion war die relativ schlechte Qualität des Magazins, obwohl man sich aufgrund der Umstände der hastigen Produktion mit schlechtem Metall darüber nicht besonders zu wundern braucht. Insbesondere die Magazinlippen waren anfällig für Beschädigungen, was sich auf die Patronenzuführung auswirkte und zu andauernden Hemmungen führte.

Man stellte auch fest, daß Schmutz und Staub, die bei den Kämpfen in der Wüste unvermeidbar waren, dem Magazin zusetzten. Obwohl dies durch peinliche Sauberkeit vermieden werden konnte, wurde das Problem bei dieser Waffe nie gelöst. Trotz ihrer Nachteile war die Mark 2 eine bedeutende Waffe.

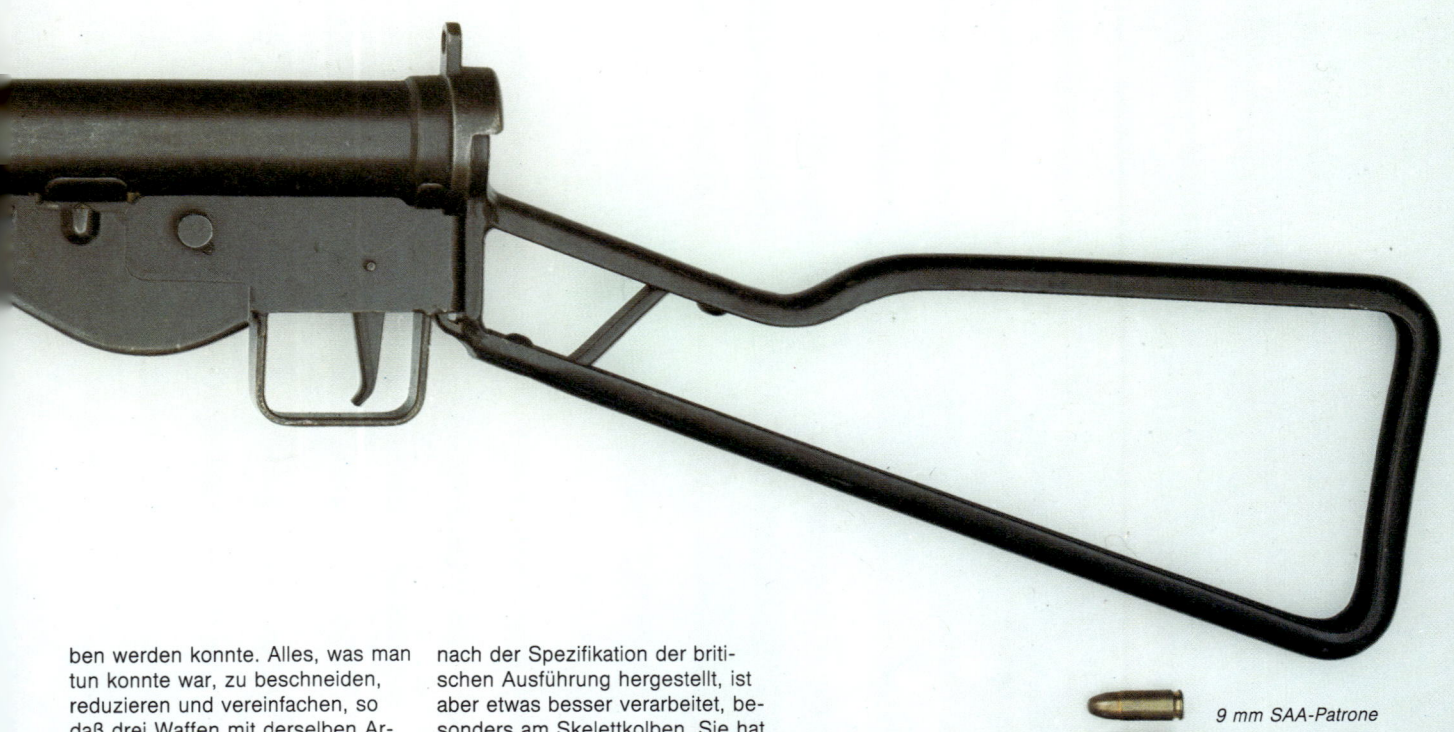

9 mm SAA-Patrone

9 mm SAA-Patrone

.303" SAA-Patrone

ben werden konnte. Alles, was man tun konnte war, zu beschneiden, reduzieren und vereinfachen, so daß drei Waffen mit derselben Arbeit und wenig mehr Material hergestellt werden konnten, aus denen zuvor nur zwei gemacht worden waren. Einige der Dominions, insbesondere Kanada, waren sehr hilfreich, und die abgebildete Waffe ist eine Ausführung, die in Kanada in der bekannten Waffenfabrik Long Branch gebaut wurde. Sie wurde

nach der Spezifikation der britischen Ausführung hergestellt, ist aber etwas besser verarbeitet, besonders am Skelettkolben. Sie hat auch ein Bajonett, dessen Einzelheiten auf der Abbildung klar zu erkennen sind. Es gibt heute nur noch sehr wenige dieser Waffen. Dieser Typ wurde erstmals bei dem unglückseligen Angriff auf Dieppe am 19. August 1942 im Gefecht eingesetzt, bei dem die kanadische Armee tapfer kämpfte.

Grossbritannien
STEN GUN MARK 6 (S)

Gewicht: 4,45 kg
Lauf: 198 mm
Kaliber: 9 mm
Züge: 6, Rechtsdrall
Patronenzuführung: 32-Schuß Stangenmagazin
Kadenz: 550 Schuß/Min.
Mündungsgeschwindigkeit: 305 m/s
Länge (mit Schalldämpfer): 908 mm
Visier: Feststehend

Die Sten-MP Mark 2, die bereits beschrieben wurde, stellt wahrscheinlich den tiefsten Punkt in der Geschichte dieser Waffe dar. Nach ihr begann die Qualität wieder besser zu werden. Praktisch alle Bestandteile wurden noch in kleinen Fabriken und Werkstätten produziert, die keine Erfahrung in der Waffenherstellung hatten. Wahrscheinlich aufgrund der gesammelten Erfahrungen wurde die allgemeine Verarbeitung dennoch bes-

ser als in der ersten Zeit. Es gab eine Mark 3 (die der Mark 2 sehr ähnelte und in großen Stückzahlen hergestellt wurde), und ihr folgte eine Mark 4, die nie in die Serienproduktion ging. Der Mark 4 wiederum folgte die wahrscheinlich beste Sten-MP, die Mark 5, die von 1944 bis spät in die fünfziger Jahre eingesetzt war. Obwohl sie ihren Vorgängern ähnelte, war sie von robusterer Konstruktion. Sie hatte einen Holzkolben (einige mit Mes-

singkolbenplatten) und einen Pistolengriff. Die Waffe konnte das Standard-Bajonett aufnehmen. Zuvor wurden Experimente mit einer schallgedämpften Sten-MP Mark 6 durchgeführt, die so erfolgreich war, daß sie die Bewunderung von Oberst Skorzeny auf sich zog, dem berühmten Deutschen, der Mussolini rettete. 1944 wurde beschlossen, daß eine Waffe dieser Art wieder erforderlich war. Der Standard-Schalldämpfer Mark 2 wurde der

Australien
OWEN MASCHINEN-KARABINER

Länge: 813 mm
Gewicht: 4,24 kg
Lauf: 250 mm
Kaliber: 9 mm
Züge: 7, Rechtsdrall
Patronenzuführung: 32-Schuß Stangenmagazin
Kadenz: 700 Schuß/Min.
Anfangsgeschwindigkeit: 420 m/s
Visier: Feststehend, versetzt

Als Japan auf der Seite der Achsenmächte in den Zweiten Weltkrieg eintrat, sah sich Australien in einer sehr prekären Lage. Der größte Teil seiner kleinen Armee war im Mittleren Osten eingesetzt, und sein großes und dünnbesiedeltes Gebiet machte es zu einem attraktiven Ziel für eine kriegerische Rasse, die nach Lebensraum such-

te. Wenn auch eine alteingeführte Waffenfabrik in Lithgow existierte, war Australien damals noch nicht sehr industrialisiert. Aber die harte Notwendigkeit verlangte, daß es Waffen herstellte. Eines der ersten Erzeugnisse war eine australische Sten, die als Austen bekannt wurde. Diese Waffe, die keineswegs schlecht war, war bei der australi-

Mark 5 angepaßt, die daraufhin Mark 6 (S) genannt wurde. Die Anfangsgeschwindigkeit des Geschosses der Mark 5 war schneller als der Schall, was eine Reihe von Problemen mit dem Überschallknall brachte. Nachdem man den Lauf mit Löchern versehen hatte, durch die Gas entweichen konnte, wurde die Anfangsgeschwindigkeit auf den erforderlichen Wert reduziert. Der Schalldämpfer wurde sehr schnell heiß, deshalb wurde er mit einem Segeltuchschutz überzogen. Es war außer in äußersten Notfällen nicht ratsam, Feuerstöße durch den Schalldämpfer abzugeben. Die Sten-MP Mark 6 wurde hauptsächlich von Luftlandetruppen und Widerstandskämpfern im Zweiten Weltkrieg und später noch bis 1953 eingesetzt.

schen Armee nie beliebt. Die erste im Lande hergestellte Maschinenpistole war eine Arbeit von Leutnant E. Owen, einem australischen Offizier. Sie wurde 1941 eingeführt und sofort in die Produktion gegeben. Es war eine sauber gearbeitete Waffe, wenn sie auch etwas schwer war. Bei der Truppe war sie sofort beliebt. Ihre Konstruktion war orthodox. Der Schwerpunkt lag unmittelbar über dem Pistolengriff, so daß sie notfalls mit einer Hand abgeschossen werden konnte. Das Magazin stand senkrecht über der Waffe, und wenn dies auch eine versetzte Visiereinrichtung erforderte, so war es doch praktisch, weil man mit der Waffe besser in Deckung bleiben konnte. Nach 1943 waren alle Owens getarnt, und 1944 wurde eine Bajonetthalterung eingeführt. Die Owen war eine gute Waffe und wurde noch in den sechziger Jahren verwendet.

9 mm-SAA-Patrone

9 mm-Parabellum

.303" SAA-Patrone

121

DE LISLE SILENT CARBINE

Länge: 889 mm
Gewicht: 3,18 kg
Lauf: 228 mm
Kaliber: .45″
Züge: 7, Linksdrall
Patronenzuführung: 10-Schuß Magazin
Betrieb: Repetierzuführung
Anfangsgeschwindigkeit: 266 m/s
Visier: 549 m

Der de Lisle Karabiner ist eine Zwitterwaffe. Er wurde ursprünglich im Zweiten Weltkrieg in kleiner Zahl hergestellt, als eine Anzahl von Spezialtruppen eine Vielfalt von unorthodoxen Spezialwaffen benötigte. Der Karabiner, der in der Royal Small Arms Factory in England hergestellt wurde, war eine geänderte Ausführung des Short Magazine Lee Enfield-Gewehrs. Er konnte eine randlose Pistolenpatrone verschießen. Deshalb wurde der Verschluß verkürzt und die Kammer entsprechend nach hinten verlängert, was auf der Fotografie am vorderen Ende des Gehäuses zu sehen ist. Der neue, kurze Lauf im Kaliber .45″ wurde eingeschraubt

und eine neue Magazinöffnung daruntergesetzt. Der Rest der Waffe bestand aus einer 38,1 cm langen Metallröhre im Durchmesser von 44,4 mm. Sie enthielt den Schalldämpfer, der der bei weitem interessanteste Teil der Waffe war. Das Gehäuse der oberen Waffe ist geöffnet, um ihr Inneres zu zeigen. Der Schalldämpfer bestand im wesentlichen aus zehn Metallscheiben, die genau in den Durchmesser des Außengehäuses paßten. Diese Scheiben hatten in der Mitte Löcher von etwa 13 mm Durchmesser und auf jeder Seite ein kleineres Loch. Jede Scheibe war in einem Radius aufgeschnitten. Die Stücke auf jeder Seite des Schnit-

tes wurden dann auseinandergezogen, so daß, wenn die Scheiben entlang zwei parallelen Stangen auf jeder Seite des Laufes etwa 19 mm auseinander gezogen wurden, sie eine fortlaufende archimedische Schraube bildeten. Das vordere Ende des Gehäuses war durch einen runden Stopfen verschlossen, der ein Loch für das Geschoß aufwies und durch zwei kleine Schrauben, die die vorderen Enden der Schalldämpferstangen hielten. Da das verwendete Geschoß nie die Schallgeschwindigkeit überschritt und deshalb kein Überschallknall auftrat, arbeitete diese Schalldämpfung sehr gut. Das Geräusch des Schusses war schon wenige Meter

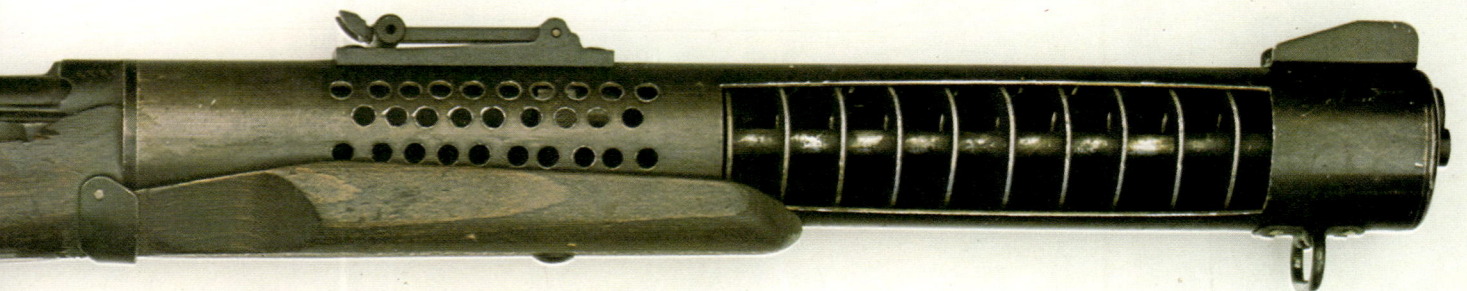

De Lisle Silent Carbine (Schnittabbildung)

De Lisle Silent Carbine (mit umklappbarem Kolben)

.45" ACP

.45" ACP

.303" SAA-Patrone

entfernt nicht mehr zu hören. Die Reihe von Löchern, die das Geschoß passierte, mußte natürlich so klein wie möglich sein, und die Untersuchung verschiedener Karabiner zeigte, daß die Bleche manchmal etwas verzogen waren, wahrscheinlich von den Geschossen, die zur Seite abkamen. Der Karabiner hatte eine Tangentenkimme und schoß auf etwa 300 m sehr genau, was auf die zusätzliche Kraft hinweist, die eine Pistolenpatrone durch einen relativ langen Lauf und einen fest verriegelten Verschluß erhält. Es gab verschiedene geringfügige Unterschiede bei verschiedenen Mustern des Karabiners, vor allem hinsichtlich des Kolbens.

Viele hatten den normalen Nußbaumgewehrkolben. Andere, wie zum Beispiel die unten abgebildete Waffe, hatten umklappbare Metallkolben in Verbindung mit einem hölzernen Pistolengriff. Einige Ausführungen hatten auch Kühllöcher in dem Gehäuse unterhalb der Kimme, andere nicht. Es gibt nur wenige Einsatzfälle für schallgedämpfte leichte Waffen im Krieg, da es ja sehr viel anderen unvermeidlichen Lärm gibt, so daß Schüsse kaum auffallen. Gelegentlich können schallgedämpfte Waffen aber von Nutzen sein. Ein schallgedämpftes Gewehr für Scharfschützen könnte zum Beispiel sehr nützlich sein, obwohl die Schalldämp-

fung bei einer Waffe mit Hochgeschwindigkeitsgeschossen viele Probleme in sich birgt. Der de Lisle Karabiner wurde hauptsächlich zur Erledigung von Wachen eingesetzt, die aus verschiedenen Gründen nicht auf andere Weise bekämpft werden konnten, und hierbei bewährte er sich. Während der Aufstände in Malaya von 1948 bis 1960 wurde er ebenfalls eingesetzt. Man könnte sagen, daß streng genommen der de Lisle Karabiner nicht in diesen Abschnitt gehört, aber wenn er auch keine automatische Waffe ist, so scheint dies doch ein passender Platz für eine Waffe, die eigentlich eine eigene Kategorie darstellt.

Grossbritannien
BSA EXPERIMENTAL 1949

Länge: 697 mm
Gewicht: 2,9 kg
Lauf: 203 mm
Kaliber: 9 mm
Züge: 6, Rechtsdrall
Patronenzuführung: 32-Schuß Stangenmagazin
Kadenz: 600 Schuß/Min.
Anfangsgeschwindigkeit: 365 m/s
Visier: 91,5/183 m

Die am meisten eingesetzte britische Maschinenpistole während des Zweiten Weltkrieges war die berühmte Sten, die zwar überhastet konstruiert und nur roh gearbeitet war, aber dennoch gute Dienste leistete. Sie war jedoch ein Notbehelf im Kriege, und bevor der Krieg vorüber war, war eine Spezifikation des Generalstabes für eine Nachkriegspistole herausgekommen. In dieser Grundanforderung wurde festgelegt, daß sie maximal 2,72 kg

Grossbritannien
MCEM 2

Länge: 598 mm
Gewicht: 2,72 kg
Lauf: 216 mm
Kaliber: 9 mm
Züge: 6, Rechtsdrall
Patronenzuführung: 18-Schuß Stangenmagazin
Kadenz: 1000 Schuß/Min.
Anfangsgeschwindigkeit: 365 m/s
Visier: Feststehend

Obwohl die Sten-MP Großbritannien in der Zeit von 1941 bis 1945 gute Dienste geleistet hatte, war sie nicht von der Qualität, die für die Zeit nach dem Krieg gefordert wurde. Nachdem der Krieg vorüber war, begann die Suche nach einer geeigneten Nachfolgewaffe. Es wurde beträchtliche Entwicklungsarbeit geleistet, sowohl von den britischen Ingenieuren wie von verschiedenen polnischen Experten, so daß ausreichend Bewerber vorhanden waren. Die von Enfield entwickelte Serie erhielt die kollektive Bezeichnung Military Carbine Experimental Models (MCEM) (Militär-Karabiner-Versuchsmodell). Die verschiedenen Typen wurden durch eine Seriennummer gekennzeichnet. Interessanterweise erhielt die erste Nummer die Arbeit von H. J. Turpin, der an der Entwicklung der ursprünglichen Sten-MP mitgearbeitet hatte. Die abgebildete Waffe, die MCEM 2, war die Arbeit eines seiner Rivalen, eines polnischen Offiziers namens Leutnant Podsenkowsky, die in vieler Hinsicht eine ungewöhnliche Waffe ist. Sie war kürzer als 38 cm, und ihr Magazin paßte in den Pistolengriff. Sie hatte

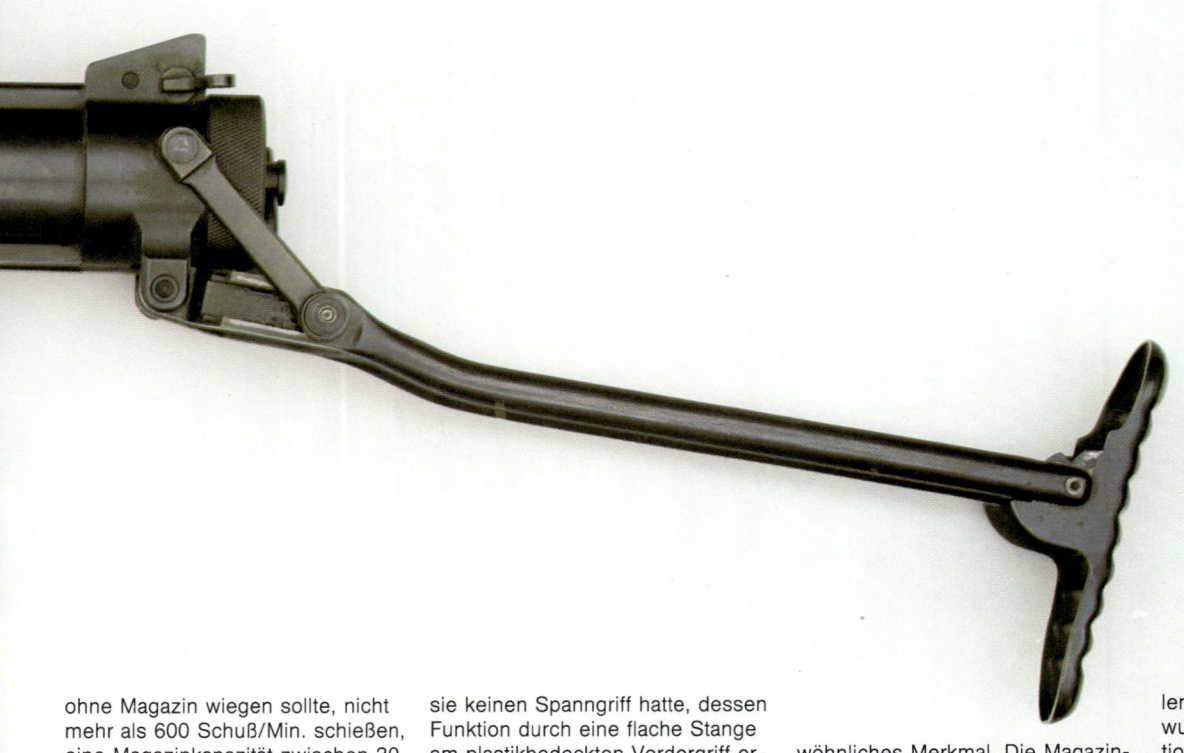

ohne Magazin wiegen sollte, nicht mehr als 600 Schuß/Min. schießen, eine Magazinkapazität zwischen 30 und 60 Schuß haben und das Gewehrbajonett Nr. 5 aufnehmen können sollte. Zwischen 1947 und 1952 wurde eine Reihe von Erprobungen durchgeführt, an denen eine Anzahl von Waffen teilnahmen, darunter die abgebildete Waffe der Birmingham Small Arms Company. Sie war ein konventioneller Gasdrucklader. Ungewöhnlich war, daß

sie keinen Spanngriff hatte, dessen Funktion durch eine flache Stange am plastikbedeckten Vordergriff erfüllt wurde. Wenn der Griff gedreht und vorwärts gestoßen wurde, nahm er die Stange mit, und deren Ende erfaßte den Verschluß, der dann in vorderer Stellung war. Wenn der Griff zurückgezogen wurde, zwang die Stange auch den Verschluß zurück, bis er eingeklinkt war und sich von der Stange löste. Die Waffe hatte ein weiteres, unge-

wöhnliches Merkmal. Die Magazinhalterung konnte ohne Entfernen des Magazins gelöst und an einem Scharnier nach vorn gedreht werden, was die Behebung von Ladehemmungen erleichtern sollte. Die MP hatte einen stabilen, umklappbaren Kolben, der auch in vorderer Stellung das Schießen nicht beeinträchtigte. Der Umstellhebel befand sich an der linken Seite des Pisto-

lengriffes. Im Verlaufe der Jahre wurde die ursprüngliche Konstruktion einer Anzahl von Änderungen unterzogen. Die erste Ausführung hatte ein gerades Magazin, später kamen gekrümmte wie das abgebildete auf, und aufgrund einer Änderung der Spezifikation erhielt sie eine Bajonetthalterung. Auch die Form des vorderen Griffes wurde geändert. Die Waffe wurde nicht bei der Truppe eingeführt, und es gibt heute nur noch wenige Stücke.

auch einen gut liegenden Schwerpunkt, so daß sie wie eine automatische Pistole mit einer Hand bedient werden konnte. Der Verschluß war eine fortgeschrittene Konstruktion, die aus einem 216 mm langen Halbzylinder mit dem Schlagbolzen am hinteren Ende bestand, so daß im Moment der Zündung fast der ganze Lauf innerhalb des Verschlusses lag. Oberhalb der

Mündung war eine Aussparung, in die der Schütze seinen Finger legte, um den Verschluß zum Spannen zurückzuziehen. Die Waffe hatte eine Segeltuchpistolentasche mit Drahtrahmen, die auch als Kolben eingesetzt werden konnte. Sie hatte eine Feuergeschwindigkeit von 1000 Schuß/Min., wodurch sie sehr unstabil wurde, was wahrscheinlich zu ihrer Zurückweisung führte.

9 mm SAA-Patrone

9 mm SAA-Patrone

.303" SAA-Patrone

Grossbritannien
STERLING L2A3

Länge: 800 mm
Gewicht: 2,75 kg
Lauf: 198 mm
Kaliber: 9 mm
Züge: 6, Rechtsdrall
Patronenzuführung: 30-Schuß
Stangenmagazin
Kadenz: 550 Schuß/Min.
Anfangsgeschwindigkeit: 365 m/s
Visier: 91,5 und 183 mm

Australien
F 1 MASCHINENPISTOLE

Länge: 925 mm
Gewicht: 3,266 kg
Lauf: 203 mm
Klaiber: 9 mm
Züge: 6, Rechtsdrall
Patronenzuführung: 34-Schuß
Stangenmagazin
Kadenz: 600 Schuß/Min.
Anfangsgeschwindigkeit: 365 m/s
Visier: Feststehend

Die Standard-Maschinenpistole der australischen Streitkräfte im Zweiten Weltkrieg war die zuverlässige und bewährte Owen-MP, die bis 1962 im Einsatz blieb. Trotz ihres ausgezeichneten Rufes hatte die Owen gewisse Nachteile, vor allem ihr hohes Gewicht, ihre ziemlich hohe Feuergeschwindigkeit und die Tatsache, daß aufgrund der Notlösungen der Kriegsproduktion viele ihrer Teile nicht austauschbar waren, was die Wartung erschwerte. Noch vor Kriegsende befragten die Australier viele kampferprobte Soldaten, wie nach ihrer Meinung eine ideale Maschinenpistole aussehen sollte, so daß sie genügend Informationen hatten, aufgrund derer eine Ausschreibung für eine neue Waffe erstellt wurde. Die erste Waffe, die auf diesen Gedanken basierte, glich der Owen in vieler Hinsicht, aber sie war viel leichter und hatte das Magazin im Pistolengriff. Dieses Modell war jedoch kein Erfolg und wurde nicht weiterentwickelt. 1959 und 1960 wurden zwei weitere Modelle hergestellt. Sie hatten die provisorische Bezeichnung X1 und X2, und nach kleineren Änderungen wurde daraus die abgebildete Waffe, die F1. Sie entsprach im wesentlichen der ur-

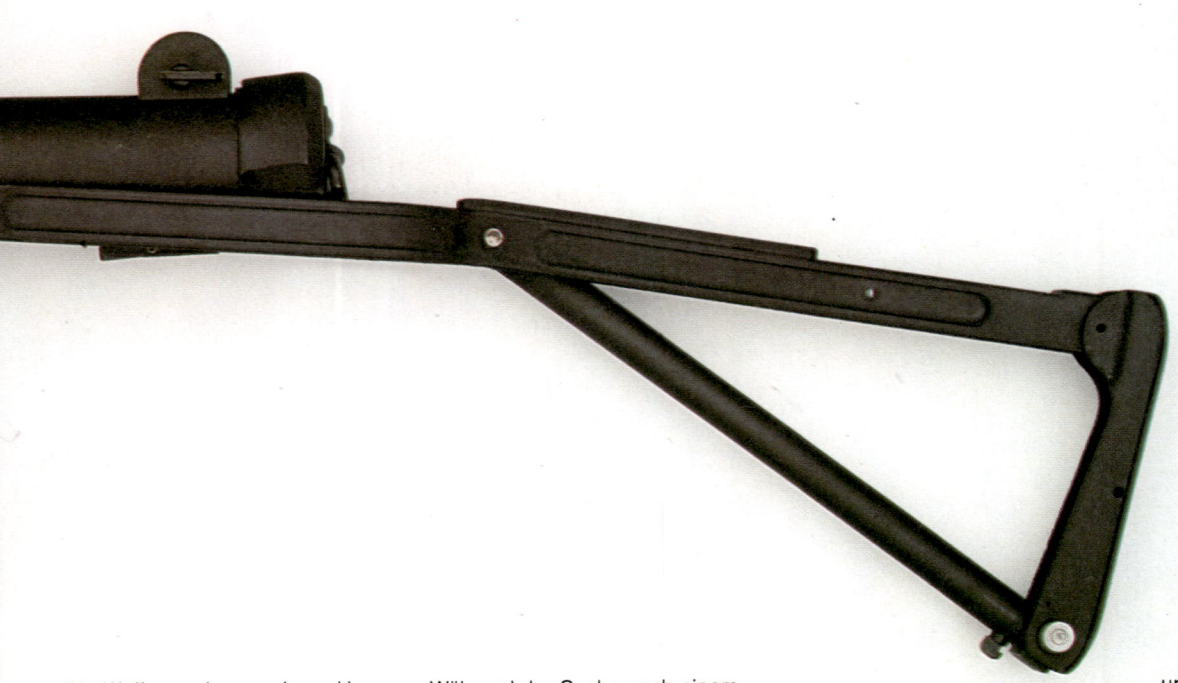

Die Waffe wurde von einem Herrn George Patchett konstruiert und zuerst unter dem Namen Patchett-MP bekannt. Das Patent wurde 1942 erteilt. Bis Kriegsende war bei der Sterling Engineering Company, die zuvor an der Produktion der Lanchester beteiligt gewesen war, eine kleine Anzahl hergestellt worden. Einige dieser frühen MPs wurden gegen Kriegsende von britischen Luftlandetruppen verwendet, und deren Berichte waren sehr positiv.

Während der Suche nach einem Ersatz für die Sten wurde diese Waffe 1947 mit einigen anderen erprobt. Von diesen MPs wurde jedoch keine akzeptiert, da alle als verbesserungsbedürftig angesehen wurden. Zur Zeit der nächsten Versuche im Jahre 1951 war die Patchett, wie sie dann genannt wurde, die beste der verfügbaren MPs, und im September 1953 wurde sie schließlich für die britische Armee akzeptiert. Ihre offizielle Bezeich-

nung war SMG L2A1, aber seit ihrer Einführung wurde sie allgemein Sterling genannt. Die Waffe, die gut verarbeitet ist, arbeitet nach dem normalen Gasdruckprinzip. Ungewöhnlich an ihr ist, daß sie einen geriffelten Verschluß hat, der Schmutz und Pulverrückstände abreibt und aus dem Gehäuse drängt. Dadurch arbeitet diese Waffe auch

unter den schlechtesten Bedingungen gut. Die MP erlebte seit ihrer Einführung eine Reihe von Änderungen. So wurde vor allem ein Kornschutz angebracht, die Form der Mündung und des Kolbens änderte sich mehrmals, und eine leichte Ausführung erhielt ein gefedertes Magazin. Die derzeitige Ausführung ist die L2A3, auf der auch die kanadische MP basiert. Auch bei einigen anderen Ländern ist sie in Verwendung.

sprünglichen Spezifikation. Sie ist leicht und hat eine viel geringere Feuergeschwindigkeit als ihr Vorgänger. Das Magazin befindet sich ebenso wie bei der Owen auf der Oberseite, was allgemein beliebt war, wenn es auch eine versetzte Visiereinrichtung erforderte. Die Kimme ist eine Metallklappe, die nach vorn gelegt werden kann, wenn sie nicht benötigt wird. Die Kimme muß so hoch sein, weil der Kolben eine Verlängerung des Laufes ist. Dadurch schießt die Waffe sehr genau, was aber eine hohe Vi-

sierlinie bedingt. An dem Spanngriff an der linken Seite des Gehäuses hat sie eine Abdeckung, so daß kein Schmutz in den Spannschlitz gelangt. Der Spanngriff bewegt sich normalerweise nicht, aber die F1 hat eine Vorrichtung, mit der er am Verschluß befestigt werden kann. Dadurch kann der Verschluß vor- und zurückbewegt werden, so daß die Waffe wieder funktionsfähig gemacht werden kann, wenn die Verschmutzung zu einer Ladehemmung führt. Der Pistolengriff ist ein Standartgewehrbestandteil.

9 mm SAA-Patrone

9 mm Parabellum

.303" SAA-Patrone

Finnland
SUOMI MODELL 1931

Länge: 870 mm
Gewicht: 4,69 kg
Lauf: 317 mm
Kaliber: 9 mm
Züge: 6, Rechtsdrall
Patronenzuführung: siehe Text
Kadenz: 900 Schuß/Min.
Anfangsgeschwindigkeit: 400 m/s
Visier: 100–500 m

Suomi bedeutet auf Finnisch Finnland. Die erste Waffe dieser Reihe, die diesen Namen trug, wurde ab 1922 entwickelt, so daß sie eine der frühesten Maschinenpistolen war. Sie wurde von dem bekannten finnischen Konstrukteur Johannes Lahti entwickelt. Die ersten Modelle erschienen 1926. Sie waren sehr wirksame, aber auch komplizierte Waffen, die die 7,62 mm-Parabellumpatrone verschossen. Sie hatten ein Magazin mit einer so starken Krümmung, daß drei aneinandergelegte Magazine einen Vollkreis bil-

Italien
TZ 45

Länge: 851 mm
Gewicht: 3,26 kg
Lauf: 229 mm
Kaliber: 9 mm
Züge: 6, Rechtsdrall
Patronenzuführung: 20/40-Schuß Stangenmagazin
Kadenz: 550 Schuß/Min.
Anfangsgeschwindigkeit: 365 m/s
Visier: Feststehend

Von der bekannten Firma Beretta in Brescia sind so viele italienische Maschinenpistolen hergestellt worden, daß es etwas überrascht, daß es noch eine italienische Maschinenpistole von einer anderen Firma gibt. Der Zweite Weltkrieg brachte jedoch eine beträchtliche Vielfalt anderer Waffen, unter ihnen auch die TZ 45. Sie wurde von den Gebrüdern Giandoso als Notlösung in der Kriegszeit entwickelt und ging 1945 in die Vorserienfertigung. Diese neue Waffe, die nach dem Gasdruckprinzip arbeitete, war sehr grob hergestellt und verarbeitet,

zum Teil aus roh fabrizierten Teilen und zum Teil aus Stanzteilen. Angesichts der Zeit ihrer Herstellung ist dies nicht erstaunlich, denn damals war die Qualität der Waffen der meisten anderen Länder entsprechend. Eines der interessanten Merkmale dieser Waffe ist, daß sie eine Sicherung am Griff hat. Sie besteht aus einem L-förmigen Hebel hinter dem Magazingehäuse (das auch als vorderer Handgriff dient). Durch einen festen Druck auf den senkrechten Teil des Hebels (der auf dem Bild klar zu sehen ist) kann man den waagerech-

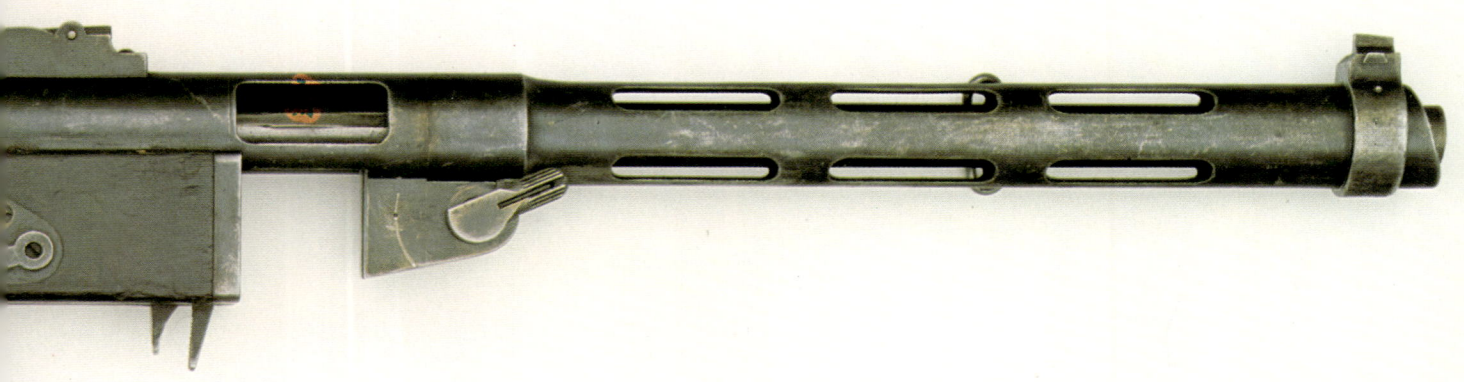

deten. Diese Waffe wurde nur in sehr kleinen Stückzahlen hergestellt, und so ist sie nur von Interesse, weil sie die erste einer Reihe war. Auch das abgebildete Modell wurde von Lahti konstruiert. Obwohl es einige Merkmale des Modells 26 behielt, wurden so viele Änderungen durchgeführt, daß es eigentlich eine neue Waffe ist. Zwar wurden die Patente erst 1932 erteilt, aber die Waffe war schon im Jahr zuvor bei der finnischen Armee im Einsatz, so daß sie die Bezeichnung Modell 31 trägt. Sie ar-

beitete im Gasdruckbetrieb und hatte nicht weniger als vier verschiedene Magazine, ein einfaches 20-Schuß Stangenmagazin, ein 50-Schuß-Doppelkastenmagazin, und zwei Trommelmagazine, eines mit 40 und eines mit 71 Schuß. Wie die meisten Maschinenpistolen ihrer Zeit war sie aus gutem Stahl sehr sauber hergestellt, in bester Verarbeitung und von ungewöhnlich guter Oberflächenbearbeitung. Das Produkt war deshalb eine außergewöhnlich zuverlässige und robuste Waffe, und obwohl sie nach moder-

ner Auffassung sehr schwer war (mit dem größeren Trommelmagazin wog sie über 7,5 kg) hatte dies zumindest den Vorteil, daß Rückstoß und Vibration verringert wurden, wodurch sich die Schußgenauigkeit erhöhte, für die diese Waffe berühmt war. Sie wurde in Lizenz in Schweden, Dänemark und der Schweiz hergestellt, und neben Finnland wurde sie auch von Schweden, der Schweiz und Norwegen und im geringen Umfang auch von Polen eingesetzt. Noch heute sind viele Einheiten der finni-

schen Armee mit dieser Waffe ausgerüstet. Allerdings sind alle verbliebenen MPs so geändert worden, daß sie ein modernes 36-Schuß Stangenmagazin aufnehmen können. Ende 1939 fielen die Russen in Finnland ein, nachdem es ihnen nicht gelungen war, die Finnen zu veranlassen, zur Erhöhung der sowjetischen Sicherheit gewisse Grenzveränderungen zu akzeptieren. Die Finnen kämpften tapfer und setzten auch die Suomi mit Erfolg ein.

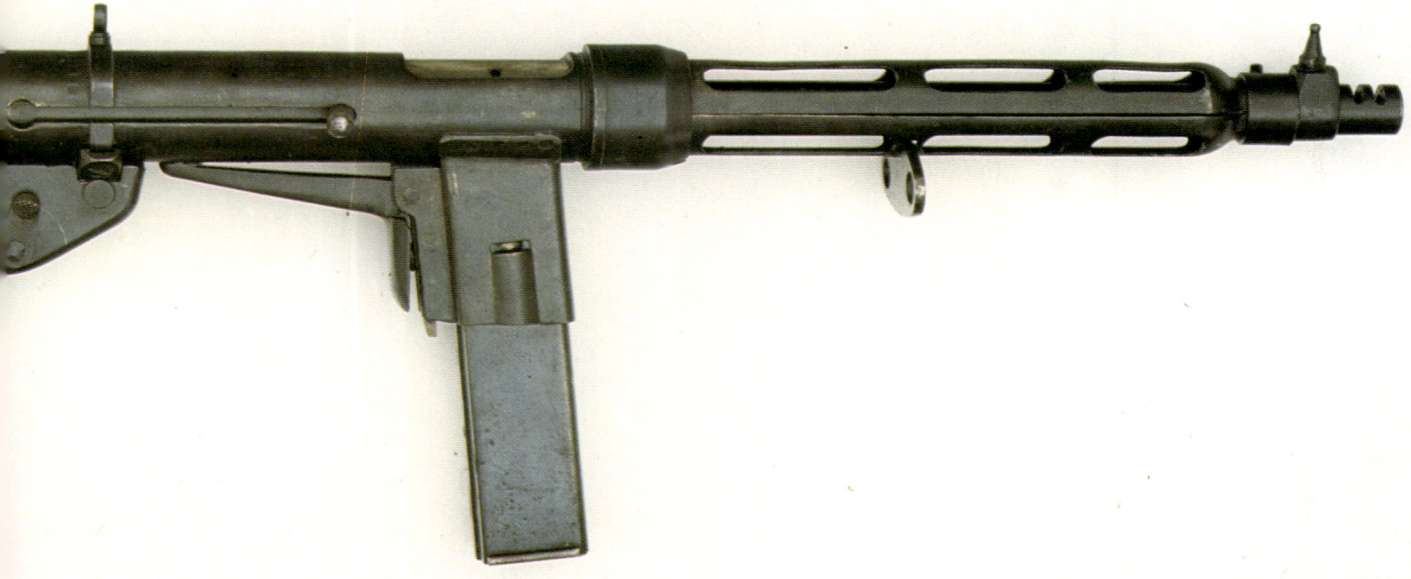

ten Arm ausreichend niederdrükken, so daß ein Bolzen aus dem Verschlußlager gezogen wird und die beweglichen Teile arbeiten können. Diese Vorrichtung ähnelt derjenigen einiger Modelle der dänischen Madsen-Maschinenpistole. Sie war sehr nützlich, aber natürlich konnte man dadurch mit der Waffe nicht mit einer Hand schießen. Die TZ 45 hatte einen einschiebbaren Kolben, der aus leichtem Rohr bestand. Wenn er nach vorn gestoßen wurde, rasteten die vorderen Enden in Löchern in einer Platte unterhalb des Laufes etwa 153 mm hinter der

Mündung ein. Obwohl dies bei der Konstruktion nicht so geplant worden war, diente diese Platte wahrscheinlich auch als Halterung, wenn die Waffe in ein Panzerfahrzeug eingesetzt wurde, so daß sie nicht durch einen plötzlichen Stoß in das Fahrzeug zurückgerissen wurde. Die deutsche «Schmeisser» hatte eine ähnliche Befestigung. Kurz hinter der Mündung sind zwei parallele Schlitze in die Oberseite des Laufes geschnitten, was als grober, aber einigermaßen wirksamer Gewichtsausgleich diente. Die Waffe war gut, aber sie kam zu spät im

Verlaufe des Krieges, um noch in großem Umfang eingesetzt zu werden. Es wurden nur etwa 6000 Stück hergestellt. Diese wurden hauptsächlich von italienischen Truppen bei Polizeiaufgaben eingesetzt, so auch beim Einsammeln von bewaffneten Deserteuren von einem halben Dutzend Nationalitäten, die in den letzten Monaten des

Krieges zum Banditentum übergegangen waren. Nach dem Krieg wurde die Waffe auf dem Weltmarkt angeboten, aber nur die Burmesen zeigten Interesse. In den frühen fünfziger Jahren wurde eine Anzahl im Lande hergestellt, die die Bezeichnung BA 52 erhielten.

 *9 mm Parabellum*

9 mm Parabellum

 *.303" SAA-Patrone*

Italien
BERETTA MODELLO 38A

Länge: 946 mm
Gewicht: 4,97 kg
Lauf: 315 mm
Kaliber: 9 mm
Züge: 6, Rechtsdrall
Patronenzuführung: 10/20/40-Schuß Stangenmagazin
Kadenz: 600 Schuß/Min.
Anfangsgeschwindigkeit: 420 m/s
Visier: 500 m

Die norditalienische Firma Beretta hatte verdientermaßen einen sehr guten Ruf wegen ihrer Maschinenpistolen, von denen die meisten von ihrem talentiertesten Ingenieur, Tullio Marengoni, entwickelt worden waren, der lange Jahre für sie arbeitete. Unter den von ihm entwickelten Waffen war das Modello 38A, das, wahrscheinlich zu Recht, den Anspruch erhebt, seine erfolgreichste Maschinenpistole gewesen zu sein. Sie beruht auf einem Selbstladekarabiner, der 1935 in

Italien
BERETTA MODELLO 38/42

Länge: 800 mm
Gewicht: 3,26 kg
Lauf: 216 mm
Kaliber: 9 mm
Züge: 6, Rechtsdrall
Patronenzuführung: 20/40-Schuß Stangenmagazin
Kadenz: 550 Schuß/Min.
Anfangsgeschwindigkeit: 381 m/s
Visier: 200 m

Nach etwa einem Kriegsjahr erkannten die Italiener wie alle anderen Kriegsführenden bald, daß sie zur Massenherstellung übergehen mußten, wenn ihr Nachschub mit dem Bedarf schritthalten sollte. Bei der Maschinenpistole führte dies zu der Beretta Modello 38/42, die wie die meisten ihrer Vorgänger von Marengoni entwickelt wurde. Sie ging 1942 in die Produktion. Sie ist in jeder Hinsicht eine einfachere Ausführung des Modello 38, weist allerdings einige Merkmale einer anderen Maschinenpistole, des Mo-

dell 1 auf, welches ebenfalls von Marengoni 1941 als Waffe für Luftlandetruppen nach der deutschen MP 40 entwickelt worden war, das aber wegen seiner komplizierten Konstruktion nie in die Produktion ging. Die ganze Waffe war beträchtlich vereinfacht und so auf die Massenproduktion umgestellt worden, aber trotzdem war sie eine wirksame und beliebte MP. Äußerlich unterschied sich die Waffe in verschiedenen Punkten vom Modello 38. Der Gewehrschaft wurde am Magazin abgeschnitten und die ver-

stellbare Kimme war verschwunden, ebenso der gelochte Mantel, der ein Kennzeichen vieler Beretta-MPs gewesen war. Der Lauf hatte tiefe parallele Riffeln entlang seiner ganzen Länge, damit die Wärme besser abstrahlen konnte, während der Kompensator auf zwei Schnitte statt vier verringert wurde. Auch der Verschluß wurde etwas vereinfacht und hatte nun einen festen Schlagbolzen statt des zuvor eingesetzten separaten. Die Schließfeder lief auf einer Stange, deren Ende aus dem Gehäuse hervorstand. Wie

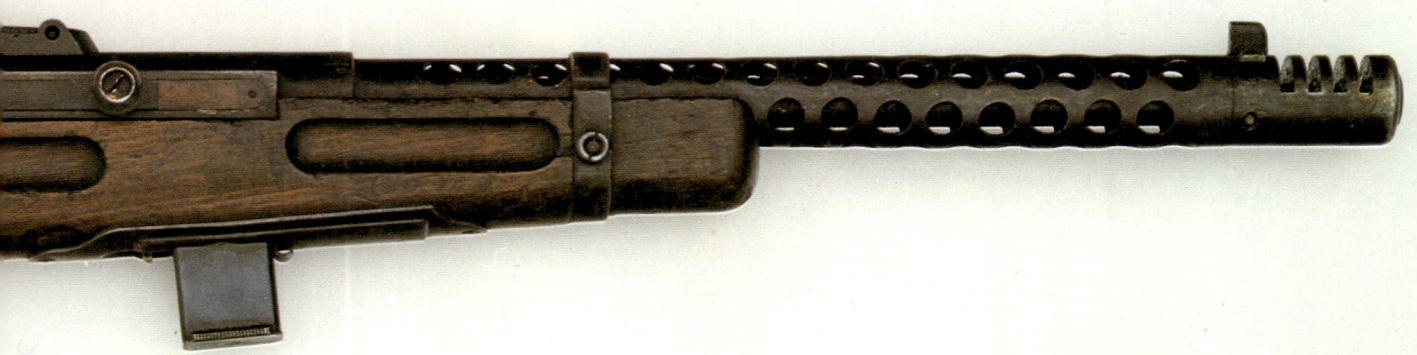

kleiner Stückzahl für die Polizei hergestellt wurde, aber bis 1938 so verbessert worden war, daß er als echte Maschinenpistole angesehen werden konnte. Er kam natürlich zu früh für die Massenherstellungsverfahren, die einige Jahre später entwickelt wurden. Es war deshalb von der in der Waffenherstellung allgemein üblichen hohen Qualität der Vorkriegszeit. Er war sehr gut verarbeitet und deshalb teuer in der Herstellung. Das Ergebnis war eine äußerst zuverlässige und genaue

Waffe. Sie arbeitete im Gasdruckbetrieb und hatte einen separaten Schlagbolzen, was eine ungewöhnliche Verbesserung bedeutete. Der vordere Abzug war für Einzelfeuer, der hintere für Dauerfeuer. Das erste Modell ist durch die Langlöcher im Mantel um den Lauf zu erkennen, und durch den Kompensator, der aus einem einzelnen großen Loch mit einer darüberliegenden Stange an der Oberseite der Mündung bestand, und durch die Tatsache, daß sie mit einem faltbaren

messerartigen Bajonett ausgerüstet war. Von dieser Waffe wurden jedoch nicht viele hergestellt, bevor die Langlöcher durch runde Löcher ersetzt wurden. Die dritte Ausführung, die abgebildete, unterschied sich hauptsächlich durch das Fehlen eines Bajonettes und durch den neuen Gewichtsausgleich, der aus vier getrennten Schlitzen quer über der Mündung bestand. Diese Ausführung wurde zum Produktionsmodell für den Rest des Krieges, wenn auch einige kleinere Ände-

rungen für die Massenherstellung erfolgten. Vor allem wurde ein gestanzter und geschweißter Mantel verwendet. Diese Ausführung wurde sowohl von der italienischen Armee wie auch von der deutschen Wehrmacht sehr viel eingesetzt. Beutewaffen dieses Typs waren bei den alliierten Soldaten beliebt. Die Beretta Modello 38A wurde auch von einer Anzahl anderer Länder, vor allem Rumänien und Argentinien, eingesetzt.

zuvor hatte die Waffe zwei Abzüge, den vorderen für Einzelfeuer, den hinteren für Dauerfeuer. Der Spanngriff, der sich nicht mit dem Schloß bewegte, hatte eine Staubabdeckung, um den inneren Mechanismus so sauber wie möglich zu halten. Im Vergleich zu ihren Vorgängern sah die Waffe sehr einfach aus. Wo immer möglich, wurden Preßteile zusammengeschweißt, aber überraschenderweise war die Verarbeitung gut und die ganze Waffe stabil und zuverlässig. Spätere Modelle hatten glatte Läufe

statt der charakteristischen geriffelten. Sie wurden manchmal Modello 38/44 genannt. Es gab eine noch spätere Variation, bei der das Gewicht und die Abmessung des Verschlusses verringert wurden. Dies führte zu einer etwas kürzeren Schließfeder und der Stange, die dadurch aus dem hinteren Ende des Gehäuses nicht mehr wie bei den früheren Modellen hervorstand. Es ist nicht mehr genau bekannt,

wann dieses Modell in die Produktion ging, aber die meisten Waffen dieser Ausführung scheinen nach Kriegsende fertiggestellt worden zu sein, so daß die Bezeichnung 38/44 zweifelhaft ist. Die Beretta 38/42

wurde sehr viel von Italienern und Deutschen eingesetzt, und nach dem Krieg wurde eine Anzahl des Modells 38/44 an verschiedene Länder, darunter Syrien und Pakistan, verkauft.

9 mm Parabellum

9 mm Parabellum

.303" SAA-Patrone

Volksrepublik China
TYP 50

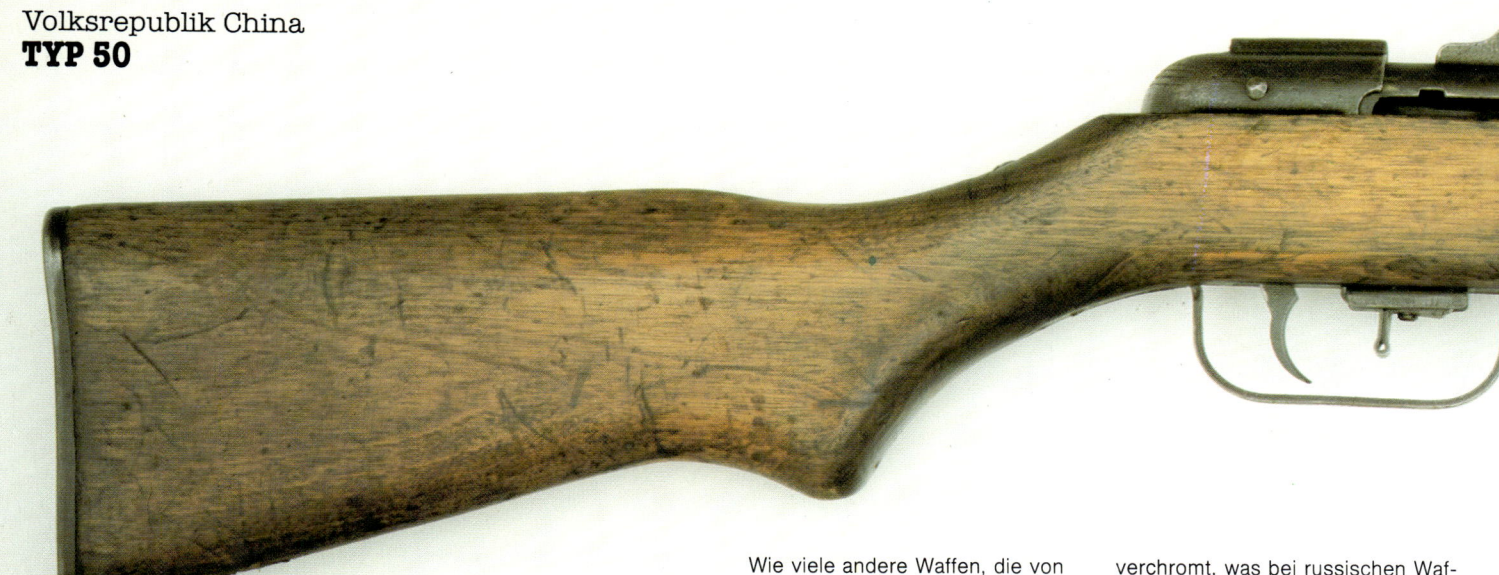

Länge: 858 mm
Gewicht: 3,63 kg
Lauf: 273 mm
Kaliber: 7,62 mm
Züge: 4, Rechtsdrall
Patronenzuführung: 35-Schuß Stangenmagazin
Kadenz: 900 Schuß/Min.
Anfangsgeschwindigkeit: 472 m/s
Visier: 100/200 m

Wie viele andere Waffen, die von der Volksrepublik China eingesetzt werden, hat ihre Maschinenpistole Typ 50 ihren Ursprung in einer zuerst in der Sowjetunion hergestellten Waffe, in diesem Fall in der PPSh 41. Wie die meisten anderen kriegführenden Länder im Zweiten Weltkrieg erkannte Rußland bald die Notwendigkeit der Massenherstellung, und die neue Waffe wurde hauptsächlich aus schweren Preßteilen zusammengeschweißt und genietet oder gelötet. Die Waffe arbeitete nach dem normalen Gasdruckprinzip. Der Lauf war innen

verchromt, was bei russischen Waffen üblich ist. Eines ihrer Kennzeichen ist, daß das vordere Ende des gelochten Laufgehäuses von oben nach unten abgeschrägt ist und dadurch als Kompensator dient, der die Mündung unten hält. Trotz ihrer hohen Feuergeschwindigkeit war die Waffe einigermaßen genau, und man konnte mit ihr notfalls Einzelfeuer schießen. Die ersten Ausführungen hatten eine Tangentenkimme, aber diese wurde bald durch eine einfachere Klappkimme ersetzt. Im Jahre 1949 und danach erhielten die chinesischen Kommu-

Volksrepublik China
TYP 54

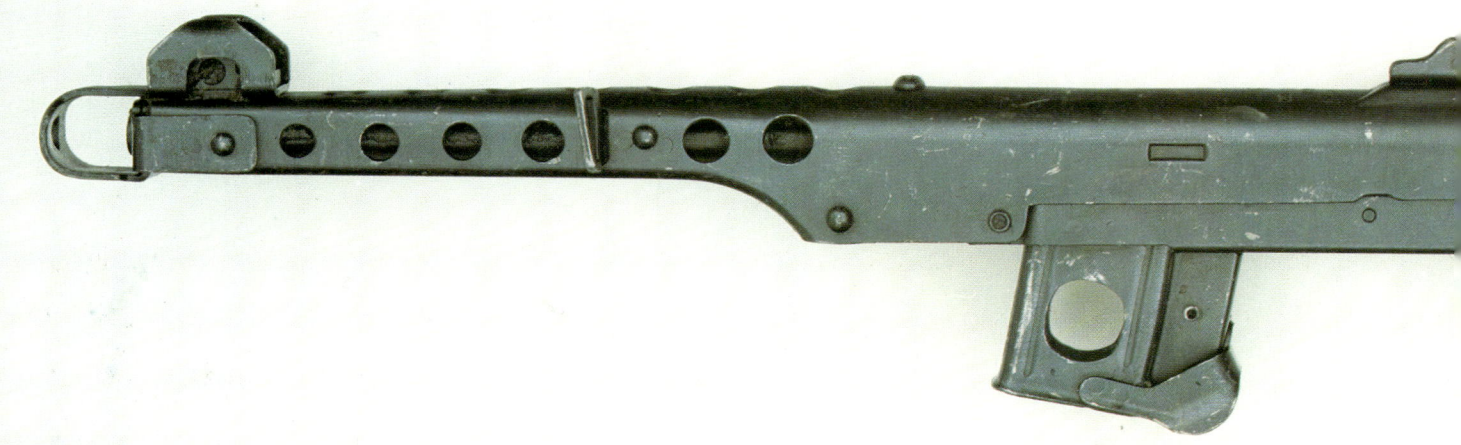

Länge: 819 mm
Gewicht: 3,88 kg
Lauf: 254 mm
Kaliber: 7,62 mm
Züge: 4, Rechtsdrall
Patronenzuführung: 35-Schuß Stangenmagazin
Kadenz: 700 Schuß/Min.
Anfangsgeschwindigkeit: 488 m/s
Visier: 100/200 m

Der Ursprung dieser Waffe ist ungewöhnlich, denn sie wurde von A. Sudarew 1942 in Leningrad entwickelt, als die Stadt von den Deutschen belagert wurde. Waffen waren knapp, und da keine hereingebracht werden konnten, war es erforderlich, mit den vorhandenen Mitteln Waffen zu improvisieren. Die neue MP, die ursprünglich als russische PPs 42 bekannt war, wurde deshalb in der Stadt selbst

hergestellt, so daß die Waffen, die aus der Produktion kamen, wenige Stunden später im Gefecht eingesetzt wurden. Die Maschinenpistole wurde aus Stanzteilen hergestellt, wobei jedes geeignete Metall eingesetzt wurde. Sie wurde durch Nieten, Schweißen und Stifte zusammengehalten. Dennoch war sie nicht nur billig, sondern sie erwies sich auch als wertvoll. Sie arbeitete mit dem normalen Gasdrucksystem

und feuerte nur Dauerfeuer. Ihr eigentümlichstes Merkmal war vielleicht der halbkreisförmige Kompensator, der die Mündung niederhielt, aber den Mündungsknall mächtig erhöhte. Als Nachfolgemodell kam die PPS 43, die von dem Konstrukteur der PPS 42 geändert und verbessert wurde. Ihr ungewöhnlichstes Merkmal war, daß sie keinen separaten Auswerfer im eigentlichen Sinne des Wortes hatte.

nisten große Stückzahlen dieser Waffen. 1949 oder 1950 begannen sie ihre eigene Herstellung. Ihre Ausführung glich im wesentlichen dem russischen Gegenstück, aber sie hatte einen etwas leichteren Kolben. Sie nimmt ebenfalls ein gekrümmtes Kastenmagazin auf, aber man kann auch die 71-Schuß-Trommel, die bei dem ursprünglichen russischen Modell das Standardmagazin war, einsetzen. Alle chinesischen Ausführungen haben das Klappvisier für zwei Reichweiten. Die ersten im Land hergestellten Waffen waren äußerst schlecht

verarbeitet und machten einen Eindruck, als seien sie von Schlosserlehrlingen hergestellt worden (was auch vielleicht sogar der Fall war). Dessenungeachtet funktionierten sie, was die erste und einzige Anforderung der Chinesen war. Der Typ 50 wurde von den Chinesen im Koreakrieg in großen Stückzahlen eingesetzt, wo sie sich wegen ihrer hohen Feuergeschwindigkeit den unfeinen aber ausdrucksvollen Spitznamen «Rülpspistole» erwarb. Viele Waffen dieses Typs wurden auch in den fünfziger Jahren in Indochina gegen die Franzosen eingesetzt.

Der Verschluß bewegte sich entlang einer Führungsstange vor- und rückwärts, die so lang war, daß sie mit ihrem Ende, wenn der Verschluß mit der leeren Patronenhülse zurückstieß, der Hülse einen Schlag versetzte und sie auswarf. Nach der chinesischen Revolution von 1949 versorgte die Sowjetunion ihren neuen Alliierten mit einer beträchtlichen Zahl von Waffen, darunter große Stückzahlen

der PPS 43. 1953 begannen die Chinesen ihre eigene Massenherstellung dieser Waffe, die sich von dem russischen Prototyp durch nichts unterscheidet. Nur die Plastikpistolengriffe haben oft einen großen Buchstaben K in der Mitte. Dies gilt keineswegs für alle Waffen, auch andere Muster, so zum Beispiel eine Raute, sind anzutreffen. Die Waffe ist in Südostasien noch sehr verbreitet.

7,62 mm M 1930g

7,62 mm M 1930g

.303" SAA-Patrone

Sowjetunion
PPD 34/38

Länge: 779 mm
Gewicht: 3,74 kg
Lauf: 272 mm
Kaliber: 7,62 mm
Züge: 4, Rechtsdrall
Patronenzuführung: 71-Schuß
Trommelmagazin
Kadenz: 800 Schuß/Min.
Anfangsgeschwindigkeit: 489 m/s
Visier: 500 m

Diese Waffe wurde von Vasily Degtjarjev, dem bekannten sowjetischen Experten auf dem Gebiet der automatischen Waffen, entwickelt. Das «D» in der Bezeichnung ist sein Anfangsbuchstabe, während PP Pistolet-Pulemyot bedeutet, den russischen Ausdruck für Maschinenpistole. Die Waffe erschien 1934 und kann als erste wirklich erfolgreiche Waffe ihrer Art bei der Roten Armee angesehen werden. Sie ähnelte der deutschen MP 28.II, und da sie vor der Zeit der Massenproduktion entstand, war sie einigermaßen gut hergestellt und

verarbeitet, so wie es dem damaligen technischen Stand der russischen Industrie entsprach. Die PPD arbeitet im Gasdruckprinzip. Je nach Stellung eines Umstellhebels vor dem Abzug kann man Einzel- oder Dauerfeuer schießen. Sowohl der Lauf wie auch das Patronenlager waren verchromt, um übermäßigen Verschleiß zu vermeiden. Die Patronen wurden aus einer fast senkrechten Trommel mit einem ungewöhnlichen Verlängerungsstück zugeführt, das in die Unterseite des Gehäuses gedrückt wurde. Diese Trommel, die mit einem

Sowjetunion
PPSh 41

Länge: 841 mm
Gewicht: 3,63 kg
Lauf: 269 mm
Kaliber: 7,62 mm
Züge: 4, Rechsdrall
Patronenzuführung: 72-Schuß
Trommelmagazin oder 35-Schuß
Stangenmagazin
Kadenz: 900 Schuß/Min.
Anfangsgeschwindigkeit: 489 m/s
Visier: 500 m

Bei Ausbruch des Zweiten Weltkrieges war die Rote Armee mit der PPD 34/38 ausgerüstet, aber Anfang 1940 wurde dieser Typ allmählich durch eine geänderte Ausführung der PPD 40 abgelöst, die ihr ähnelte, jedoch ein anderes Trommelmagazin hatte. Die abgebildete Waffe wurde sehr schnell in die Produktion gegeben. Nach einer harten Erprobung durch die Rote Armee wurde sie schließlich Anfang 1942 akzeptiert. Daraufhin wurde sie in großen Stückzahlen hergestellt. Sie wurde von Georgi Schpagin, einem anderen berühmten russischen Experten, dessen

Anfangsbuchstaben in der Bezeichnung der neuen Waffen enthalten ist, konstruiert. Die PPSh war ein frühes und erfolgreiches Beispiel der Anwendung von Massenherstellungsverfahren bei der Produktion von Feuerwaffen, was für die Sowjetunion damals sehr wichtig war. Soweit wie möglich wurde sie aus Blechstanzteilen, die geschweißt und genietet wurden, hergestellt, und obwohl sie den veraltet aussehenden Holzkolben behielt, war sie eine robuste und zuverlässige Waffe. Sie arbeitete nach dem Gasdruckprinzip mit einem Puffer am hinteren Ende des Ge-

Uhrwerk arbeitete, glich in ihrer Konstruktion derjenigen der finnischen Suomi. Auch sie faßt 71 Schuß. Dadurch hatte der Soldat eine gute Reserve, ohne daß er nachladen mußte, aber es machte die Waffe schwer. Da Trommelma-

gazine sehr anfällig auf Verschmutzung sind, gab es wahrscheinlich auch Hemmungen. Für diese Waffe gab es auch ein gekrümmtes Kastenmagazin, das aber sehr wenig verwendet wurde. Das ursprüngliche Modell wurde ein- oder zweimal geringfügig geändert. Die auffälligste Änderung ist die Reduzierung der Zahl der Schlitze im Mantel von acht Reihen kleiner Öffnungen auf drei Reihen größerer. Obwohl die Waffe 1940 durch die PPD abgelöst wurde, wurde sie noch im Finnlandfeldzug, und wahrscheinlich auch später, eingesetzt.

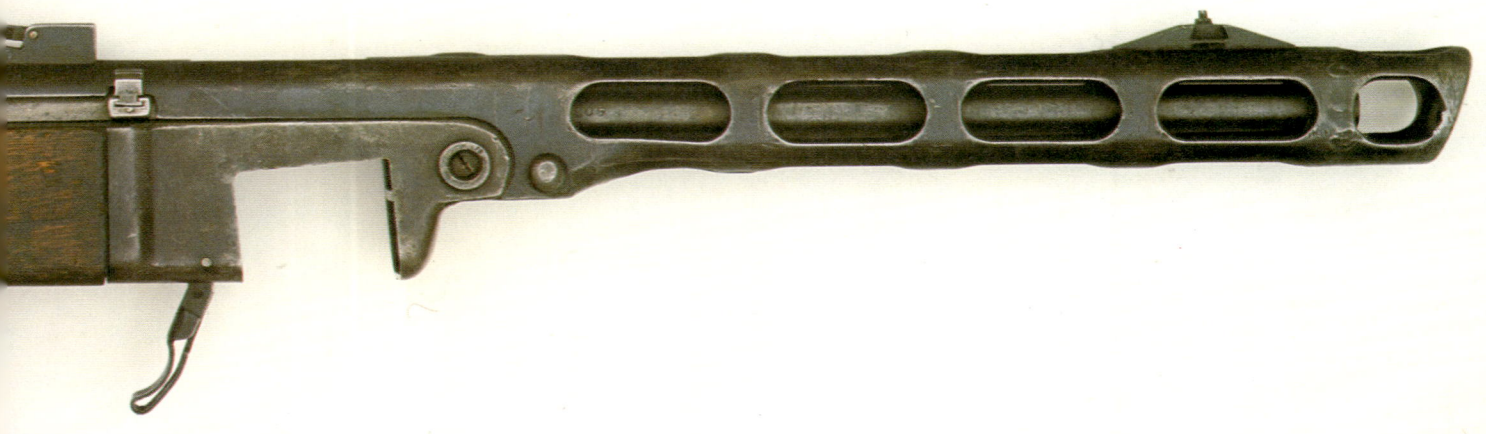

häuses, um die Vibration zu verringern, und hatte vor dem Abzug einen Umstellhebel für Dauer- oder Einzelfeuer. Da ihre Feuergeschwindigkeit sehr hoch war und sie die Neigung hatte, bei Dauerfeuer die Mündung zu heben, wurde das vordere Ende der Laufummantelung abgeschrägt, was auf wirksame und einfache Weise als Kompensator diente. Die Patronenzuführung erfolgte entweder aus einem 71-Schuß-Trommelmagazin, das im Prinzip demjenigen der früheren PPD-Reihe ähnelte, aber nicht austauschbar war, oder aus einem 35-Schuß-Kastenmagazin.

Um den Verschleiß zu verringern und die Reinigung der Waffe zu erleichtern, waren Lauf und Patronenlager innen verchromt. Es scheint nur zwei Grundmodelle dieser Waffe gegeben zu haben. Das erste Modell, welches hier abgebildet ist, hatte eine ziemlich komplizierte Tangentenkimme, während das zweite mit einer einfachen Lochkimme mit zwei Löchern auskam. Bei der russischen Armee war die Maschinenpistole sehr beliebt, und gelegentlich waren ganze Bataillone damit ausgerüstet, so daß es nicht überrascht, daß in Rußland über 5 Millionen Maschinenpistolen gebaut

wurden. Diese Waffe wurde auch von anderen kommunistischen Ländern nachgebaut, und obwohl sie in der Sowjetunion selbst seit langer Zeit als veraltet gilt, wird sie wahr-

scheinlich noch in anderen Ländern verwendet. Insbesondere die Chinesen bauten sie als ihren Typ 50 nach, und sie müssen ebenfalls riesige Stückzahlen hergestellt haben.

7,62 mm M 1930g

762 mm M 1930g

.303" SAA-Patrone

Schweden
CARL-GUSTAV MODELL 45

Länge: 808 mm
Gewicht: 3,45 kg
Lauf: 203 mm
Kaliber: 9 mm
Züge: 6, Rechtsdrall

Patronenzuführung: 36/50-Schuß Stangenmagazin
Mündungsgeschwindigkeit: 369 m/s
Visier: 300 m

Schweden führte erst 1937 eine Maschinenpistole ein, als es begann, eine leicht veränderte Form der finnischen Suomi herzustellen, die von der Carl-Gustav-Fabrik in Lizenz gebaut wurde. Diese Waffe wurde bald darauf durch eine zweite Ausführung der gleichen MP abgelöst, die einen kürzeren Lauf und einen größeren Abzugsbügel hatte, in dem im Winter ein behandschuhter Finger Platz fand, und einen geraderen Kolben als das finnische Orignal. Diese Waffe wurde von der Firma Husqvarna hergestellt. Im

Verlaufe des Zweiten Weltkrieges verstärkte Schweden trotz seiner Neutralität seine Armee beträchtlich, um sich notfalls zu verteidigen, und dies führte zu der Erkenntnis, daß es keine einfache Maschinenpistole für die Massenproduktion hatte. Schweden ging daran, dies zu ändern, aber das Ergebnis, das Modell 1945 ging erst nach Kriegsende in die Produktion. Das Modell 1945 bestand aus schweren Preßteilen, die je nach Bedarf genietet oder geschweißt wurden und war, soweit es diese Methoden zu-

lassen, eine robuste und zuverlässige Waffe. Der Mechanismus ähnelte sehr dem der britischen Sten-MP, aber das Modell 45 hatte einen rechteckigen Kolben, der an der Seite der Waffe nach vorn geklappt werden konnte ohne ihre Funktion zu beeinträchtigen. Die Waffe war zwar für Dauerfeuer konstruiert, aber wenn man einen empfindlichen Zeigefinger hatte, konnte man auch Einzelfeuer schießen. Sie verschoß eine besondere Hochgeschwindigkeitspatrone. Das Magazin war das alte Suomi-50-Schuß-

magazin. Spätere Ausführungen waren mit einem neuen 36-Schußmagazin ausgerüstet, aber da größere Stückzahlen des alten Magazins, das nicht austauschbar war, vorhanden waren, hatte die neue Waffe eine leicht abnehmbare Magazinhalterung, die notfalls durch den älteren Typ ersetzt werden konnte. Dies war nur eine vorübergehende Notlösung, bis ausreichende Stückzahlen der neuen Magazins verfügbar waren, und die neuesten Modelle haben genietete Magazinhalterungen.

Schweiz
REXIM-FAVOR

Länge: 813 mm
Gewicht: 3,18 kg
Lauf: 273 mm
Kaliber: 9 mm
Züge: 5, Rechtsdrall
Patronenzuführung: 20-Schuß Stangenmagazin
Kadenz: 600 Schuß/Min.
Anfangsgeschwindigkeit: 396 m/s
Visier: 91,5/183 m

Die Geschichte dieser Waffe liegt etwas im Dunklen. Sie wurde in einem attraktiven Kasten mit verschiedenem Zubehör von der türkischen Armee einem hohen britischen Offizier geschenkt, der 1968 an einem internationalen Gewehrschießen teilnahm. Es ist nicht bekannt, daß die Türkei Maschinenpistolen herstellte, und es gibt keinen Grund, anzunehmen, daß sie im Lande hergestellt wurde, weil die verschiedenen Beschriftungen am Umstellhebel und an anderen Stellen in türkischer Sprache gehalten sind. Aber es besteht wenig Zweifel, daß es sich um eine der verschiedenen Ausführungen der schweizerischen Rexim-Maschinenpistole handelt, die ab 1953 von der Waffenfabrik Rexim in Genf auf

den Markt gebracht wurden. Sie wurde einmal Rexim-Favor genannt, und es wird angenommen, daß sie von dem spanischen Arsenal in Coruna in Lizenz hergestellt wurde. Mitte der fünfziger Jahre wurden viele Vorführungen durchgeführt, um die Rexim im Mittleren Osten zu verkaufen, aber es gibt keinerlei Hinweise auf größere Geschäfte, vor allem wohl, weil die Waffe als zu kompliziert angesehen wurde, was nie eine Empfehlung für eine Maschinenpistole ist, bei der die einfache Konstruktion der bedeutendste Faktor ist. Die Rexim ist vor allem interessant, weil sie mit verriegeltem Patronenlager abgeschossen wurde, das heißt, daß die Patrone mit dem Spannschieber in das Patronenlager gedrückt wur-

de und dort verblieb, bis der Schlagbolzen durch Betätigung des Abzuges nach vorn stieß. Die Bewegungskraft war durch zwei Federn gegeben, von denen eine in-

nerhalb eines Hohlzylinders und die andere um diesen Hohlzylinder angebracht war. Es sah aus wie ein altes dreiteiliges Teleskop. Wenn der Abzug betätigt wurde, stieß der Zylinder unter der Kraft der größeren, äußeren Feder nach vorn, schlug auf den Schlagbolzen, und die Patrone wurde gezündet. Von da an schoß die Waffe im normalen Gasdruckbetrieb. Sie war sehr gut verarbeitet, bestand hauptsächlich

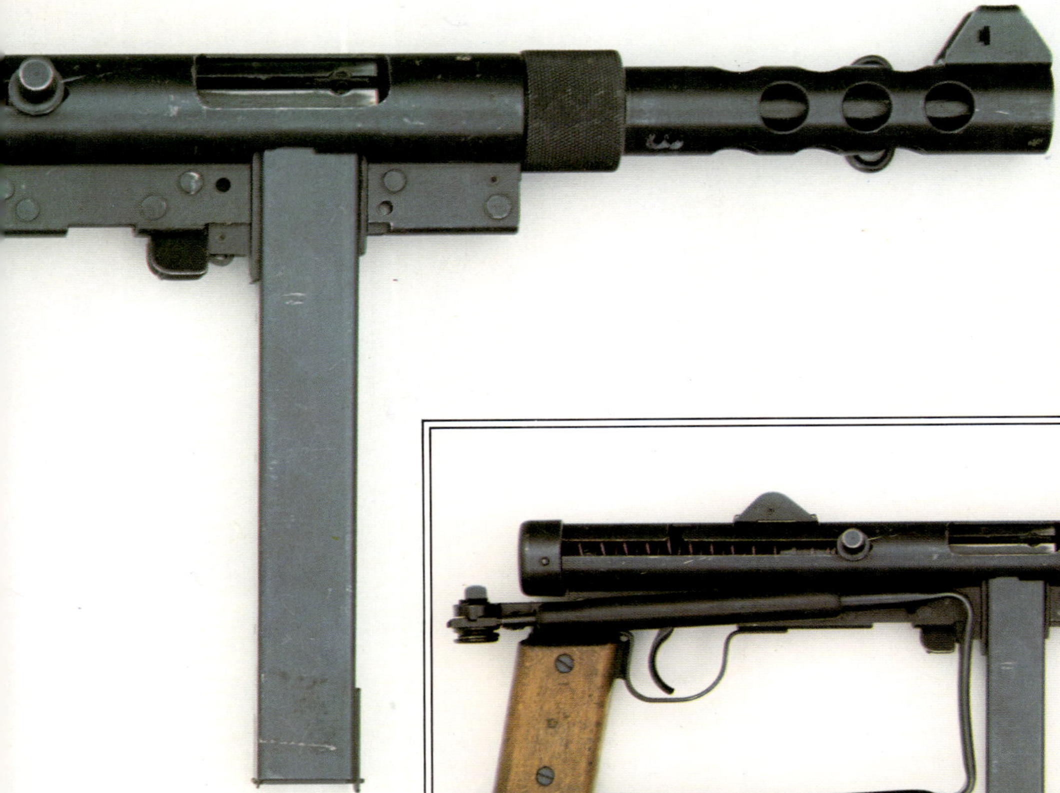

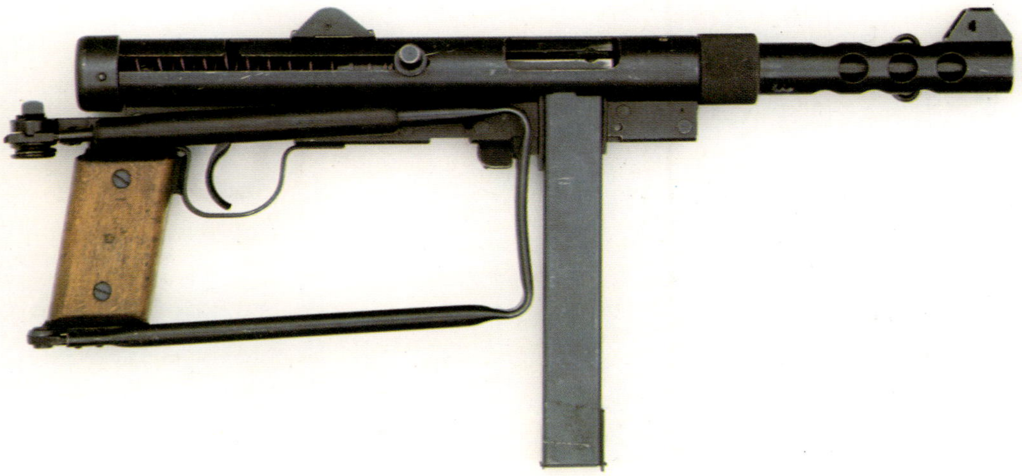

aus Stanzteilen, hatte aber eine ausgezeichnete äußere Verarbeitung. Sie hatte einen schnell abnehmbaren Lauf. Nach dem Drücken der kleinen Sperre unter der Rändelmutter konnte die Mutter abgeschraubt und der Lauf nach vorn herausgezogen werden. Das abgebildete Modell hat einen Schaft und einen separaten Pistolengriff, der wahrscheinlich als hinterer Handgriff vorgesehen war, wenn das

kurze Bajonett eingesetzt wurde, das an der Mündung fest angebracht war. Die Waffe hatte ein Magazin, das mit demjenigen der deutschen MP 40 identisch war.

Die abgebildete MP ist wahrscheinlich ein Exemplar einer kleinen Anzahl, die irgendwann von der türkischen Armee gekauft, aber nie offiziell eingeführt wurde.

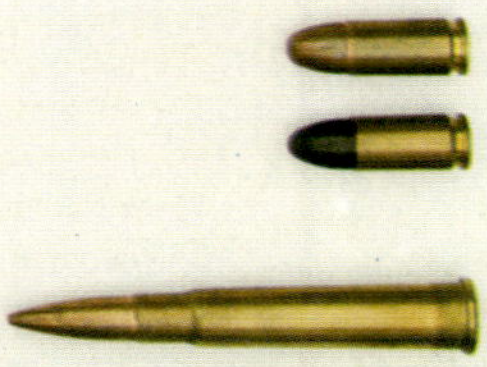

9 mm/938

9 mm Parabellum

.303 SAA-Patrone

Vereinigte Staaten von Amerika
THOMPSON M1928A1

Länge: 857 mm
Gewicht: 4,88 kg
Lauf: 267 mm
Kaliber: .45″
Züge: 6, Rechtsdrall
Patronenzuführung: 50-Schuß Trommelmagazin, 20-Schuß Stangenmagazin
Kadenz: 800 Schuß/Min.
Anfangsgeschwindigkeit: 281 m/s
Visier: 549 m

Die Thompson-Maschinenpistole ist bereits in der Einführung zu diesem Abschnitt erwähnt worden, denn in mancher Hinsicht war sie die berühmteste Waffe dieser Klasse. Sie wurde im Verlaufe des Ersten Weltkrieges von Oberst (später Brigadegeneral) J. T. Thompson entwickelt, kam aber zu spät, um noch im Kampf eingesetzt zu werden. Nach dem Krieg bestand nur geringe

Nachfrage nach Maschinenpistolen, so daß die Auto-Ordnance Corporation, die sie herstellte, in wirtschaftliche Schwierigkeiten geriet, insbesondere in der Wirtschaftskrise der dreißiger Jahre. Gute Werbemethoden führten jedoch dazu, daß geringe, aber ständige Verkäufe an Polizeieinheiten und leider, aber unvermeidbar, auch an Kriminelle möglich waren. Es wurde eine

Vereinigte Staaten von Amerika
REISING MODELL 50

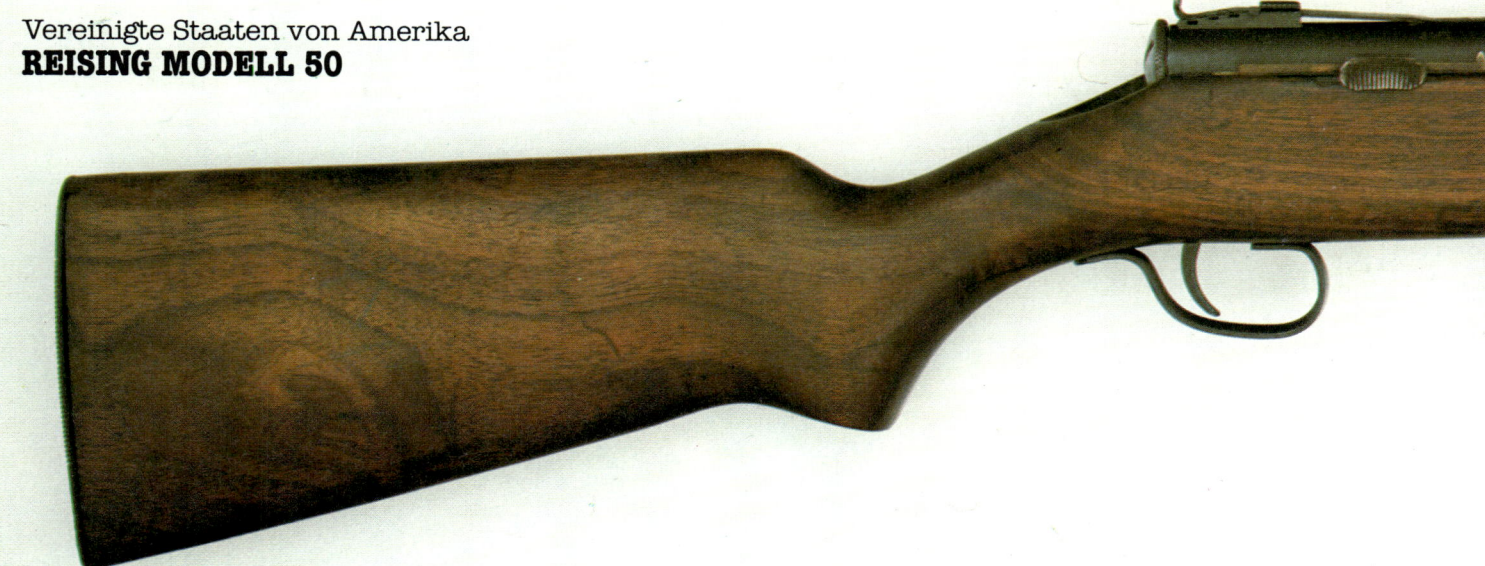

Länge: 908 mm
Gewicht: 3,06 kg
Lauf: 279 mm
Kaliber: .45″
Züge: 6, Rechtsdrall
Patronenzuführung: 12- oder 20-Schuß Stangenmagazin
Kadenz: 550 Schuß/Min.
Anfangsgeschwindigkeit: 280 m/s
Visier: 274 m

Der Erfolg der Maschinenpistole im Spanischen Bürgerkrieg veranlaßte sehr viele Waffenkonstrukteure, sich dieser Waffenart zuzuwenden. Einer von ihnen war Eugene Reising, der 1938 die nach ihm benannte Waffe herstellte. Nach einigen Verbesserungen ließ er sie 1940 patentieren, und die bekannte amerikanische Waffenfabrik Harrington und Richardson begann gegen Ende des folgenden Jahres mit

der Herstellung. Nachdem mehrere Versuche zu geringfügigen Verbesserungen geführt hatten, wurde die Waffe von der US-Marineinfanterie akzeptiert und erstmals bei Guadalcanal im Gefecht eingesetzt, wo sie sich als völliger Fehlschlag erwies, da sie so oft hemmte, daß die wütenden Soldaten, die verzweifelt kämpften, sie wegwarfen und wieder zuverlässigere Waffen ergriffen. Der Hauptgrund hierfür lag in der

überraschend große Vielfalt von Modellen der Thompson hergestellt, fast alle im Kaliber .45", von denen eines oder zwei auch automatische Gewehre statt Maschinenpistolen waren. Einige Stücke wurden sogar in England von der Birmingham Small Arms Company hergestellt. Die abgebildete Waffe ist das Modell 1928, das die letzte Friedensausführung war und später

nur geringfügig geändert wurde. Die Waffe arbeitete im normalen Gasdruckbetrieb. Es war etwas ungewöhnlich, daß sie eine Verzögerungsvorrichtung hatte, die den Verschluß verriegelt hielt, bis der Druck im Lauf abgefallen war. In die Seiten des Verschlusses waren in einem Winkel von 45 Grad zwei quadratförmige Rillen geschnitten. Die unteren Kanten waren näher

am Vorderteil des Verschlusses. In diese Rillen paßte eine H-förmige Brücke. Wenn der Verschluß ganz nach vorn gestoßen war, rasteten die unteren Enden des H-Stückes in Aussparungen im Gehäuse ein. Wenn die Patrone zündete, war der Druck groß genug, um sie etwas anzuheben, wodurch der Verschluß nach einer kurzen Verzögerung zurückstieß. Dies war zur Sicherheit

kaum erforderlich, aber es erwies sich als nützlich, weil es die Feuergeschwindigkeit verringerte, was zur Genauigkeit der Waffe beitrug. Die Waffe nahm entweder ein 50-Schuß Trommelmagazin oder ein 25-Schuß Kastenmagazin auf, die beide auf der obigen Abbildung gezeigt sind. Einzelne Exemplare dieser Waffe werden noch heute von US-Polizeikräften eingesetzt.

Kompliziertheit des Mechanismus und seiner Anfälligkeit für Verschmutzung. Es war ungewöhnlich und nicht erforderlich, daß die Waffe mit verriegeltem Schloß schoß, was durch eine Zunge bewirkt wurde, die das hintere Ende des Verschlusses in eine Aussparung an der Oberseite des Gehäuses drückte, wenn die Zündung erfolgt war. Dies wäre durchaus akzeptabel gewesen, wenn sich der Me-

chanismus selbst gereinigt hätte, aber die Aussparung für den Verschluß füllte sich schnell mit Schmutz, besonders bei heißem, trockenem Klima, wodurch die Waffe unbrauchbar wurde. Ein eigentümliches Merkmal der Reising war, daß sie keinen Spanngriff hatte. Das Spannen wurde durch einen Fingerhebel an der Unterseite des Schaftes einige Zentimeter vor dem Magazin bewirkt. Man nimmt an, daß die britische Einkaufskommission in Amerika eine kleine Anzahl für Kanada und die Sowjetunion kaufte, aber keines dieser beiden

Länder scheint über die Waffe seine Meinung geäußert zu haben. Trotz ihrer Kompliziertheit hatte die Waffe auch Vorteile, und sie hätte

wahrscheinlich in einem gemäßigten Klima – vielleicht als Waffe für Polizeikräfte – gute Dienste geleistet.

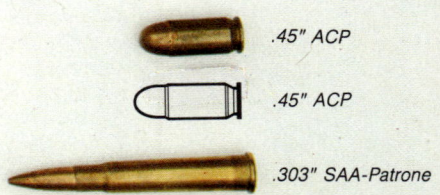

.45" ACP

.45" ACP

.303" SAA-Patrone

SMITH UND WESSON LIGHT RIFLE MODEL 1940

Länge: 825 mm
Gewicht: 3,63 kg
Lauf: 216 mm
Kaliber: 9 mm
Züge: 5, Rechtsdrall
Patronenzuführung: 20-Schuß Stangenmagazin
Kadenz: 700 Schuß/Min.
Anfangsgeschwindigkeit: 396 m/s
Visier: Feststehend

Diese Waffe, von der man annimmt, daß sie von einem Konstrukteur namens Edward Pomeroy entwickelt wurde, wurde kurz vor Ausbruch des Zweiten Weltkrieges von der bekannten amerikanischen Firma Smith & Wesson in geringer Zahl hergestellt. Ein Exemplar wurde gegen Ende jenes Jahres von der amerikanischen Armee erprobt, aber zurückgewiesen, zum einen Teil, weil sie eine 9-mm-Patrone verschoß, während die amerikanische Armee das Kaliber .45″ vorzog, und zum andern Teil, weil sie nur halbautomatisch war. Smith & Wesson wurde angeraten, sie zu

THOMPSON M1A1

Länge: 813 mm
Gewicht: 4,74 kg
Lauf: 267 mm
Kaliber: .45″
Züge: 6, Rechtsdrall
Patronenzuführung: 20- oder 30-Schuß Stangenmagazin
Kadenz: 700 Schuß/Min.
Anfangsgeschwindigkeit: 281 m/s
Visier: 100 m

Der wahre Durchbruch für die Thompson-Maschinenpistole kam 1938, als sie bei der amerikanischen Armee eingeführt wurde. Sie war etwas veraltet, und es gab bessere Waffen, aber die Thompson war verfügbar und wurde deshalb akzeptiert. Dann kam der Krieg, und die Nachfrage stieg sofort. Neben dem Inlandbedarf der USA war der Hauptkäufer Großbritannien, das gern so viele kaufte, wie es 1940 erhielt. Wie die meisten anderen Waffen der Vorkriegszeit war die Thompson ziemlich aufwendig hergestellt, und angesichts des Erfordernisses, die Produktion zu beschleunigen, wurden einige Vereinfachungen erforderlich. Das erste Ergebnis war die Ausführung M1 bei der der Hauptunterschied in der Konstruktion der Verzicht auf das H-Stück war und zum Ausgleich ein schwererer Verschluß eingeführt wurde. Die hauptsächlichen äußeren Unterschiede waren das

einer automatischen Waffe mit dem größeren Kaliber umzukonstruieren und sie erneut vorzuführen, aber es gibt keine Unterlagen, ob das getan wurde. Man sagt, daß einige der ursprünglichen Prototypen auf automatisches Feuer umgerüstet wurden, was ihre Einbeziehung als Maschinenpistole so eben rechtfertigt, aber dieses Exemplar wurde nie erprobt, wahrscheinlich, weil Smith & Wesson zu jener Zeit ausreichende Rüstungsaufträge hatte. Eine leicht geänderte Version der abgebildeten Waffe wurde 1940 eingeführt, als Großbritannien, das verzweifelt nach Waffen suchte, das gesamte Los von 2000 Stück für die Royal Navy kaufte. Alle Werkzeuge und Lehren wurden mit dem Auftrag mitgeliefert. Was bei dieser Waffe auffällt, ist ihre Qualität. Verschluß und Lauf waren aus Chromnickelstahl hergestellt, der Rest des Metalls bestand aus Manganstahl, und die Verarbeitung, die Brünierung und die allgemeine Erscheinung der Waffe entsprachen voll dem Friedensstandard, den man von einer so berühmten Firma erwarten kann. Die Waffe arbeitete im normalen Gasdruckbetrieb und schoß mit offenem Verschluß. Eines ihrer ungewöhnlichen Merkmale war, daß die Hinterseite des sehr breiten Magazingehäuses ein Auswurfrohr enthielt, durch welches die leeren Hülsen nach dem Zünden ausgestoßen wurden. Angesichts der kleinen Stückzahl sind Muster dieser Waffe sehr selten und sehr gesucht. Offizielle Berichte über diese MP gibt es kaum, und ihre Geschichte liegt etwas im Dunkeln.

Fehlen des Kompensators an der Mündung, der Ersatz des vorderen Pistolengriffes durch einen geraden Schaft (obwohl der Pistolengriff beim Modell 28 wahlweise zu erhalten war), der Verzicht auf die ziemlich komplizierte Kimme und ihr Ersatz durch eine einfache Klappe. Der Hauptunterschied bei der Funktion war, daß die neue Waffe nicht das 50-Schuß Trommelmagazin aufnahm. Aber dies war kein Nachteil, da es unter Einsatzbedingungen nie zuverlässig gewesen war. Ein neues 30-Schuß Stangenmagazin wurde gleichzeitig eingeführt, und auch das frühere 20-Schuß Magazin paßte in das neue Modell. Es gab noch eine weitere Vereinfachung. Der Schlagbolzen wurde am Verschluß befestigt, was zu der M1, der abgebildeten Waffe, führte. Die fast ein Vierteljahrhundert alte Waffe leistete 1939/45 ausgezeichnete Dienste, denn wenn sie auch schwer zu tragen war, war sie sehr zuverlässig, und ihre Geschosse hatten eine beträchtliche Durchschlagskraft.

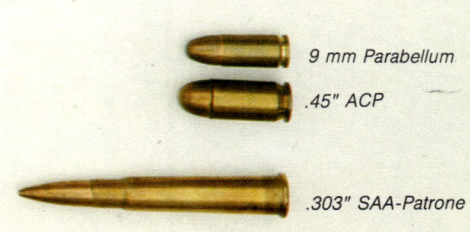

9 mm Parabellum

.45" ACP

.303" SAA-Patrone

Vereinigte Staaten von Amerika
UNITED DEFENSE MODEL 42

Länge: 820 mm
Gewicht: 4,14 kg
Lauf: 279 mm
Kaliber: .45″
Züge: 6, Rechtsdrall
Patronenzuführung: 20-Schuß Stangenmagazin
Kadenz: 700 Schuß/Min.
Anfangsgeschwindigkeit: 400 m/s
Visier: Feststehend

Die United States Defense Supply Corporation war eine Regierungsfirma, die 1941 gegründet wurde, um den verschiedenen am Zweiten Weltkrieg beteiligten Nationen Waffen zu liefern. Die erste Waffe, die sie zu einem Versuch erhielt, war eine ziemlich ungewöhnliche MP mit austauschbaren Läufen, einer im Kaliber 9 mm, der andere im

Kaliber .45″. Der jeweils nicht verwendete Lauf wurde als Kolben an das Hinterteil des Gehäuses angeschraubt. Diese Waffe erwies sich als Fehlschlag und ging nie in die Produktion. Die UDM 42, die abgebildete Maschinenpistole, wurde etwa 1939 von einem Carl Swebilius konstruiert. Das Modell 42 arbeitete im normalen Gasdruckbetrieb, mit

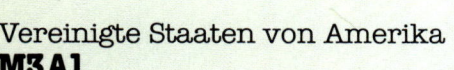

Vereinigte Staaten von Amerika
M3A1

Länge: 757 mm
Gewicht: 3,70 kg
Lauf: 203 mm
Kaliber: .45″
Züge: 4, Rechtsdrall
Patronenzuführung: 30-Schuß Stangenmagazin
Kadenz: 400 Schuß/Min.
Anfangsgeschwindigkeit: 280 m/s
Visier: Feststehend

1941 ging die Entwicklungsabteilung für leichte Waffen des Rüstungskorps der US-Armee daran, eine Maschinenpistole zu entwickeln, die den verschiedenen Richtlinien der einzelnen Streitkräfte entsprach. Es war beabsichtigt, eine Waffe herzustellen, die mit den modernen Methoden der Massenfertigung produziert werden konnte. Sofort nachdem die Grundkonstruktion von George Hyde, einem bekannten Experten für Maschinenpistolen, festgelegt war, wurde die Produktion in die Hände von Frederick Sampson, einem gleichermaßen angesehenen Experten auf seinem Gebiet, gelegt. Eine sehr detaillierte Studie über die Methoden, die bei der Herstellung der erfolgreichen britischen Sten-MP angewandt wurden, wurde erstellt, und die Arbeiten gingen so gut voran,

daß noch vor Ende 1942 die Prototypen erprobt waren und die neue Waffe als Standardwaffe unter der Bezeichnung M 3 akzeptiert wurde. Die neue MP sah sehr zweckmäßig aus. Sie war soweit wie möglich aus Stanzteilen hergestellt, und außer am Lauf und am Verschluß war keine Maschinenarbeit erforderlich. Sie arbeitete im Gasdruckbetrieb und hatte keine Vorrichtung für Einzelfeuer. Da aber ihre Feuergeschwindigkeit niedrig war, war dies akzeptabel. Sie hatte einen Kolben aus starkem, gebogenem Draht, der zurückgezogen werden konnte. Das Kaliber war .45″, aber die Waffe konnte leicht auf 9 mm umgerüstet werden. Sie ähnelte sehr stark einer Fettpresse, was zu ihrem berühmten Spitznamen Grease Gun führte. Der Einsatz in Massen zeigte einige Nachteile der Waffen

Impressum

ISBN   3-7276-7033-9

© Copyright für die deutschsprachige Ausgabe by Verlag Stocker-Schmid AG
Dietikon, Zürich, Schweiz 1980
Nachdruck, Uebersetzungen, fotografische Vervielfältigungen, Mikrofilme
sind, auch auszugsweise verboten

Berechtigte Lizenzausgabe für die
Bundesrepublik Deutschland:
Motorbuchverlag, 7 Stuttgart 1
Postfach 1370
Eine Abteilung des Buch- und Verlagshauses
Paul Pietsch GmbH & Co. KG

Die englische Originalausgabe erschien 1978
unter dem Titel «Modern Small Arms». © by Salamander Books Limited, London

Satz: Rung Druck GmbH, Göppingen
Druck: Henri Proost et Cie., Turnhout, Belgien
Gestaltung der deutschsprachigen Ausgabe: Jack Säuberli ASG, Aarau

MODERNE HAND UND FAUSTFEUERWAFFEN, MASCHINENWAFFEN UND PANZERBÜCHSEN

Eine illustrierte Enzyklopädie berühmter militärischer Feuerwaffen von 1873 bis heute

Frederick Myatt

Verlag Stocker-Schmid Dietikon-Zürich

Motorbuch Verlag Stuttgart

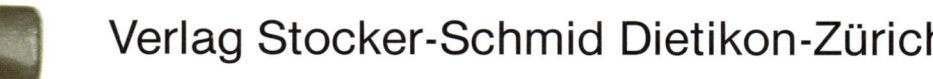

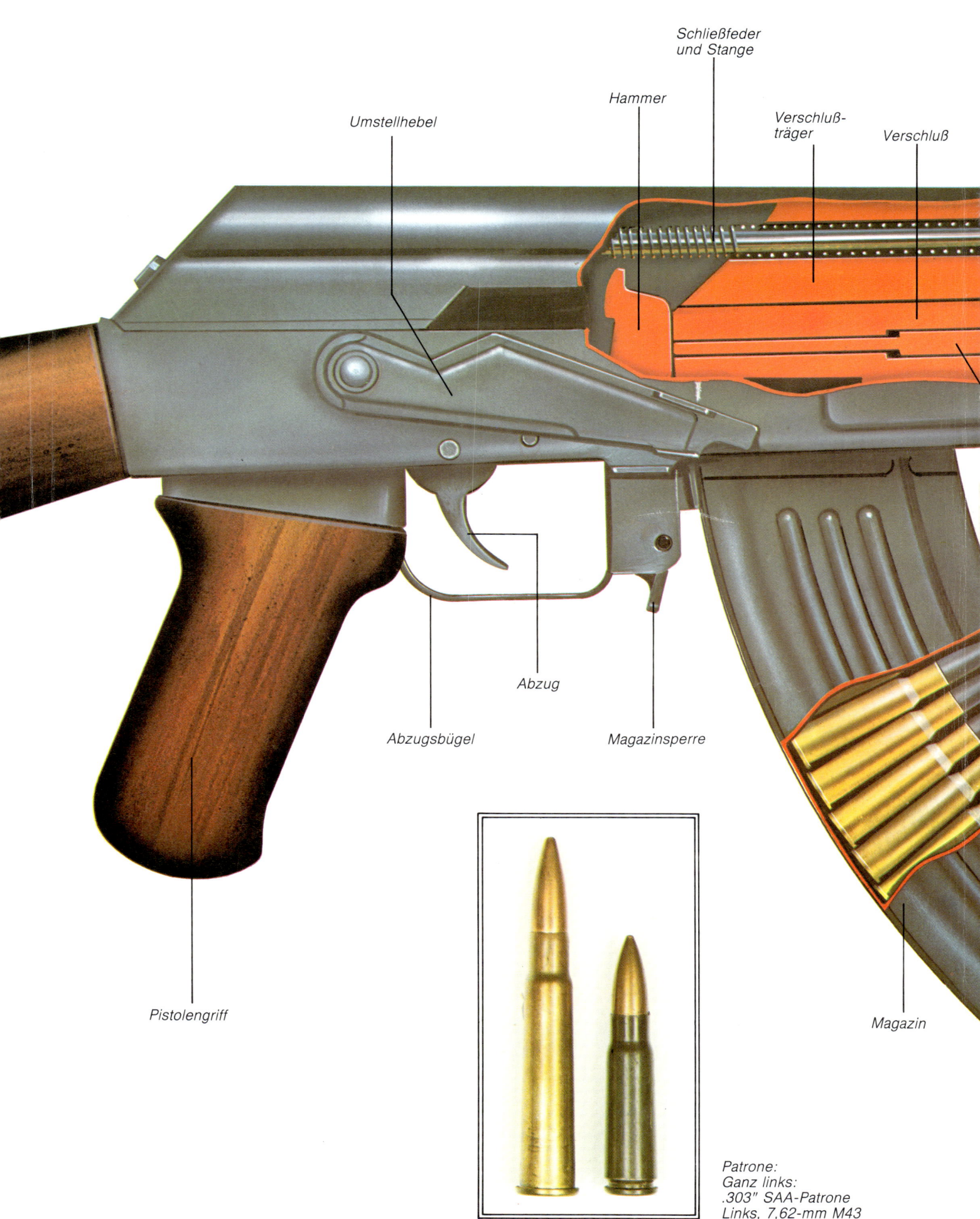

Schließfeder
und Stange

Hammer

Verschluß-
träger

Verschluß

Umstellhebel

Abzug

Abzugsbügel

Magazinsperre

Pistolengriff

Magazin

Patrone:
Ganz links:
.303" SAA-Patrone
Links, 7,62-mm M43

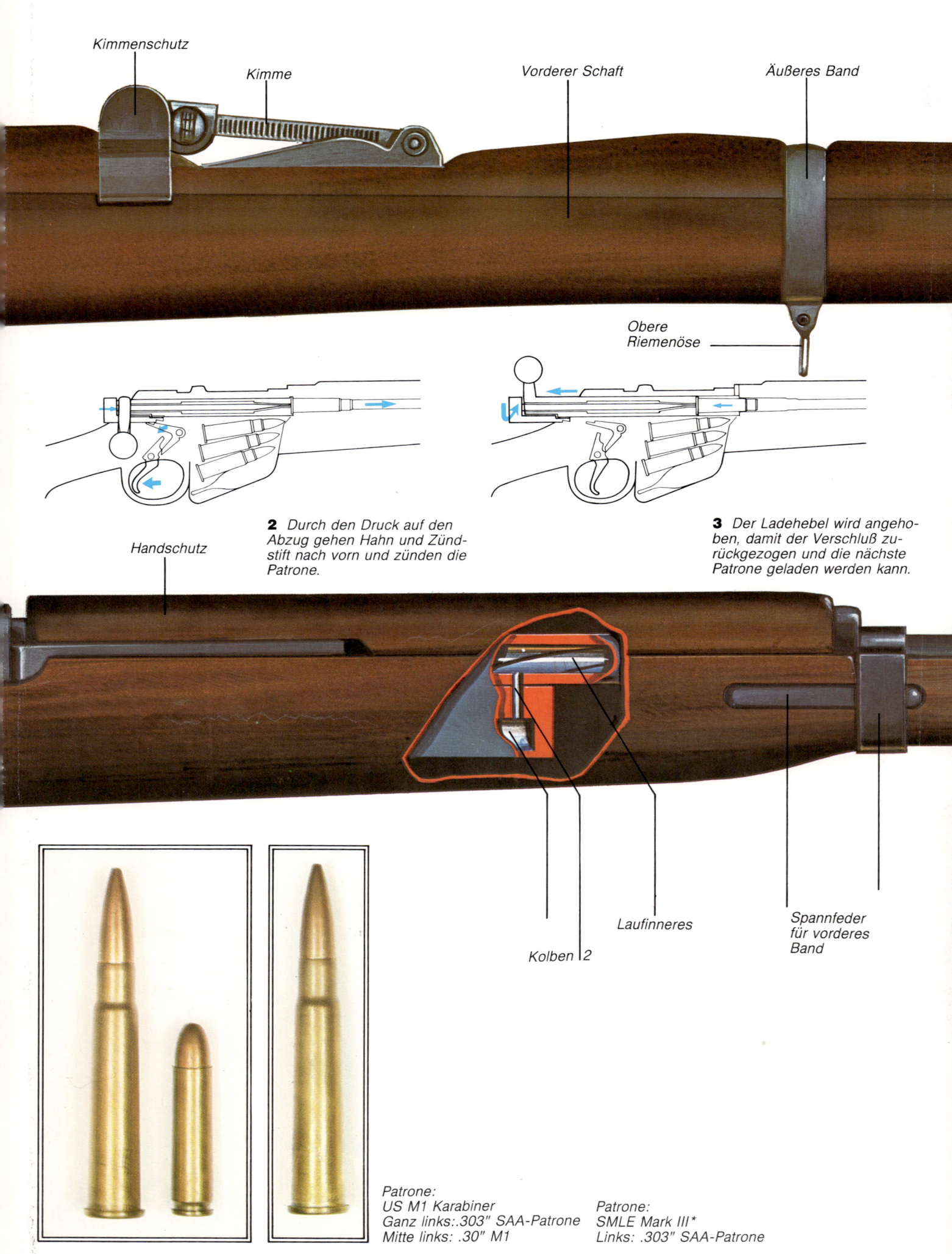

Kimmenschutz

Kimme

Vorderer Schaft

Äußeres Band

Obere
Riemenöse

Handschutz

2 Durch den Druck auf den Abzug gehen Hahn und Zündstift nach vorn und zünden die Patrone.

3 Der Ladehebel wird angehoben, damit der Verschluß zurückgezogen und die nächste Patrone geladen werden kann.

Laufinneres

Spannfeder
für vorderes
Band

Kolben 2

Patrone:
US M1 Karabiner
Ganz links:.303" SAA-Patrone
Mitte links: .30" M1

Patrone:
SMLE Mark III*
Links: .303" SAA-Patrone

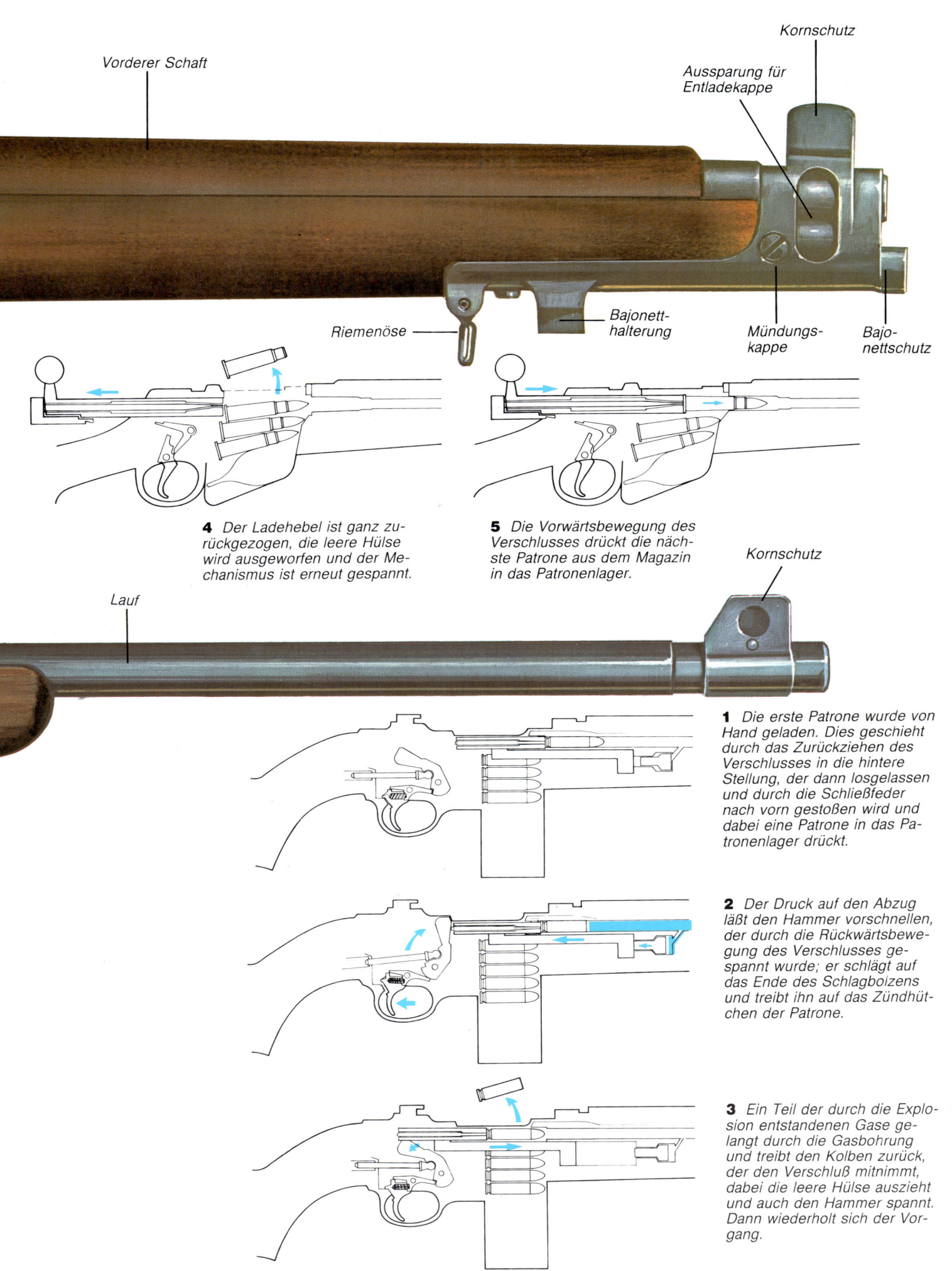

Vorderer Schaft

Kornschutz

Aussparung für
Entladekappe

Riemenöse

Bajonett-
halterung

Mündungs-
kappe

Bajo-
nettschutz

4 Der Ladehebel ist ganz zurückgezogen, die leere Hülse wird ausgeworfen und der Mechanismus ist erneut gespannt.

5 Die Vorwärtsbewegung des Verschlusses drückt die nächste Patrone aus dem Magazin in das Patronenlager.

Kornschutz

Lauf

1 Die erste Patrone wurde von Hand geladen. Dies geschieht durch das Zurückziehen des Verschlusses in die hintere Stellung, der dann losgelassen und durch die Schließfeder nach vorn gestoßen wird und dabei eine Patrone in das Patronenlager drückt.

2 Der Druck auf den Abzug läßt den Hammer vorschnellen, der durch die Rückwärtsbewegung des Verschlusses gespannt wurde; er schlägt auf das Ende des Schlagbolzens und treibt ihn auf das Zündhütchen der Patrone.

3 Ein Teil der durch die Explosion entstandenen Gase gelangt durch die Gasbohrung und treibt den Kolben zurück, der den Verschluß mitnimmt, dabei die leere Hülse auszieht und auch den Hammer spannt. Dann wiederholt sich der Vorgang.

AK 47 (KALASCHNIKOW)

Die Russen lernten im Zweiten Weltkrieg den Wert der Feuerkraft zu
schätzen, und sofort nach Kriegsende gingen sie daran, eine Grundwaffe
für die Infanterie zu entwickeln, die automatisches Feuer mit größerer
Reichweite und Genauigkeit schießen konnte als die verschiedenen
Maschinenpistolen, die sie im Kriege gehabt hatten. Sie waren besonders
beeindruckt von der deutschen MP 44 und wahrscheinlich halfen ihnen
gefangene deutsche Konstrukteure. Das Endergebnis ihrer Anstrengungen war die abgebildete Waffe (deren Konstrukteur Michael Kalaschnikov
war), die ab 1951 in der Roten Armee eingeführt wurde. Sie wurde auch
in anderen Ländern des Warschauer Pakts in großen Zahlen hergestellt,
und auch das chinesische Sturmgewehr beruht auf ihr. Obwohl die Waffe
in Rußland als veraltet gilt, muß es Tausende davon in den Händen
verschiedener subversiver und Terrororganisationen geben.
(Volle Beschreibung auf den Seiten *184/185*.)

Kolben

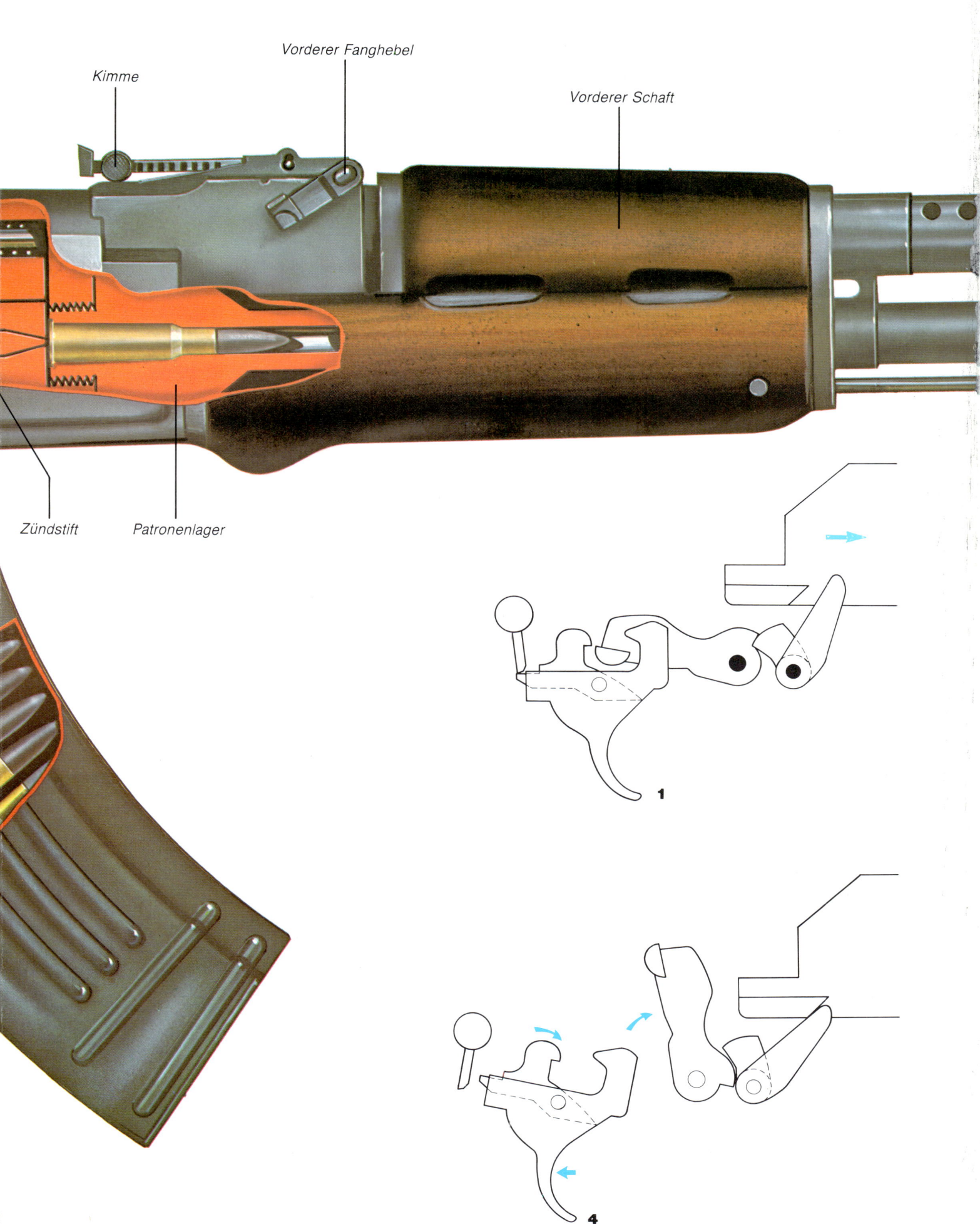

Kimme

Vorderer Fanghebel

Vorderer Schaft

Zündstift

Patronenlager

1

4

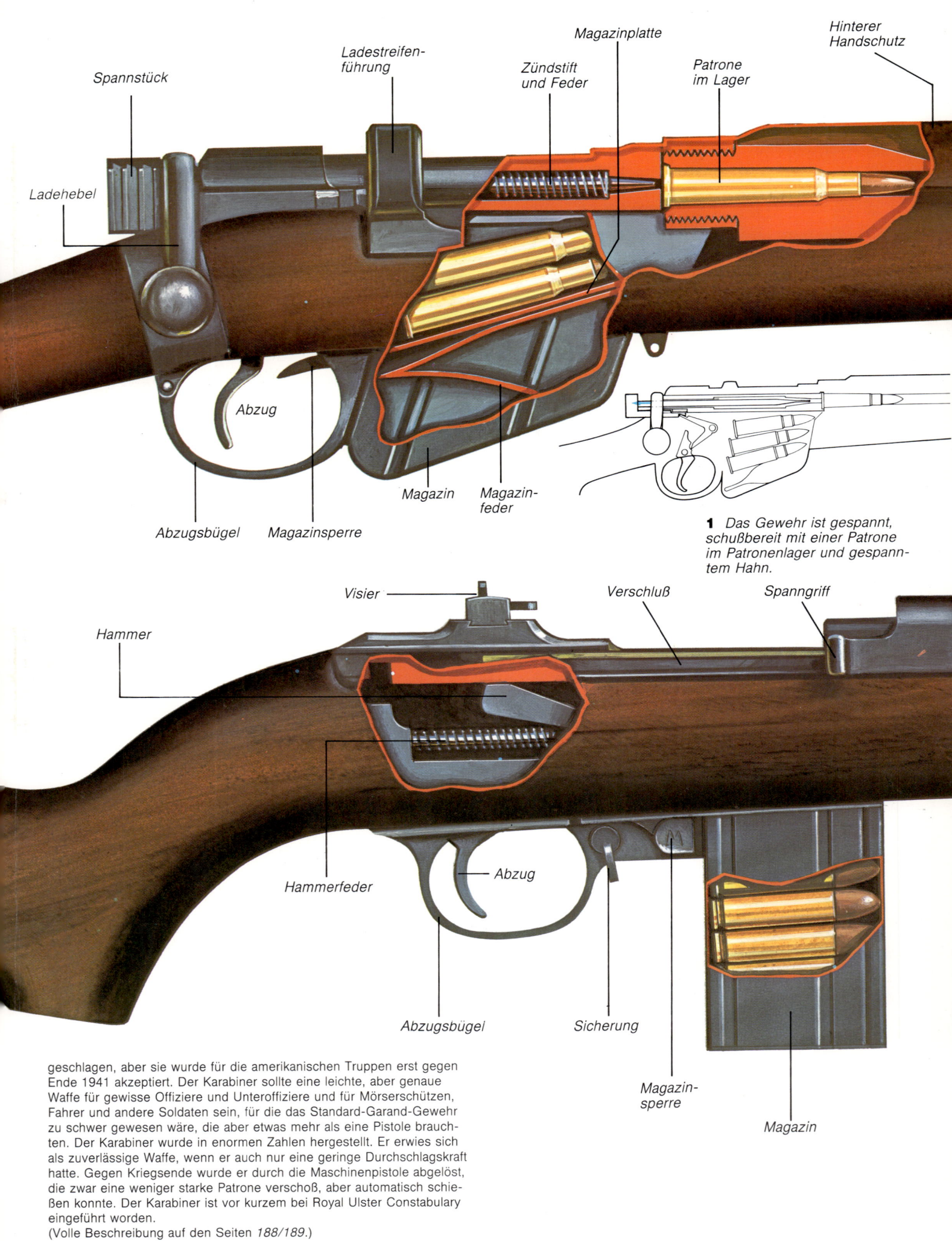

Spannstück

Ladestreifen-führung

Magazinplatte

Zündstift und Feder

Patrone im Lager

Hinterer Handschutz

Ladehebel

Abzug

Abzugsbügel

Magazinsperre

Magazin

Magazin-feder

1 Das Gewehr ist gespannt, schußbereit mit einer Patrone im Patronenlager und gespann-tem Hahn.

Visier

Verschluß

Spanngriff

Hammer

Hammerfeder

Abzug

Abzugsbügel

Sicherung

Magazin-sperre

Magazin

geschlagen, aber sie wurde für die amerikanischen Truppen erst gegen Ende 1941 akzeptiert. Der Karabiner sollte eine leichte, aber genaue Waffe für gewisse Offiziere und Unteroffiziere und für Mörserschützen, Fahrer und andere Soldaten sein, für die das Standard-Garand-Gewehr zu schwer gewesen wäre, die aber etwas mehr als eine Pistole brauchten. Der Karabiner wurde in enormen Zahlen hergestellt. Er erwies sich als zuverlässige Waffe, wenn er auch nur eine geringe Durchschlagskraft hatte. Gegen Kriegsende wurde er durch die Maschinenpistole abgelöst, die zwar eine weniger starke Patrone verschoß, aber automatisch schie-ßen konnte. Der Karabiner ist vor kurzem bei Royal Ulster Constabulary eingeführt worden.

(Volle Beschreibung auf den Seiten *188/189*.)

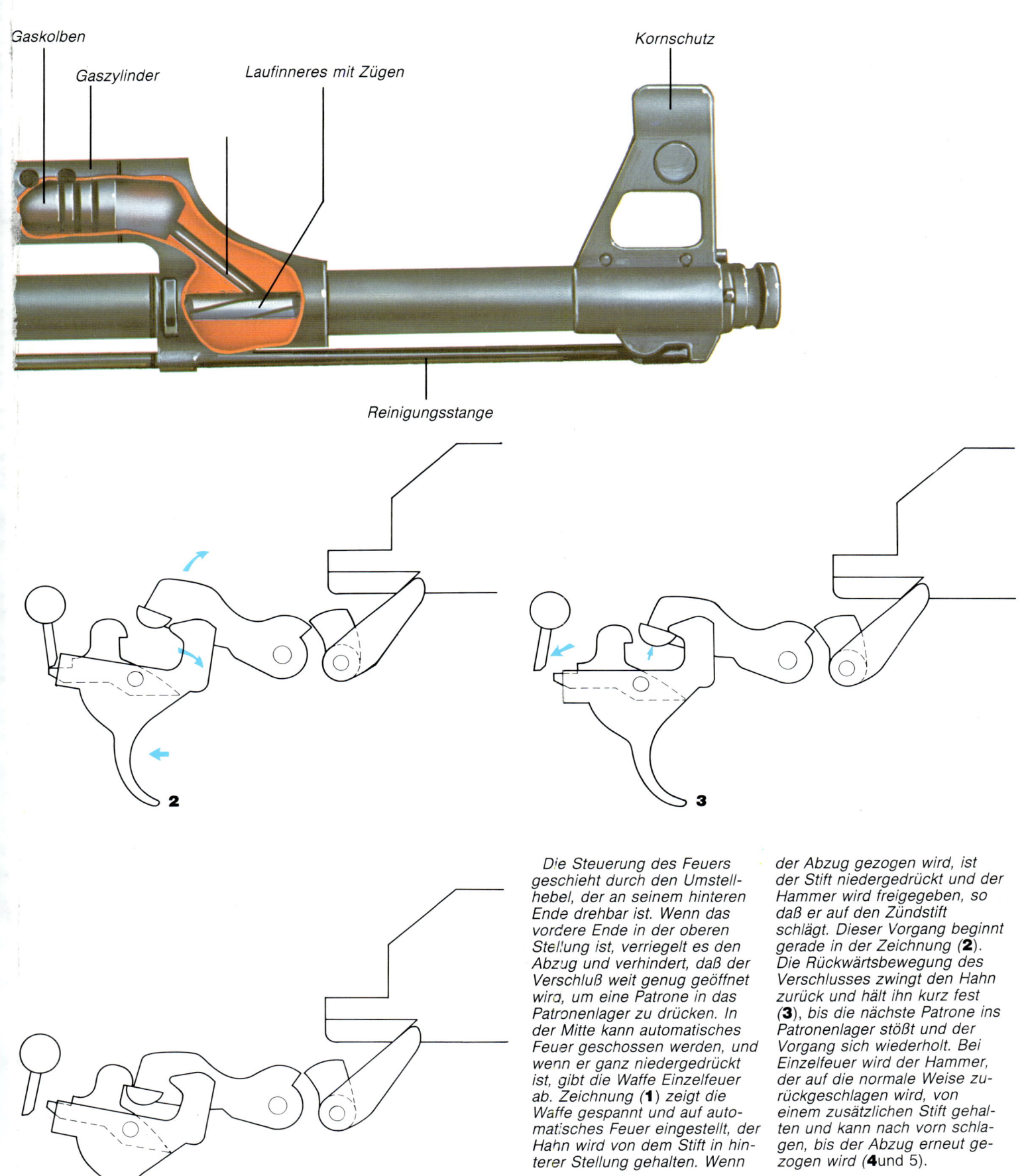

Gaskolben

Gaszylinder

Laufinneres mit Zügen

Kornschutz

Reinigungsstange

2

3

5

Die Steuerung des Feuers geschieht durch den Umstellhebel, der an seinem hinteren Ende drehbar ist. Wenn das vordere Ende in der oberen Stellung ist, verriegelt es den Abzug und verhindert, daß der Verschluß weit genug geöffnet wird, um eine Patrone in das Patronenlager zu drücken. In der Mitte kann automatisches Feuer geschossen werden, und wenn er ganz niedergedrückt ist, gibt die Waffe Einzelfeuer ab. Zeichnung (**1**) zeigt die Waffe gespannt und auf automatisches Feuer eingestellt, der Hahn wird von dem Stift in hinterer Stellung gehalten. Wenn der Abzug gezogen wird, ist der Stift niedergedrückt und der Hammer wird freigegeben, so daß er auf den Zündstift schlägt. Dieser Vorgang beginnt gerade in der Zeichnung (**2**). Die Rückwärtsbewegung des Verschlusses zwingt den Hahn zurück und hält ihn kurz fest (**3**), bis die nächste Patrone ins Patronenlager stößt und der Vorgang sich wiederholt. Bei Einzelfeuer wird der Hammer, der auf die normale Weise zurückgeschlagen wird, von einem zusätzlichen Stift gehalten und kann nach vorn schlagen, bis der Abzug erneut gezogen wird (**4**und 5).

Belgien
SELBSTLADEGEWEHR (VERSUCHSMODELL)

Länge: 1117 mm
Gewicht: 4,31 kg
Lauf: 591 mm
Kaliber: 7,92 mm
Züge: 4, Rechtsdrall
Betrieb: Gasdruck
Patronenzuführung: 10-Schuß Kastenmagazin
Anfangsgeschwindigkeit: 730 m/s
Visier: 1000 m

Diese Waffe wurde ursprünglich in den dreißiger Jahren in Belgien von M. Saive entwickelt, der sie als Ersatz für die Schlagbolzengewehre vom Typ Mauser vorsah, die die belgische Armee damals hatte. Im Mai 1940 fielen die Deutschen jedoch in Belgien ein, und die Arbeit an dem neuen Gewehr wurde eingestellt. Es gelang dem Konstruk-

Belgien
FN-GEWEHR FAL

Länge: 1054 mm
Gewicht: 4,31 kg
Lauf: 533 mm
Kaliber: 7,62 mm
Züge: 4, Rechtsdrall
Betrieb: Gasdruck
Patronenzuführung: 20-Schuß Kastenmagazin
Anfangsgeschwindigkeit: 853 m/s
Visier: 600 m

Die Belgier, die seit langem einen guten Ruf als Waffenhersteller haben, arbeiteten vor dem Krieg an der Entwicklung eines Selbstladegewehres. Der Konstrukteur entkam mit den Plänen für diese Waffe nach England, wo sie später hergestellt wurde und auch die Grundlage aller weiterer belgischen Entwicklungen wurde. Die Einzelheiten

dieser frühen Waffe sind oben beschrieben. Das FAL (Fusil Automatique Légère) entstand 1950. Es sollte ursprünglich die deutsche mittlere Patrone verschießen, wurde aber später auf die Standard-NATO-Patrone umgerüstet und wurde dann sehr beliebt. Es arbeitet im Gasdruckbetrieb, kann Einzel- oder Stoßfeuer schießen und

war im allgemeinen eine robuste und wirksame Waffe, die den militärischen Anforderungen gut genügte. Es wurde an viele Länder verkauft. Obwohl es Stoßfeuer schießen konnte, führte dies zu Problemen der Zielgenauigkeit, weil die Mündung unvermeidlicherweise hochgerissen wurde. Deshalb stellten viele Länder ihre Gewehre dau-

ernd auf halbautomatischen Betrieb, was immer noch 20 oder 30 gut gezielte Schüsse pro Minute ermöglichte. Es gab auch eine Ausführung mit schwerem Lauf und einem leichten Zweibein, die manche Länder als automatische Waffe auf Gruppenebene einführten. Um den besonderen Bedürfnissen verschiedener Käufer zu entsprechen, gab es viele Änderungen, die meisten davon waren aber geringfügig. Als Großbritannien sein EM 2 er-

setzte, entschloß es sich wie viele andere Länder, eine Ausführung des belgischen Selbstladers einzuführen und kaufte 1000 Stück für Versuche. Die untere Waffe ist eines dieser Originalstücke. Wie gewöhnlich wurden einige Änderungen vorgenommen, und die Waffe wurde unter Einsatzbedingungen in Kenia, Malaya und an anderen Orten erprobt, bevor sie eingeführt wurde. Sie wurde dann in England hergestellt. Die obere

der abgebildeten Waffen ist eine sehr frühe Ausführung des Fusil Automatique Légère, die die .280" Patrone, die ursprünglich für das britische EM 2 entwickelt wurde, verschießen sollte. Der Grund hierfür ist nicht bekannt, aber es ist anzunehmen, daß wenn das britische EM2-Gewehr eingeführt worden wäre, einige Länder eine orthodoxer aussehende Waffe mit demselben Kaliber wie das britische EM2 gewünscht hätten.

teur, mit den Plänen für seine neue Waffe nach England zu entkommen. Saive arbeitete wie andere Flüchtlinge weiter an verschiedenen Kriegsprojekten für Großbritannien, aber bis Kriegsende geschah mit seiner Waffe nichts. Dann wurde eine Anzahl in der Royal Small Arms Factory in Enfield hergestellt. Die Waffe erhielt die englische Bezeichnung Self Loading Experimental Model, die zu SLEM abgekürzt wurde. Sie arbeitete im Gasdruck-

betrieb. Der Gaszylinder lag oberhalb des Laufes, und sie hatte einen Verschluß, der dem des russischen Tokarev-Gewehrs sehr ähnlich war. Die Waffen waren im allgemeinen gut verarbeitet und hatten einen Schaft und Kolben in Nußbaum, wodurch sie sehr teuer in der Herstellung wurden. Diese Prototypen, die für die deutsche 7,92 mm-Mauser-Patrone ausgelegt waren, wurden umfangreichen Erprobungen unterzogen und erwie-

sen sich als sehr erfolgreich. Aber die britische Armee erprobte damals auch ihr eigenes EM2, und deshalb tat sie nichts für die belgische Waffe. Als M. Saive nach Belgien zurückkehrte, setzte er dort seine Arbeit fort und brachte bald ein verbessertes Modell heraus, das Modell 49. Zu dieser Zeit sahen sich viele Länder nach billigen und zuverlässigen Selbstladegewehren für die Umrüstung ihrer Infanterie um, und das Modell 49

wurde sofort ein Erfolg. Es wurde in großen Stückzahlen an Länder wie Kolumbien, Venezuela, Ägypten und Luxemburg verkauft. Die Belgier, die natürlich auf Geschäfte aus waren, richteten sich gern nach den Wünschen ihrer Kunden und stellten das Modell 49 in vielen Kalibern her. Auch die belgische Armee führte es ein, und es wurde in Korea eingesetzt. Später wurde es zu dem äußerst erfolgreichen FAL weiterentwickelt.

FAL.280" Experimental,

FAL 7,62 mm (Trials Model)

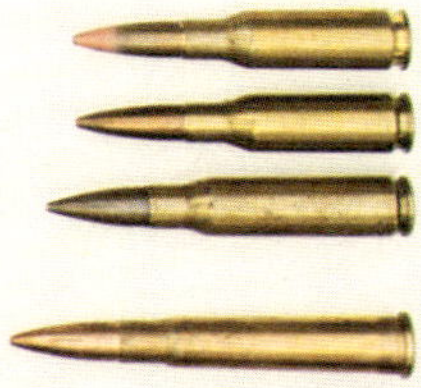

7,92 mm Patrone 98

.280" Experimental

7,62 mm NATO

.303" SAA-Patrone

Tschechoslowakei
MODELL VZ 52

Länge: 1016 mm
Gewicht: 4,08 kg
Lauf: 521 mm
Kaliber: 7,62 mm
Züge: 4, Rechtsdrall

Betrieb: Gasdruck
Patronenzuführung: 10-Schuß Kastenmagazin
Anfangsgeschwindigkeit: 740 m/s
Visier: 900 m

Dieses Selbstladegewehr wurde gegen Ende des Zweiten Weltkrieges in der Tschechoslowakei entwickelt und konstruiert, kurz bevor das Land in den kommunistischen Block überging. Bei ihm sind eine beträchtliche Anzahl von Ideen ver-

wirklicht, die von früheren Waffen ähnlicher Art abgeschaut wurden. Es sollte ursprünglich eine mittlere Patrone rein tschechischer Konstruktion verschießen, die mit keiner anderen austauschbar war und arbeitete im Gasdruckprinzip. Allerdings war die Methode des Gasdruckbetriebs etwas eigenartig, denn die Waffe hatte keinen Gaszylinder oder Kolben der gewöhnlichen Art. Die Kraft wurde durch

Frankreich
MODÈLE 1886 (LEBEL)

Länge: 1295 mm
Gewicht: 4,22 kg
Lauf: 800 mm
Kaliber: 8 mm
Züge: 4, Linksdrall

Betrieb: Repetiergewehr
Patronenzuführung: 8-Schuß Röhrenmagazin
Anfangsgeschwindigkeit: 716 m/s
Visier: 2000 m

Das erste von Frankreich eingeführte Hinterladegewehr war das Modèle 1866 oder Chassepot, ein Zündnadelgewehr, das eine brennbare Papierpatrone verschoß. Es

Frankreich
FUSIL MAS 36

Länge: 1020 mm
Gewicht: 3,76 kg
Lauf: 574 mm
Kaliber: 7,5 mm
Züge: 4, Linksdrall
Betrieb: Repetiergewehr
Patronenzuführung: 5-Schuß Kastenmagazin
Anfangsgeschwindigkeit: 823 m/s
Visier: 1200 m

Gegen Ende des Ersten Weltkrieges stand für die Franzosen fest, daß sie eine neue Gewehrpatrone brauchten. Die ursprüngliche rauchlose Lebelpatrone aus dem Jahre 1886 war zu ihrer Zeit revolutionär

gewesen, aber natürlich waren inzwischen modernere Patronen entwickelt worden. Ihr eigentlicher Nachteil war ihre Form, denn ihr sehr breiter Boden und die starke Verjüngung machten sie für den

Einsatz in automatischen Waffen ungeeignet. Da diese im Ersten Weltkrieg das Schlachtfeld beherrscht hatten, war eine Änderung erforderlich. Deshalb wurde 1924 eine neue, randlose Patrone entwickelt, die der deutschen 7,92 mm-Patrone ähnelte. Die Entwicklung geeigneter automatischer Waffen, die an anderer Stelle in diesem Buch beschrieben werden, erhielt Vorrang, aber nachdem sie abgeschlossen war, wurde auch ein

eine Manschette um den Lauf übertragen, die von dem Druck der Gase, die aus dem Lauf abgezapft wurden, scharf nach hinten gestoßen wurde und den Verschluß mitnahm. Der Verschluß selbst war ungewöhnlich, denn er arbeitete nach dem Kippverfahren, bei dem das vordere Ende des Verschlusses in eine Aussparung fiel, die in den Boden des Gehäuses geschnitten war. Dadurch war der

Verschluß im Zeitpunkt der Zündung fest verriegelt. Das Gewehr schoß mit der ursprünglichen Patrone, für die es konstruiert war, gut. Aber die Russen zwangen die Tschechen später, diese Patrone zugunsten ihrer eigenen, schwächeren aufzugeben, wodurch die Leistung des Gewehres auf Kosten der Standardisierung beeinträchtigt wurde. Das neue Gewehr war bekannt unter der Bezeichnung Mo

dell 52/57. Das ursprüngliche VZ 52 war relativ schwer, was den Rückstoß verringerte, aber die Kraft des Soldaten übermäßig beanspruchte. Das Gewehr hatte eine sehr komplizierte Gasdruckregulierung. Bei jeder Verstellung mußte der Schaft entfernt werden, bevor der Regler verstellt werden konnte, und man konnte dann nur durch Versuche den richtigen Gasdurck ermitteln, was das Schießen mit der Waffe

komplizierte. Schaft und Kolben bestanden oft aus einem Holz schlechter Qualität von schmutzig gelber Farbe, wodurch die Waffe klobig und billig aussah. Die Waffe hatte ein ständig befestigtes Bajonett, das an der rechten Seite des Schaftes nach hinten geklappt werden konnte, wenn es nicht gebraucht wurde. Sowohl das VZ 52 wie auch das VZ 52/57 werden heute als veraltet angesehen.

ähnelte dem preußischen Zündnadelgewehr, wies aber eine bessere Leistung auf und wurde von den Franzosen im Krieg 1870/71 eingesetzt. 1863 wurde es so geändert, daß es eine moderne Metallpatrone verschießen konnte und 1874 wurde es durch das Gras, eine ähnliche Waffe, abgelöst. Vier Jahre später wurde die französische Marineinfanterie mit dem österreichischen Kropatschek-Gewehr ausgerüstet. Aus dieser Waffe wurde das neue Modèle 1886 konstruiert. Es ist wahrscheinlich bekannter als Lebel-Gewehr, nach Oberstleutnant Nicholas Lebel, einem Angehörigen

der französischen Kommission für leichte Waffen, der für seine Einführung verantwortlich zeichnete. Es war ein Repetiergewehr mit einem Röhrenmagazin im Vorderschaft anstelle des allgemein üblichen Kastenmagazins. Diese Magazinart, die eigentlich in den USA entwickelt worden war, hatte auch das frühere französische Marinewehr gehabt. In seinem vorderen Ende enthielt es eine starke Spiralfeder, an deren hinterem Ende ein dicht abschließender Stopfen befestigt war. Das Gewehr wurde geladen, indem die Patronen mit dem Geschoß nach vorn in die Magazi

nöffnung unterhalb des Patronenlagers gedrückt wurden, bis die volle Kapazität von 8 Schuß erreicht war. Die in dem Magazin befindlichen Patronen konnten durch einen Umstellhebel in Reserve gehalten werden, durch den das Gewehr als Einzellader verwendet wurde, bis eine höhere Feuergeschwindigkeit erforderlich war. Das wichtigste Merkmal des Lebel-Gewehrs war ohne Zweifel die Tatsache, daß seine Patronen mit einem kurz zuvor entwickelten, rauchlosen Treibstoff anstelle des alten Schwarzpulvers gefüllt waren. Die Franzosen führten dieses Pulver als erste ein.

Rauchloses Pulver hat zwei auf der Hand liegende Vorteile. Die Schützenlinie ist nicht leicht zu erkennen, und das Ziel ist nicht durch Rauch verdeckt, was beim Schwarzpulver oft der Fall gewesen war. Um die maximale Kraft aus der Patrone zu erhalten, war sie flaschenförmig statt zylindrisch, so daß so viel Treibstoff wie möglich hineinging. Patronen mit rauchlosem Pulver wurden bald allgemein eingeführt, aber angesichts des größeren Drucks, der sich entwickelte, konnten die alten Gewehre nicht immer umgebaut werden, und neue Waffen wurden erforderlich.

neues Gewehr in die Produktion gegeben. Das MAS 36 war ein Repetiergewehr, das der Mauser ähnelte, bei dem aber der Verschluß hinter dem Magazin vom Gehäuse umschlossen war. Dadurch mußte der Ladehebel nach vorn gekröpft werden, damit ihn der Schütze erreichte, was ziemlich schlecht aussah. Das Magazin war ein Standard-Kastenmagazin mit 5 Schuß, und die Waffe hatte keine Sicherung. Das Gewehr hatte ein kreuz

förmiges Bajonett, das in einer Röhre unterhalb des Laufes mitgeführt wurde. Es wurde befestigt, indem der zylindrische Griff in die Öffnung der Behälterröhre gedrückt wurde, wo er von einer Feder festgehalten wurde. Für Luftlandetruppen wurde eine geringe Anzahl geänderter MAS 36 hergestellt. Sie hatten kürzere Läufe und einen zusammenklappbaren Kolben und erhielten die Bezeichnung MAS 36CR 39.

7,62 mm Sowjet M 43

8 mm Mle 86

7,5 Mle 29

.303 SAA-Patrone

Deutschland
GEWEHR 98

Länge: 1250 mm
Gewicht: 4,1 kg
Lauf: 740 mm
Kaliber: 7,92 mm
Züge: 4, Rechtsdrall
Betrieb: Repetiergewehr
Patronenzuführung: 5-Schuß Kastenmagazin
Anfangsgeschwindigkeit: 870 m/s
Visier: 2000 m

Die Deutschen waren 1848 die erste Nation, die ein Repetiergewehr einführte. Es war ihr Zündnadelgewehr. Anders als die Briten, die mit Gelenkverschlüssen und Fallblockverschlußgewehren experimentier-

Deutschland
GEWEHR 41 (W)

Länge: 1130 mm
Gewicht: 4,98 kg
Lauf: 5,46 mm
Kaliber: 7,92 mm
Züge: 4, Rechtsdrall
Betrieb: Gasdruck
Patronenzuführung: 10-Schuß Kastenmagazin
Anfangsgeschwindigkeit: 776 m/s
Visier: 1200 m

Deutschland
FALLSCHIRMGEWEHR 42

Länge: 940 mm
Gewicht: 4,5 kg
Lauf: 508 mm
Kaliber: 7,92 mm Patrone 98
Züge: 4, Rechtsdrall
Betrieb: Gasdruck
Patronenzuführung: 20-Schuß Kastenmagazin
Feuergeschwindigkeit: 750 Schuß/Min.
Anfangsgeschwindigkeit: 762 m/s
Visier: 1200 m

Diese Waffe war eines der ersten Sturmgewehre und wurde 1942 eingeführt. Ihr Hauptnachteil war, daß sie die Standard-Gewehrpatrone verschoß, die für die Waffe zu stark war. Dies war um so schlimmer, als die Deutschen schon

einen Erfolg mit mittelstarken Patronen erzielt hatten. Trotz dieser Tatsache erwies sich das Gewehr als bemerkenswert gute Waffe für die begrenzte Zahl der Soldaten, die mit ihm bewaffnet waren, hauptsächlich Fallschirmjäger. Man konnte Einzel- oder Dauerfeuer schießen. Bei Dauerfeuer schoß das FG 42 mit offenem Verschluß, das

heißt, es befand sich keine Patrone im Patronenlager, bis der Verschluß eine hineinstieß und gleichzeitig zündete. Der Grund hierfür war, daß das Patronenlager so heiß wurde, daß eine Patrone im Patronenlager nach kurzer Zeit selbst zün-

Das Gewehr 98 mit dem 20-schüssigen Versuchskastenmagazin

ten, blieben die Deutschen ständig diesem ursprünglichen System treu, das sie weiterentwickelten. Das erste Gewehr, das eine rauchlose Patrone verschoß, wurde 1888 eingeführt und hatte das Kaliber 7,92 mm. Ihm folgte 1898 das abgebildete Modell, das von der bekannten Firma Mauser hergestellt wurde. Es war eine starke und zuverlässige Waffe mit den Riemenö-

sen am Schaft, die durch diesen Hersteller berühmt wurden. Es hatte ein fünfschüssiges Magazin, dessen Unterseite mit dem Kolben abschloß, und obwohl der gerade Ladehebel etwas klobig war und für schnelles Feuer nicht an der richtigen Stelle saß, war dies ein kleiner Nachteil, der die Beliebtheit der Waffe nicht beeinträchtigte. Das Gewehr wurde in verschiedenen

Ausführungen an eine große Zahl von Ländern verkauft. Nur wenige Gewehrtypen sind in so großer Stückzahl hergestellt worden. Eine beträchtliche Anzahl der ersten Ausführung wurde von den Buren gekauft, die sie sehr wirkungsvoll in ihrem Krieg gegen die Engländer einsetzten, der ein Jahr später ausbrach. Die Waffen dienten den Deutschen im Ersten Weltkrieg

sehr gut. 1918 experimentierten sie dann mit einem 20-schüssigen Magazin, da bei dem häufigen Wechsel des 5-schüssigen Magazins ständig Schmutz in das Patronenlager geriet. Dieses Magazin erwies sich jedoch als Fehlschlag, hauptsächlich, weil eine Feder, die so viele Patronen hochdrücken mußte, das Laden des Magazins sehr erschwerte.

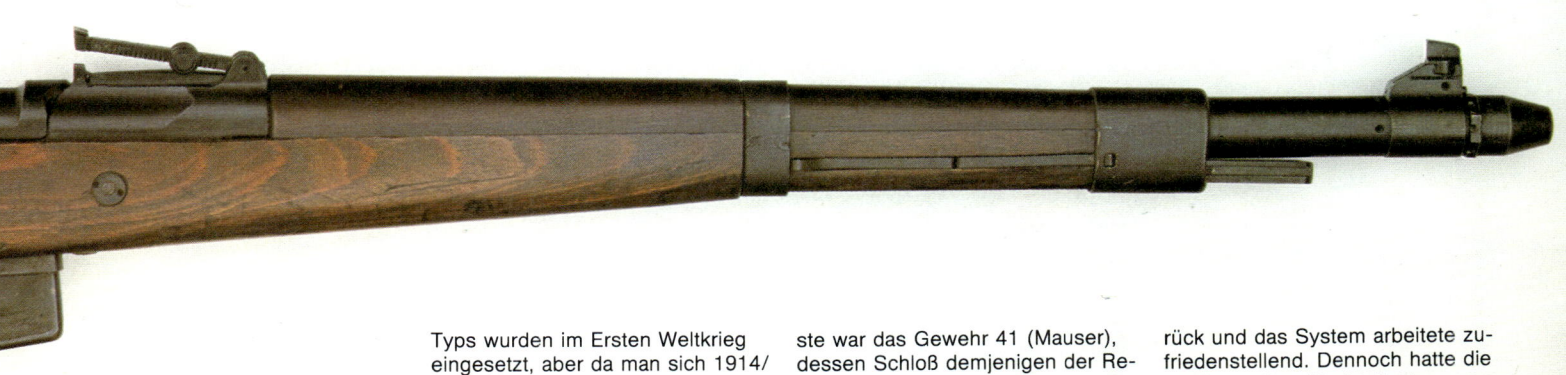

Die Deutschen gehörten zu den Pionieren der Selbstladegewehre. Schon 1901 hatten sie ein ganzes Regiment mit Selbstladegewehren ausgerüstet. Dieses Experiment wurde jedoch nicht weiterverfolgt, denn die Berichte waren zwar gut, aber das damals verwendete Gewehr war zu schwer für einen Einzelschützen. Einige Waffen dieses

Typs wurden im Ersten Weltkrieg eingesetzt, aber da man sich 1914/18 hauptsächlich auf die Erzielung einer großen Feuerkraft mit schwereren automatischen Waffen konzentrierte, gab es wieder keine Fortschritte. Deshalb wandte man sich erst nach dem Aufkommen des russischen Tokarev-Selbstladers kurz vor dem Zweiten Weltkrieg diesem Thema wieder zu, und bis 1941 waren zwei verschiedene Modelle in der Erprobung. Das er-

ste war das Gewehr 41 (Mauser), dessen Schloß demjenigen der Repetierwaffe ähnelte. Es war kein Erfolg und wurde bald aufgegeben. Das zweite war das Gewehr 41 (Walther), das wesentlich besser war. Es hatte eine Mündungskappe, die einen Teil der Gase auf einen ringförmigen Kolben zurückdrückte, der eine Stange oberhalb des Laufes betätigte. Die Schließfeder lag aber unterhalb des Laufes. Die Kolbenstange stieß den Verschluß zu-

rück und das System arbeitete zufriedenstellend. Dennoch hatte die Waffe gewisse Nachteile, besonders ihr Gewicht und den ungünstig gelegenen Schwerpunkt. Außerdem neigte sie dazu, um die Mündungskappe stark zu verschmutzen. Das Gewehr wurde in einer begrenzten Stückzahl hergestellt und hauptsächlich an Einheiten an der Ostfront ausgegeben. Schließlich wurde es durch die MP 43/44 abgelöst, die ihm bei weitem überlegen war.

dete. Das Gewehr hatte ein Bajonett und war mit einem leichten Zweibein ausgerüstet. Leider war es sehr teuer in der Herstellung. Da es eine Spezialwaffe für Luftladetruppen war, wurde es gegen Kriegsende kaum noch eingesetzt.

7,92 mm Patrone 98

7,92 mm Patrone 98

7,92 mm Patrone

.303" SAA-Patrone

Deutschland
MASCHINENPISTOLE MP 44

Länge: 940 mm
Gewicht: 5,1 kg
Lauf: 420 mm
Kaliber: 7,92 mm
Züge: 4, Rechtsdrall
Betrieb: Gasdruck
Patronenzuführung: 30-Schuß Kastenmagazin
Kadenz: 500 Schuß/Min.
Anfangsgeschwindigkeit: 647 m/s
Visier: 800 m

Die Erfahrung des Ersten Weltkrieges brachte die Deutschen zu der Erkenntnis, daß der Infanterist der Zukunft eine leichtere Waffe als das normale Gewehr brauchte. Die Arbeit an diesem Projekt begann vor dem Zweiten Weltkrieg. Bis 1941 war die wirksame mittelstarke Patrone hergestellt, die für die projektierte Waffe geeignet war. Es überrascht, daß man diese Patrone nicht für das FG 42 in Betracht zog, das zur gleichen Zeit entwickelt wurde, aber die normale Gewehrpatrone verschoß. Statt dessen wurden verschiedene neue Waffen für die mittelstarke Patrone entwickelt. 1942 war deren Zahl auf zwei gesunken, eine von Haenel, die andere von Walther, die beide als Maschinenkarabiner bezeichnet wurden. Die Ausführung von Haenel wurde 1943 aufgrund jüngster Kampferfahrungen von Schmeisser geändert und danach als MP 43 bezeichnet. Walthers Alternative wurde aufgegeben. Die neue Waffe, die im Gasdruckbetrieb mit einem

Deutschland
HECKLER & KOCH HK 33

Länge: 940 mm
Gewicht: 3,5 kg
Lauf: 382 mm
Kaliber: 5,56 mm
Züge: 6, Rechtsdrall
Betrieb: Rückstoß
Patronenzuführung: 20-, 30-, 40-Schuß Kastenmagazin
Kadenz: 600 Schuß/Min.
Anfangsgeschwindigkeit: 960 m/s
Visier: 400 m

Diese Waffe hat eine lange und etwas verwickelte Geschichte. Ihr Ursprung liegt in einem deutschen Gewehr, das im Verlaufe des Zweiten Weltkrieges entwickelt wurde. Nach dem Krieg wurde diese Waffe durch eine Anzahl deutscher Konstrukteure und Ingenieure geändert, die in Spanien arbeiteten. Das Ergebnis war das spanische CETME. Als Deutschland in den fünfziger Jahren wieder aufrüstete, entwickelte die Firma Heckler & Koch, die an dem CETME beteiligt war, die Konstruktion weiter und stellte ein Gewehr mit der Bezeichnung G 3 her. Es wurde bald das Standardgewehr der Bundeswehr und ist auch von einer großen Anzahl anderer Länder gekauft worden, von denen einige es von Heckler- & Koch kauften, während andere es in Lizenz herstellten. Das G 3 war von einer etwas ungewöhnlichen Konstruktion, denn es arbeitete nicht im Gasdruckprinzip (der verbreitetsten Methode), sondern mit verzögertem Rückstoß. Der Verschluß war nie voll verriegelt im strengen Sinne des Wortes. Er war mit Stützrollen ausgerüstet, die durch die Vorwärtsbewegung des Schlagbolzens nach außen in Aus-

Kolben in einem Gaszylinder oberhalb des Laufes arbeitete, wurde sofort zum Erfolg. Bis Ende 1943 hatte die Wehrmacht 14 000 Stück übernommen. Langfristig scheint damals geplant gewesen zu sein, die MP 43 zur universellen Waffe auf Gruppen- oder Zugebene zu machen und so Gewehre, Maschinenpistolen und leichte Maschinengewehre zugunsten der neuen Waffe aufzugeben. Nach den ersten Monaten des Jahres 1944 ging die Produktion stark zurück, und so

wurde dieses neue Konzept nie verwirklicht. Es gab verschiedene Sonderausführungen, insbesondere eine MP 43(1), die einen Aufsatz hatte, mit dem sie Granaten verschießen konnte. Sonst war sie mit der MP 43 identisch. 1944 wurde die Bezeichnung in MP 44 geändert, offenbar um den Jahreswechsel zu kennzeichnen, denn es ist nie ein anderer Grund bekannt geworden, und bis Ende des Jahres 1944 hatte die Waffe die Bezeichnung Sturmgewehr 44 erhalten.

Man sagt, daß dieser Ausdruck von Hitler selbst geprägt wurde. Ob dies stimmt oder nicht, es ist eine sehr treffende Bezeichnung, die seither verwendet wird. Die MP 44 hatte eine tiefgehende Wirkung auf die Entwicklung von Infanteriewaffen. Insbesondere die Russen erkannten schnell die Vorteile dieser neuen Waffenart und entwickelten sehr bald ihre eigene Ausführung in Form der AK 47.

sparungen im Gehäuse einrasteten. Die Form dieser Aussparung und ihre Stellung zu den Stützrollen war so, daß der Verschluß festgehalten wurde, bis der Druck auf ein sicheres Niveau abfiel. Dann wurden die Stützrollen aus den Aussparungen hinausgedrückt. Der restliche Gasdruck im Patronenlager stieß die leere Hülse nach hinten, wobei sie den Verschluß mitnahm und die Schließfeder zusammendrückte, die dann den Ablauf wiederholte. Diese Methode erwies sich als wirksam, obwohl die Verwendung einer Standard-Gewehrpatrone bei Verschlüssen dieser Art oft Probleme hervorruft. Die Hauptschwierigkeit ist, daß der Verschluß ziemlich schnell zurückstößt, ohne vorherige Drehbewegung zum Ausziehen der Patro-

ne, und dies kann Probleme verursachen. Dasselbe Problem hatte das amerikanische Pedersen-Gewehr, das an anderer Stelle in diesem Abschnitt besprochen wird. Bei dem G 3 wurde es durch eine Riffelung des Patronenlagers gelöst, und dadurch, daß man für die Hülse eine Messingqualität verwendete, die dem anfänglichen Stoß standhielt, ohne daß ihr Boden zerriß. Die HK 33 war einfach eine logische Weiterentwicklung dieser früheren Waffe, der sie äußerlich und mechanisch sehr ähnelte. Der hauptsächliche und bedeutende Unterschied ist, daß die HK 33 eine mittelstarke Patrone verschoß, die dieselben Vorteile bot. Sie zeigte über mittlere Entfernung gute Ergebnisse und ermöglichte ein viel

genaueres Feuer, als es mit der stärkeren 7,62 mm-Patrone möglich war. Die HK 33 wird nicht mehr hergestellt, aber es gibt verschiedene von ihr abgeleitete Waffen, darunter einige mit Teleskopkolben, eine Scharfschützenausführung und eine verkürzte Version.

7,92 mm kurz

5,56 mm × 45 mm

.303" SAA-Patrone

SHORT MAGAZINE LEE-ENFIELD MARK III UND V

Länge: 1130 mm
Gewicht: 3,71 kg
Lauf: 536 mm
Kaliber: .303″
Züge: 5, Linksdrall
Betrieb: Repetiergewehr
Patronenzuführung: 10-Schuß Magazin
Anfangsgeschwindigkeit: 738 m/s
Visier: 1829 m

Die britische Erfahrung im Burenkrieg von 1899–1902 zeigte die Notwendigkeit eines neuen Gewehres für den allgemeinen Einsatz, und noch vor Kriegsende war eine neue Waffe hergestellt, von der 1000 Stück für Versuche gefertigt wurden. Sie wurde auch im Einsatz bei den Kämpfen gegen den «Mad Mullah» in Somaliland erprobt.

Nach einigen Änderungen entstand 1907 das Gewehr Short Magazine Lee-Enfield Mark II. Es war eine ausgezeichnete Waffe, und wenn es auch etwas weniger genau als sein Vorgänger war, hatte es doch einige Vorteile, die dies ausglichen, insbesondere seinen leicht zu bedienenden Verschlußmechanismus, der eine schnelle Schußfolge zu-

PATTERN 1913 RIFLE

Länge: 1176 mm
Gewicht: 394 kg
Lauf: 661 mm
Kaliber: .276″
Züge: 5, Linksdrall
Betrieb: Repetiergewehr
Patronenzuführung: 5-Schuß Kastenmagazin
Anfangsgeschwindigkeit: 843 m/s
Visier: 1738 m

Obwohl die Lee-Enfield-Gewehr-Serie sich als bemerkenswert erfolgreich erwiesen hatte, blieb immer noch ein Rest von Vorurteil gegen ihren Verschluß im Vergleich zum vorn verriegelnden Mauser-System. Dies scheint der Hauptgrund für die Entwicklung dieser neuen Waffe gewesen zu sein. Die Arbeit begann 1910, und bis 1912

war es in der Vorserienfertigung für Truppenversuche, die im nächsten Jahr begannen, was zu der Bezeichnung führte. Obwohl man der Waffe die Herkunft Enfield ansieht, unterschied sie sich von der früheren Serie dadurch, daß sie einen Mauser-Verschluß hatte und eine randlose Patrone aus einem eingebauten fünfschüssigen Magazin

verschoß. Sie hatte auch eine Lochkimme, die von einer etwas klobigen Erhöhung des Gehäuses über dem Verschlußgang geschützt wurde. Man kann, ohne unfair zu sein, sagen, daß das Pattern 1913 fast eine Katastrophe war, denn obwohl es sehr genau schoß, gab es nichts zu seinen Gunsten zu sagen. Es war langsam und klobig in

SMLE Mark II,

SMLE Mark V

ließ. Die britische Armee hatte sich ganz auf das schnelle Gewehrfeuer konzentriert. Jeder ihrer Soldaten konnte mindestens 15 gut gezielte Schüsse pro Minute abgeben. Die vernichtende Wirkung dieses Feuers zeigte sich in den ersten Monaten des Ersten Weltkrieges, als die tapfere deutsche Infanterie schwere Verluste erlitt. Das Mark III war in der Herstellung kompliziert, und 1916 wurden verschiedene Vereinfachungen durchgeführt, vor allem der Verzicht auf die Magazinabsperrung und auf das besondere Fernvisier, das im Zeitalter des Ma-

schinengewehrs überflüssig wurde. Diese Änderungen führten zu dem Gewehr Mark III*, das vielleicht die berühmteste Infanteriewaffe der britischen Militärgeschichte wurde. Auch mit einem 45 cm langen Bajonett für den Nahkampf blieb es eine ausgezeichnete Waffe. Es war mit dem Mark III* möglich, Granaten abzuschießen, die entweder auf einer Stange oder einer Schraubkappe befestigt waren. Bald nach Kriegsende begannen die Briten ein neues Gewehr in Betracht zu ziehen, das seinem Vorgänger ähnelte, aber für die Massenherstel-

lung geeignet sein sollte. Der erste Schritt in diese Richtung führte zu einem neuen Gewehr, Mark V, das schon 1923 in geringer Stückzahl auftauchte. Neben einem zusätzlichen Schaftband in der Nähe der Mündung war der Hauptunterschied, daß es eine Lochkimme statt der V-Kimme der früheren Gewehre hatte. Die Erfahrung hatte gezeigt, daß dieses Visier sich besser für die Ausbildung eignete, während die vergrößerte Entfernung zwischen Kimme und Korn gleichzeitig die Fehlermarge verringerte und genaueres Schießen er-

möglichte. Schließlich wurde jedoch entschieden, daß die Umrüstung angesichts der großen Bestände an Gewehren zu teuer sein würde, und obwohl die Entwicklung eines neuen Gewehres weiter betrieben wurde, vertraute die britische Armee weiterhin ihrem bewährten Lee-Enfield, das bis lange nach Ausbruch des Krieges im Einsatz blieb. Für das Mark V sind keine separaten technischen Daten angegeben, weil es sich mit Ausnahme der Tatsache, daß die Visiereinrichtung nur für 1400 Yard ausgelegt war, wenig von seinem Vorgänger unterschied.

der Handhabung, besonders für Soldaten, die an das Lee-Enfield gewöhnt waren. Der Lauf verschmutzte sehr schnell durch Metallpartikel, und es hatte ein gewaltiges Mündungsfeuer und einen entsprechend lauten Knall. Am schlimmsten war jedoch, daß der Verschluß so schnell warm wurde, daß nach etwa 15 Schuß das große Risiko bestand, daß die Patrone beim Einführen in das Patronenlager selbst zündete, was sich ungünstig auf die Moral der Truppe auswirkte. Obwohl sofort umfangreiche Änderungen begonnen wurden, wurde das Projekt bei der britischen Armee schließlich auf Eis

gelegt. Angesichts der bedeutenden Rolle, die die britischen Gewehre 1914 spielten, war dies ganz richtig. Kurz nach Kriegsbeginn wurde es auf die britische Standard-Militärpatrone umgerüstet, aber da es in England keine geeigneten Einrichtungen für seine Herstellung gab, wurde es in den Vereinigten Staaten von den Waffenfabriken Winchester, Eddystone und Remington hergestellt. Dieses neue Gewehr wurde dann als Pattern 1914 bezeichnet, und aufgrund seiner Genauigkeit wurde es schließlich mit einem Zielfernrohr als Scharfschützengewehr eingesetzt. Abgesehen von dem unterschiedli-

chen Kaliber ist der hauptsächliche äußere Unterschied zu seinem Vorgänger, das Fehlen der geeigneten Fingerschlitze, die am Schwerpunkt in den Schaft geschnitten waren. Das Pattern 1914 wurde auch für die US-Armee umgerüstet, bei der es die Bezeichnung Enfield 1917 erhielt. Große Stückzahlen dieser

Gewehre wurden 1940 von Großbritannien gekauft, hauptsächlich für die Verwendung bei seiner Home Guard, und die Tatsache, daß sie das Kaliber .30" hatten, führte zu einiger Verwirrung.

.303" SAA-Patrone

.303" SAA-Patrone

.276" Experimental

.303" SAA-Patrone

Grossbritannien
ROSS RIFLE MARK III

Länge: 1283 mm
Gewicht: 4,48 kg
Lauf: 765 mm
Kaliber: .303″
Züge: 4, Linksdrall

Betrieb: Gerader Verschlußzug
Patronenzuführung: 5-Schuß Kastenmagazin
Anfangsgeschwindigkeit: 794 m/s
Visier: 1098 m

Dieses Gewehr wurde von einem Kanadier, Sir Charles Ross, gegen Ende des 19. Jahrhunderts konstruiert. Es wurde erstmals 1905 an die Royal Canadian Mounted Police

Grossbritannien
FARQUHAR-HILL RIFLE

Länge: 1042 mm
Gewicht: 6,58 kg
Lauf: 686 mm
Kaliber: .303″
Züge: 5, Linksdrall
Betrieb: Langrückstoß

Patronenzuführung: 20-Schuß Trommelmagazin
Kadenz: 600 oder 700 Schuß/Min.
Anfangsgeschwindigkeit: 732 m/s
Visier: 1372 m

Grossbritannien
PEDERSEN T2E1 RIFLE

Länge: 1143 mm
Gewicht: 4,1 kg
Lauf: 610 mm
Kaliber: .276″
Züge: 6, Rechtsdrall
Betrieb: Rückstoß
Patronenzuführung: 10-Schuß Kastenmagazin
Anfangsgeschwindigkeit: 762 m/s
Visier: 1098 m

John Pedersen war ein bekannter amerikanischer Konstrukteur von Feuerwaffen. Eine seiner besten Erfindungen war eine Vorrichtung, mit der das normale Springfieldgewehr 1918 zu einer Maschinenpistole umgerüstet werden konnte. Zwischen den Kriegen konstruierte er ein Selbstladegewehr mit einer speziell dafür entwickelten Patrone,

das in den USA die Aufmerksamkeit auf sich zog. Die Firma Vickers erfuhr von dieser neuen Waffe und stellte in England eine Anzahl in Lizenz her. Bei dem Pedersen war ungewöhnlich, daß sein Verschluß im Moment der Zündung nicht fest verriegelt war. Statt dessen hatte es einen Verzögerungsverschluß, der im Prinzip dem der Luger-Pi-

ausgegeben. Ungewöhnlich bei diesem Gewehr war, daß es ein «Geradezieher» war, bei dem der Ladehebel gerade zurückgezogen wurde und der Verschluß durch die Drehung der Verschlußriegel durch Nocken entriegelt wurde. Es hat eine Magazinkapazität von 5 Schuß, die bei den frühen Modellen einzeln geladen werden mußten und erwies sich als ein ausgezeichnetes Scharfschützengewehr. Seine Konstruktion wies jedoch grundlegende Nachteile auf, die es als Militärwaffe ungeeignet machten. Obwohl hastig eine ganze Reihe von Änderungen durchgeführt wurden, gab es keine bedeutende Verbesserung. Die bri-

tische School of Musketry gab einen ungünstigen Bericht über diese Waffe ab, aber trotzdem zog die kanadische Armee 1914 mit ihr in den Krieg. Ihre Waffe war das Mark III, das mit einem Ladestreifen geladen werden konnte. Sein Hauptnachteil, daß der Verschlußanschlag auf einem der Verschluß-

riegel rieb, wodurch es hemmte, führte zu katastrophalen Folgen. Besonders im Schmutz der Gräben, wo man während der deutschen Angriffe kanadische Soldaten sehen konnte, die wütend auf ihre Gewehrverschlüsse schlugen, um sie zu öffnen. Die Waffe wurde schnell durch das Lee-Enfield er-

setzt, und man hörte nicht mehr viel von ihr. Einzelne Exemplare wurden in den frühen Jahren des Zweiten Weltkrieges von der britischen Home Guard benutzt.

1908 stellte Major M. G. Farquhar ein automatisches Gewehr her, das er zusammen mit Herrn Hill entwickelt hatte. Damals zeigte das Militär Interesse an automatischen Ge-

wehren, und die Waffe wurde von dem Komitee für automatische Gewehre überprüft, das die britische Armee für den Zweck, Waffen dieser Art zu untersuchen, gebildet hatte. Das Farquhar-Hill war zwar von der Beardmore Company ausgezeichnet hergestellt, erwies sich aber als sehr komplizierte Waffe. Sie arbeitete nach dem System des langen Rückstoßes. Eine fehlerhafte Konstruktion hielt Lauf und Schloß noch lange verriegelt, nachdem das Geschoß die Mündung verlassen hatte. Dies und andere Komplikationen führten zu Problemen bei der Patronenzuführung, und die Waffe

wurde zurückgewiesen. Bis 1917 hörte man nichts mehr von ihr, als eine zweite Version auftauchte. Diese wurde sehr treffend als leichtes Maschinengewehr beschrieben, das eventuell als Flugzeugbewaffnung geeignet war, war aber tatsächlich eine verbesserte Version der früheren Waffe. Ihr Hauptunterschied bestand in einem ungewöhnlichen Magazin, das die Form eines abgestutzten Kegels hatte. Die Druckkraft für die Patronenzuführung kam von einer Uhrfeder. Diese Ausführung wurde ebenfalls erprobt und zurückgewiesen, da sie schnell verschmutzte und eine An-

zahl von komplizierten Hemmungen auftrat. Sie kam in jedem Fall zu spät, denn zu dieser Zeit leistete das Lewis-MG bereits ausgezeichnete Dienste. Die Erfinder waren äußerst beharrlich, und noch 1924 reichten sie die abgebildete Waffe ein. Diese hatte ein ähnliches, aber viel kleineres Magazin mit einer Kapazität von 10 Schuß (im Vergleich zu den 65 der früheren Ausführungen), aber wieder war die Waffe nicht zufriedenstellend (noch immer hauptsächlich wegen des fehlerhaften Magazins) und wurde deshalb nicht eingeführt. So ging sie in die Geschichte ein.

stole ähnelte, aber so konstruiert war, daß seine verschiedenen Lagerflächen ihn geschlossen hielten, bis der Druck im Patronenlager auf ein sicheres Niveau abgefallen war. Das Gewehr wurde 1932 von der britischen Regierung geprüft und als die am meisten versprechende Waffe bezeichnet, die das Komitee für leichte Waffen bis dahin gesehen hatte. Trotz einer Magazinkapazität von nur 10 Schuß wurde verzeichnet, daß es in drei Minuten 140 Schuß verschoß, eine bemerkenswerte Leistung. Leider begann sich der Verschluß schon zu öffnen, wenn der Kammerdruck noch

ziemlich hoch war. Dies führte zu Auswerfschwierigkeiten. Um den Fehler zu beheben, waren die Pedersen-Patronen eingewachst. Dies war bei Militärpatronen natürlich nicht akzeptabel, die weltweit unter verschiedenen Bedingungen und Klimata gelagert werden mußten, und so wurde das Pedersen schließlich nicht akzeptiert. Dies war schade, denn es war eine schöne, handliche Waffe, die gut schoß, und ihre Patrone zeigte eine ausgezeichnete Leistung. Es ist möglich, daß es mit einem geriffelten Patronenlager, mit dem man später diesen Fehler behob, gut

funktioniert hätte, aber zu jener Zeit waren bessere Selbstladegewehre verfügbar. Man könnte natürlich argumentieren, daß diese Waffe unter den Vereinigten Staaten zu führen sei. Da das abgebildete Modell jedoch in England für die Versuche

für die britische Armee hergestellt wurde, scheint es vertretbar, das Gewehr bei den britischen Waffen zu erfassen.

.303" SAA-Patrone

.303" SAA-Patrone

.276" Pedersen

.303" SAA-Patrone

Grossbritannien
GEWEHR NO. 4 UND NO. 5

Länge: 1130 mm
Gewicht: 4,12 kg
Lauf: 640 mm
Kaliber: .303"
Züge: 5, Linksdrall
Betrieb: Repetiergewehr
Patronenzuführung: 10-Schuß Kastenmagazin
Anfangsgeschwindigkeit: 743 m/s
Visier: 1189 m

Bis 1928 hatte die britische Regierung ein neues Militärgewehr entwickelt, das im Aussehen und der Kapazität dem Lee-Enfield ähnelte, das aber wesentlich leichter in Massen herzustellen war. Dieses neue Gewehr, das Number 4, war ein sehr zweckmäßiges Gewehr. Der Hauptunterschied gegenüber seinem Vorgänger war die Loch-

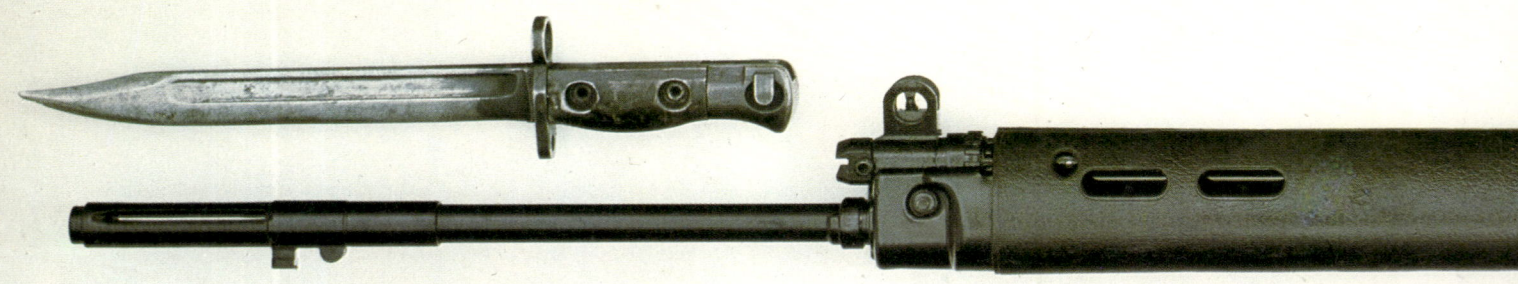

Grossbritannien
GEWEHR L1A1

Länge: 1130 mm
Gewicht: 4,31 kg
Lauf: 533 mm
Kaliber: 7,62 mm
Züge: 4, Rechtsdrall
Betrieb: Gasdruck
Patronenzuführung: 20-Schuß Kastenmagazin
Anfangsgeschwindigkeit: 854 m/s
Visier: 549 m

Sofort nachdem das Gewehr EM 2 abgelehnt worden war, entschied sich die britische Armee für ein neues Selbstladegewehr für das Standard-NATO-Kaliber. Nach umfangreichen Erprobungen wählte man das belgische FN-Gewehr, das schon bei vielen Ländern im Einsatz war. Diese Waffe erhielt nach einigen Änderungen die Bezeichnung L1A1. Die britische Ausführung ist nur ein Selbstlader und schießt kein Stoßfeuer. Die britische Armee übernahm auch nicht die Ausführung mit schwerem Lauf,

die manche Länder als IMG auf Gruppenebene einsetzen. Das frühe Gewehr ist in mancher Hinsicht geändert worden, hauptsächlich durch Ersatz des Holzes durch Glasfiber, aber im Prinzip ist es dieselbe Waffe. Es arbeitet im Gasdruckbetrieb und kann 30 oder 40 gutgezielte Schüsse pro Minute verschießen. Es ist eine gute und zuverlässige Waffe. Sein Hauptnachteil ist seine Länge. Als es eingeführt wurde, hatten die Engländer weltweite Verpflichtungen und brauchten ein Gewehr für alle

Zwecke. Heute, da sie sich im wesentlichen auf Nordwesteuropa beschränken, werden sie wahrscheinlich ein kürzeres Sturmgewehr einführen, das wesentlich besser zu handhaben ist, wenn man mit Panzerfahrzeugen operiert. Es kann auch mit automatischem Feuer in Straßenkämpfen oder im Nahkampf eingesetzt werden. Das abgebildete Muster hat ein Nachtvisier. Es gibt verschiedene Ausführungen davon, die von einem einfachen Korn mit einer eigenen Lichtquelle bis zu dem abgebildeten Trilux-Visier rei-

Gewehr No. 4

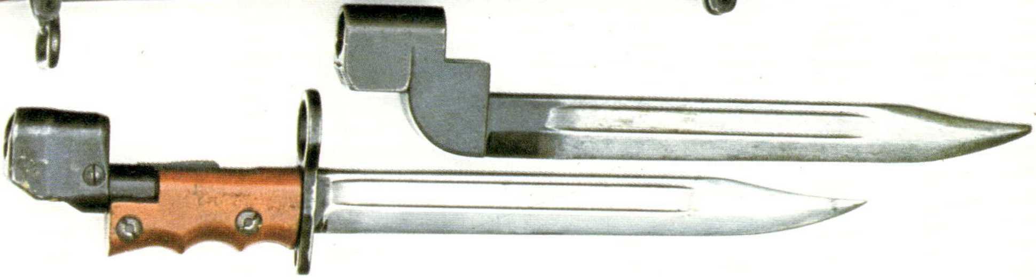

Gewehr No. 5

kimme. Die Waffe wurde ab 1941 hauptsächlich in Kanada und den USA hergestellt, und eine geringe Anzahl auch in England. Sie erlebte einige Änderungen, hauptsächlich den Ersatz der früheren komplizierten Lochkimme durch ein Klappvisier für zwei Entfernungen. Einige Gewehre wurden mit zwei Zügen hergestellt, blieben aber im übrigen unverändert. Das Hauptmerkmal war vielleicht die Vielfalt der für das Gewehr passenden Bajonette. Ausgewählte Stücke des Gewehres wurden mit dem Zielfernrohr No. 32 und abnehmbaren Wangenstützen ausgerüstet und als Scharfschützengewehre eingesetzt. Die Waffe blieb in der regulären britischen Armee bis 1957 im Einsatz und noch heute üben Kadetten mit ihr. Sie war als genau schießendes Gewehr beliebt, und das heutige britische Scharfschützengewehr beruht auf ihr. Die Erfahrungen im Fernen Osten zeigte das Erfordernis einer kürzeren Waffe für Dschungelkämpfe, und bis 1944 war ein neues Gewehr No. 5 entwickelt worden. Es entsprach im Prinzip dem No. 4, war aber 12,7 cm kürzer und 726 g leichter. Durch den kürzeren Lauf wurde ein Mündungsfeuerdämpfer erforderlich und die Anfangsgeschwindigkeit verringerte sich leicht. Das Visier war auf 800 Yards bemessen. Die Waffe hatte ein Polster an der Kolbenplatte, um den zusätzlichen Rückstoß aufgrund des geringeren Gewichts aufzufangen.

.303" SAA-Patrone

.303" SAA-Patrone

7,62 mm NATO

.303" SAA-Patrone

chen, das schnell und leicht eingesetzt werden kann. Es versorgt sich selbst mit Energie. Seine Helligkeit kann leicht eingestellt werden. Es ist nicht nur in der Nacht, sondern auch am Tage beim Einsatz gegen verschwommene Ziele sehr nützlich. Es ist seit 1974 im Einsatz. Seine offizielle Bezeichnung ist Visiereinheit Infanterie-Trilux.

Grossbritannien
SCHARFSCHÜTZENGEWEHR L4 A1

Grossbritannien
GEWEHR EM 2

Länge: 889 mm
Gewicht: 3,42 kg
Lauf: 623 mm
Kaliber: .280″
Betrieb: Gasdruck
Patronenzuführung: 20-Schuß
Kastenmagazin
Anfangsgeschwindigkeit: 772 m/s
Kadenz: 450 Schuß/Min.
Visier: 549 m oder optisches Visier

Kurz nach dem Ende des Zweiten Weltkrieges begann die Royal Small Arms Factory in Enfield die Arbeit an einem neuen Sturmgewehr, das das damalige Repetiergewehr No. 4 ersetzen sollte. Einer seiner Hauptkonstrukteure war Stefan Janson. Die neue Waffe war von einer etwas unkonventionellen Konstruktion, denn die beweglichen Teile und das Magazin waren in einer rückwärtigen Verlängerung des Gehäuses hinter dem Abzug untergebracht, an der sich auch die Kolbenplatte befand. Da die Kolbenplatte in einer Linie mit der Seelenachse lag, war es erforderlich, die Visierlinie anzuheben, und dies geschah dadurch, daß man auf den Traggriff ein optisches Visier aufsetzte. Wenn das Visier auch nicht vergrößerte, so machte es doch die Ausrichtung des vorderen und hinteren Visiers auf das Ziel überflüs-

sig. Alles was erforderlich war, war, den Zeiger auf das Zielsymbol auszurichten, wodurch es sehr schnell zu handhaben war. Sein einziger, geringfügiger Nachteil war, daß es wegen der Auswurföffnung an der rechten Seite über dem Magazin nicht von der linken Schulter abgeschossen werden konnte. Trotz seiner Wirksamkeit wiesen die NATO, und insbesondere die USA, die damals das Rückgrat dieser Organisation waren, das Gewehr zurück, vor allem wegen der verständlichen amerikanischen Zurückhaltung, ihr Kaliber zu ändern, da sie noch riesige Bestände der alten Patrone und eine fast unbegrenzte Kapazität zu ihrer Herstellung hatten. Einige EM 2 erhielten versuchsweise einen neuen Lauf, um die vorhandenen Patronen zu verschießen, aber hierfür war wirklich eine größere Neukonstruktion erforderlich,

und da die Zeit eilte, gab England diese Waffe schließlich zugunsten des belgischen Selbstladegewehrs auf.

Grossbritannien
INDIVIDUALWAFFE 4,85 mm

Länge: 770 mm
Gewicht: 3,86 kg
Lauf: 518 mm
Kaliber: 4,84 mm
Züge: 4, Rechtsdrall
Betrieb: Gasdruck
Patronenzuführung: 20-Schuß
Kastenmagazin
Anfangsgeschwindigkeit: 900 m/s
Visier: Optisch

Nachdem die NATO das EM 2 zurückgewiesen hatte, behielt England noch lange sein Selbstladegewehr. Anfang der Siebzigerjahre war jedoch schließlich klar, daß ein Sturmgewehr erforderlich war, teilweise wegen der Moral der Truppe, aber auch weil das vorhandene Gewehr zu lang und schwer für den modernen Panzerkrieg war. Die

Länge: 1071 mm
Gewicht: 4,42 kg
Lauf: 699 mm
Kaliber: 7,62 mm
Züge: 4, Rechtsdrall
Betrieb: Repetiergewehr
Patronenzuführung: 10-Schuß Kastenmagazin
Anfangsgeschwindigkeit: 838 m/s
Visier: Zielfernrohr

Im Ersten Weltkrieg wurden Scharfschützen erstmals in großem Umfang eingesetzt, und auch im Zweiten Weltkrieg erwiesen sie sich noch als erforderlich. Nach 1945 vernachlässigte die britische Armee das Scharfschießen, bis ihre lange Erfahrung bei Polizeieinsätzen auf der ganzen Welt sie wieder umdenken ließ. Moderne Selbstladegewehre sind für ein Zielfernrohr nicht sehr geeignet, und so mußte man statt nach einer neuen, nach einer bewährten Waffe suchen. Man stieß auf eine kommerzielle Ausführung des Gewehrs Number 4, das Enfield Envoy. Es war zum Scharfschießen entwickelt worden und auf die Standard-NATO-Gewehrpatrone umgerüstet. Der Schaft endete an der Laufmitte. Die Royal Small Arms Factory in Enfield baute eine Anzahl besonders ausgesuchter Number 4 in ähnlicher Weise um und rüstete sie mit Zielfernrohren aus, die eine modifizierte Ausführung des ursprünglichen Zielfernrohres No. 32 sind.

Waffe, die schließlich entwickelt wurde, hat eine stärkere äußere Ähnlichkeit mit dem EM 2, ist aber klein und leichter und in mechanischer Hinsicht fortschrittlicher. Sie arbeitet mit der normalen Methode des Gasdrucks und Kolben mit einem rotierenden Schloß, und in umfangreichen Versuchen hat es sich als äußerst wirksam erwiesen. Es hat eine optische Visiereinrichtung und schießt entweder Einzel- oder Stoßfeuer. Sein Magazin erhält 20 der neuen Patronen, die gerade halb soviel wie die derzeitige NATO-Patrone wiegen, und es kann auf Granatenschießen umgerüstet werden. Es gibt auch eine Ausführung mit schwerem Lauf, die im Betrieb identisch ist. Sie hat ein leichtes Dreibein. Etwa 80 Prozent der Bestandteile sind bei beiden Waffen identisch. Für diesen Typ ist ein 30-Schuß Magazin vorhanden, aber beide Waffen können beide Magazinarten aufnehmen. Die Waffe schießt mit verriegeltem Verschluß, das heißt, die Patrone liegt vor dem Feuern im Patronenlager. Dies kann theoretisch zu Frühzündungen führen, wenn das Patronenlager sehr heiß ist. Deshalb wurde die Waffe jetzt so umgebaut, daß sie Feuerstöße mit unverriegeltem Schloß schließt. NATO-Versuche mit dieser und anderen Waffen laufen noch. Da das Hauptziel dieser Versuche ist, eine Standardpatrone auszuwählen, ist es möglich, das neue Gewehr auf ein anderes Kaliber umzurüsten, wenn die 4,85-mm-Patrone nicht akzeptiert wird.

7,62 mm NATO

.280" Experimental

4,85 mm Experimental

.303" SAA-Patrone

Italien
AUTOMATISCHES GEWEHR CEI-RIGOTTI

Länge: 1000 mm
Gewicht: 4,3 kg
Lauf: 483 mm
Kaliber: 6,5 mm
Züge: 4, Rechtsdrall
Betrieb: Gasdruck
Patronenzuführung: 25-Schuß Kastenmagazin
Anfangsgeschwindigkeit: 730 m/s
Kadenz: 900 Schuß/Min.
Visier: 1400 m

Italien
KARABINER MANNLICHER-CARCANO M 1891

Länge: 920 mm
Gewicht: 3 kg
Lauf: 444 mm
Kaliber: 6,5 mm
Züge: 4, Rechtsdrall
Betrieb: Repetiergewehr
Patronenzuführung: 6-Schuß Kastenmagazin
Anfangsgeschwindigkeit: 701 m/s
Visier: 1500 m

Das Modell 91 war das erste einer Serie, die für die italienische Armee gegen Ende des 19. Jahrhunderts entwickelt wurde. Trotz der Einführung des Wortes Mannlicher in seine offizielle Bezeichnung war es eigentlich eine Mauserkonstruktion. Das einzige Merkmal von Mannlicher war der sechsschüssige Ladestreifen, der im Magazin verblieb,

Italien
MANNLICHER-CARCANO KARABINER MODELL 1938

Länge: 1022 mm
Gewicht: 3,45 kg
Lauf: 533 mm
Kaliber: 6,5 mm
Züge: 4, Rechtsdrall
Betrieb: Repetiergewehr
Patronenzuführung: 6-Schuß Kastenmagazin
Anfangsgeschwindigkeit: 701 m/s
Visier: 300 m

Im Verlaufe ihres Abessinienfeldzuges 1936/38 mußten die Italiener mit Bestürzung feststellen, daß ihre 6,5-mm-Patrone nicht genügend Durchschlagskraft hatte. Deshalb führten sie 1938 provisorisch eine 7,35 mm-Patrone ein und entwickelten eine geänderte Ausführung ihres früheren Modells 91 für diese Patrone. Dieses neue Projekt war

Hauptmann Cei-Rigotti, ein Offizier der italienischen Armee, scheint schon vor 1895 Versuche mit automatischen Gasdruckladern begonnen zu haben, als er eines seinem Divisionskommandeur, dem Prinzen von Neapel, vorführte. Danach wurde die Waffe mehrere Jahre lang weiterentwickelt. Erst 1900 wurde über seine Arbeit in einer römischen Zeitung berichtet, die einen langen und lobenden Artikel über seine Leistung brachte. Darin wur-

de über den Einsatz berittener Infanterie im Krieg in Südafrika berichtet, und wahrscheinlich hierdurch wurde die Aufmerksamkeit der Engländer auf die neue Waffe gelenkt. Man kaufte Muster, und eine Reihe von Versuchen wurden von dem Small Arms Committee und bei der Royal Navy durchgeführt. Die Waffe arbeitete mit einem Kolben mit kurzem Hub vom Lauf zu einer mit dem Verschluß verbundenen Stange. Diese Stange

und der Spanngriff an ihrem hinteren Ende sind auf der Fotografie gut zu erkennen. Die Waffe konnte Einzel- und Stoßfeuer schießen. Wenn auch einige Erfolge erzielt wurden, verliefen die Erprobungen im allgemeinen unbefriedigend. Beide Stellen berichteten über die Auswurfschwierigkeiten und die hohe Zahl der Fehlzündungen, wenn diese auch möglicherweise auf der Tatsache beruhten, daß die verwendete Munition auf der Seereise

von Italien her Seewasser ausgesetzt war. Es wurde auch berichtet, daß der Verschluß beim Schießen so weit nach hinten kam, daß genaues Zielen unmöglich war, und auch über die allgemeine Verarbeitung der Waffe wurden ungünstige Kommentare abgegeben. Dies war vielleicht unfair. Es ist heute, 80 Jahre später, klar, daß diese Waffe große Möglichkeiten in sich barg und viele ihrer Merkmale sind kopiert worden.

bis der letzte Schuß verschossen war. Die Waffe wurde in Turin von S. Carcano, einem Konstrukteur des dortigen italienischen Regierungsarsenals, entwickelt, und der Name von General Parravicino, dem Vorsitzenden der italienischen Kommission für leichte Waffen, wird oft mit ihr in Verbindung gebracht. Die erste Waffe der Reihe war ein Infanteriegewehr voller Länge. Ihm folgte kurz darauf die abgebildete Waffe, der Kavalleriekarabiner Mo-

dell 91, der 1893 zur Truppe kam. In jenen Tagen war die Kavallerie noch beritten und brauchte deshalb eine kurze, handliche Waffe, die entweder an einem Riemen auf dem Rücken oder in einer Scheide am Sattel getragen werden konnte. Die Kavallerie der meisten Nationen war zu jener Zeit noch geneigt, an die Überlegenheit des Säbels zu glauben, und Feuerwaffen als unbedeutend anzusehen, aber diese Ansicht wich langsam. Ein Merkmal

des Karabiners Modell 91 ist das abklappbare Bajonett, das zeigt, daß die italienische Kavallerie damals noch der Meinung war, daß sie als berittene Infanterie eingesetzt würde und zu Fuß kämpfen müßte. Ein interessantes Merkmal dieser frühen Modelle, die sich sonst nicht unterschieden, war, daß ihre Züge einen progressiven Drall hatten, das heißt, der Drall verstärkte sich zur Mündung hin. Dies war ein System, mit dem ursprünglich

der englische Erfinder Metford experimentiert hatte, das er aber aufgrund der erhöhten Schwierigkeiten bei der Herstellung bald aufgab. Dem Modell 91 folgte eine ganze Reihe anderer Waffen, die im Prinzip alle gleich waren und sich nur in Einzelheiten unterschieden. Dazu gehörte auch der Karabiner Modell 1938, der fast identisch mit dem abgebildeten ist, außer daß er eine feste Kimme hat. Er ist unmittelbar unter diesem Text abgebildet.

jedoch kurzlebig, denn als sie 1940 in den Krieg eintraten, waren sie natürlich nicht geneigt, gleichzeitig einen größeren Wechsel des Kalibers vorzunehmen und kehrten deshalb zu ihrer 6,5 mm-Patrone zurück. Deshalb gibt es zwei Ausführungen des Modells 1938, die mit Ausnahme des Kalibers buchstäblich nicht zu unterscheiden sind. Die abgebildete Waffe ist eine spätere Ausführung mit dem kleineren Kaliber. Eines ihrer ungewöhnlichen Merkmale war der Verzicht auf die Tangentenkimme zugunsten einer festen Kimme, die auf 300 m

eingestellt war. Dieser Karabiner Modell 1938 ist von beträchtlichem Interesse, denn mit einer solchen Waffe wurde im November 1963 Präsident Kennedy ermordet. Die Waffe war aus italienischem Kriegsüberschuß erworben und mit einem billigen japanischen Zielfernrohr ausgerüstet worden. Sie wurde von einem Versandgeschäft für wenige Dollar gekauft. Es scheint eine schlechte Waffe gewesen zu sein. Der Carcano hat keinen großen Ruf der Genauigkeit, und obwohl sein Verschluß gut arbeitete, wurde die Kadenz durch das Zielfernrohr ver-

ringert. Es ist schwierig, mit dieser Art von Visiereinrichtung schnell zu schießen, besonders bei einem Karabiner mit einem starken Rück-

stoß. Deshalb gab es Spekulationen darüber, ob die drei bekannten Schüsse aus einer einzigen Waffe dieser Art gekommen sein können.

6,5 mm Modello 1891

6,5 mm Modello 1891

6,5 mm Modello 1895

.303" SAA-Patrone

Japan
MEIJE CARABINER TYP 38. JAHR

Länge: 868 mm
Gewicht: 3,3 kg
Lauf: 487 mm
Kaliber: 6,5 mm
Züge: 4, Rechtsdrall
Betrieb: Repetiergewehr
Patronenzuführung: 5-Schuß Kastenmagazin
Anfangsgeschwindigkeit: 732 m/s
Visier: 2000 m

Japan
GEWEHR TYP 99

Länge: 1117 mm
Gewicht: 3,90 kg
Lauf: 655 mm
Kaliber: 7,7 mm
Züge: 4, Rechtsdrall
Betrieb: Repetiergewehr
Patronenzuführung: 5-Schuß Kastenmagazin
Anfangsgeschwindigkeit: 715 m/s
Visier: 2400 m

Volksrepublik China
CHINESISCHER TYP 56

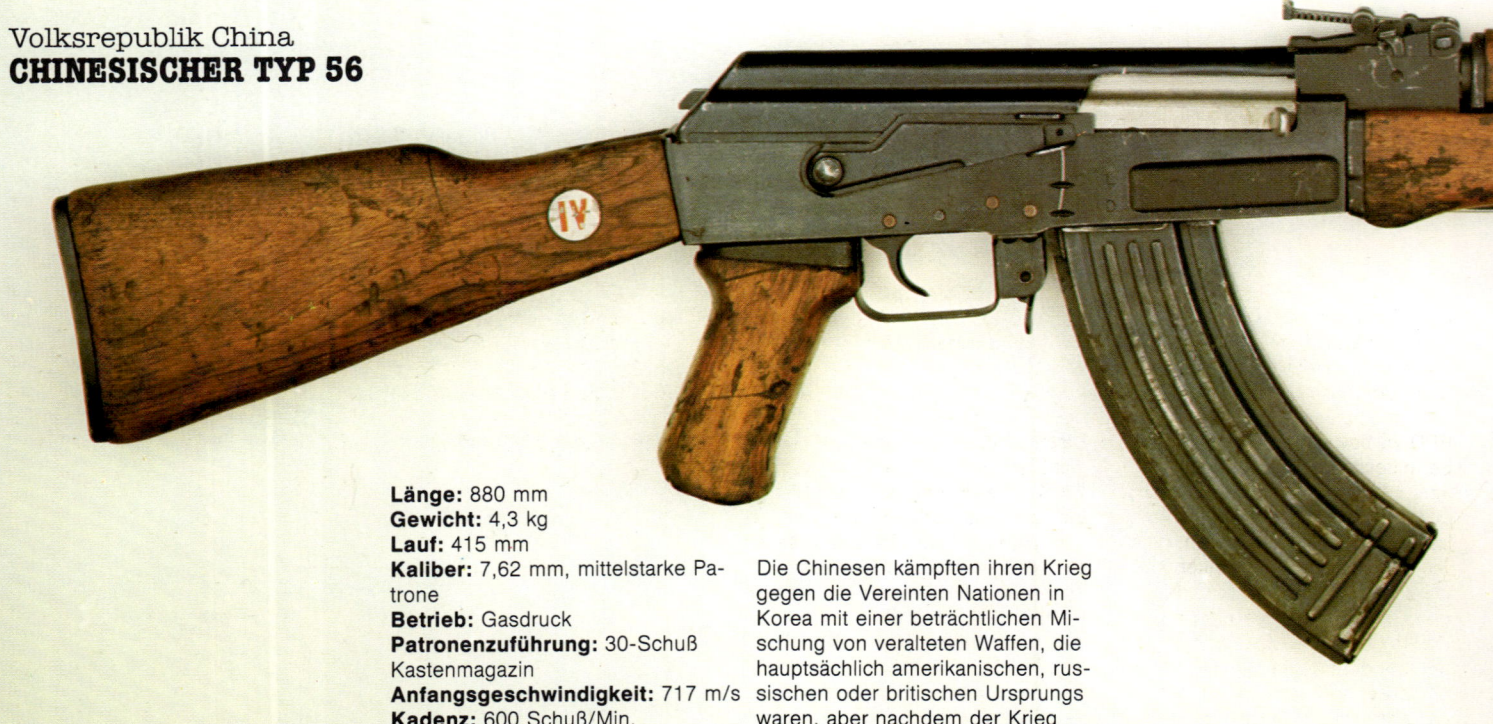

Länge: 880 mm
Gewicht: 4,3 kg
Lauf: 415 mm
Kaliber: 7,62 mm, mittelstarke Patrone
Betrieb: Gasdruck
Patronenzuführung: 30-Schuß Kastenmagazin
Anfangsgeschwindigkeit: 717 m/s
Kadenz: 600 Schuß/Min.
Visier: 800 m

Die Chinesen kämpften ihren Krieg gegen die Vereinten Nationen in Korea mit einer beträchtlichen Mischung von veralteten Waffen, die hauptsächlich amerikanischen, russischen oder britischen Ursprungs waren, aber nachdem der Krieg vorüber war, begannen die Russen,

In der zweiten Hälfte des 19. Jahrhunderts vollzog Japan einen bemerkenswerten Wandel von einem mittelalterlichen zu einem modernen Staat. Sein erstes Gewehr war ein einschüssiges Repetiergewehr im Kaliber 11 mm, das 1887 aufkam, aber bereits kurz darauf durch ein Gewehr des kleineren Kalibers 8 mm mit einem Röhrenmagazin abgelöst wurde. Sein Krieg mit China im Jahre 1894 zeigte einige Mängel in seiner Bewaffnung auf.

Eine Kommission unter dem Vorsitz von Oberst Arisaka wurde ernannt, um die Angelegenheit zu untersuchen und Vorschläge zur Verbesserung zu unterbreiten. Das Ergebnis war eine Serie von Mauser-Gewehren, die 1897 eingeführt und später Arisaka-Gewehre genannt wurden. Die alternative Bezeichnung war Gewehr des 30. Jahres Meiji, da es im 30. Jahr der Regentschaft von Kaiser Meiji eingeführt wurde. Gewehre dieses Typs wurden im

Krieg gegen Rußland 1904/05 eingesetzt, und 1914 kauften die Engländer eine Anzahl für die Ausbildung ihrer neuen Armeen. Der Typ 38. Jahr kam 1905 und war eine verbesserte Ausführung des früheren Modells. Er war lange in Gebrauch und wurde noch im Zweiten Weltkrieg eingesetzt. Der Karabiner 38. Jahr war einfach eine verkürzte Ausführung des Gewehrs für Truppenteile, die nicht der Infanterie angehörten und nahm das Standard-

bajonett auf. Er hatte eine Metallstaubkappe über dem Verschluß, ähnlich derjenigen des britischen Lee-Metford-Gewehres, aber die Waffe erwies sich als sehr laut im Nahkampf im Dschungel. In vieler Hinsicht wäre er für die Infanterie eine bessere Waffe als das lange Gewehr gewesen, da er handlicher war. Wie die meisten Karabiner hatte er jedoch einen ziemlich starken Rückstoß. Es gab eine Ausführung 1944 mit einem zusammenklappbaren Bajonett.

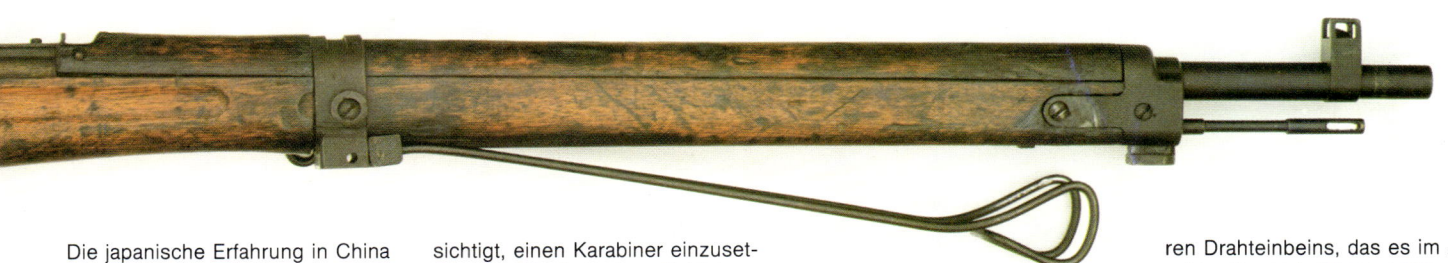

Die japanische Erfahrung in China in den dreißiger Jahren zeigte (wie die der Italiener in der gleichen Zeit) das Erfordernis einer stärkeren Patrone als der damals üblichen 6,5 mm, und nach einer Reihe von Versuchen legten sie sich 1939 auf ein Gewehr fest, das eine randlose Ausführung der 7,7 mm-Patrone verschießen sollte, die sie schon in ihrem mittleren Maschinengewehr Modell 1932 verwendeten. Ursprünglich hatten die Japaner beab-

sichtigt, einen Karabiner einzusetzen, der für die kleinen Soldaten natürlich viel handlicher gewesen wäre. Karabiner haben jedoch, besonders wenn sie starke Patronen verschießen, unvermeidlicherweise einen verstärkten Rückstoß, der leichte Soldaten behindert, so hart sie auch sein mögen. Als Kompromiß wurde das neue Gewehr mit der Bezeichnung Typ 99 in zwei Längen hergestellt, ein «kurzes» Gewehr entsprechend den europäi-

schen Modellen und eine «normale» Ausführung, die ca. 15 cm länger war. Die abgebildete Waffe ist die kürzere. Dieses neue Gewehr hatte ein ziemlich merkwürdiges Merkmal in Form eines anklappba-

ren Drahteinbeins, das es im Anschlag liegend stützen sollte, aber wenn es theoretisch auch vorteilhaft war, kann es kaum von Wert gewesen sein, weil ihm die Festigkeit fehlte. Die Kimme war mit zwei waagerechten Verlängerungen mit Gradeinteilung versehen, die einen Vorhaltewinkel zum Beschießen von Flugzeugen geben sollte. Über ihre Wirksamkeit ist nichts bekannt. Der Typ 99 wurde im Zweiten Weltkrieg kaum eingesetzt.

ihren kommunistischen Bruderstaat mit einer Vielfalt neuerer russischer Waffen, vor allem dem Karabiner SKS, dem Sturmgewehr AK 47 und dem leichten Maschinengewehr RPD zu bewaffnen, die alle dieselbe mittelstarke 7,62 mm-Patrone verschossen. Die Nachfrage war jedoch enorm und sobald die Chinesen dazu in der Lage waren, richteten sie einige Waffenfabriken ein. Da die Angelegenheit sehr dringend war, vergeudeten sie keine Zeit mit der Entwicklung neuer Waffen, sondern kopierten einfach die Originale, soweit es ihnen ihre einfacheren Herstellungsverfahren erlaubten. Die Waffe, auf die sie sich

zunächst konzentrierten, war eine Ausführung des SKS, mit dem aber heute nach der Einführung ihres eigenen Sturmgewehrs Typ 56 nur noch Ausbildungseinheiten ausgerüstet sind. In mechanischer Hinsicht ist der Typ 56 eine Kopie des AK 47. Der Hauptunterschied ist ein festes, anklappbares Bajonett in Kreuzform. Obwohl dies eine sehr alte Idee ist, sind die Chinesen heute das einzige Land, die dieses Bajonett noch anwenden. Alle anderen haben abnehmbare Messerbajonette, die die Soldaten auch zu anderen Zwecken verwenden können. Die meisten Bajonette wurden heute so eingesetzt. Die in China

hergestellten Gewehre Typ 56 wurden in Vietnam sehr viel vom Vietkong eingesetzt, der sie als ideale Waffe für nach westlichem Standard kleine und leichte Soldaten ansahen. Das abgebildete Muster ist

eins, das dort von der US-Armee erbeutet wurde. Man findet diese Waffe auch in beträchtlichen Zahlen im Jemen und anderen Ländern des Mittleren Ostens und als Waffe des Untergrundes in Afrika.

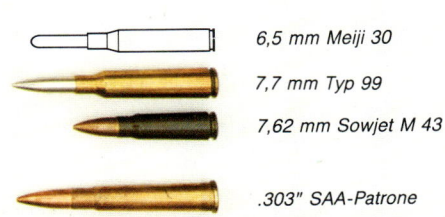

6,5 mm Meiji 30

7,7 mm Typ 99

7,62 mm Sowjet M 43

.303" SAA-Patrone

MOSIN-NAGANT KARABINER MODELL 1944

Länge: 1016 mm
Gewicht: 4 kg
Lauf: 518 mm
Kaliber: 7,62 mm
Züge: 4, Rechtsdrall
Betrieb: Repetiergewehr
Patronenzuführung: 5-Schuß Kastenmagazin
Anfangsgeschwindigkeit: 823 m/s
Visier: 1000 m

Die erste Mosin-Nagant-Waffe wurde von Oberst Sergej Mosin von der russischen Artillerie und einem belgischen Konstrukteur namens Nagant entwickelt. Das Modell 1891 war das erste einer Reihe von modernen Repetiergewehren mit Magazin und kleinem Kaliber, die von Rußland eingesetzt wurden. Alle späteren russischen Gewehre ba-

Sowjetunion
7,62 MM KARABINER SKS (SIMONOW)

Länge: 1022 mm
Gewicht: 3,86 kg
Lauf: 521 mm
Kaliber: 7,62 mm
Züge: 4, Rechtsdrall

Betrieb: Gasdruck
Patronenzuführung: 10-Schuß Kastenmagazin
Anfangsgeschwindigkeit: 735 m/s
Visier: 1000 m

Sowjetunion
AK 47 (KLAPPKOLBEN) (AUTOMAT-KALASCHNIKOWA)

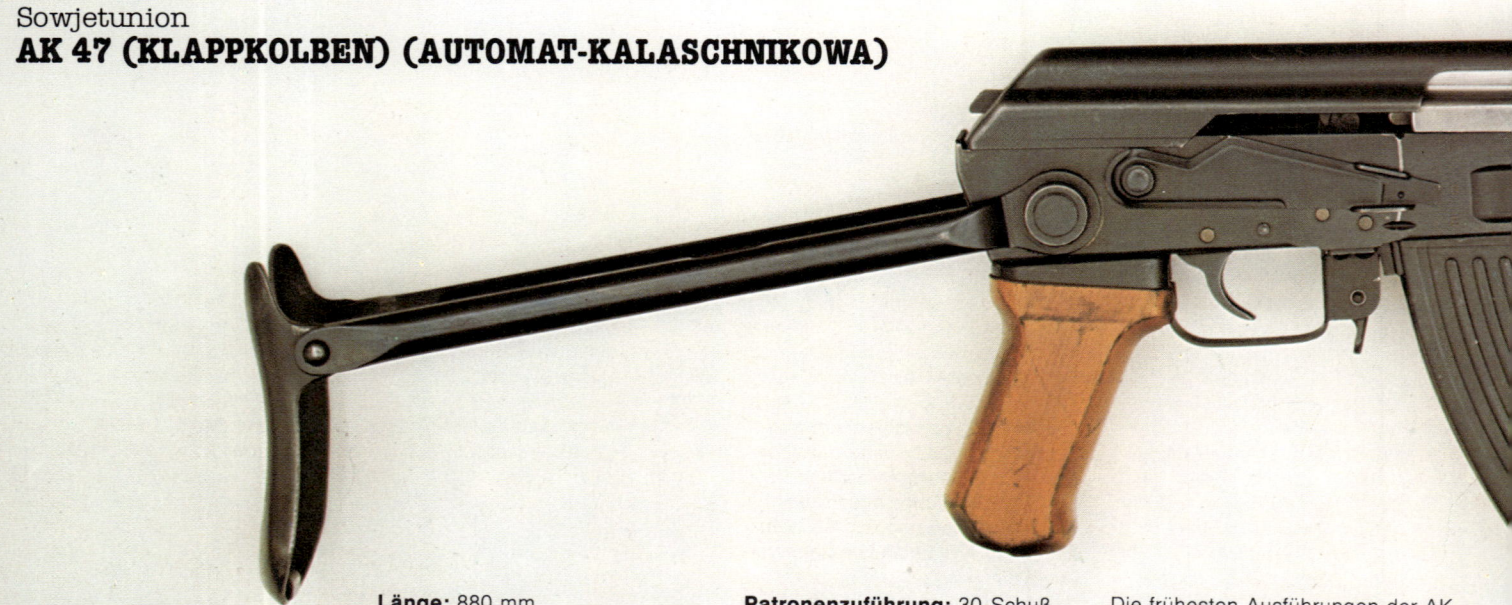

Länge: 880 mm
Gewicht: 4,3 kg
Lauf: 415 mm
Kaliber: 7,62 mm
Züge: 4, Rechsdrall
Betrieb: Gasdruck

Patronenzuführung: 30-Schuß Kastenmagazin
Anfangsgeschwindigkeit: 717 m/s
Kadenz: 600 Schuß-Min.
Visier: 800 m

Die frühesten Ausführungen der AK 47, die bei der Roten Armee 1951 eingeführt wurden, hatten Holzkolben. Diese waren wie bei vielen anderen sowjetischen Waffen von schlechter Qualität, was die in an-

sieren auf diesem Typ. Die erste Waffe war von ziemlicher orthodoxer Konstruktion und nahm ein veraltetes Steckbajonett auf. Es gab mehrere Variationen, vor allem in der Länge des Laufes. Das Kaliber wurde ursprünglich in einer alten russischen Einheit, der Linie, gemessen, die etwa 2,5 mm entspricht. Deshalb wurden die Waffen

oft als «Dreilinien»-Gewehre bezeichnet, bis nach der Revolution das metrische System eingeführt wurde. Ihre Visiereinrichtung war in Arschin, einer anderen alten Maßeinheit von 71,12 cm Länge, geeicht. Viele dieser frühen Waffen wurden in anderen europäischen Ländern hergestellt. Während des Ersten Weltkrieges produzierten die

USA 1½ Millionen Gewehre für Rußland. Die nächste größere Änderung kam 1930, wenn sie auch wenig mehr als eine allgemeine Modernisierung des früheren Typs war. Sie führte jedoch zu der Herstellung einer Scharfschützenausführung mit einem Zielfernrohr. Die abgebildete Waffe wurde gegen Ende des Zweiten Weltkrieges einge-

führt und war die letzte der Mosin-Nagant-Reihe. Sie ähnelt noch sehr stark ihren Vorgängern, hat aber ein ständig befestigtes Bajonett, das entlang der rechten Seite des Gewehrs umgeklappt werden konnte, wenn es nicht gebraucht wurde. Es hatte eine unangenehme Meißelspitze, die auf der obigen Abbildung unter der Kimme zu sehen ist.

Dies war ein frühes Selbstladegewehr, das im Verlaufe des Zweiten Weltkrieges in Rußland entwickelt und hergestellt wurde. Die Waffe arbeitete im Gasdruckprinzip und sollte eine «mittelstarke» Patrone des Typs verschießen, die ursprünglich von der deutschen Wehrmacht für ihre MP 43/44 entwickelt worden war. Sie hatte eine Magazinkapazität von 10 Schuß, die entweder einzeln oder mit Lade-

streifen geladen werden konnte und war mit einem umklappbaren Bajonett mit Klinge versehen, das unter den Lauf geklappt wurde. Die Holzarbeit bestand aus Buchenschichtholz, das stark gefirnist war. Der SKS war eine leistungsfähige Waffe, die zwar etwas schwer war. Ihre Patrone gab bei den Entfernungen, über die im modernen Krieg geschossen wird, eine ausreichende Durchschlagskraft. Für

die russische Taktik lagen sie in der Größenordnung 300 bis 400 m. Dies war wahrscheinlich ein praktisches Maximum für eine Armee, die mit Maschinengewehren gut ausgerüstet war. Der SKS wurde von vielen kommunistischen Ländern hergestellt und eingesetzt, und auch eine Reihe nichtkommunistischer Länder, darunter Ägypten, waren mit ihm ausgerüstet. Zu seiner Zeit war er sehr bekannt als

Guerillawaffe und wurde viel in Aden, dem Jemen, Oman und anderen Ländern des Mittleren Ostens eingesetzt. Heute ist er allgemein durch das AK 47 in seinen verschiedenen Formen abgelöst worden und dient nur noch als Waffe für Wachmannschaften, Ortswehren und andere anspruchslose Organisationen, die keine fortgeschrittenen Feuerwaffen brauchen.

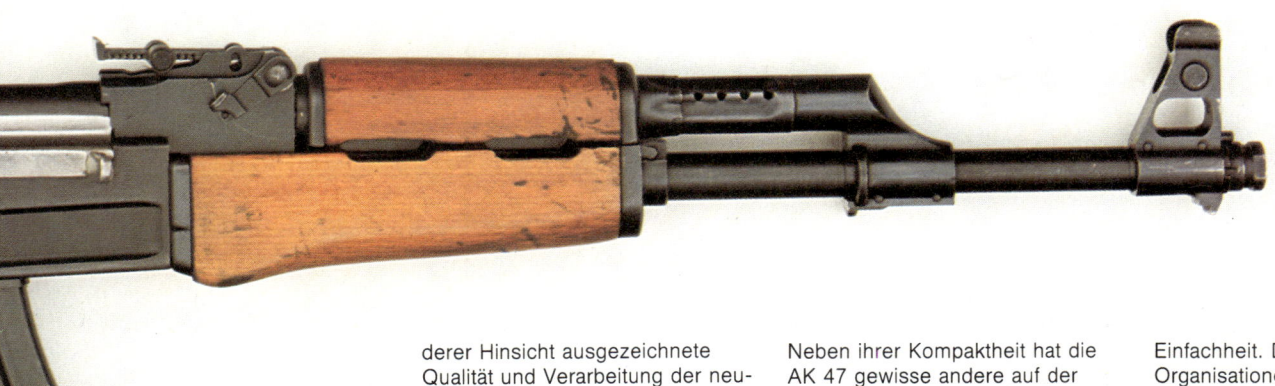

derer Hinsicht ausgezeichnete Qualität und Verarbeitung der neuen Waffen beträchtlich herabminderte. Kurz darauf gab es jedoch eine andere Ausführung mit einem metallenen Klappkolben, der unter den Vorderteil der Waffe geklappt werden konnte, ohne daß er ihre Einsatzfähigkeit beeinträchtigte. Dieser Typ war ursprünglich wahrscheinlich für Luftlandetruppen vorgesehen, aber aufgrund seiner Kompaktheit konnte er leicht versteckt werden und wurde deshalb zu einer Waffe für Guerillas, Terroristen und ähnliche Organisationen, und in dieser Rolle wird er heute auf der ganzen Welt verwendet.

Neben ihrer Kompaktheit hat die AK 47 gewisse andere auf der Hand liegende Vorteile. Sie ist stabil gebaut und schießt bis auf 400 m so gut wie ein orthodoxes Gewehr und kann außerdem Dauerfeuer schießen. Vielleicht noch bedeutender ist ihre konstruktive

Einfachheit. Die vorher erwähnten Organisationen haben selten die Zeit oder Einrichtungen, Rekruten gründlich auszubilden, so daß für sie eine Waffe, an der ein in Waffen unerfahrener Mann schnell ausgebildet werden kann, sehr nützlich ist.

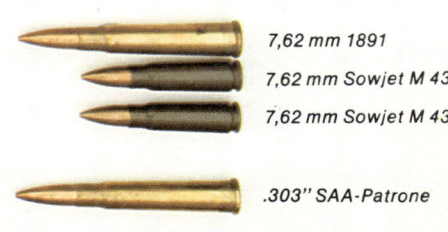

7,62 mm 1891

7,62 mm Sowjet M 43

7,62 mm Sowjet M 43

.303" SAA-Patrone

Sowjetunion
AK 47

Länge: 880 mm
Gewicht: 4,3 kg
Lauf: 415 mm
Kaliber: 7,62 mm, mittelstarke Patrone
Züge: 4, Rechsdrall
Betrieb: Gasdruck
Patronenzuführung: 30-Schuß Kastenmagazin
Anfangsgeschwindigkeit: 717 m/s
Kadenz: 600 Schuß-Min.
Visier: 800 m

Die Russen schätzten den Wert von reiner Feuerkraft richtig ein, insbesondere, wenn sie mit einfachen Waffen durch nicht sehr gut ausgebildete Truppen erbracht werden konnte. Im Zweiten Weltkrieg hatten sie deshalb ganze Bataillone mit Maschinenpistolen bewaffnet. Wenn diese Truppen auch auf ihre Weise wirksam waren, so fehlte ihnen doch die notwendige Reichweite. Aber die Russen erkannten schnell, daß dieser Nachteil durch den Einsatz eines Sturmgewehres beseitigt werden konnte. Sie hatten die deutsche MP 44 gesehen und waren von ihr beeindruckt. Sofort nach Kriegsende gingen sie daran, eine eigene ähnliche Waffe zu produzieren. Bei diesem Projekt halfen ihnen mit Sicherheit einige deutsche Konstrukteure und Ingenieure, die ihnen in die Hände gefallen waren. Der für die AK 47 verantwortli-

Finnland
STURMGEWEHR M 62 (VALMET)

Länge: 914 mm
Gewicht: 3,6 kg
Lauf: 419 mm
Kaliber: 7,62 mm
Züge: 4, Rechtsdrall
Betrieb: Gasdruck
Patronenzuführung: 30-Schuß Kastenmagazin
Anfangsgeschwindigkeit: 718 m/s
Kadenz: 650 Schuß/Min.
Visier: 800 m

Finnland hat eine so lange gemeinsame Grenze mit der Sowjetunion, daß es unvermeidbar ist, daß es mit seinem sehr viel größeren Nachbarn eng verbunden ist, wenn auch nicht immer freundschaftlich. Die beiden Länder kämpften 1939/40 einen kurzen aber blutigen Krieg, der vor allem von Rußlands Forderungen nach Stützpunkten provoziet wurde, die die Finnen ihnen

nicht gewähren wollten. Finnland wurde schließlich geschlagen, obwohl es tapfer gekämpft hatte. Später stießen seine Truppen zu den Deutschen, um Teile des verlorenen Landes wiederzugewinnen, aber dieses Ziel wurde natürlich nicht erreicht. Nach der deutschen Niederlage 1945 wurde Finnland gezwungen, einem Friedensvertrag zuzustimmen, nach dem es etwa

12 Prozent seines Gebietes an Rußland verlor. Angesichts der engen Nachbarschaft hat Finnland immer russische Waffen eingesetzt, die im eigenen Land hergestellt und oft besser verarbeitet waren als die Originale. Die Abhängigkeit von seinem Nachbarn kam ihm 1939 gut zustatten, als es in der Lage war, große Mengen von Beutewaffen und Munition einzusetzen. Das

che Konstrukteur war Michael Kalaschnikov. Seine Waffe wurde 1951
offiziell bei der Roten Armee eingeführt. Sie war in jeder Hinsicht ein
ausgezeichnetes Sturmgewehr. Sie
arbeitete im Gasdruckprinzip. Das
Gas wurde aus dem Lauf abgezapft
und auf einen Kolben geleitet, der
in einem Zylinder oberhalb des
Laufes arbeitete. Dieser Kolben
nahm den rotierenden Verschluß
mit nach hinten. Der Mechanismus
wurde dann durch die Schließfeder
im richtigen Zeitpunkt wieder nach

vorn gestoßen. Die AK 47 ist genau
und ausreichend schwer, um über
Entfernungen von etwa 300 m, wie
sie im modernen Krieg gefordert
sind, ausreichend genau zu schießen, ohne daß sie dabei übermäßig
vibriert. Sie war sehr gut hergestellt
und verarbeitet und ist in diesem
Punkt ein großer Fortschritt gegenüber den meisten früheren sowjetischen Waffen. Sie verschießt eine
mittelstarke Patrone, die im Gegensatz zu dem allgemeinen Glauben
nicht gegen die NATO-Patrone aus-

tauschbar ist. Der Lauf ist innen
verchromt und die Waffe ist leicht
zu handhaben und auseinanderzu-
nehmen. Sie kann ein messerarti-
ges Bajonett aufnehmen und bei
den späteren Modellen wurde der
Holzkolben duch einen Metall-
Klappkolben ersetzt. Die AK 47 ist
in den verschiedenen Ländern des
Ostblocks in großem Umfang hergestellt worden und kann wohl den
Anspruch erheben, die heute auf
der Welt am meisten verbreitete
Waffe zu sein. Sie wird zur Zeit
durch eine verbesserte Ausführung,
die AKM, abgelöst, ist aber noch
immer eine bei subversiven Ele-
menten und Terroristen weltweit
verwendete Waffe.

erste sowjetische Sturmgewehr,
das von den Finnen gebaut wurde,
wurde Ende der fünfziger Jahre
entwickelt und erhielt die Bezeichnung Modell 1960. Mechanisch
entsprach es fast genau der russischen AK 47, aber äußerlich gab es
Unterschiede. Das M 60, das in
Valmet hergestellt wurde – daher
der Name –, hatte kein Holz. Die
Waffe bestand ganz aus Metall und
Plastikabdeckungen. Sie hatte
einen Vordergriff aus Plastik, der
einige Belüftungslöcher enthielt und
einen ziemlich häßlichen Rohrkol-
ben mit einem angeschweißten
Schulterstück. Dieses frühe Modell
war auch ungewöhnlich, vielleicht
einmalig, weil es keinen Abzugsbügel im allgemeinen Sinne des Aus-
drucks hatte, sondern nur eine
senkrechte Stange vor dem Abzug.
Dies erlaubte, daß die Waffe von
einem Soldaten mit dicken Hand-

schuhen abgeschossen werden
konnte, die in dem harten finnischen Winter erforderlich sind.
Aber es muß das Risiko des verse-
hentlichen Abziehens erhöht haben, besonders beim Einsatz im
Wald oder Gestrüpp. Das Modell
62, die abgebildete Waffe, ist im
wesentlichen ähnlich, aber moderner hergestellt und hat mehr Stanz-
teile und Nietverbindungen. Sie hat

dasselbe gekrümmte Magazin und
eine Tangentenkimme auf dem Ge-
häusedeckel. Der dreizackige Mündungsfeuerdämpfer hat eine Bajonetthalterung, an der ein messerar-
tiges Bajonett befestigt werden
kann. Die Waffe verschießt die russische mittelstarke Patrone. Sie
wird hier außerhalb der Reihenfolge
für den Vergleich mit der AK 47 gezeigt.

7,62 mm Sowjet M 43

7,62 mm M 60

.303" SAA-Patrone

Vereinigte Staaten von Amerika
KRAG-JÖRGENSEN KARABINER MODELL 1898

Länge: 1054 mm
Gewicht: 3,51 kg
Lauf: 559 mm
Kaliber: 30/40″
Züge: 4, Rechtsdrall
Betrieb: Repetiergewehr
Patronenzuführung: 5-Schuß Kastenmagazin
Anfangsgeschwindigkeit: 610 m/s
Visier: 1829 m

Vereinigte Staaten von Amerika
GEWEHR MODELL 1895 US-NAVY

Länge: 1194 mm
Gewicht: 3,63 kg
Lauf: 692 mm
Kaliber: .236″
Züge: 5, Linksdrall
Betrieb: Gerader Zug
Patronenzuführung: 5-Schuß Kastenmagazin
Anfangsgeschwindigkeit: 732 m/s
Visier: 1828 m

Vereinigte Staaten von Amerika
US-GEWEHR MODELL 1903 (SPRINGFIELD)

Länge: 1097 mm
Gewicht: 3,94 kg
Lauf: 610 mm
Kaliber: .30″
Züge: 4, Linksdrall
Betrieb: Repetiergewehr
Patronenzuführung: 5-Schuß Kastenmagazin
Anfangsgeschwindigkeit: 813 m/s
Visier: 2469 m

Schon bald nach der Einführung des Krag-Jörgensen-Gewehrs bei der US-Armee im Jahre 1894 begannen die Behörden den Gedanken an ein noch neueres Gewehr, das nach dem Mauser-Prinzip arbeitete, zu prüfen, und 1901 wurde 5000 Infanteriegewehre mit einem ca. 75 cm langen Lauf bestellt. Vor der Herstellung beschloß die US-Armee jedoch bereits, daß die Zeit für ein kurzes, allgemein verwendetes Gewehr gekommen war und ließ die Läufe auf ca. 60 cm verkürzen. Hierbei spielte wahrscheinlich

Dies war das erste Repetier-Maga-zingewehr, das von der US-Army verwendet wurde. Es wurde ur-sprünglich 1892 als Ersatz für das alte einschüssige Springfield einge-führt, kam aber erst 1894 zur Trup-pe. Es basierte im wesentlichen auf einer von Hauptmann Ole Krag von der dänischen Armee und einem Ingenieur namens Erik Jörgensen erfundenen Waffe. Die USA zahlten den Erfindern einen Dollar für jedes in Amerika hergestellte Gewehr. Es war ein normales Repetiergewehr, dessen ungewöhnlichstes Merkmal ein 5-Schuß Kastenmagazin an der rechten Seite war, das einzeln durch eine Ladeöffnung geladen werden mußte, die die Magazinfe-der enthielt. Das angehobene Dau-menstück, mit dem es geöffnet wurde, ist auf der Fotografie klar zu erkennen. Es gab eine Anzahl von Varianten, die aber nicht von Be-deutung sind. Die Waffe wurde von der US-Army 1898 in Kuba einge-setzt, während die Miliz noch das einschüssige Springfield hatte. Kurz nach der Einführung des Krag-Jör-gensen-Gewehrs beschlossen die USA jedoch, ein neues Gewehr nach dem Mauser-System einzu-setzen, und das Krag verschwand von der militärischen Szene. Es war ein ausgezeichnetes Gewehr, und viele umgebaute Stücke sind in den USA noch heute als Sportwaffen im Gebrauch. Das abgebildete Muster ist von Interesse, weil es einer der letzten Karabiner ist, der von den USA vor der Einführung eines Standard-Gewehrs für alle Truppen eingesetzt wurde, die mit der Springfield 1903 erfolgte.

Dieses Gewehr ist wahrscheinlich besser bekannt als Lee-«Gerade-zug» was sowohl seinen Erfinder wie seinen Mechanismus bezeich-net. James Lee, ein geborener Schotte, der in Kanada aufwuchs, wurde schließlich Bürger der Verei-nigten Staaten, wo er alle seine Ex-perimente durchführte. Er ist wahr-scheinlich am besten bekannt we-gen seines Kastenmagazins für Re-petiergewehre. Es wurde allgemein eingeführt und sein Name steht auf einer langen Reihe von britischen Militärwaffen. Gegen Ende des 19. Jahrhunderts erfand er ein Ge-wehr, das 1895 von der US-Navy eingeführt wurde, die einen Auftrag über 10 000 Stück erteilte. Das Ge-wehr war insofern ungewöhnlich, als es einen «Geradezug»-Ver-schluß hatte, bei dem ein direkter Rückwärtsdruck auf den Verschluß ihn leicht anhob und dabei öffnete. Ein Drehen von Hand war nicht er-forderlich, das Verriegeln geschah durch eine Anordnung von Teilen am Verschluß. Die Waffe hatte ein ungewöhnlich kleines Kaliber und eine Magazinkapazität von 5 Schuß. Sie war auch die erste amerikani-sche Militärwaffe, die durch einen Lader geladen wurde. Leider haben Geradezuggewehre keinen wirkli-chen Vorteil gegenüber den norma-len Repetiergewehren, aber sie ha-ben mehrere Nachteile, vor allem ihre komplizierte Konstruktion und die Tatsache, daß ihre Handhabung ermüdender ist als die der norma-len Ausführung, was vielleicht über-rascht. Bei der US-Navy war die Waffe nicht beliebt, und sie ver-schwand bald in der Versenkung. Es wurde auch eine Sportausfüh-rung hergestellt, aber auch diese erwies sich als unbeliebt. Das Mo-dell wurde bald zurückgezogen, so daß 18 300 von 20 000 Stück her-gestellten nie das Tageslicht sahen.

ihre Erfahrung in Kuba eine Rolle und auch die Lektionen des Buren-krieges, die die Engländer zu einem ähnlichen Entschluß kom-men ließen. Das neue Gewehr, das nach dem Herstellungsort allgemein Springfield hieß, hatte einen Mau-ser-Verschluß und ein 5-Schuß Ma-gazin mit einer Sperre. Nach eini-gen Änderungen, vor allem der Ein-führung eines leichteren, spitzen Geschosses anstelle der früheren runden Ausführung wurde die Waf-fe 1906 allgemein eingeführt. Sie erwies sich als sehr beliebtes Ge-wehr, dessen geringfügiger Nach-teil seine kleine Magazinkapazität war, und blieb lange Jahre im Ein-satz. In dieser Zeit wurde es ver-schiedenen Änderungen unterzo-gen, vor allem einer, die es ermög-lichte, es in Verbindung mit der Pe-dersen-Vorrichtung von 1918 als automatische Waffe einzusetzen, und einer anderen, bei der 1929 ein Pistolengriff am Kolben ange-bracht wurde. Es gab auch eine Scharfschützenausführung mit einem Weaver-Zielfernrohr, die im Zweiten Weltkrieg als Scharfschüt-zengewehr eingesetzt wurde, sowie eine Vielfalt von anderen Sportva-riationen, die zum großen Teil noch heute in Gebrauch sind.

.30" Modell 1898

.236" Modell 1895

.30" ' 60 Springfield

.303" SAA-Patrone

Vereinigte Staaten von Amerika
GEWEHR .30 CAL M1 (GARAND)

Länge: 1103 mm
Gewicht: 4,37 kg
Lauf: 610 mm
Kaliber: .30"
Züge: 4, Rechtsdrall
Betrieb: Gasdruck
Patronenzuführung: Innenkasten-
magazin
Anfangsgeschwindigkeit: 853 m/s
Visier: 1097 m

Dieses allgemein als Garand bekannte Gewehr war der erste
Selbstlader, der je von einer Armee
als Standard-Waffe eingeführt wurde. Eine ganze Reihe ähnlicher Gewehre wurde umfassend erprobt,
bevor diese Waffe schließlich 1936
akzeptiert wurde. Sie war sehr gut,
sehr robust (und deshalb schwer),

Vereinigte Staaten von Amerika
7,62 MM M14 GEWEHR

Länge: 1117 mm
Gewicht: 3,88 kg
Lauf: 558 mm
Kaliber: 7,62 mm
Züge: 4, Rechtsdrall
Betrieb: Gasdruck
Patronenzuführung: 20-Schuß
Kastenmagazin
Anfangsgeschwindigkeit: 853 m/s
Kadenz: 750 Schuß/Min.
Visier: 915 m

Vereinigte Staaten von Amerika
US-KARABINER .30 KALIBER M1

Länge: 905 mm
Gewicht: 2,48 kg
Lauf: 458 mm
Kaliber: .30"
Züge: 4, Rechtsdrall
Betrieb: Gasdruck
Patronenzuführung: 15/30-Schuß
Kastenmagazin
Anfangsgeschwindigkeit: 585 m/s
Visier: Feststehend, 275 m

Der Ausdruck Karabiner hat, wie
viele andere Militärausdrücke, zu
verschiedenen Zeiten etwas Ver-
schiedenes bedeutet. Gegen Ende
des 19. Jahrhunderts wurde er allgemein verwendet, um eine kurze
Ausführung der Standard-Infante-
riegewehre für berittene Truppen
zu bezeichnen, aber in den folgenden Jahren wurde das universelle

aber einfach und zuverlässig. Sie arbeitete mit Gasdruck und Kolben. Das Magazin hatte eine Kapazität von 8 Schuß und mußte mit einem besonderen Lader geladen werden, der die Patronen in zwei Reihen von je 4 aufnahm. Wenn der letzte Schuß verschossen war, wurde der leere Ladestreifen automatisch aus-

geworfen und der Verschluß blieb offen, um dem Schützen zu zeigen, daß nachgeladen werden mußte. Das Garand war das Standard-Gewehr der US-Armee im Zweiten Weltkrieg und der einzige Selbstlader, der allgemein verwendet wurde. Die Waffe wurde vor allem von der Firma Springfield Armoury und

der Winchester Repeating Arms Company hergestellt, aber eine geringe Anzahl wurde auch von anderen amerikanischen Waffenherstellern gebaut, und nach dem Kriege baute die italienische Firma Beretta sie in Lizenz. Als Mitte der fünfziger Jahre die Herstellung aufgegeben wurde, war die erstaunliche

Zahl von 5½ Millionen Garand produziert worden. Es gab natürlich eine Anzahl von Varianten der Garand in ihrer langen Geschichte, darunter eine Sportschützenausführung und nicht weniger als drei Scharfschützenausführungen, die sich aber nicht von dem Prototyp unterschieden.

Vor dem Ende des Zweiten Weltkrieges arbeiteten die amerikanischen Militärbehörden an dem Konzept eines Sturmgewehrs. Nachdem sich die NATO 1953 auf eine gemeinsame Patrone geeinigt hatte, wurden gute Fortschritte gemacht und die meisten europäischen Länder entschieden sich für belgische Waffen, die USA jedoch für das M14, eine logische Weiterentwick-

lung des Garand. Aufgrund der Kriegserfahrung waren eine Anzahl bedeutender Verbesserungen durchgeführt worden, vor allem die Aufgabe des umständlichen 8-schüssigen Ladestreifens und der Ersatz durch ein abnehmbares Magazin mit 25 Schuß. Das neue Gewehr konnte Einzel- oder Stoßfeuer schießen. Die meisten Gewehre waren fest auf halbautomatisches

Feuer eingestellt, aber einige wurden mit leichten Zweibeinen ausgerüstet und als leichte automatische Waffen eingesetzt. Sie waren jedoch für diese Aufgabe nur begrenzt geeignet, weil sie sich schnell überhitzten und der Lauf nicht gewechsel werden konnte. Eine Ausführung mit schwerem Lauf wurde ins Auge gefaßt aber nie hergestellt, und es gab auch

eine ausgezeichnete Scharfschützenausführung. Das M14 wurde sehr viel in Vietnam eingesetzt. Insgesamt wurden etwa 1,5 Millionen M14 hergestellt. Wenn auch die amerikanischen NATO-Truppen die Waffe noch verwenden, ist sie nicht mehr das Standard-Gewehr der Amerikaner. Sobald sich die NATO auf eine neue Patrone einigt, wird es veraltet sein.

Gewehr bei den meisten Armeen eingeführt, und der Ausdruck verschwand. Kurz vor dem Zweiten Weltkrieg beschloß die US-Armee, daß sie eine neue leichte Waffe brauchte, die in der Mitte zwischen Pistole und Gewehr lag und als leichte Waffe für Offiziere und Unteroffiziere auf Kompanieebene und als Zweitbewaffnung für Mörserschützen, Fahrer und ähnliche Soldaten dienen sollte, für die das normale Gewehr zu hinderlich war. Die ursprüngliche Anforderung erfolgte, als die finanziellen Beschränkungen der Friedenszeit noch in Kraft waren und deshalb wurde sie zurückgewiesen. Sofort nach Ausbruch

des Krieges wurde ihr jedoch stattgegeben und gegen Ende 1941 hatte sich die Armee auf den Karabiner M1 festgelegt, und er war schon in Serienproduktion gegangen. Der M1 war ein kurzes, leichtes Selbstladegewehr und obwohl sein Kaliber dem des Gewehrs entsprach, verschoß es eine Pistolenpatrone, so daß die Munition nicht austauschbar war. Der Karabiner M1 war eine eigenartige, ja eine fast einmalige Waffe für ihre Zeit, denn er war eigentlich ein Rückgriff auf die Luger oder Mauser-Pistole mit Kolben, statt ein Fortschritt in Richtung der Maschinenpistole, die zur Zeit der Einführung des neuen

Karabiners bereits überzeugend bewiesen hatte, daß sie im modernen Krieg eine Rolle spielen würde. Zu jener Zeit war die amerikanische Maschinenpistole jedoch noch die

Thompson, die schwer und teuer in der Herstellung war, und diese Erwägung rechtfertigte wahrscheinlich die Einführung dieser neuen Waffenkategorie.

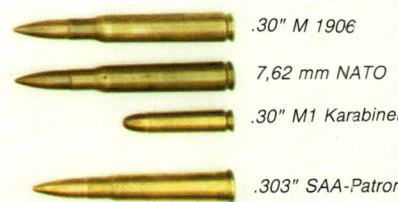

.30" M 1906

7,62 mm NATO

.30" M1 Karabiner

.303" SAA-Patrone

Vereinigte Staaten von Amerika
US-KARABINER .30 KALIBER M1A1

Länge: 931 mm
Gewicht: 2,48 kg
Lauf: 458 mm
Kaliber: .30"

Züge: 4, Rechtsdrall
Betrieb: Gasdruck
Patronenzuführung: 15/30 Schuß-magazin
Anfangsgeschwindigkeit: 595 m/s
Visier: Feststehend, 275 m

Vereinigte Staaten von Amerika
ARMALITE AT 15 (M16)

Länge: 991 mm
Gewicht: 2,88 kg
Lauf: 508 mm
Kaliber: 5,56 mm
Züge: 4, Rechtsdrall
Betrieb: Gasdruck
Patronenzuführung: 30-Schuß Kastenmagazin
Kadenz: 800 Schuß/Min.
Anfangsgeschwindigkeit: 991 m/s
Visier: 458 m

Der Prototyp dieser Waffe war der AR 10, der 1955 erstmals in die Produktion ging. Es war eine in jeder Hinsicht fortschrittliche Waffe, bei der Plastik und Aluminium wo immer möglich verwendet wurden, aber sie erwies sich als zu leicht für die starke 7,62 mm-NATO-Patrone, für die sie hergestellt wurde. Die Produktion wurde 1962 eingestellt. Ihm folgte bald der kleinkalibrige Karabiner AR 15 für die Hochge-schwindigkeitspatrone, der von Eugene Stoner konstruiert und von der Firma Colt ab Juli 1959 in Lizenz hergestellt wurde. Diese neue Waffe war sofort beliebt. Sie eignete sich gut für den Kampf in Dschungelgebieten, und da sie leicht und handlich für kleine Menschen war, fand sie bald Freunde in verschiedenen Ländern des Fernen Ostens. Nach ihrer Erfindung wurde sie von den USA in Vietnam einge-setzt und ist jetzt als M16 ihr Standard-Gewehr (außer bei der NATO). Der M16 hat keinen Gasdruckkolben. Die Gase passieren einfach ein Rohr und drücken direkt auf den Verschluß, was wirksam ist, aber bedeutet, daß die Waffe regelmäßig sorgfältig gereinigt werden muß. In geringer Anzahl wurde sie von der britischen Armee in Borneo eingesetzt.

Vereinigte Staaten von Amerika
COLT COMMANDO

Länge: 711 mm
Mit ausgezogenem Kolben: 787 mm
Gewicht: 2,97 kg
Lauf: 254 mm
Kaliber: 5,56 mm
Züge: 4, Rechtsdrall
Betrieb: Gasdruck
Patronenzuführung: 20/30 Schuß Kastenmagazin
Kadenz: 750 Schuß/Min.
Anfangsgeschwindigkeit: 915 m/s
Visier: 458 m

Die Colt Commando ist im wesentlichen eine handlichere Version des AR 15 und wurde für den Einsatz in Vietnam entwickelt. Mechanisch ist sie mit dem AR 15 identisch, hat aber einen 25,4 cm langen Lauf statt des 508 mm langen des Gewehrs. Hierdurch verringert sich die Anfangsgeschwindigkeit leicht, was eine ernsthafte Auswirkung auf die Genauigkeit über größere Entfernungen hatte. Es führte auch zu einem beträchtlichen Mündungsfeuer, wodurch es erforderlich wurde, einen etwa 10 cm langen Mündungsfeuerdämpfer anzubauen, der aber abgeschraubt werden kann. Die Colt Commando hat einen Teleskopkolben, der bei Bedarf herausgezogen werden kann, so daß die Waffe von der Schulter eingesetzt werden kann. Trotz der durch den kürzeren Lauf bedingten geringeren Genauigkeit erwies sie sich in Vietnam als nützlich, wo sie von den Spezialtruppen der USA eingesetzt wurde. Man glaubt auch, daß der britische Special «Air Service» diese Waffe begrenzt einsetzt. Die geringe Genauigkeit macht diese Waffe zu einer Maschinenpistole, aber angesichts ihrer Ähnlichkeit mit dem AR 15, und weil sie dieselbe Patrone verschießt, haben wir sie in dem Abschnitt über Gewehre gezeigt.

Die allgemeinen Einzelheiten bezüglich der Einführung und der Geschichte des Kalibers .30" sind bereits in dem Abschnitt über die ursprüngliche Waffe dieser Reihe beschrieben. Es gab jedoch eine Anzahl von Varianten, vor allem den M1A1, der zwar dieselbe Waffe wie der M1 war, aber einen umklappbaren Metallkolben hatte, dessen Mittelplatte eine Ölflasche enthielt. Dieser Skelettkolben war auf einem Pistolengriff drehbar, so daß der Karabiner notfalls mit angeklappten Kolben abgeschossen werden konnte und die Waffe sich gut für Fallschirmjäger und Luftlandetruppen eignete. Der echte Waffenenthusiast wird denken, daß dies im Vergleich zum Prototyp die Form der Waffe verdirbt, und das ist in gewisser Hinsicht wahr. Die Änderung wurde jedoch zu einer Zeit durchgeführt, als praktische Erwägungen Vorrang hatten. Der Karabiner M1 in seinen verschiedenen Formen war die am weitesten verbreitete Waffe der USA. Die Gesamtproduktion erreichte die erstaunliche Zahl von etwas über 7 Millionen. Es war eine leichte, handliche Waffe, die trotz der relativ geringen Durchschlagskraft eine offensichtliche Lücke füllte. Zu einer Zeit wurde eine auf Stoßfeuer umstellbare Waffe hergestellt, die den Karabiner tatsächlich zu einer Maschinenpistole machte, und es gab auch verschiedene Ausführungen mit einem Nachtvisier, die keine konventionelle Visiereinrichtung hatten. Die beiden Ausführungen waren als M2 und M3 bekannt.

.30" M1 Karabiner

5.56 mm × 45 mm

5.56 mm × 45 mm

.303" SAA-Patrone

Revolver und Pistolen

Eine Pistole ist eine Feuerwaffe, die ohne weitere Stützung mit einer Hand abgeschossen werden soll. Der Ursprung des Wortes ist unklar, aber es mag von Pistoia, der toskanischen Stadt abstammen, wo sie angeblich erfunden wurde. Die Hauptaufgabe der Pistole war immer die Selbstverteidigung im Nahkampf, so daß sie entweder am Mann oder, wenn er beritten war, am Sattelhorn getragen wurde, um sofort einsatzbereit zu sein. Deshalb ist für diese Waffe ein Luntenschloß nicht geeignet gewesen. Die ersten Waffen dieser Art hatten Radschlösser und stammen wahrscheinlich aus der Zeit um 1530. Dennoch muß man sagen, daß man auch gelegentlich auf Luntenschloßpistolen trifft, aber sie sind fast ohne Ausnahme indischen oder fernöstlichen Ursprungs und stammen aus relativ junger Zeit.

Nach England wurden die Radschloßpistolen importiert, und es ist wahrscheinlich, daß keine im Lande selbst hergestellt wurden. Mit Ausnahme der Uhr war ein Radschloß damals der komplizierteste bekannte Mechanismus, und zu jener Zeit gab es wenige Handwerker in England, die derartige Arbeiten ausführen konnten. Aus diesem Grunde hatten die ersten in England hergestellten Pistolen Steinschlösser, die aus der Zeit um 1630 stammen. Eine Anzahl von ihnen wurde mit gezogenen, abschraubbaren Läufen hergestellt, so daß sie von hinten geladen werden konnten, und einer der ersten Berichte über Pistolenschießen erzählt von Prinz Rupert, dem bekannten royalistischen Kavallerieführer aus dem britischen Bürgerkrieg von 1642/45. Wahrscheinlich aufgrund einer Wette schoß er auf den Wetterhahn auf einem Kirchturm in Stafford und traf ihn durch den Schwanz. Als sein Onkel und Oberbefehlshaber King Charles I. scherzhaft sagte, daß es wohl ein Zufallstreffer gewesen sei, wiederholte er dasselbe mit der zweiten Pistole seines Paares. Jahre später wurde dieser treffsichere Prinz in Paris von drei Mördern angegriffen. Alle drei schossen von hinten auf ihn, verfehlten ihn aber, woraufhin sich ihr Opfer auf den Hacken drehte, dabei ein paar Pistolen zog und zwei von ihnen beidhändig außer Gefecht setzte. Diese Art von Schießkünsten hätte ihm im amerikanischen Westen im späten 19. Jahrhundert noch sehr viel Respekt eingebracht.

Die Restauration von 1660 führte zu engeren Bindungen zwischen England und Frankreich. Viele geschickte, kontinentale Büchsenmacher ließen sich – manche als Flüchtlinge aus Religionskriegen – in England nieder. Die einheimischen Büchsenmacher folgten ihrem Beispiel so gut, daß sie schon um 1700 sehr schöne Feuerwaffen herstellten. Insbesondere Pistolen wurden als Waffen des feinen Herrn angesehen, und deshalb waren sie von ausgezeichneter Qualität. Man sucht noch heute nach solchen Stücken. Herren von Stand trugen noch fast bis zum Ende des 18. Jahrhunderts wie selbstverständlich

Degen, und viele Ehrenangelegenheiten wurden mit ihnen reguliert. Dies wurde jedoch nach 1800 anders, dann wurde nämlich die Pistole die Duellwaffe. Jedermann, dessen Leben von seinem Pistolenschießen abhing, wollte natürlich die beste Waffe, und dies gab der Pistolenherstellung großen Auftrieb.

TECHNISCHER FORTSCHRITT

Bald nach 1820 war das Zündhütchen allgemein in Verwendung, zumindest bei zivilen Waffen, und das relativ klobige Flintschloß verschwand dann buchstäblich. Dadurch wurde es möglich, die Pistole leichter und stromlinienförmiger zu machen, was zu mehrläufigen Waffen, den sogenannten Pfefferstreuern, führte, bei denen eine Gruppe von bis zu 6 Läufern um eine mittlere Spindel rotierte.

Der nächste Typ, der aufkam, war der echte Revolver mit einem einzigen, festen Lauf und einer mechanisch gedrehten Trommel mit den Patronen. Primitive Flintschloßwaffen dieser Art wurden in Europa in geringer Zahl bereits Mitte des 17. Jahrhunderts hergestellt und eine verbesserte Ausführung, der Collier, war 1819 entstanden. Der große Nachteil dieser Waffe war immer das Problem der Zündung gewesen, und erst mit Einführung des Aufschlagzündsystems wurde diese Schwierigkeit überwunden. Der erste, und wahrscheinlich der berühmteste Mann auf diesem Gebiet war Oberst Samuel Colt.

Colt wurde 1814 in Hartford, Connecticut, geboren und wie viele andere amerikanische Erfinder des 19. Jahrhunderts hatte er keine formelle Ausbildung. Er vereinigte in sich jedoch mechanisches und erfinderisches Genie mit einer gleich starken Publizitätssucht und Verkaufslust, und 1836 hatte er amerikanische und britische Patente für einen Revolver erworben. Mit dieser Waffe hatte er wechselnden Erfolg bis etwa 1848. Danach wurden er und seine Waffen berühmt, und sein Name wurde zu einem Begriff. Er wurde von vielen Leuten auf beiden Seiten des Atlantiks kopiert. Sein größter britischer Rivale war Adams, dessen gute Waffen schließlich den größten Teil des britischen Marktes eroberten.

Alle diese frühen Revolver brauchten Pulver und eine Kugel, die von vorn in jede Kammer geladen wurde, außerdem eine separate Kappe, die auf jeden Zapfen gesetzt wurde. Wenn auch die Leistung dieser Waffen nach dem Laden mit modernen Revolvern vergleichbar war, dauerte das Nachladen sehr viel länger, und deshalb wandten

1 Der Freikorpsmann links trägt eine Mauser-Pistole M1896.
2 Die halbautomatische Colt-Pistole Modell 1911 A1 im Kaliber 0.45" wurde 1926 beim US-Militär eingeführt.

Berliner Konzerthaus

Bunter Abend

Italien
BERETTA MODELLO 84

Die bekannte italienische Firma Beretta hat seit 1915 gute Selbstladepistolen hergestellt. Das abgebildete Modell mag als typisches Beispiel einer Pistole mit einfachem Rückstoßmechanismus ohne positive Verriegelung gelten, die nur mit dem Gewicht des Verschlußstückes und der Kraft der Feder arbeitet. Da eine normale 9-mm-Patrone wahrscheinlich etwas zu stark für den einfachen Mechanismus wäre, wird eine besondere Kurzpatrone verwendet, die gut schießt, aber für den militärischen Gebrauch zu schwach ist. Die Pistole hat einen außen liegenden Hahn, andere haben innen liegende, aber das Prinzip, nach dem sie arbeiten, ist dasselbe.

(Volle Beschreibung der Beretta Modello 1934 auf Seite *203*.)

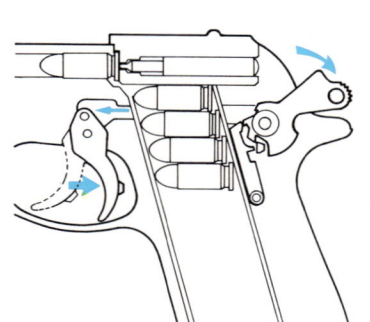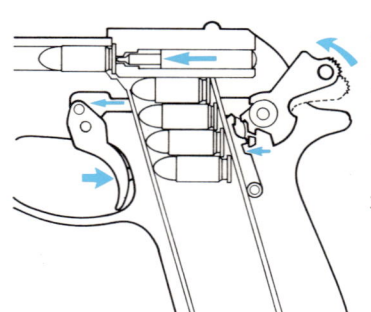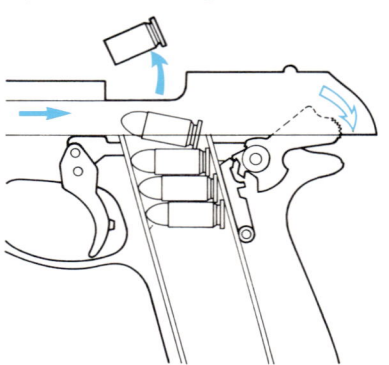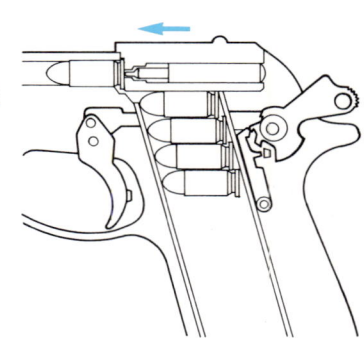

1 Der erste Schuß wird von Hand geladen, indem das Verschlußstück in die hintere Stellung gezogen und dann durch die Feder nach vorn gedrückt wird. Dies spannt den Hahn und führt die oberste Patrone in den Lauf ein.

2 Der Druck auf den Abzug gibt den Hahn frei, der nach vorn auf das hintere Ende des Zündstifts schlägt, der dadurch auf das Zündhütchen der Patrone im Lauf trifft und sie zündet.

3 Die Gase treiben das Geschoß nach vorn und zwingen gleichzeitig die leere Hülse nach hinten. Der Druck reicht aus, um das Verschlußstück wie schon beschrieben zurückzutreiben. Dabei wird auch die leere Hülse ausgeworfen.

4 Die Vorwärtsbewegung wird dann wiederholt. Die nächste Patrone im Magazin, die durch die Kraft der Magazinfeder nach oben gedrückt wird, wird in den Lauf eingeführt, und die Pistole ist bereit für den nächsten Schuß.

Grossbritannien
WEBLEY & SCOTT MARK VI

Die britische Armee behielt lange Jahre den Revolver als Militärwaffe. Von 1892 bis 1927 wurden fast alle Waffen dieser Kategorie von der Firma Webley und Scott in Birmingham geliefert. In diesem Zeitraum stellte sie viele Tausende von Revolvern in einer Vielfalt von Modellen her, aber wahrscheinlich war der Mark VI der verbreitetste und bekannteste. Er wurde erstmals 1915 eingeführt und blieb bis in die Dreißigerjahre im Einsatz. Außer bei der britischen Armee wurde er auch bei verschiedenen Streitkräften des Commonwealth und gelegentlich von der Polizei eingesetzt.

(Volle Beschreibung auf Seite *207*.)

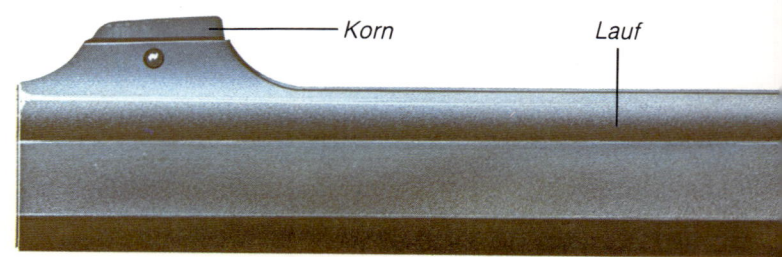
Korn   Lauf

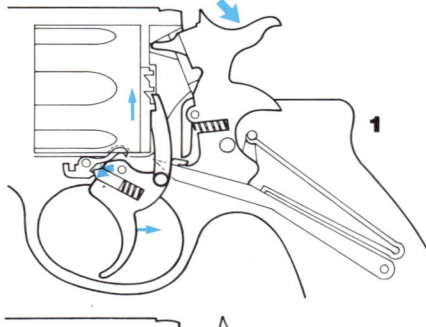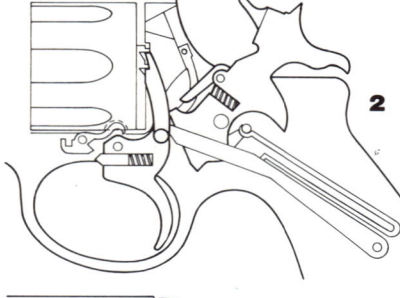
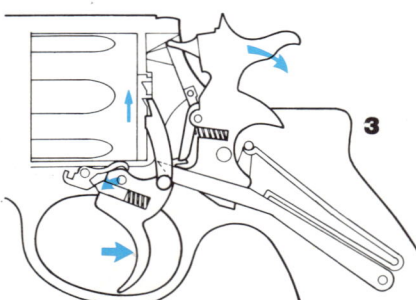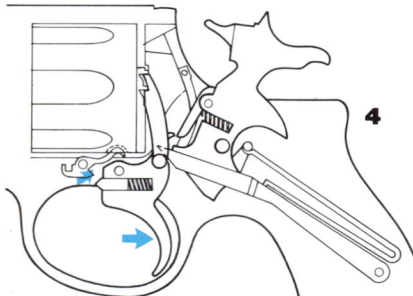

1 Der Druck auf den Abzug drückt den Trommelanschlag nieder, läßt die Trommel rotieren und legt die nächste Kammer vor den Lauf.

2 Der Hahn kann auch von Hand gespannt werden, wodurch der Druck am Abzug sich verringert und es leichter wird, genauer zu schießen.

3 Ein stetiger Druck auf den Abzug läßt den Hahn fallen, so daß seine Nase auf das Zündhütchen der Patrone schlägt. In dieser Phase kann die Trommel wegen der Trommelsperre nicht rotieren.

4 Der Vorgang wiederholt sich jetzt, bis alle Patronen verschossen sind. Dann werden die leeren Hülsen ausgestoßen.

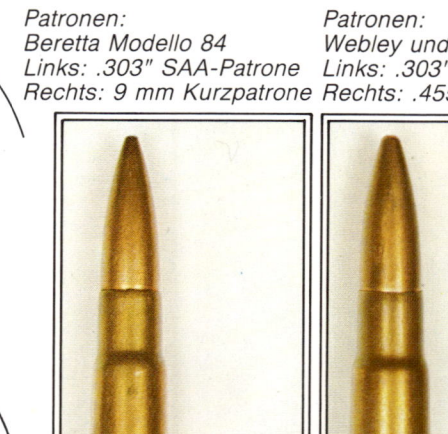

Patronen:
Beretta Modello 84
Links: .303" SAA-Patrone
Rechts: 9 mm Kurzpatrone

Patronen:
Webley und Scott Mark VI
Links: .303" SAA-Patrone
Rechts: .455" SAA-Patrone

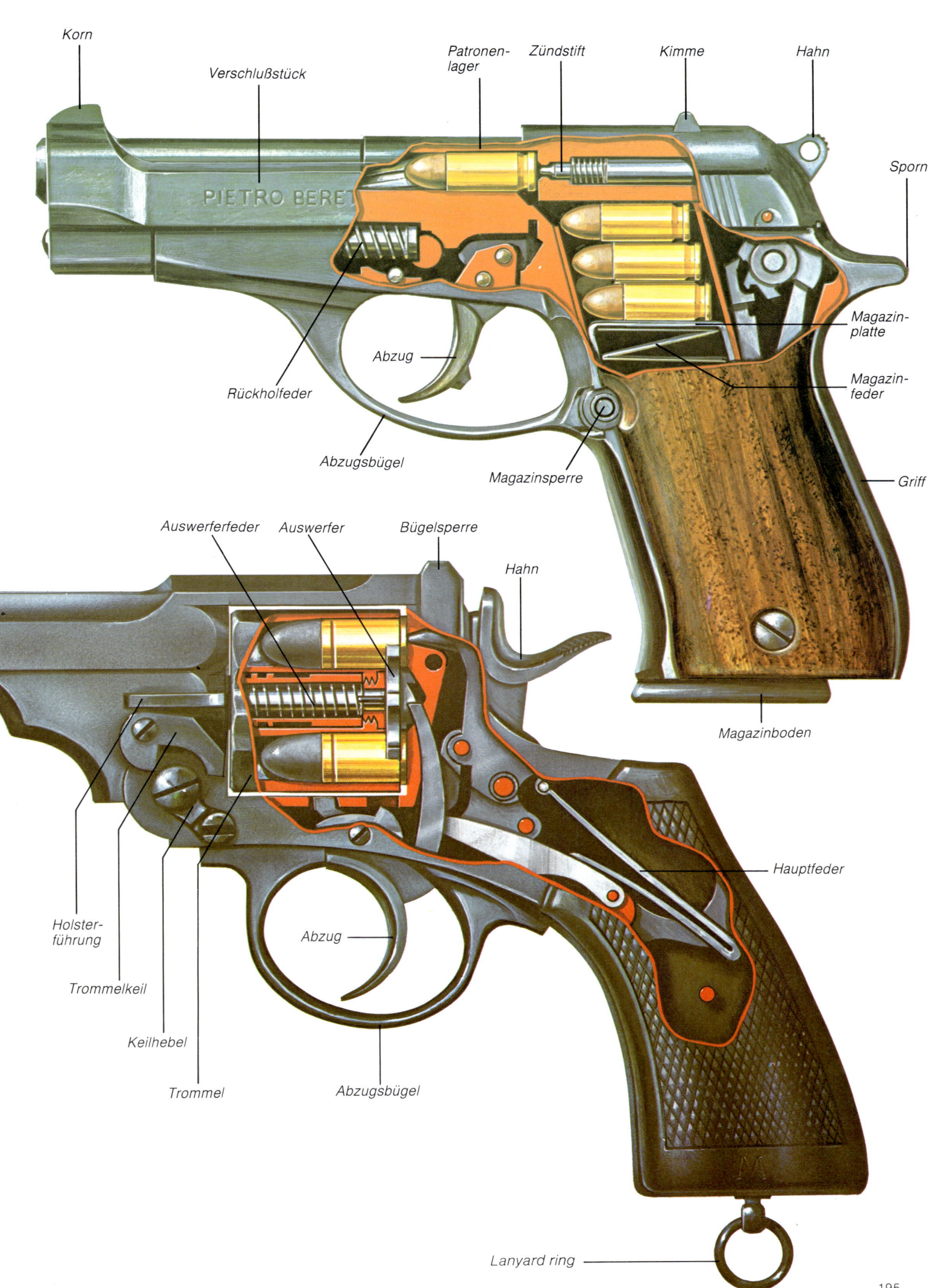

Korn

Verschlußstück

Patronen-lager

Zündstift

Kimme

Hahn

Sporn

PIETRO BERET

Rückholfeder

Abzug

Magazin-platte

Magazin-feder

Abzugsbügel

Magazinsperre

Griff

Auswerferfeder

Auswerfer

Bügelsperre

Hahn

Magazinboden

Hauptfeder

Holster-führung

Abzug

Trommelkeil

Keilhebel

Abzugsbügel

Trommel

Lanyard ring

195

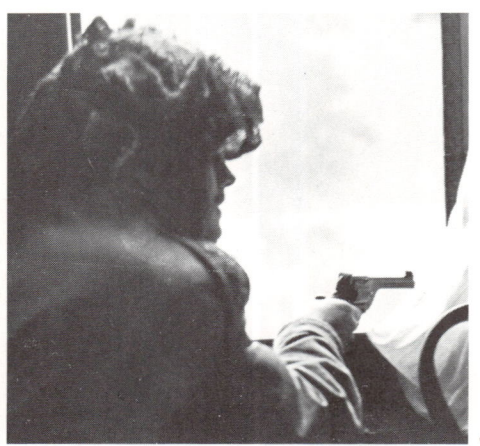

sich die Gedanken vieler Büchsenmacher bald dem Hinterladen mit kompletten Patronen zu. Einige Hersteller, besonders in Frankreich, Belgien und Deutschland, bauten Zündnadelrevolver, aber diese hatte nur begrenzten Erfolg. Der nächste große Fortschritt kam 1856, als nach Ablauf von Colts verschiedenen Patenten das Gebiet für eine Vielzahl anderer Hersteller offen war. Die ersten waren Smith & Wesson, die schnell ihren eigenen Revolver mit einer durchbohrten Trommel für die Aufnahme von modernen Patronen patentieren ließen. Die Neuerung, die auf ihre Weise revolutionär war, erforderte keine wirklich grundlegenden Konstruktionsänderungen. Alles was erforderlich war, war eine Art Ladeöffnung, so daß die Patrone in das Lager gebracht werden konnte, und ein Mittel, um die leeren Hülsen nach dem Schießen auszustoßen.

Inzwischen waren zwei unterschiedliche Verschlußmechanismen entstanden. Die Amerikaner zogen im allgemeinen Waffen vor, bei denen der Hahn für jeden Schuß neu zurückgezogen werden mußte, während die Briten Waffen den Vorzug gaben, die entweder auf dieselbe Weise abgeschossen wurden, oder einfach durch stärkeres Ziehen am Abzug. Dieser Unterschied beruhte wahrscheinlich auf dem unterschiedlichen Einsatz. Der durchschnittliche amerikanische Westler war kein Revolverheld. Er trug

einen Revolver zur Selbstverteidigung und vielleicht sogar gegen Kleinwild. Deshalb brauchte er eine Waffe zum genauen Schießen, oft über einige Entfernung, und dies gab ihm die Single-action-Waffe, weil das Spann von Hand den Abzug sehr viel leichter machte. Die britischen Verwender waren andererseits oft Offiziere, für die die Genauigkeit über einige Entfernung weniger bedeutend war, weil ihre Soldaten Gewehre hatten. Was der Offizier brauchte, war eine Pistole, mit der er sich notfalls seinen Weg aus einem Haufen schreiender Wilder freischießen konnte, und in diesem Falle mußte er schnell sein. Wenn auch der Single-action-Revolver noch immer seinen Platz in der amerikanischen Bewunderung hat, ist auch der Spannabzug fast auf der ganzen Welt in Gebrauch.

Der nächste Fortschritt kam mit verbessertem Laden und besserem Auswerfen. Zunächst war die verbreitetste Vorrichtung, den Lauf und den Zylinder mit einem Scharnier und mit einem Fanghebel vor dem Hahn zu befestigen. Wenn dieser Fanghebel freigegeben und der Lauf nach unten gedrückt wurde, warf ein sternförmiger Auswerfer automatisch die leeren Hülsen aus. Die Pioniere dieses Systems waren Schmith & Wesson in den USA und Webley in England, und beide Firmen hatten bis 1870 zuverlässige Systeme hergestellt. Bald kam jedoch eine Meinungsänderung, denn die Briten hielten

an ihrem Klappsystem fest, während die Amerikaner, die es immer als prinzipiell schwach angesehen hatten, es aufgaben. Statt dessen befestigten sie die Trommel an einem separat aufgehängten Rahmen, der am Hauptteil des Revolvers zur Seite geschwenkt werden konnte. Die leeren Hülsen wurden dann zusammen durch einfachen Handruck auf eine Stange ausgeworfen. Bald nach 1900 hatte sich diese Methode über die ganzen USA verbreitet, und das Klappsystem war im Prinzip verschwunden, mit Ausnahme von kleinen, schwachen Taschenwaffen.

Zu Anfang des 20. Jahrhunderts hatte der moderne Revolver für alle praktischen Zwecke den Gipfel seiner Entwicklung erreicht. Obwohl er heute noch sehr viel verwendet wird, sind seitdem keine grundlegenden Verbesserungen mehr gemacht worden. Diese Perfektion des Revolvers traf zeitlich eng mit der Einführung einer neuen Pistolenart, der Selbstladepistole, zusammen, die heute auf der ganzen Welt (wenn auch unzutreffend) «automatisch» genannt wird.

DIE SELBSTLADEPISTOLE

Hiram Maxim hatte 1884 bereits bei seinem Maschinengewehr den Rückstoß einer Patrone dazu ausgenutzt, die nächste zu laden und zu zünden, und deshalb überrascht es nicht, daß dasselbe Prinzip bei Pistolen

5

angewandt wurde. Die erste, die angeboten wurde, war die Erfindung eines Österreichers, Schonberg, aber sie errang keinen Erfolg und nur wenige Stücke wurden hergestellt. Der nächste auf diesem Gebiet war Hugo Borchard, ein geborener Deutscher, der den größten Teil seines Lebens in den USA verbracht hatte. 1891 kehrte er in sein Heimatland zurück, wo 1893 seine erste Selbstladepistole in die Produktion ging. Aber obwohl sie eine genial konstruierte Waffe war, wurde sie kein Erfolg. Sie war groß und klobig, und wenn sie auch mit einem Kolben gut schoß, erfüllte sie nicht die Forderungen nach Taschenwaffen. Ein anderer genialer Deutscher, Georg Luger, vereinfachte und verbesserte die Konstruktion, und die Luger-Pistole wurde in einer Vielfalt von Formen und Kalibern eine der bekanntesten Waffen der Welt.

Bald folgten andere europäische Selbstladepistolen, vor allem die österreichische Mannlicher, die deutsche Bergmann, ihre billige belgische Kopie, die Simplex, und die Mauser, eine weitere deutsche Pistole, die zu einem Begriff geworden ist. 1897 begann auch der Amerikaner John Browning, einer der größten Namen auf dem Gebiet der Feuerwaffen, erfolgreiche Selbstladepistolen zu konstruieren. Wenige Jahre später folgte ihm die britische Firma Webley und Scott, zunächst mit ihrer erfolglosen Mars

und später mit einer Reihe von zuverlässigen, wenn auch nicht übermäßig hervorragenden Waffen derselben Art. Es ist jedoch klar, daß die Selbstladepistole anfänglich mehr den Kontinentaleuropäern als Großbritannien und den USA gefiel, und 1914 hatte fast jedes zweite Land der Welt den einen oder anderen Pistolentyp als Militärwaffe eingeführt.

An dieser Stelle sollten die beiden Hauptmethoden, nach denen Selbstladepistolen arbeiten, erklärt werden. Die einfachste ist, daß die rückwärtsgerichtete Energie der Patronenhülse einen einigermaßen schweren Verschlußblock gegen eine Feder zurückdrückt, die ihn zur rechten Zeit wieder vorwärts stößt, wobei er die nächste Patrone lädt. Diese Methode ist jedoch nicht für Waffen geeignet, die starke Patronen verschießen, denn wenn die Hülse zu früh zurückkommt, wenn der Druck noch hoch ist, kann sie ohne die Stützung des Patronenlagers reißen. In diesem Fall sind Lauf und Verschluß beim Zünden und während des Rückstoßes für eine kurze Strecke verriegelt. Wenn der Druck auf ein sicheres Niveau abgefallen ist, entriegeln Lauf und Verschluß, und der Verschluß schlägt wie bei der ersten Methode weiter gegen eine Feder zurück. Bei den meisten modernen Waffen gleitet der gesamte Oberteil der Pistole, der Verschlußstück heißt, auf diese Weise vor

und zurück. Der erste Schuß muß natürlich von Hand geladen werden.

Man kann wahrscheinlich sagen, daß die Pistole, anders als andere in diesem Buch besprochene Waffen, nie eine Militärwaffe von Bedeutung war. In der zweiten Hälfte des 16. Jahrhunderts begann die Feuerkraft der Infanterie ein so bedeutender Faktor auf dem Schlachtfeld zu werden, daß die Kavallerie einen großen Teil ihrer Bedeutung verlor. Die ersten Anstrengungen dies zu ändern war, die Reiterei mit Pistolen zu bewaffnen und sie reihenweise vorgaloppieren zu lassen, um sie in der Hoffnung, eine Bresche zu schlagen, feuern zu lassen. Dieses Verfahren erzielte jedoch nie viel Erfolg, denn das Feuer von relativ schwachen Pistolen, abgeschossen von bockigen Pferden, konnte kaum dem von Infanteriemusketen begegnen. Es war diese harte Tatsache, die die Kavallerie schließlich zwang, ihre Pistolen und Panzerung aufzugeben.

Gegen Mitte des 19. Jahrhunderts war schließlich klar geworden, daß selbst die beste Kavallerie kaum Erfolge gegen Infanterie erzielen konnte, denn während weder das Pferd noch der Säbel sich in den Jahren geändert hatten, hatte es eine umfassende und andauernde Weiterentwicklung der Feuerwaffen gegeben. Wenn deshalb die Kavallerie nicht einen ungewöhnlichen Vorteil durch das Gelände oder die schlechte Sicht hatte, mußte sie sich mehr und mehr auf ihre Feuerwaffen und weniger auf den Säbel verlassen. Die Amerikaner, immer Realisten, sahen dies in ihrem Bürgerkrieg von 1861/65, und obwohl die Kavallerie auf beiden Seiten weiterhin gut für Stoßtrupps, Aufklärung und bei Kavalleriegefechten diente, war ihre Aufgabe in jeder größeren Schlacht die berittener Infanterie, bei der das Gewehr dominierte. Selbst bei Reiterschlachten zogen die meisten Reiter einen guten Perkussionsrevolver vor, der ihnen ein Dutzend sicherer Schüsse erlaubte, bevor sie sich um das Wiederladen kümmern mußten, statt sich auf den Säbel zu verlassen.

Es war vielleicht der amerikanische Bürgerkrieg und die ihm folgende Wiederaufbauperiode, die dem Revolver die sichere Marktlücke gab, die er heute in der Geschichte und Legende der Vereinigten Staaten einnimmt. Nachdem die Kämpfe vorüber waren, wandten sich die Gedanken zahlreicher Menschen, viele davon ruhelose Ex-Soldaten, den weiten, leeren Gebieten im Süden und Westen zu, und kurz darauf begann eine große Wanderung. Das offene Grasland bot ausgezeichnete Möglichkeiten zur Haltung von Vieh, mit dem die riesigen Industriezentren im Osten ernährt werden konnten. Das Transportproblem wurde durch den schnellen Aufbau mehrerer Eisenbahnen gelöst.

Die Tausende von Männern, die an der Eisenbahn arbeiteten, brauchten Nachschub aller Art und Entspannung, so daß ihnen ein Schwarm von Kaufleuten, Spielern und Salonbesitzern folgte. Sie brauchten auch Fleisch, das ihnen von Berufsjägern geliefert wurde, die rücksichtslos Tausende von Büffeln abschlachteten. Dies wiederum führte zu Ärger mit den Indianern, deren gesamte Wirtschaft auf dem Büffel beruhte, und so wurde auch die US-Armee hineingezogen.

Diese lebhafte, vorherrschend männliche Gesellschaft war unvermeidbar gewalttätig und rauflustig. Es gab kaum ein Gesetz, mit Ausnahme einer gewissen rauhen Selbstjustiz, die durch die öffentliche Meinung gegeben war, und selbst banale, durch Alkohol, Spiel oder Frauen entstandene Streitigkeiten endeten oft in Schießereien. Wenn größere Organisationen aufeinanderstießen, wie zum Beispiel rivalisierende Viehzüchter, die sich um Weideland oder Wasser stritten, nahm der Streit oft das Ausmaß kleiner Privatkriege an. Dabei trug jedermann wie selbstverständlich einen oder ein Paar Revolver, und dies war auch notwendig. Es war die Ära des Revolvers. Des Colt-Peacemakers von 1873, des Smith und Wesson, des Remington und des britischen Adams, eine Ära, die zur Zeit der Jahrhundertwende kaum vorüber war, und deren Geist noch nicht gestorben ist.

Die Kavallerie der verschiedenen Armeen Europas zögerte, die Lehren des amerikanischen Bürgerkrieges anzunehmen, den sie als eine Art Verwirrung ansahen. Sie hielten den Säbel und die Lanze weiterhin für ihre Hauptwaffen. Karabiner wurden zwar mitgeführt, aber verachtet. Bei der Infanterie wurde der Revolver zum Bestandteil der Offiziersausrüstung, denn man stellte bald fest, vor allem in Kolonialkriegen, daß ein

Säbel keine Antwort auf die robusteren Waffen war, die von angreifenden Zulus, Derwischen oder ähnlichen Gegnern geführt wurden. Die Antwort darauf war eine Pistole, und je größer das Kaliber, desto besser. Der Revolver, mancher bis zum Kaliber .577″, war die übliche Waffe, aber auch starke doppel- und selbst vierläufige Pistolen wurden verwendet.

Die Grenze zwischen Revolver und Selbstladepistolen war im Ersten Weltkrieg zu erkennen, denn von allen ursprünglichen Kriegführenden waren die Engländer praktisch die einzigen, die weiterhin ihren bewährten Revolver behielten. Die Amerikaner waren geteilter Meinung, denn während viele von ihnen die zuverlässige Colt-Pistole 1911 trugen, blieben viele auch ihrem Revolver treu, der inzwischen in ihrem Land eine traditionsreiche Waffe geworden war. Es ist an dieser Stelle angebracht, kurz die Vor- und Nachteile der beiden Typen zusammenzufassen.

REVOLVER UND SELBSTLADEPISTOLE

Die Selbstladepistole faßt im allgemeinen 8 oder mehr Schüsse, ist etwas genauer und – falls erforderlich –, leichter zu verstecken. Sie ist jedoch komplizierter, anfälliger für Hemmungen durch Schmutz und wahrscheinlich langsamer einzusetzen, denn bei vielen Modellen ist es nicht sehr sicher, ständig eine Patrone im Lauf zu haben. Der Revolver faßt gewöhnlich 6 Schuß. Er mag etwas schwieriger beim genauen Schießen sein, und er ist nicht so leicht zu verstecken. Er ist jedoch weniger anfällig auf Schmutz und kann mit Sicherheit geladen getragen werden. Es ist bei ihm nicht erforderlich, eine Sicherung oder eine andere Vorrichtung als den Abzug zu haben. Die Befürworter beider Typen werden weiter für die Vorteile ihrer Waffe argumentieren. So ist nur noch zu sagen, daß während fast alle Armeen Selbstladepistolen verwenden, viele Polizeikräfte noch den erprobten Revolver haben oder sogar zu ihm zurückkehren.

Bevor wir das Thema verlassen, müssen wir Kompromißwaffen, die bekannteste darunter die Webley Fosbery, erwähnen. Den sogenannten automatischen Revolver, der 1901 eingeführt wurde. Bei dieser Waffe waren der Lauf und die Trommel an einem separaten Rahmen befestigt, der in Rippen an der Oberseite des Kolbens zurückstieß. Nachdem die Waffe gespannt und abgefeuert war, trieb der Rückstoß die Laufgruppe zurück, drehte die Trommel und spannte dabei den Hahn, so daß die Waffe für den nächsten Schuß feuerbereit war. Obwohl dies genial war, wurde dieser Revolver nicht eingeführt, zum Teil wegen seiner Anfälligkeit auf Schmutz, und zum Teil wegen der Tatsache, daß wenn er nicht mit starrem Arm abgeschossen wurde, der Rückstoß nicht immer ausreichte, um den Mechanismus zu betätigen. Dennoch war diese Waffe ziemlich beliebt.

Schließlich sollte man eine oder zwei einschüssige Pistolen, die Militärwaffen waren, erwähnen. Vielleicht die bekannteste ist die billige, aber im Prinzip ausreichende Libera-

tor, die die USA für Partisanen in den von Japan besetzten Gebieten im Fernen Osten abwarfen, und die britische Welrod mit Schalldämpfer, die im Zweiten Weltkrieg von Sondereinheiten zum lautlosen Töten eingesetzt wurde. Es gibt auch die Bastler-Pistole Zip Gun, eine einfache Waffe, mit dem Vorteil (oder vielleicht Nachteil), daß sie sehr leicht von Bastlern hergestellt werden kann.

Eine große Zukunft der Pistole als Militärwaffe (mit Ausnahme des Geheimdienstes) muß angezweifelt werden, denn es werden immer mehr Maschinenpistolen oder Sturmgewehre als persönliche Waffe für Offiziere eingeführt, vor allem bei Kampftruppen. Sie wird jedoch weiterhin eine Waffe für die Polizei sein, und in England wird ihre Bedeutung wachsen, weil es immer notwendiger wird, die Schutzpolizei voll zu bewaffnen. Wenn keine staatlichen Einschränkungen erfolgen, wird auch das Pistolenschießen als Sport populärer werden. Es bietet harmlose

1 Männer der 82. US-Luftlandedivision auf dem Schießstand mit Colt-Browning Modell 1911A1.

2 Die Colt-Pistole M 1911A1, Kaliber 0.45" von der hier eine Ausführung mit 0.22"-Lauf gezeigt wird, wird bei militärischen Wettbewerbsschießen verwendet.

3 Mit Revolvern bewaffnete US-Bodenmannschaften verladen 7,62-mm-Munitionsgurte in eine AC-47 «Dragon-Ship», die mit drei rotierenden Waffen vom Typ Minigun bewaffnet ist.

4 Ein amerikanischer Militärpolizist gibt mit einem zivilen Smith & Wesson-Revoler, Kaliber 0.38", einen Schuß in eine mit Baumwolle gefüllte Auffangröhre ab.

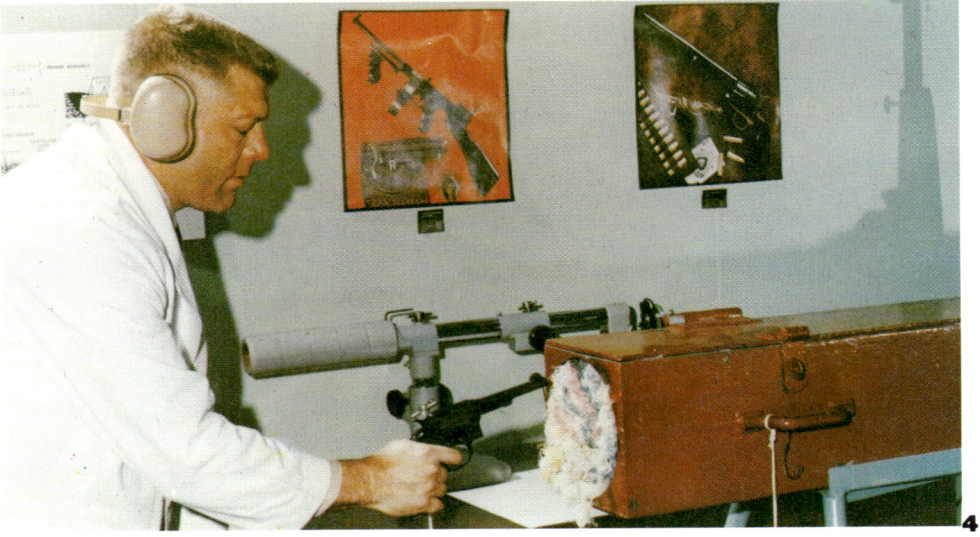

Freizeitbeschäftigung für eine beträchtliche Zahl von Menschen, und es wäre schade, wenn darauf verzichtet werden müßte. Ein neuer und anscheinend blühender Teil dieses Sports ist das in den letzten Jahren erfolgte Anwachsen des Pistolenschießens über größere Entfernungen. Manche der Waffen ähneln Gewehren mehr als Pistolen, aber auch mit Standardmodellen kann man heute Schießergebnisse erzielen, die noch vor einigen Jahren unglaublich erschienen.

Österreich-Ungarn
ROTH-STEYR M07

Länge: 229 mm
Gewicht: 1,02 kg
Lauf: 127 mm
Kaliber: 8 mm
Züge: 4, Rechtsdrall
Kapazität: 10 Schuß
Anfangsgeschwindigkeit: 322 m/s
Visier: Feststehend

Die Roth-Steyr wurde 1899 patentiert, und nach langen Versuchen wurde sie 1907 als Standard-Pistole der österreichisch-ungarischen Kavallerie eingeführt. Dies war das erste Mal, daß eine größere Macht den Revolver zugunsten der Selbstladepistole aufgab. Die Waffe war etwas ungewöhnlich, denn sie zündete mit verriegeltem Verschluß. Wenn die Patrone gezündet wurde, stieß der Lauf, der in einem runden Gehäuse lag, 12,7 mm zurück. Dabei drehte er sich um 90 Grad und entriegelte sich vom Verschluß, der dann allein weiter zurückstieß. Das Magazin, das sich im Griff befand, wurde von oben mit einem zehnschüssigen Ladestreifen geladen. Diese Pistole wurde später an das Fliegerkorps ausgegeben.

Österreich-Ungarn
MANNLICHER MODELL 1903

Länge: 279 mm
Gewicht: 0,99 kg
Lauf: 114 mm
Kaliber: 7,65 mm
Züge: 5, Rechtsdrall
Kapazität: 6 Schuß
Anfangsgeschwindigkeit: 332 m/s
Visier: Feststehend

Das Mannlicher Modell 1903 glich äußerlich und in Bezug auf seine Leistung der deutschen Mauser, die gegen Ende des 19. Jahrhunderts eine sehr beliebte Waffe war. Obwohl sie ihr im Modell entsprach, war sie keinesfalls eine Kopie, denn sie wies eine Anzahl von mechanischen Unterschieden auf. Sie hatte ein Kastenmagazin, das zwar abnehmbar war, aber gewöhnlich durch einen Ladestreifen mit 6 Schuß geladen wurde. Sie verschoß eine besondere Mannlicher-Patrone, die etwas schwächer als die Mauser-Patrone war, die bei dieser Waffe das Verschlußstück beschädigen konnte. Die Waffe war gut hergestellt und hatte einen günstig liegenden Schwerpunkt, aber sie erreichte auch nie entfernt die Beliebtheit der Mauser. Keine Armee führte sie je ein, aber Offiziere der deutschen und österreichischen Armee trugen sie im Ersten Weltkrieg privat.

8 mm Roth M07

7,65 mm Mannlicher

.303" SAA-Patrone

Österreich-Ungarn
MANNLICHER MODELL 1901

Länge: 254 mm
Gewicht: 0,94 kg
Lauf: 165 mm
Kaliber: 7,63 mm
Züge: 4, Rechtsdrall
Kapazität: 8 Schuß
Anfangsgeschwindigkeit: 312 m/s
Visier: feststehend

Wenn auch Ferdinand von Mannlicher wahrscheinlich wegen seiner Militärgewehre bekannt ist, so stellte er auch eine Anzahl automatischer und halbautomatischer Waffen verschiedener Art her. Seine erste Pistole brachte er 1900 heraus. Ihr folgte ein Jahr später die abgebildete Waffe, eine geänderte Ausführung. Sie hatte einen einfachen Mechanismus und arbeitete im Rückstoßsystem, das aber aus Sicherheitsgründen die Rückwärtsbewegung des Verschlußstückes verlangsamte. Geladen wurde sie mittels eines Ladestreifens. Das Magazin befand sich im Griff. Diese Waffe wurde in großen Stückzahlen kommerziell verkauft, aber nie von einer Armee eingeführt.

Belgien
GALAND-REVOLVER

Länge: 330 mm
Gewicht: 1,3 kg
Lauf: 122 mm
Kaliber: 11 mm
Züge: 10, Rechtsdrall
Kapazität: 6 Schuß
Anfangsgeschwindigkeit: 213 m/s
Visier: Feststehend

Dies ist eine schwere Militärwaffe aus der Zeit um 1870. In jener Zeit waren die Belgier bekannt als Massenhersteller billiger Pistolen aller Art, und diese trägt wie viele andere nicht den Namen eines Herstellers. Sie ist interessant, weil sie eine Ausziehvorrichtung nach dem Galand-Patent hatte. Wenn der Hebel, der zum Teil der Abzugsbügel ist, herabgezogen wird, werden Lauf und Trommel nach vorn gestoßen und die leeren Hülsen bleiben in einem separaten Ringauszieher. Sie hat auch einen umklappbaren Skelettkolben, der aber zu kurz und zu leicht ist, um von Nutzen zu sein.

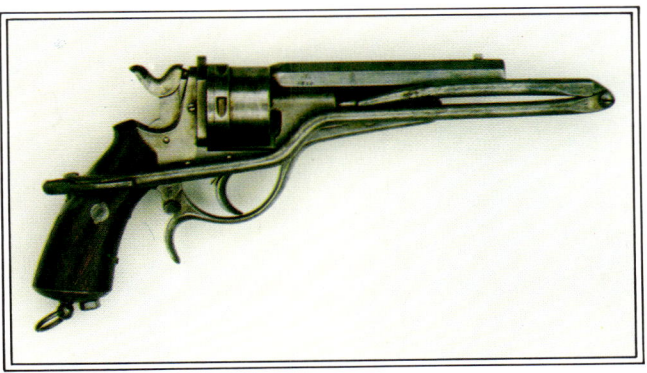

7,63 mm Mannlicher

11 mm Galand

.303" SAA-Patrone

REVOLVER MODELL 1892 (LEBEL)

Länge: 254 mm
Gewicht: 0,79 kg
Lauf: 115 mm
Kaliber: 8 mm
Züge: 4, Rechtsdrall
Kapazität: 6 Schuß
Anfangsgeschwindigkeit: 213 m/s
Visier: Feststehend

Diese Waffe wurde 1892 eingeführt und blieb bis zum Zweiten Weltkrieg im Einsatz. Sie wird manchmal «Lebel» genannt, nach dem Oberst jenes Namens, der zu jener Zeit viel mit Militärwaffen zu tun hatte. Es war eine Pistole mit solidem Rahmen und einer Trommel, die auf einem separaten Rahmen nach rechts ausklappbar war. Die Trommel wurde durch einen Scharnierhebel an der rechten Seite des Rahmens in ihrer Stellung gehalten. Dies ist auf der Abbildung zu sehen. Er ist zurückgezogen, so daß die Trommel ausgeklappt werden kann. Der Revolver war zuverlässig, aber seine Patrone war etwas zu schwach.

Frankreich
MAB MODELL D

Länge: 178 mm
Gewicht: 0,76 kg
Lauf: 108 mm
Kaliber: 7,65 mm
Züge: 4, Rechtsdrall
Kapazität: 8 Schuß
Anfangsgeschwindigkeit: 213 m/s
Visier: Feststehend

Die Anfangsbuchstaben stehen für Manufacture d'Armes de Bayonne, eine französische Fabrik, die seit 1921 Selbstladepistolen baut. Die Grundausführung der Waffe arbeitete im Rückstoßprinzip und glich im Aufbau und äußerlich den Pistolen von Browning und Colt. Sie wurde hauptsächlich für kommerzielle Zwecke hergestellt. Es waren zuverlässige und gut gearbeitete Waffen, und sie wurden viel in den USA und anderswo als Taschenpistolen verkauft. Als die Deutschen 1940 Frankreich überrannten und besetzten, wurde diese Pistole in begrenztem Umfang weiter hergestellt, und es gibt Stücke mit deutscher Beschriftung. Das abgebildete Modell D ist eine etwas modernisierte Ausführung. Auch sie wurde für die Deutschen hergestellt, aber nach Kriegsende wurde auch die französische Armee mit dieser Waffe ausgerüstet. Es gab auch eine Ausführung mit dem größeren Kaliber 9 mm.

8 mm Mle 92

7,65 mm ACP

.303" SAA-Ball

Ungarn
FROMMER STOP PISZTOLY 19 M

Länge: 190 mm
Gewicht: 0,59 kg
Lauf: 119 mm
Kaliber: 7,65 mm

Züge: 5, Rechtsdrall
Anfangsgeschwindigkeit: 366 m/s
Visier: Feststehend

Im Kaiserreich Österreich-Ungarn, das 1918 zusammenbrach, waren die verschiedenen Teile der Armee verschieden bewaffnet. Die ungarischen Streitkräfte hatten als Standard-Pistole die Frommer, die im königlich-ungarischen Arsenal Fegyvergyar hergestellt und oft mit diesem Namen bezeichnet wurde. Sie war ein etwas ungewöhnlicher Typ, denn sie arbeitete nach dem Prinzip des Langrückstoßes, bei dem Lauf und Verschlußstück während der ganzen Rückwärtsbewegung verriegelt bleiben. Dies erforderte zwei Schließfedern, eine, um den Lauf vorwärtszuziehen, und eine zweite, um den Verschluß folgen zu lassen, wobei er eine neue Patrone mitnahm. Die Pistole verschoß eine besondere Patrone und konnte keine andere aufnehmen.

Italien
BERETTA MODELLO 1934

Länge: 152 mm
Gewicht: 0,65 kg
Lauf: 96 mm
Kaliber: 9 mm

Züge: 4, Rechtsdrall
Kapazität: 7 Schuß
Anfangsgeschwindigkeit: 251 m/s
Visier: Feststehend

Der Name Beretta ist für Verwender von automatischen und Selbstladewaffen ein Begriff. Die erste Version dieser Pistole wurde 1915 hergestellt. Sie wurde dann einer Anzahl von Änderungen unterzogen, bis sie 1934 in der abgebildeten Form erschien. Wie man erwarten kann, war sie eine gut konstruierte und sauber gearbeitete Waffe von ausgezeichneter Qualität. Sie arbeitete nach dem einfachen Rückstoßprinzip, was bei einer Waffe dieses Kalibers nur durch die Verwendung einer kurzen Patrone möglich war. Dadurch wurde sie für den militärischen Einsatz etwas zu schwach. Viele alliierte Offiziere erwarben sie im Zweiten Weltkrieg und waren dann enttäuscht, als sie feststellten, daß die Waffe nicht die Standard-Parabellumpatrone aufnahm. Das Magazin war leicht erkennbar durch die Spornverlängerung, die die Grifffläche des Griffes vergrößerte. Es gab auch Modelle im Kaliber 7,65 mm, die eine Patrone für automatische Pistolen verschossen, aber diese Ausführung war relativ selten.

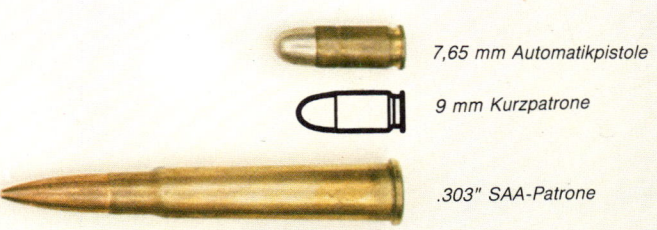

7,65 mm Automatikpistole

9 mm Kurzpatrone

.303" SAA-Patrone

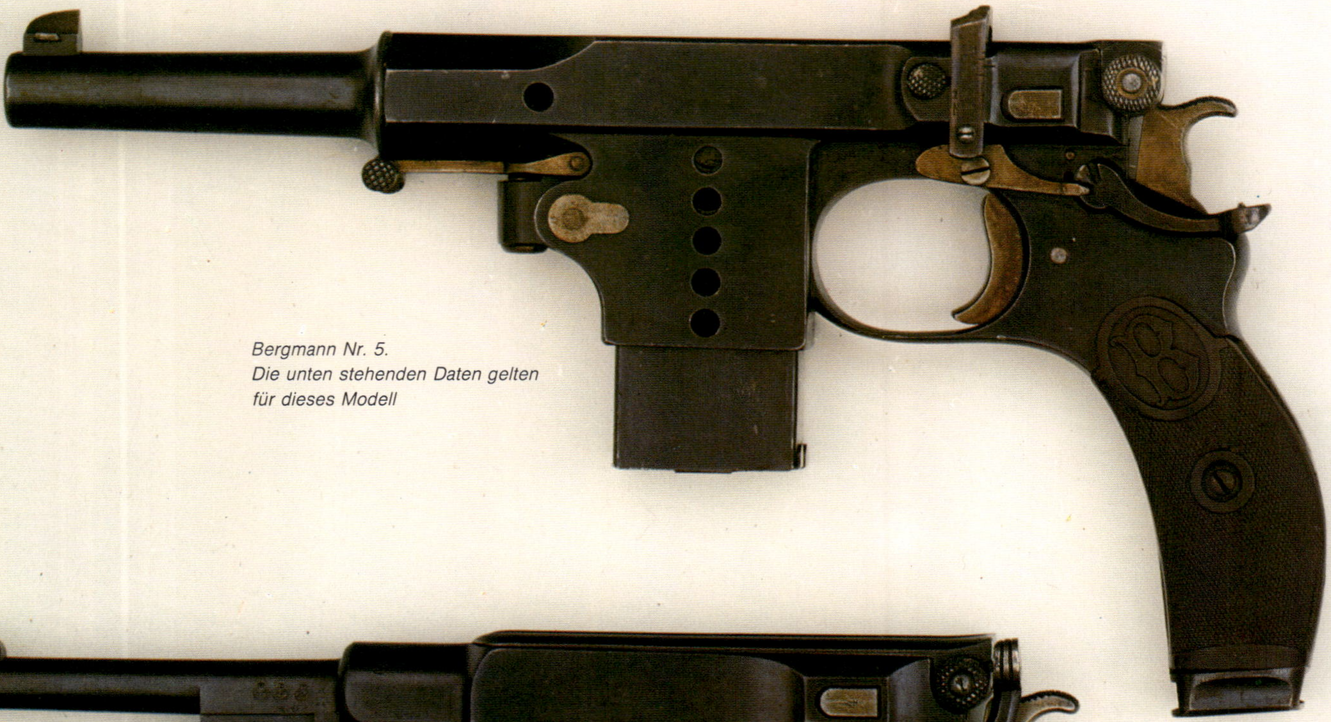

Bergmann Nr. 5.
Die unten stehenden Daten gelten
für dieses Modell

Bergmann Nr. 3

Deutschland
BERGMANN NR. 3 UND 5

Länge: 241 mm
Gewicht: 1,13 kg
Lauf: 102 mm
Kaliber: 7,63 mm
Züge: 4, Rechtsdrall
Kapazität: 5 Schuß
Anfangsgeschwindigkeit: 381 m/s
Visier: 700 m

Theodor Bergmann begann 1894 Selbstladepistolen herzustellen. Seine ersten Modelle waren Taschenpistolen, die schwache Patronen verschossen und mit dem Rückstoßprinzip arbeiteten. Es waren einfache, sauber gearbeitete Waffen, die sich in ihrer Grundkonstruktion ähnelten und auf dem Kontinent bald bekannt wurden. Sie verschossen eine sich verjüngende Patrone, deren früheste Ausführung keine Ausziehrille hatte, sondern einfach durch den Rückwärtsstoß der Gase ausgestoßen wurde. Die Waffe wurde auf eine etwas unge-

wöhnliche Weise geladen. Das Magazin der unteren Pistole, des Modells Nr. 3, lag unmittelbar vor dem Abzug. Man erreichte es durch eine abklappbare Abdeckung auf der rechten Seite. Die Patronen, die in Ladestreifen zu 5 Schuß lagen, wurden in das Magazin gelegt, und der Deckel wurde geschlossen. Der Ladestreifen konnte entfernt oder an der Waffe gelassen werden. Es war theoretisch möglich, die Patronen einzeln in das Magazin zu drücken, aber in der Praxis war das nicht zu empfehlen. 1897 stellte Bergmann seine erste Militärpistole her, die Nr. 5, die oben abgebildet ist. Sie sollte natürlich eine wesentlich stärkere Patrone als seine früheren Taschenwaffen verschießen, und deshalb gab er seinen einfachen Rückstoßmechanismus zugunsten eines verriegelnden Verschlußsystems auf, um dieser neuen Patrone gerecht zu werden. Der Lauf und der Verschluß stießen verriegelt ein kurzes Stück zurück. Dann wurde der Verschluß vorn gelöst, indem sein vorderes Ende zur Seite stieß. Der Lauf stoppte, während der Verschluß weiter zurückstieß, bis ihn die Schließfeder nach

vorn drückte. Die wesentliche Verbesserung war jedoch der Verzicht auf das schlechte Magazinsystem zugunsten eines abnehmbaren Kastenmagazins. Die Bergmann Nr. 5 war sauber hergestellt. Sie hatte einen ziemlich dünnen, revolverähnlichen Griff mit hölzernen Griffschalen, und man nimmt an, daß es einen abnehmbaren Kolben gab, denn die Pistole hatte eine Visiereinstellung bis 700 m. Sie wurde jedoch bei keinem Land als Militärwaffe eingeführt und ist deshalb heute sehr selten. Die Daten gelten für das Modell 1897.

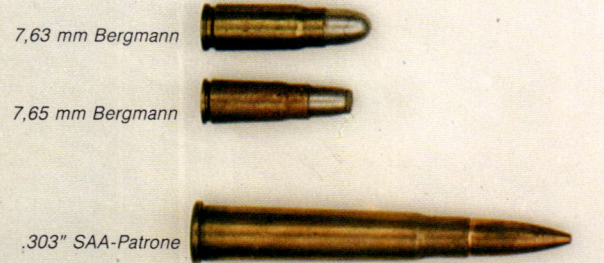

7,63 mm Bergmann

7,65 mm Bergmann

,303" SAA-Patrone

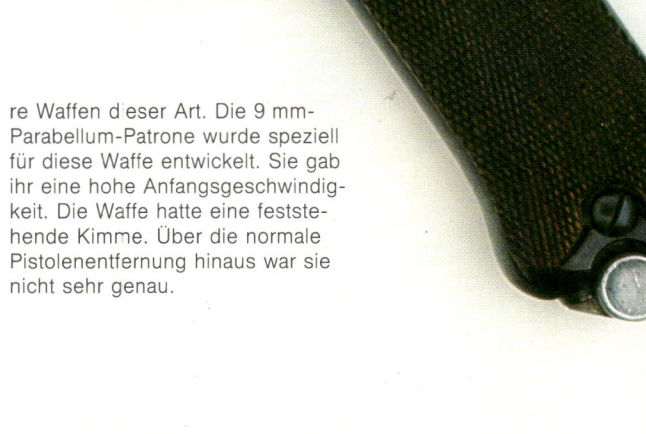

Deutschland
LUGER PARABELLUM P 08

Länge: 222 mm
Gewicht: 0,85 kg
Lauf: 102 mm
Kaliber: 9 mm
Züge: 6, Rechtsdrall
Kapazität: 8 Schuß
Anfangsgeschwindigkeit: 351 m/s
Visier: Feststehend

Diese Waffe war in Wahrheit eine verbesserte Ausführung der Borchard. Sie wurde 1900 von Georg Luger entwickelt. Nach einem langsamen Start wurde sie plötzlich sehr bekannt. Die erste Armee, die sie einführte, war die schweizerische. Eine Ausführung mit großem Kaliber wurde 1907 von den USA geprüft, aber zugunsten der Colt-Pistole zurückgewiesen. 1908 führte das deutsche Heer sie ein, und damit war ihre Zukunft gesichert. Sie wurde bis 1942 in beträchtlichen Stückzahlen hergestellt. Es war eine zuverlässige und sauber gearbeitete Waffe, die aus irgendeinem Grund einen besseren Ruf erwarb als sie verdiente, denn zur Zeit ihrer Einführung gab es bessere Waffen dieser Art. Die 9 mm-Parabellum-Patrone wurde speziell für diese Waffe entwickelt. Sie gab ihr eine hohe Anfangsgeschwindigkeit. Die Waffe hatte eine feststehende Kimme. Über die normale Pistolenentfernung hinaus war sie nicht sehr genau.

Deutschland
WALTHER P 38

Länge: 215 mm
Gewicht: 0,96 kg
Lauf: 127 mm
Kaliber: 9 mm
Züge: 6, Rechtsdrall
Kapazität: 8 Schuß
Anfangsgeschwindigkeit: 351 m/s
Visier: Feststehend

Karl Walther begann 1906, Selbstladetaschenpistolen herzustellen und verkaufte sie bis Anfang der dreißiger Jahre mit beträchtlichem Erfolg. Dann ging er daran, eine Militärwaffe zu konstruieren, die 1938 soweit entwickelt war, daß die Wehrmacht sie unter der Bezeichnung P38 als Standardpistole einführte. Trotzdem waren noch bis 1945 große Zahlen der Lugerpistole 08 im Einsatz. Die P38 war eine ausgezeichnete Waffe. Ihr Hauptvorteil war, daß sie einen zuverlässigen Spannabzug hatte, was bedeutete, daß es ungefährlich war, eine Patrone im Lauf zu haben. Die ursprüngliche Waltherfabrik und ihre Maschinen wurden von den Russen 1945 demontiert. Die Waffe wurde bei der Bundeswehr unter der Bezeichnung P1 eingeführt, und sie wurde auch kommerziell hergestellt.

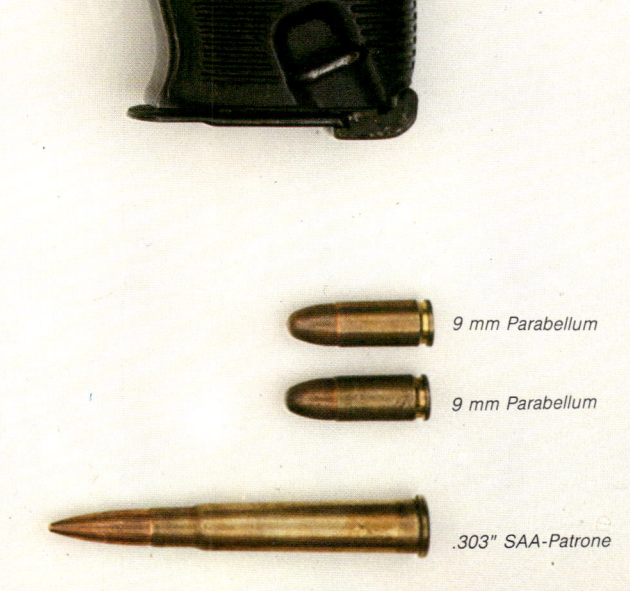

9 mm Parabellum

9 mm Parabellum

.303" SAA-Patrone

Grossbritannien
WEBLEY UND SCOTT MARK I UND IV

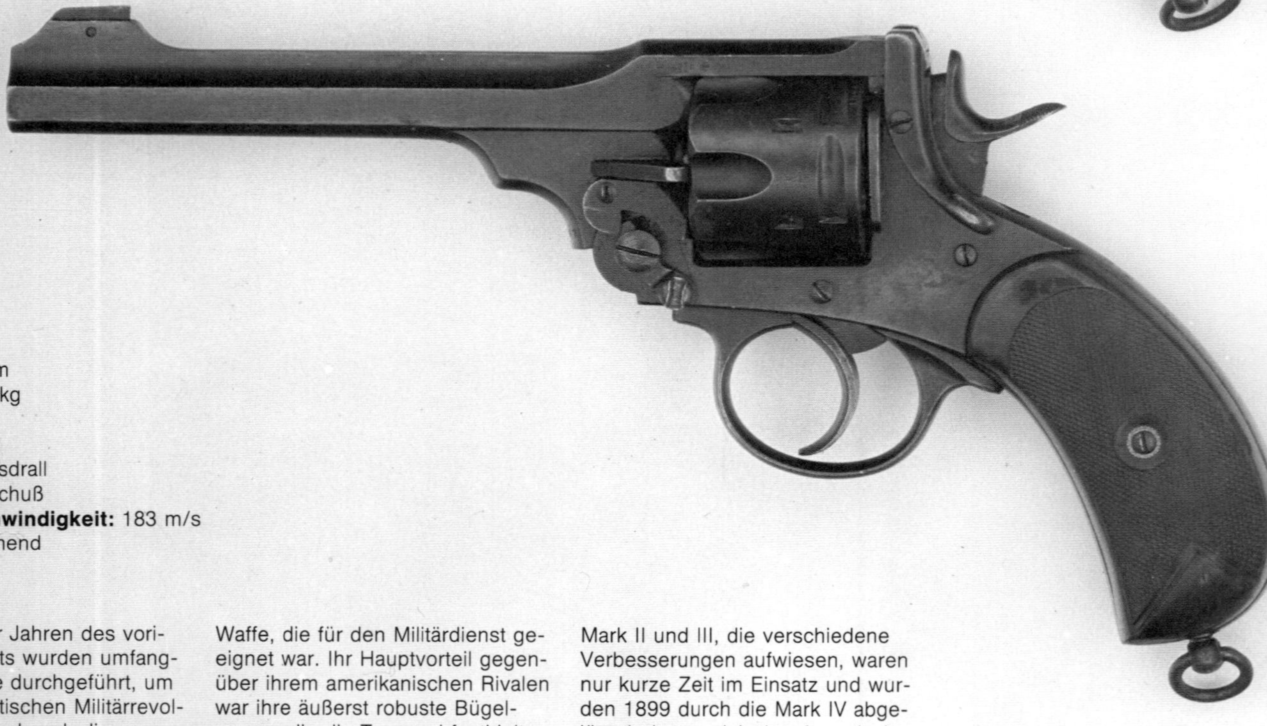

Länge: 254 mm
Gewicht: 0,96 kg
Lauf: 102 mm
Kaliber: .455″
Züge: 7, Rechtsdrall
Kapazität: 6 Schuß
Anfangsgeschwindigkeit: 183 m/s
Visier: Feststehend

In den achtziger Jahren des vorigen Jahrhunderts wurden umfangreiche Versuche durchgeführt, um einen neuen britischen Militärrevolver zu finden, und nach diesen Versuchen blieben zwei Waffen im Rennen, ein amerikanischer Smith- & Wesson und ein britischer Webley, beide von ausgezeichneter Qualität. Nach einem letzten Versuch wurde die britische Waffe gewählt. Dies war eine Entscheidung, die den Beginn eines Monopols von Webley für britische Militärrevolver markierte. Die Waffe, die 1887 offiziell eingeführt wurde, erhielt die Bezeichnung Mark I. Es war eine starke und zuverlässige

Waffe, die für den Militärdienst geeignet war. Ihr Hauptvorteil gegenüber ihrem amerikanischen Rivalen war ihre äußerst robuste Bügelsperre, die die Trommel festhielt. Diese war so konstruiert, daß sie das Fallen des Hammers verhinderte, wenn sie nicht voll geschlossen war. Dadurch wurden Unfälle durch diese Ursache unmöglich. Sie war eine Double-action-Waffe mit einem kurzen, sechseckigen Lauf und einem sogenannten Vogelnabelgriff mit Griffring. Die Patrone, die sie verschoß, war relativ kurz. Sie wirkte mehr durch den Aufprallschock des schweren Geschosses als durch hohe Geschwindigkeit. Die

Mark II und III, die verschiedene Verbesserungen aufwiesen, waren nur kurze Zeit im Einsatz und wurden 1899 durch die Mark IV abgelöst. In jenem Jahr brach auch der Burenkrieg aus, bei dem die Mark IV soviel eingesetzt wurde, daß sie oft Burenkriegsmodell genannt wurde. Sie wurde von allen Offizieren, Unteroffizieren, den Trompetern der Kavallerieregimenter und von verschiedenen Artilleriefahrern getragen. Wie die Vorgänger war sie ein guter Revolver, der vor allem interessant ist, weil er in vier Lauflängen, 76, 102, 127 und 152 mm, hergestellt wurde. Diese waren in der Leistung vergleichbar, aber die

längeren Läufe ergaben natürlich eine größere Genauigkeit als die kürzeren aufgrund des größeren Visierabstandes. Die Daten beziehen sich auf die Mark I.

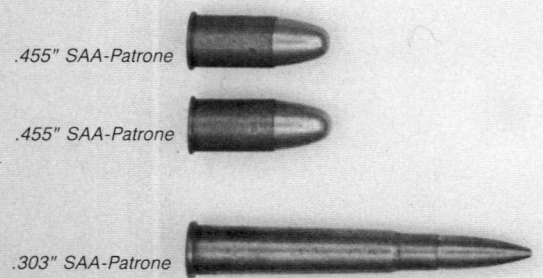

.455″ SAA-Patrone

.455″ SAA-Patrone

.303″ SAA-Patrone

Webley Mark VI

Grossbritannien
WEBLEY UND SCOTT MARK VI

Webley Mark VI .22"

Länge: 286 mm
Gewicht: 1,08 kg
Lauf: 152 mm
Kaliber: .455″
Züge: 7, Rechtsdrall
Kapazität: 6 Schuß
Anfangsgeschwindigkeit: 198 m/s
Visier: Feststehend

Das Burenkriegsmodell des Webley und Scott wurde 1913 durch eine Mark V abgelöst, die ihrem Nachfolger ähnelte, aber nur kurz im Einsatz war und 1915 selbst abgelöst wurde. Die neue Waffe war die Mark VI, wahrscheinlich der bekannteste britische Militärrevolver. Er unterschied sich nicht sehr von seinen Vorgängern, mit Ausnahme des Griffes, der gegenüber der früheren Vogelschnabelausführung wieder etwas eckiger wurde. Die Mark VI wurde in riesigen Stückzahlen hergestellt und noch heute tauchen viele auf, wenn Veteranen des Ersten Weltkriegs sterben. Im Verlauf des Krieges wurde ein kur-

zes Bajonett für den Nahkampf im Graben und ähnliche Unternehmen entwickelt. Es war nie ein offizieller Ausrüstungsgegenstand, aber viele Offiziere kauften es privat. Es gab auch einen abnehmbaren Kolben, eine interessante Parallele zu den Mauser- und Luger-Pistolen mit Kolben, die von den Deutschen zur gleichen Zeit eingesetzt wurden. Die Mark VI war der letzte britische Militärrevolver im Kaliber .455″ und blieb bis in die dreißiger Jahre im Einsatz. Um bei der Munition zu sparen und auf kleinen Schießständen schießen zu können, stellten Webley und Scott eine Ausführung der Mark VI mit kleinerem Kaliber

her. Sie ähnelte der Originalwaffe soweit wie möglich, der Hauptunterschied war der Lauf im Kaliber .22″ und die verkleinerte Trommel. Es gab auch eine Ausführung mit einer kürzeren Trommel und einer entsprechenden Verlängerung des Laufes nach hinten. Wenn diese Waffen vielleicht auch für die Grundausbildung nützlich waren, waren sie doch nicht von Wert für die eigentliche Ausbildung, weil der Rückstoß, der die Mündung stark hochreißt und das Hauptproblem beim Abschießen starker Patronen ist, fehlte. Die Daten gelten für den Revolver im größeren Kaliber. Der Webley wird noch heute auf der

ganzen Welt von Polizeikräften eingesetzt.

.455″ SAA-Patrone

.455″ SAA-Patrone

.303″ SAA-Patrone

WEBLEY-FOSBERY SELBSTSPANNENDER REVOLVER

Länge: 280 mm
Gewicht: 1,25 kg
Lauf: 152 mm
Kaliber: .455″
Züge: 7, Rechtsdrall
Kapazität: 6 Schuß
Anfangsgeschwindigkeit: 199 m/s
Visier: Feststehend

Im Jahre 1910 erfand Oberst G. V. Fosbery VC den Revolver, der nach ihm benannt wurde. Er war ein hochdekorierter Offizier und auch ein Waffenexperte und hatte die Entwicklung der Selbstladepistole verfolgt. Ihm kam die Idee, den Rückstoß auch bei einem Revolver auszunutzen. Sein Revolver, der von Webley hergestellt wurde, wurde wie der normale Revolver geladen und gehandhabt, mit dem be-deutenden Unterschied, daß der Rückstoß des ersten Schusses die Lauf- und Trommelgruppe in Führungsrippen zurückstieß, wodurch die Trommel durch einen Federbolzen, der in den Zickzackrillen an ihrer Außenseite arbeitete, gedreht wurde. Auch der Hahn wurde dabei für den nächsten Schuß gespannt. Diese Beseitigung des Rückstoßes, der vielleicht der größte Hemmschuh für gutes Revolverschießen ist, verbesserte die Zielgenauigkeit beträchtlich, aber trotzdem wurde der Webley-Fosbery nie wirklich populär. Dies beruhte vor allem auf der Wirkung von Schmutz und Sand, die auf keinem Schlachtfeld fehlen, und zum Teil auch darauf, daß der Arm des Schützen im Augenblick des Schusses absolut starr gehalten werden mußte, damit der Rückstoß wirken konnte. Den-

noch gefiel diese Waffe einigen Leuten, und einige Veteranen des Ersten Weltkrieges trugen sie noch, als der Zweite Weltkrieg begann. Neben dem Standardmodell für die .455″ Militärpatrone wurde auch eine geringe Anzahl mit 8 Kammern für die kleinere .38″ Patrone hergestellt. Webley-Fosberys sind heute selten, aber vor allem jene mit dem Kaliber .38″, die man außer in großen Sammlungen fast überhaupt nicht mehr sieht.

ENFIELD NO. 2 MARK 1

Länge: 260 mm
Gewicht: 0,766 kg
Lauf: 127 mm
Kaliber: .38″
Züge: 7, Rechtsdrall
Kapazität: 6 Schuß
Anfangsgeschwindigkeit: 198 m/s
Visier: Feststehend

.455″ SAA-Patrone

.38″ SAA-Patrone

.303″ SAA-Patrone

Nach dem Ende des Ersten Weltkrieges entschied die britische Armee, daß ihr Revolver, der Webley und Scott Mark VI, ein zu großes Kaliber habe. Er war vor allem konstruiert worden, um angreifende Wilde aufzuhalten, und es bestanden Zweifel, ob seine weichen Bleigeschosse für einen zivilisierten Krieg geeignet waren, wenn es so etwas gibt. Die Royal Small Arms Factory in Enfield ging deshalb daran, einen neuen Revolver im Kaliber .38″, das allgemein als das Minimumkaliber für eine ausreichende Durchschlagskraft angesehen wurde, zu entwickeln. Das Ergebnis war der Revolver Number 2, der seinem Vorgänger ähnelte, aber natürlich kleiner war. Vor dem Ausbruch des Zweiten Weltkrieges wurde entschieden, ihn auf double-action umzubauen. Das heißt, daß er nicht gespannt werden mußte, sondern nur mit dem Druck des Abzuges abgeschossen werden konnte. Dies wurde für den Kampfeinsatz als besser angesehen, wo

schnelles Schießen die Regel war. Es wurde auch auf das Daumenstück am Hammer verzichtet, weil sich Panzerbesatzungen darüber beschwert hatten, daß es sich in der Enge eines Panzers leicht in ihrer Kleidung verfing.

Grossbritannien
WEBLEY .38" MARK IV

Länge: 267 mm
Gewicht: 0,765 kg
Lauf: 127 mm
Kaliber: .38"
Züge: 7, Rechtsdrall
Kapazität: 6 Schuß
Anfangsgeschwindigkeit: 198 m/s
Visier: Feststehend

Die Einführung des Enfield-Revolvers im Jahre 1927 brachte das Ende der langen Verbindung von Webley und Scott mit der britischen Armee, die sie seit 1887 allein mit Revolvern beliefert hatte. Es gab jedoch noch eine große Nachfrage nach Revolvern, und 1923 stellte Webley seine Marke IV für den Einsatz bei anderen Streitkräften, der Polizei und für den zivilen Markt her. Der Revolver war eine normale Webleyausführung und nahm die Webley-Patrone mit einem ca. 13 g schweren Geschoß, die .38" Smith & Wesson und die .38" Colt-Policepositive-Patrone auf. Im Verlaufe des Zweiten Weltkrieges gab es nicht genügend Militärrevolver, und 1945 bestellte das britische Versorgungsministerium eine beträchtliche Anzahl von Webley und Scott Mark IV Revolvern. Dieser Auftrag wure prompt ausge-führt, und wenn auch die Teile nicht austauschbar waren, so glichen die Pistolen doch der Enfield so sehr, daß es zumindest keine Bedienungsschwierigkeiten gab. Wenn es auch eine sauber gearbeitete und zuverlässige Waffe war, so stammte sie doch aus der Kriegsproduktion, und ihr fehlte deswegen die äußere Qualität von Webleys anderen Erzeugnissen.

Grossbritannien
WELROD PISTOLE

Länge: 305 mm
Gewicht: 0,91 kg
Lauf: 127 mm
Kaliber: .32"
Züge: 4, Rechtsdrall
Kapazität: einschüssig
Anfangsgeschwindigkeit: 213 m/s
Visier: Feststehend

Im Kriege wurden nur wenige schallgedämpfte Waffen benötigt, weil es so viel unvermeidbaren Lärm gibt, daß es nutzlos wäre, leichte Waffen mit Schalldämpfern auszurüsten. Soldaten, die an Spezialkommandos teilnehmen, brauchen aber manchmal schallgedämpfte Pistolen. Für diesen Zweck wurde die Welrod hergestellt. Sie hat zwar ein Magazin im Griff, ist aber kein Selbstlader, so daß jeder Schuß einzeln geladen werden muß. Der Schalldämpfer besteht aus einer Reihe von selbstdichtenden, geölten Lederscheiben, die nach dem Passieren des Geschosses dicht werden und so den Schall auffangen. Sie verschleißen in sehr kurzer Zeit.

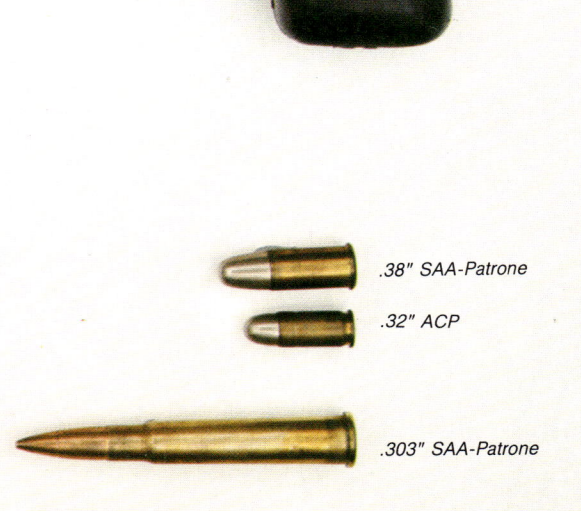

.38" SAA-Patrone

.32" ACP

.303" SAA-Patrone

Grossbritannien
WEBLEY-MARS

Länge: 311 mm
Gewicht: 1,36 kg
Lauf: 241 mm
Kaliber: .38″
Züge: 7, Rechtsdrall
Kapazität: 7 Schuß
Anfangsgeschwindigkeit: 533 m/s
Visier: Feststehend

1906 stellte ein britischer Erfinder namens Cabbett-Fairfax eine Selbstladepistole her, an der er zehn Jahre gearbeitet hatte. Es war eine riesige, klobige Waffe, die eine äußerst starke, flaschenförmige Patrone im Kaliber .45″ oder .38″ verschoß. Die abgebildete Waffe hat das Kaliber .38″. Die Pistole, die zwar robust und schön gearbeitet war, hatte einen komplizierten Mechanismus, besonders weil angesichts der Stärke der Patrone mit verriegeltem Verschluß geschossen wurde. Im Augenblick der Zündung war der Verschluß mit dem Lauf durch vier Bolzen verriegelt, die in Aussparungen hinter dem Patronenlager einrasteten. Wenn die Patrone gezündet wurde, stießen Lauf und Verschluß zusammen zurück. Der Verschluß drehte sich und entriegelte, so daß der Lauf nach vorn stoßen konnte. Dann folgte der Verschluß, nahm eine Patrone aus einem geneigten Träger, lud und zündete sie.

Grossbritannien
WEBLEY UND SCOTT MODELL 1904

Länge: 254 mm
Gewicht: 1,36 kg
Lauf: 165 mm
Kaliber: .455″
Züge: 7, Rechtsdrall
Kapazität: 7 Schuß
Anfangsgeschwindigkeit: 229 m/s
Visier: Feststehend

Die Selbstladepistole war in Westeuropa erfunden und entwickelt worden. Anfangs zeigten weder englische noch amerikanische Büchsenmacher besonderes Interesse an ihr, weil ihre Kunden mit ihren starken und zuverlässigen Revolvern bestens zufrieden schienen. Bald nach Beginn des 20. Jahrhunderts wurde jedoch klar, daß das neue System nicht völlig ignoriert werden konnte, und nachdem dies feststand, begannen beide Länder eigene Experimente. Webley und Scott stellten ihr erstes erfolgreiches Modell, das abgebildete, im Jahre 1904 her. Es war eine sehr große, eckige, sauber gearbeitete Waffe, die das Ausgangsmuster für zukünftige Webleyerzeugnisse war. Sie war so stark, daß sie einen verriegelten Verschluß brauchte. Ihr ungewöhnlichstes Merkmal, das auch bei ihren Nachfolgern gegeben war, war ihre Schließfeder, die V-förmig war und unter dem rechten Griff saß. Es war eine erfolgreiche, zuverlässige Pistole, aber ihr Gewicht und ihre Herstellungskosten waren zu hoch, um sie kommerziell zu verkaufen.

.455″ SAA-Patrone

.38″ Mars Spezial

.303″ SAA-Patrone

Grossbritannien
WEBLEY .455" MARK 1

Länge: 216 mm
Gewicht: 1,1 kg
Lauf: 127 mm
Kaliber: .455"
Züge: 7, Rechtsdrall
Kapazität: 7 Schuß
Anfangsgeschwindigkeit: 229 m/s
Visier: Feststehend

Dies war eine geänderte Ausführung des Modells 1904, die ähnlich aussah und denselben Mechanismus hatte. Wie ihr Vorgänger war sie robust und sauber gearbeitet,

was die Royal Navy und Royal Marines wahrscheinlich veranlaßte, sie 1913 als Standardpistole einzuführen. Sie wurde Selbstladepistole Kaliber .455" Mark I genannt. Sie verschoß ein schweres abgerundetes Geschoß, und hatte eine ausgezeichnete Durchschlagskraft, erwies sich aber unter Einsatzbedingungen als nicht völlig zuverlässig. Dies beruhte paradoxerweise darauf, daß sie zu präzise hergestellt und verarbeitet war, mit dem Ergebnis, daß der leichteste Schmutz sie außer Gefecht setzte.

Grossbritannien
WEBLEY .25"

Länge: 114 mm
Gewicht: 0,34 kg
Lauf: 51 mm
Kaliber: .25"
Züge: 7, Rechtsdrall
Kapazität: 6 Schuß
Anfangsgeschwindigkeit: 229 m/s
Visier: Fehlt

Sie war keinesfalls eine Militärwaffe, aber sie wird gezeigt, um zu demonstrieren, wie Webley einfach Pistolen verkleinerte und sie mit kleinerem Kaliber baute. Sie war nur auf geringe Entfernung wirksam und hatte keinerlei Visiereinrichtung.

Grossbritannien
WEBLEY .32"

Länge: 159 mm
Gewicht: 0,57 kg
Lauf: 89 mm
Kaliber: .32"
Züge: 7, Rechtsdrall
Kapazität: 8 Schuß
Anfangsgeschwindigkeit: 275 m/s
Visier: Feststehend

Dieses Modell wurde 1906 erstmals vorgestellt und blieb fast 30 Jahre in der Produktion. Es war ein Standardtyp von Webley. Obwohl die Waffe nicht das Militärkaliber hatte, trugen viele britische Offiziere sie

in beiden Weltkriegen als zweite Pistole. Sie wurde 1911 auch bei der Londoner Polizei für die relativ seltenen Gelegenheiten eingeführt, bei denen sie Feuerwaffen trug. Viele andere Streitkräfte übernahmen sie ebenfalls. Es war eine ausgezeichnete Taschenpistole, aber ihr fehlte die Durchschlagskraft, und deshalb ist sie zugunsten stärkerer Waffen aufgegeben worden. Die amerikanische Firma Harrington und Richardson stellte ebenfalls eine Anzahl von Pistolen dieses Typs her, aber ihre Ausführungen haben keinen außen liegenden Hahn.

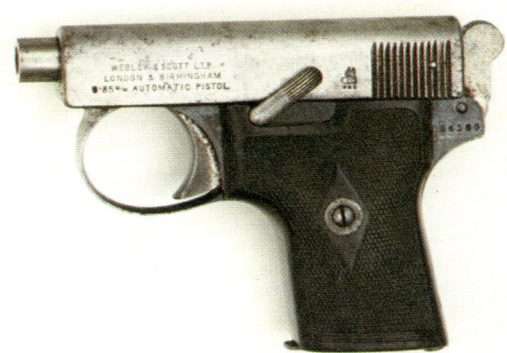

.455" SAA-Patrone

.32" ACP

.25" Automatikpistole

.303" SAA-Patrone

Japan
TAISHO 14

Länge: 229 mm
Gewicht: 0,96 kg
Lauf: 121 mm
Kaliber: 8 mm
Züge: 6, Rechtsdrall
Kapazität: 8 Schuß
Anfangsgeschwindigkeit: 290 m/s
Visier: Feststehend

Die ursprüngliche Nambupistole kam etwa 1909 auf. Sie mag auf der italienischen Glisenti beruhen, der sie äußerlich ähnelte. Sie war nie die japanische Standardpistole, aber viele Offiziere trugen sie. 1925 wurde sie etwas geändert und neu als Modell 14. Jahr eingeführt. Sie

war eine gut konstruierte und sauber gearbeitete Waffe, die nach dem Prinzip des kurzen Rückstoßes arbeitete, bei dem das Verschlußstück während des Schießens durch ein besonderes, unter ihm liegendes Verriegelungsstück verriegelt wird. Dieses Stück wird nach dem Schuß niedergedrückt, so daß der Verschluß zurückstoßen kann, und die Schließfeder zusammendrückt, die dann die Energie für die Vorwärtsbewegung bringt. Das Magazin war ein Standardtyp mit einem Führungsbolzen in einem Schlitz an der rechten Seite, mit dem die Feder beim Laden für die letzten Schüsse zusammengedrückt werden konnte. Der Abzugsbügel war ausreichend groß, so daß die Pistole mit einem Handschuh abgeschossen werden konnte. Sie war die japanische Standardpistole des Zweiten Weltkrieges. Sie war zuverlässig, aber ihr fehlte die Durchschlagskraft.

Sowjetunion
TULA-TOKAREW 1930

Länge: 196 mm
Gewicht: 0,76 kg
Lauf: 114 mm
Kaliber: 7,62 mm
Zügel: 4, Rechtsdrall
Kapazität: 8 Schuß
Anfangsgeschwindigkeit: 411 m/s
Visier: Feststehend

Die nach ihrem Konstrukteur benannte Tokarevpistole wurde 1930 erstmals vorgestellt. Drei Jahre später erschien eine geänderte Ausführung. Sie war den Colt und Browningpistolen nachempfunden, mit einigen Änderungen, um die Herstellung zu vereinfachen, und

mit ein oder zwei Verbesserungen. Hierzu gehörte der Einbau von Patronenführungen in der Pistole selbst, wodurch die Abhängigkeit von den gewöhnlichen dünnen, umgekanteten Magazinlippen verringert und die Zuführung verbessert wurde, und ein System, durch das der Verschluß für die Reinigung komplett abgenommen werden konnte. Die Pistole war eine wirksame Waffe. Ihr Hauptnachteil war, daß ihre starke Patrone die Genauigkeit sehr beeinträchtigte. Die Tokarev ist noch bei Sicherheitskräften im Einsatz. Sie wurde mit geringfügigen Änderungen von anderen Ländern des Warschauer Pakts gebaut.

8 mm Taisho 14

7,62 mm Patrone 1930 g

.303" SAA-Patrone

Spanien
EIBAR REVOLVER

Länge: 279 mm
Gewicht: 1 kg
Lauf: 127 mm
Kaliber: 11 mm
Züge: 7, Rechtsdrall
Kapazität: 6 Schuß
Anfangsgeschwindigkeit: 213 m/s
Visier: Feststehend

Im 19. Jahrhundert bauten die Spanier wie die Belgier große Mengen von Handfeuerwaffen, von denen die meisten aber nur von mäßiger Qualität waren. Sie waren jedoch billig und deshalb beliebt, vor allem in vielen südamerikanischen Ländern, die naturgemäß Märkte für spanische Waffen aller Art waren. Trotz ihrer hohen Produktion ist es wahrscheinlich. daß die meisten spanischen Militärwaffen zu jener Zeit importiert wurden. Die abgebildete Waffe, die von Aranzabel hergestellt wurde, ist ein abklappbarer Selbstauswerfer. Es ist eine schwere und scheinbar robuste Waffe (wenn auch die Verarbeitung des Verschlusses schlecht ist), und sie ähnelt allgemein den Produkten von Smith und Wesson.

Spanien
ASTRA MODELO 400

Länge: 235 mm
Gewicht: 1,08 kg
Lauf: 140 mm
Kaliber: 9 mm
Züge: 6, Rechtsdrall
Kapazität: 8 Schuß
Anfangsgeschwindigkeit: 442 m/s
Visier: Feststehend

Obwohl die Astra Modelo 400 eine starke 9-mm-Patrone verschießt, arbeitet sie mit dem einfachen Rückstoßsystem. Dies ist durch die Verwendung von schweren zurückstoßenden Teilen und einer sehr starken Feder möglich. Das Fehlen einer Verriegelung vereinfacht die Herstellung, aber der starke Mechanismus macht das Spannen ziemlich schwierig. Die Pistole wurde 1921 erstmals kommerziell hergestellt und dann 1922 von der spanischen Armee eingeführt. Sie wurde mit großen Toleranzen im Verschluß und im Auszieher hergestellt, wodurch sie eine Vielfalt von 9 mm-Patronen verschießen kann.

11 mm Eibar

9 mm Largo

.303" SAA-Patrone

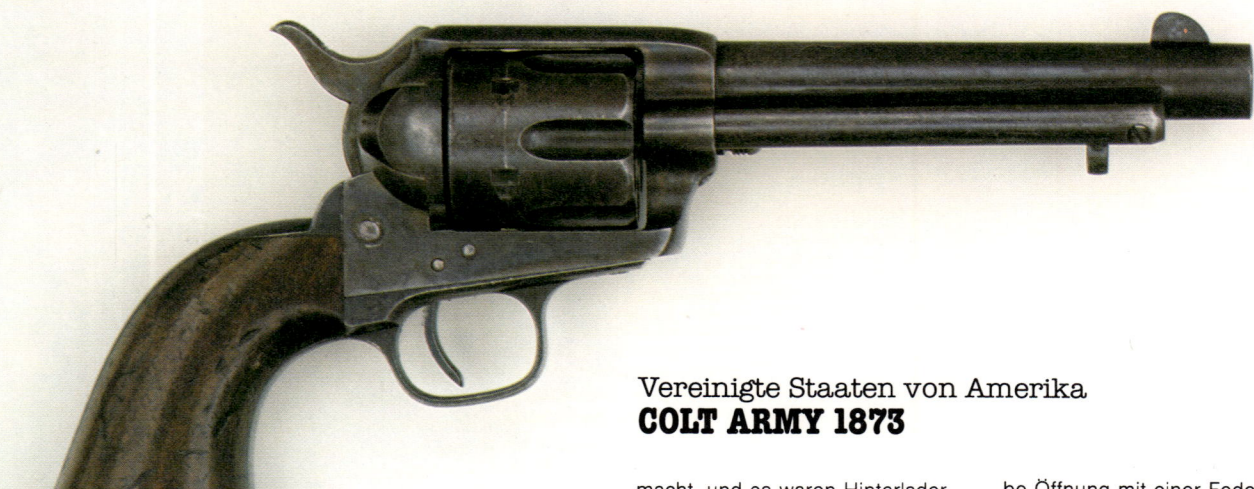

Vereinigte Staaten von Amerika
COLT ARMY 1873

Länge: 279 mm
Gewicht: 1,98 kg
Lauf: 140 mm
Kaliber: .45″
Züge: 6, Linksdrall
Kapazität: 6 Schuß
Anfangsgeschwindigkeit: 265 m/s
Visier: Feststehend
Patronen: Verschiedene

Die ersten wirklich verwendbaren Revolver wurden ab 1835 von Samuel Colt hergestellt. Es waren Perkussionswaffen, bei denen Pulver und Kugel von vorn in die Kammer eingeführt wurden und eine Kappe auf die Ladung gesetzt wurde. Mitte des 19. Jahrhunderts war ein beträchtlicher Fortschritt gemacht, und es waren Hinterlader mit modernen kompletten Patronen entwickelt worden. Obwohl Colt nicht der allererste auf diesem Gebiet war, kann sein «Army» von 1873 zumindest in Anspruch nehmen, der bekannteste Revolver gewesen zu sein. Der Colt Army, der auch als Frontier-Modell oder als «Peacemaker» bekannt war, war ein Single-action-Revolver, bei dem jeweils eine Patrone durch ein hinten liegendes Einführungsrohr in die Trommel eingeführt wurde. Die leeren Hülsen wurden durch dieselbe Öffnung mit einer Federstange, die in einem Rohr unterhalb des Laufes lag, ausgestoßen. Der ursprüngliche Revolver war für Patronen vom Kaliber .45″ gebaut, die Waffe ist aber auch in anderen Kalibern hergestellt worden. Es gab eine Vielfalt von Lauflängen bis zu 191 mm. Der Revolver kam gerade zu einer Zeit auf den Markt, als nach dem Bürgerkrieg der Westen erschlossen wurde, und fast jeder Mann wie selbstverständlich eine Waffe trug.

Vereinigte Staaten von Amerika
COLT NEW SERVICE

Länge: 343 mm
Gewicht: 1,19 kg
Lauf: 191 mm
Kaliber: .45″
Züge: 6, Linksdrall
Kapazität: 6 Schuß
Anfangsgeschwindigkeit: 238 m/s
Visier: Feststehend

Diese Waffe kann als typisches Beispiel für die modernen, qualitativ guten amerikanischen Holsterpistolen angesehen werden. Obwohl dieser Revolver schon 1897 erstmals vorgestellt wurde, hatte er damals den Gipfel seiner Entwicklung erreicht, so daß der Ausdruck modern durchaus angebracht ist. Bis 1943 wurde er buchstäblich ohne Änderungen hergestellt. Es war eine sehr gute, gut verarbeitete und robuste Waffe, die sich deshalb für den Einsatz beim Militär und bei der Polizei gut eignete. Er hatte einen Rückprallhammer, was bedeutete, daß alle Patronenlager geladen sein konnten. Außerdem hatte er eine seitlich ausschwenkbare Trommel mit einem Ausstoßdorn. Er wurde in mehreren Lauflängen bis 191 mm und in mehreren Kalibern hergestellt, die alle stark genug für den Einsatz beim Militär waren. Im Ersten Weltkrieg setzte die amerikanische Armee diesen Revolver ein, und auch nach England wurden viele Exemplare verkauft. In jenen Jahren mußten britische Offiziere ihren eigenen Revolver stellen. Jede Marke wurde akzeptiert, vorausgesetzt, daß sie die britische .455″ Eley-Patrone verschoß. Die für den Export nach England hergestellten Waffen wurden deshalb für diese Patrone konstruiert. Es gab auch eine verbesserte Ausführung, die Shooting Master, die hauptsächlich zum Scheibenschießen vorgesehen war. Sie wurde mit 152 oder 191 mm langen Läufen hergestellt.

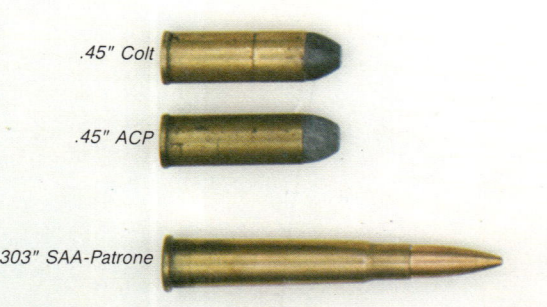

.45″ Colt

.45″ ACP

.303″ SAA-Patrone

Vereinigte Staaten von Amerika
SMITH UND WESSON NEW CENTURY

Länge: 317 mm
Gewicht: 0,91 kg
Lauf: 165 mm
Kaliber: .44″
Züge: 5, Rechtsdrall
Kapazität: 6 Schuß
Anfangsgeschwindigkeit: 235 m/s
Visier: Feststehend

Smith & Wesson ist eine sehr alte und angesehene Firma mit einem weltweiten Ruf für Waffen höchster Qualität. Sie war bahnbrechend bei dem Revolver mit durchbohrter Trommel, die eine von hinten geladene vollständige Patrone aufnahm. Ihr erster Revolver dieser Art hatte oben ein Scharnier, an dem die Trommel nach oben geschwenkt wurde. Obwohl ihre Revolver robust und zuverlässig waren, mißtrauten die Amerikaner diesem Typ, wahrscheinlich weil viele billige, in Massen hergestellte Waffen nicht dieselbe Qualität hatten. Deshalb beugte sich die Firma 1907 dem Unvermeidbaren und baute ihren Revolver New Century, der eine Antwort auf Colts-Revolver New Service war, der einige Jahre zuvor eingeführt worden war. Es war ein Revolver mit festem Rahmen, mit einer ausschwenkbaren Trommel und dem sehr leichten Abzugsmechanismus, der für die Produkte dieser Firma charakteristisch ist. Bis 1915 wurden nur etwa 20 000 Stück hergestellt, und dann wurde die Produktion eingestellt. Etwa ein Viertel der Waffen wurde vom Kaliber .44″ auf die britische Patrone .455″ umgerüstet. Es gab ein zweites Modell, das bis 1937 hergestellt wurde, und ein drittes, das bis 1950 fortlief. Das Firmenzeichen der Waffe auf der oberen Griffschale auf diesen Modellen war goldfarben, und deshalb wurde dieser Typ oft Goldsiegelrevolver genannt.

Vereinigte Staaten von Amerika
SMITH UND WESSON NO. 3

Länge: 317 mm
Gewicht: 1,13 kg
Lauf: 152 mm
Kaliber: .44″
Züge: 5, Rechtsdrall
Kapazität: 6 Schuß
Anfangsgeschwindigkeit: 213 m/s
Visier: feststehend

Die Firma Smith & Wesson war ein Pionier auf dem Gebiet des aufklappbaren Revolvers, den sie um 1870 herstellte. Die Russen waren von diesem Modell so beeindruckt, daß sie der Firma einen riesigen Auftrag erteilten, der ihre gesamte Herstellungskapazität 5 Jahre lang auslastete. Hierdurch vernachlässigte Smith & Wesson den Inlandsmarkt und verlor Boden an Colt. 1878, nachdem Smith & Wesson den Rußlandauftrag abgeschlossen hatten, stellten sie eine neue Ausführung des russischen Modells für den allgemeinen Verkauf her. Es war ihr Modell Nr. 3, das zu seiner Zeit wahrscheinlich der am besten ausgewogene und genaueste Revolver war, den es gab. Er hatte einen klappbaren Rahmen mit automatischem Auswurf und funktionierte nach dem Single-action-Prinzip, das heißt, der Hahn mußte für jeden Schuß von Hand gespannt werden. Wie sein Vorgänger war er für die Patrone vom Kaliber .44″, die speziell für Rußland hergestellt wurde, ausgelegt. Später wurde er in mehreren Kalibern hergestellt, von denen keines kleiner als .38 war. Die normale Lauflänge war 15,2 cm, wodurch der Schwerpunkt genau in der Mitte lag, aber es wurden auch kürzere Modelle hergestellt. Die Herstellung wurde etwa 1910 eingestellt, wahrscheinlich aufgrund des amerikanischen Mißtrauens gegen klappbare Revolver mit großem Kaliber.

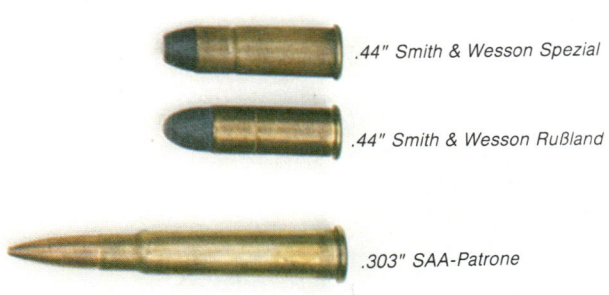

.44″ Smith & Wesson Spezial

.44″ Smith & Wesson Rußland

.303″ SAA-Patrone

Vereinigte Staaten von Amerika
SMITH UND WESSON
SINGLE-SHOT MODEL 1891

Länge: 317 mm
Gewicht: 0,48 kg
Lauf: 203 mm
Kaliber: .32″
Züge: 5, Rechtsdrall
Kapazität: Einschüssig
Anfangsgeschwindigkeit: 244 m/s
Visier: Feststehend

Diese Waffe wurde erstmals im Jahre 1891 von Smith & Wesson hergestellt. Ihre Aufgabe war es, eine wirklich genaue Pistole mit den Eigenschaften eines langläufigen Revolvers zu bieten. Das erste Modell, das bis 1905 in der Herstellung blieb, wurde mit drei Lauflängen (152, 203 und 254 mm) und in drei Kalibern (.22″, .32″ und .38″) hergestellt. Es wurde auch mit einem austauschbaren Revolverlauf und einer Trommelgruppe in einer Vielfalt von Lauflän-

gen, aber nur im Kaliber .38″, geliefert, die schnell an den Rahmen angebaut werden konnten, so daß die Waffe zu einem normalen Revolver wurde. Dieses und zwei spätere Modelle wurden von den amerikanischen Olympiateams vor dem Ersten Weltkrieg verwendet. Sie wurden im allgemeinen brüniert, aber das abgebildete Exemplar ist vernickelt und hat Elfenbeingriffe. Es hat das Kaliber .32″. Die Herstellung wurde 1910 eingestellt.

Vereinigte Staaten von Amerika
SMITH UND WESSON SAFETY
MODEL KALIBER .38″

Länge: 203 mm
Gewicht: 0,51 kg
Lauf: 83 mm
Kaliber: .38″
Züge: 5, Rechtsdrall
Kapazität: 5 Schuß
Anfangsgeschwindigkeit: 227 m/s
Visier: Feststehend

Trotz der Ansicht, daß die amerikanischen Revolver des 19. Jahrhunderts lange, großkalibrige Waffen waren, die offen im Holster am Gürtel getragen wurden, darf man nicht vergessen, daß damals auch viele Städter Waffen trugen. Diese wurden in einer im Grunde genom-

men gesetzlosen Umwelt zur Selbstverteidigung mitgeführt, und die Personen, die sie trugen, wollten nicht offen zeigen, daß sie bewaffnet waren. Dies führte zu einer Nachfrage nach einem kleinen, kompakten Taschenrevolver, bei dem Zuverlässigkeit und ausreichende Durchschlagskraft bedeutender waren, als Genauigkeit. Waffen dieser Art wurden von einer Vielfalt von Herstellern angeboten. 1887 stellten Smith und Wesson das abgebildete hammerlose Mo-

dell her, das schnell beliebt wurde. Es konnte sicher getragen werden und hatte keinen Hammer, der sich in dem Taschenfutter verfangen konnte. In einem Notfall konnte er auch aus einer Tasche abgeschossen werden, ohne daß er klemmte. Wenn die Sicherung an der Rückseite des Griffes nicht gedrückt wurde, schoß die Waffe nicht. Sie wurde im Kaliber .38″ hergestellt, bald folgte eine Ausführung .32″, die mit geringfügigen Änderungen bis 1940 hergestellt wurde.

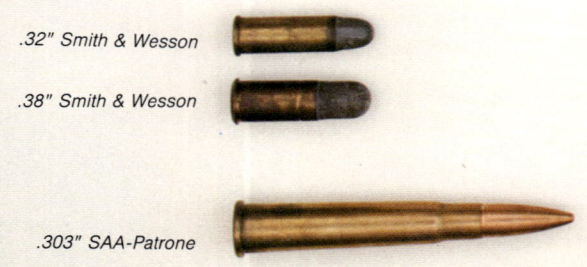

.32″ Smith & Wesson

.38″ Smith & Wesson

.303″ SAA-Patrone

HARRINGTON UND RICHARDSON .32″

Länge: 165 mm
Gewicht: 0,57 kg
Lauf: 89 mm
Kaliber: .32″
Züge: 5, Linksdrall
Kapazität: 8 Schuß
Anfangsgeschwindigkeit: 299 m/s
Visier: Feststehend

Dies war eine einfache, zuverlässige Waffe, die im Rückstoßprinzip arbeitete und vor allem interessant ist, weil sie der von der britischen Firma Webley & Scott hergestellten .32″ Waffe nachempfunden ist, die an anderer Stelle abgebildet ist. Es war jedoch eine Ausführung ohne Hammer mit einem innenliegenden Zündstift und einer Feder. Sie hatte auch eine Sicherung in der Rückseite des Griffes, die auf der Abbildung zu erkennen ist.

Vereinigte Staaten von Amerika
LIBERATOR M1942

Länge: 140 mm
Gewicht: 0,454 kg
Lauf: 89 mm
Kaliber: .45″
Züge: Keine
Kapazität: Einschüssig
Anfangsgeschwindigkeit: 244 m/s
Visier: Feststehend
Patronen: .45″ M1911

Dies war eine roh verarbeitete und einfache einschüssige Waffe, die im Laufe des Zweiten Weltkrieges in vom Feind besetzte Gebiete abgeworfen wurde. Es war eine Ganz-

metallkonstruktion mit einem Lauf ohne Züge, der aus nahtlosem Stahlrohr hergestellt war. Der Rest bestand aus Blechpreßteilen. Sie konnte die .45″ Patrone des Colt Modell 1911 verschießen. In dem hohlen Griff konnten einige Reservepatronen mitgeführt werden. Zu der Ausrüstung gehörten auch eine Ausstoßstange, mit der die leere Hülse ausgestoßen wurde und eine Gebrauchsanleitung in Bildern ohne Worte. Obwohl über eine Million Stück hergestellt wurden, wurde ihre wahre Wirksamkeit nie voll untersucht.

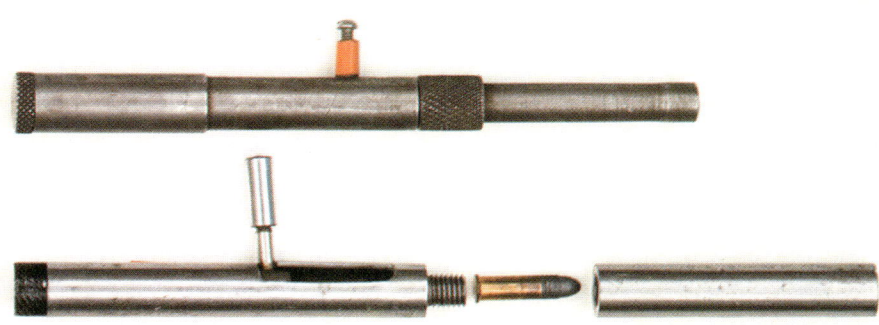

Vereinigte Staaten von Amerika
ZIP GUN

Länge: 152 mm
Gewicht: 0,113 kg
Lauf: 63,5 mm
Kaliber: .22″
Züge: Keine
Kapazität: Einschüssig
Anfangsgeschwindigkeit: 183 m/s
Visier: Fehlt

Wenn man Patronen beschaffen kann, ist es nicht schwierig für jemanden, der Metallwerkzeuge besitzt, eine Waffe zu improvisieren. Es ist natürlich ein äußerst gefährlicher Zeitvertreib, weil die auf dem Markt erhältlichen Materialien selten auf die inneren Belastungen von mehreren Tonnen pro Quadratzentimeter ausgelegt sind, und es gibt oft tödliche Unfälle. Diese Waffen werden unter den Vereinigten Staaten aufgeführt, weil sie wahrscheinlich ihren Ursprung in den schwarzen Getthos haben, aber

man findet sie heute so oft, daß sie ohne weiteres als universal eingestuft werden können. Die abgebildeten Muster kamen vor kurzem

aus Nordirland. Die Daten gelten für die abgebildeten Waffen, aber es gibt natürlich je nach Herstellungsort große Abweichungen.

.32″ Short

.45″ ACP

.22″ Rifle

.303″ SAA-Patrone

Vereinigte Staaten von Amerika
COLT MODELL 1911

Länge: 216 mm
Gewicht: 1,1 kg
Lauf: 127 mm
Kaliber: .45″
Züge: 6, Linksdrall
Kapazität: 7 Schuß
Anfangsgeschwindigkeit: 262 m/s
Visier: Feststehend

Gegen Ende des 19. Jahrhunderts beschloß die große Firma Colt wie viele andere Hersteller, daß die Zeit für eine Selbstladepistole reif sei. Das erste Sportmodell im Kaliber .38″ kam um 1900. Zwei Jahre später folgte ihm ein Militärmodell im selben Kaliber, und 1905 eine Militärwaffe (Old Model) im Kaliber .45″. Dies war eine der Pistolen, die 1907 von der US-Armee geprüft wurden, und sie wurde provisorisch für das Militär ausgewählt.

Nach praktischen Truppenversuchen wurde Colt gebeten, gewisse Änderungen vorzunehmen, die zu dem berühmten Modell 1911, vielleicht der zuverlässigsten Selbstladepistole, die je hergestellt wurde, führten. Sie wurde im Ersten Weltkrieg von der US-Armee im großen Umfang eingesetzt. 1915 wurden einige Exemplare im Kaliber .455″ für die kanadische Armee hergestellt.

Vereinigte Staaten von Amerika
COLT MODELL 1911A1

Länge: 216 mm
Gewicht: 1,1 kg
Lauf: 127 mm
Kaliber: .45″
Züge: 6, Linksdrall
Kapazität: 7 Schuß
Anfangsgeschwindigkeit: 262 m/s
Visier: Feststehend

Das ursprüngliche Modell 1911 blieb 10 Jahre lang buchstäblich unverändert in der Produktion. Diese Zeit umfaßte den Ersten Weltkrieg. 1921 wurden bestimmte Ver-

änderungen durchgeführt. Die Waffe erhielt ein längeres Horn an der Sicherung, einen etwas kürzeren Hammer und Ausschnitte hinter dem Abzug zur Aufnahme des Abzugsfingers. Diese Änderungen führten zu dem Modell 1911A1, das noch heute in der Produktion ist und von vielen Armeen der Welt eingesetzt wird. Die US-Armee behielt diese Waffe während des Zweiten Weltkrieges, in Korea und in Vietnam. Die abgebildete Pistole ist von Interesse, weil sie von Remington Rand im Laufe des Zweiten Weltkrieges in Lizenz hergestellt wurde.

.45″ ACP

.45″ ACP

.303″ SAA-Patrone

Browning High Power
(im Zweiten Weltkrieg in Kanada hergestellt)

Browning High Power
(während der deutschen Besetzung in Belgien hergestellt)

Vereinigte Staaten von Amerika/Belgien
BROWNING 1935 HIGH POWER (FN GP35)

Länge: 197 mm
Gewicht: 0,9 kg
Lauf: 121 mm
Kaliber: 9 mm
Züge: 6, Rechtsdrall (4?)
Kapazität: 13 Schuß
Anfangsgeschwindigkeit: 341 m/s
Visier: Feststehend

Der Name von John Browning, des wahrscheinlich berühmtesten amerikanischen Feuerwaffenkonstrukteurs, erscheint so oft in diesem Buch, daß es kaum notwendig ist, seine Leistungen in seinem Arbeitsleben von etwa 35 Jahren aufzuzählen. Seine erste Selbstladepistole wurde 1894 patentiert, und das hier gezeigte Modell war das letzte vor seinem Tod im Jahre 1926, obwohl es formell erst 1935 vorgestellt wurde. Viele seiner früheren Pistolen waren relativ kleinkalibrige Taschenmodelle gewesen, die nach dem einfachen Rückstoßprinzip arbeiteten und bei denen

die Trägheit eines schweren Verschlusses und einer Feder zur Steuerung der Rückwärtsbewegung eingesetzt wurde. Bei seinem letzten Modell entschied er sich jedoch für einen verriegelten Verschluß, der für die relativ starke Patrone, die die Pistole verschießen sollte, besser geeignet war. Wenn die erste von Hand geladene Patrone abgeschossen wurde, stießen der Lauf und das Verschlußstück ein kurzes Stück gemeinsam zurück, bis ein Keil sie entriegelte. Der Lauf stoppte dann, aber das Verschlußstück stieß weiter in die hintere Stellung zurück, bevor die zusam-

mengedrückte Feder es wieder vorwärts stieß, wobei es eine Patrone aus dem Magazin im Griff nahm und sie für den nächsten Schuß in den Lauf stieß. Die Pistole, die ursprünglich eine Tangentenkimme und einen abnehmbaren, gewehrartigen Kolben hatte, wurde kurz bevor die Deutschen 1940 in Belgien einfielen von der Fabrique Nationale hergestellt. Die Pläne wurden gerettet und nach Kanada geschickt. Hier stellte die Firma John Inglis die Waffe weiter her, wenn auch mit einer festen statt einen Tangentenkimme und ohne den abnehmbaren Kolben. Die Deutschen

ließen die Herstellung in Belgien für eigene Zwecke weiterlaufen, aber man nimmt allgemein an, daß durch die Sabotage der belgischen Arbeiter so viele beschädigt ausgeliefert wurden, daß man jenen, die deutsche Zeichen tragen, nicht trauen kann. Nach dem Kriege wurde in der belgischen Fabrik die normale Produktion bald wieder aufgenommen. Die Pistole ist heute bei vielen Ländern im Einsatz. Selbst die Engländer, die lange Zeit auf ihren erprobten Revolver vertrauten, haben sie jetzt eingeführt, ebenso wie Kanada, Belgien, Dänemark und Holland.

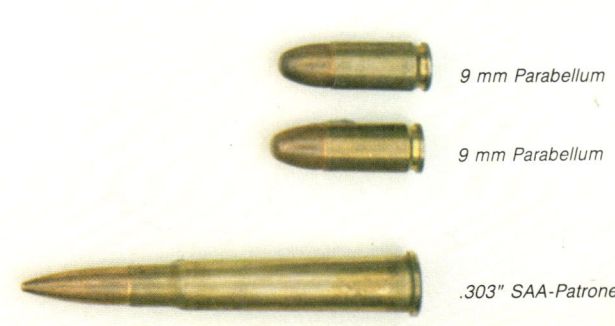

9 mm Parabellum

9 mm Parabellum

.303" SAA-Patrone

Deutschland
MAUSER MODELL 1912

Länge: 311 mm
Gewicht: 1,25 kg
Lauf: 140 mm
Züge: 6, Rechtsdrall
Kaliber: 7,63 mm
Kapazität: 10 Schuß
Anfangsgeschwindigkeit: 427 m/s
Visier: 1000 m

Peter Paul Mauser ist wahrscheinlich wegen seiner Gewehre am besten bekannt, denn zu seiner Zeit war ein großer Teil der Armeen der Welt mit seinen Erzeugnissen bewaffnet. In den Siebzigerjahren des vorigen Jahrhunderts interessierte er sich für Pistolen, und 1878 stellte er einen genial konstruierten Revolver her, der jedoch entgegen seiner Hoffnung nicht vom deutschen Heer eingeführt wurde. Er wandte sich dann Selbstladepistolen zu, und nach verschiedenen Experimenten baute er sein Modell 1896, dem das wahrscheinlich bekannteste Modell, das Modell 98, folgte, das vor allem Interesse erregte, weil mit ihm das Konzept eines hölzernen Holsters eingeführt wurde, das auch als Kolben an der Waffe befestigt werden konnte, die es zu einem Karabiner machte. Winston Churchill trug eine Pistole dieses Typs in dem Feldzug bei Omdurman, als er wegen einer Schulterverwundung keinen Säbel tragen konnte. Vor dem Modell 1912, das hier abgebildet ist, gab

es mehrere andere Ausführungen. Wie ihre Vorgänger war dies eine zuverlässige und gut gearbeitete Waffe, wie man es von einer Fabrik mit dem Ruf von Mauser erwarten kann. Sie wurde bis 1918 in großen Zahlen hergestellt und ist wahrscheinlich heute die verbreitetste

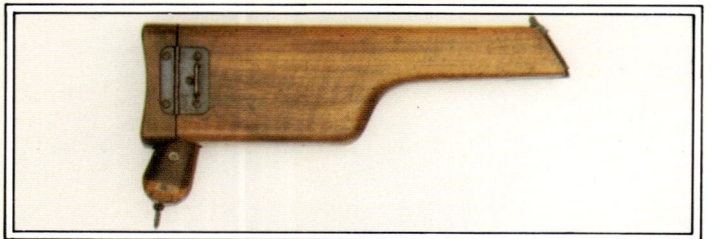

Deutschland
BORCHARD-SELBSTLADERPISTOLE

Länge: 356 mm
Gewicht: 1,3 kg
Lauf: 165 mm
Kaliber: 7,65 mm
Züge: 4, Rechtsdrall
Kapazität: 8 Schuß
Anfangsgeschwindigkeit: 335 m/s
Visier: Feststehend

Hugo Borchard war geborener Deutscher, hatte aber die amerikanische Staatsbürgerschaft erworben. Gegen 1890 kehrte er nach Deutschland zurück und arbeitete an einer neuen Selbstladepistole. Die Waffe wurde 1894 fertig und war wahrscheinlich die erste, die kommerziell erfolgreich war. Man sagt, daß sie sich auf dem britischen Markt gut verkaufte, was angesichts der britischen Vorliebe für den Revolver erstaunlich ist. Sie hatte einen verriegelten Verschluß der Kniegelenkausführung, der spä-

ter durch ihren Nachfolger, die Luger, berühmt wurde. Dieser Verschluß arbeitete nach demselben Prinzip wie das menschliche Knie. Wenn das Gelenk verriegelt war, konnte es sich nicht öffnen, aber sobald es nach oben gedrückt wurde, öffnete es sich leicht. Wenn die Pistole abgeschossen wurde, stießen Lauf und Verschluß gemeinsam zurück, bis Nocken am Gehäuse die Verriegelung öffneten. Der Lauf stoppte dann. Der Verschluß stieß ausreichend zurück, um die nächste Patrone aus dem

Pistole. Sie arbeitet nach dem Prinzip des kurzen Rückstoßes, bei dem Lauf und Verschluß ein kurzes Stück zusammen zurückgestoßen werden, bevor der Lauf stoppt und der Verschluß entriegelt, um weiter zurückzustoßen. Die Verriegelung war nicht absolut fest, aber sie war

durchaus zuverlässig für die starke flaschenförmige Patrone. Das Magazin wurde mit einem zehnschüssigen Ladestreifen gefüllt und die Waffe wurde durch das Zurückziehen des Verschlusses an vor dem Hammer sichtbaren Griff gespannt. Sie wurde im Ersten Weltkrieg sehr

viel eingesetzt, hauptsächlich mit dem angebauten Kolben und war so ein Vorläufer der Maschinenpistole. 1916 wurden große Stückzahlen auf die 9 mm-Parabellum-Patrone umgerüstet. Diese Waffen erhielten eine große 9 in den Griff geschnitten, die mit roter Farbe

ausgelegt wurde. Man nimmt oft an, daß eine automatische Ausführung im Zeitraum 1914/18 eingesetzt wurde, aber das trifft nicht zu, wenn auch eine Waffe dieser Art 1932 in eine Vorserienfertigung ging. Sie war kein großer Erfolg, weil sie sich überhitzte.

Magazin zu nehmen, die er in den Lauf stieß und zündete. Dieses Prinzip war nicht absolut neu, denn Maxim hatte eine sehr ähnliche Vorrichtung bei seinem Maschinengewehr verwendet. Es war jedoch das erste Mal, daß es in einer Pistole angewendet wurde. Es verlangte gutes Material und saubere Verarbeitung, denn die Funktion des Verschlusses war abhängig von dem Sitz und der Qualität der Stahlstifte, die die Gelenke bildeten. Wenn die Borchard auch gut hergestellt war, so war sie doch

eine äußerst klobige Waffe. Es muß fast unmöglich gewesen sein, sie mit einer Hand abzuschießen. Sie war mit einem robusten, gut passenden Kolben (an dem ein Lederholster angebracht war) ausgerüstet, und es ist wahrscheinlich, daß die meisten Leute sie mehr als einen zusammenklappbaren Karabiner als eine Pistole ansahen. Sie verschoß eine spezielle flaschenförmige Patrone im Kaliber 7,65 mm. Mit angebautem Kolben schoß sie sehr gut, denn die Patrone war sehr stark und der Visierabstand ausreichend groß.

7,63 mm Mauser

7,65 mm Borchard

.303" SAA-Patrone

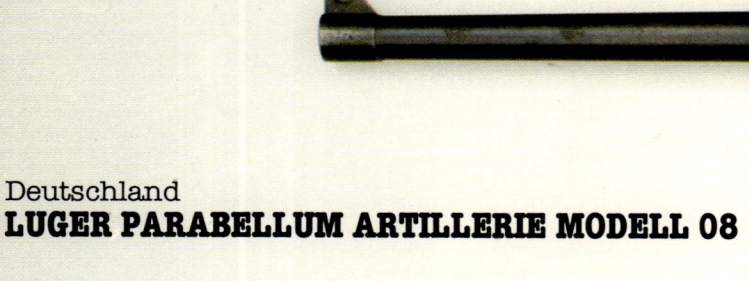

Deutschland
LUGER PARABELLUM ARTILLERIE MODELL 08

Länge: 317 mm
Gewicht: 0,99 kg
Lauf: 190,5 mm
Kaliber: 9 mm
Züge: 6, Rechtsdrall
Kapazität: 32-Schuß Trommel- oder 8-Schuß Stangenmagazin
Anfangsgeschwindigkeit: 351 m/s
Visier: 800 m

Die Luger-Parabellum wurde von Georg Luger aus der ursprünglichen Borchardpistole entwickelt. Sie wurde 1908 von dem deutschen Heer als Standardpistole eingeführt. Dadurch war ihr Erfolg gesichert, und ihre Leistungen im Ersten Weltkrieg ließen ihren Namen zu einem Begriff werden. Wie ihr Vorgänger arbeitete sie nach dem Prinzip des kurzen Rückstoßes, bei dem der Lauf und das Kniegelenk kurz zusammen zurückstoßen. Der Lauf stoppte dann, und gekrümmte Keile am Gehäuse knickten das Kniegelenk auf und ließen es nach oben wie ein umgekehrtes V einknicken. Wenn der Verschluß seine hintere Stellung erreicht hatte, streckte die Schließfeder das Kniegelenk wieder, das dann den Verschluß nach vorn stieß, der eine Patrone aus dem Magazin nahm und sie in den Lauf drückte. Danach konnte die Patrone durch Ziehen des Abzuges gezündet werden. Wenn die letzte Patrone verschossen war, blieb der Verschluß in hinterster Stellung und konnte nicht nach vorn stoßen, wenn nicht das leere Magazin etwas ausgezogen oder durch ein neues ersetzt wurde. Die Erfahrungen des Grabenkrieges führte zu der Erkenntnis, daß leichte, bewegliche Feuerkraft lebenswichtig war, und 1917 hatten die Deutschen ein neues Luger-Modell hergestellt, das diese Feuerkraft bot. Es war im wesentlichen identisch mit seinem Vorgänger, mit der Ausnahme, daß es mit

Vereinigte Staaten von Amerika
SMITH UND WESSON REVOLVING RIFLE

Länge: 889 mm
Gewicht: 2,27 kg
Lauf: 457 mm
Kaliber: .320"
Züge: 6, Rechtsdrall
Kapazität: 6 Schuß
Anfangsgeschwindigkeit: 250 m/s
Visier: siehe Text

Diese Waffe, die manchmal als Repetiergewehr bezeichnet wird, ist eine der seltensten modernen Feuerwaffen, da nur 977 Stück hergestellt wurden und nur noch sehr wenige Exemplare bekannt sind. Das Modell erschien 1879, und gegen Ende 1880 waren erst 6 Stück hergestellt. Der Rest wurde 1886 und 1887 produziert, wahrscheinlich als Spezialauftrag. Die Waffe basierte auf der Grundkonstruktion des Smith und Wesson Number 3, der an anderer Stelle in diesem Abschnitt abgebildet ist. Es wurden nur geringfügige mechanische Änderungen am Mechanismus ausgeführt. Sie hat dasselbe Auswurfsystem. Der Lauf bestand aus zwei Teilen, die etwa 51 mm vor dem Verschluß zusammengeschraubt wurden. Die Waffe hat an der rechten Seite kaum sichtbare Markierungen für die Laufanpassung. Es gab drei Lauflängen: 406 mm (wovon 239 Stück hergestellt wurden), 457 mm (wovon 514 hergestellt wurden) und 508 mm (wovon 224 hergestellt wurden). Die abgebildete Waffe ist die Nummer 222 und hat einen 457 mm langen Lauf. Das Korn des Revolvergewehrs wurde brüniert und auf einen schwalbenschwanzförmigen Block montiert, der über die obere Rippe des Laufes paßt. Die Kimme, die ähnlich brüniert wurde, hatte zwei Stellungen in L-Form. Sie war nicht geeicht, sondern wahrscheinlich war sie für 91,4 und 183 m vorgesehen. Es gab auch wahlweise ein zusätzliches Visier. Dies bestand aus einer Öffnung, die in der Höhe und seitlich verstellt werden konnte und auf einer Säule befestigt war, die auf der Kolbenbefestigung saß. Die Griffschalen und der Schaft bestanden aus rotgeadertem Hartgummi. Es fällt auf, daß der Pistolengriff, der das Firmenzeichen von Smith & Wesson trägt, in der Farbe sehr viel dunkler ist als der Schaft, was wahrscheinlich auf die häufigere Berührung beruht. Der Kolben, der mit einer Rändelschraube, die unter der Visiersäule sichtbar ist, befestigt wurde, besteht aus hochwertigem tscherkessischen Nußbaum und hat eine dunkelbraune Gummikolbenplatte, die ebenfalls das Firmenzeichen trägt. Obwohl die Waffe im Grunde genommen ein Revolver ist, ist die Bezeichnung als Gewehr wahrscheinlich zutreffend, denn sie kann zwar ohne Kolben mit einer Hand eingesetzt werden, ist dabei aber etwas klobig, während sie sich gut als Gewehr eignet. Der Hauptvorteil einer Waffe dieser Art war ihre Tragbarkeit, und die Tatsache, daß sie leicht versteckt werden konnte,

einem 190,5 mm langen Lauf ausgerüstet war, eine Tangentenkimme
und einen flachen, abnehmbaren
Holzkolben hatte, der die Waffe eigentlich zu einem Karabiner machte. Dies war keine Neuigkeit, denn
bereits seit 1903 oder 1904 waren
ähnliche Modelle offiziell hergestellt

worden. Das Modell 1904 war von
der deutschen Marine eingeführt
worden, und es war deshalb am
bekanntesten. Da es sich hier um
eine Änderung handelte, trugen
viele Modelle ein früheres Datum
als 1917. Dieses Modell wurde anfangs an Maschinengewehrabteilun-

gen, Artilleriebeobachter und ähnliche Truppen ausgegeben, aber
schließlich erhielten es auch vorgeschobene Infanterieeinheiten. Die
Waffe war eigentlich der Vorläufer
der Maschinenpistole. Ihre Feuerkraft wurde später durch die Einführung des sogenannten Schneckent-

rommelmagazins auf 32 Schuß erhöht. Dieses Magazin war sehr
nützlich, aber es war ein Spezial-
werkzeug zum Laden erforderlich.
Selbst dann neigte es zu Hemmungen, bis das Spitzgeschoß durch
ein vorn abgerundetes ersetzt
wurde.

denn wie die meisten Kombina-
tionswaffen war sie wahrscheinlich
bei beiden Aufgaben nicht so wirksam wie die ursprünglichen Waffen-
arten. Das abgebildete Exemplar
war Teil einer Sendung, die zur Zeit
der Osterrebellion 1916 auf dem
Weg nach Südirland abgefangen
wurde, und sie hätte sich wahrscheinlich als sehr nützliche Gueril-

lawaffe erwiesen. Ihr Ursprung ist
nicht bekannt, aber da die Masse
dieser Waffen in Amerika verkauft
wurde, kam sie wahrscheinlich von
dort. Sie trägt keine ausländische
Bezeichnung. Es wird darauf hinge-
wiesen, daß in diesem besonderen
Fall die Daten die Länge und das
Gewicht des Gewehrkolbens ein-
schließen.

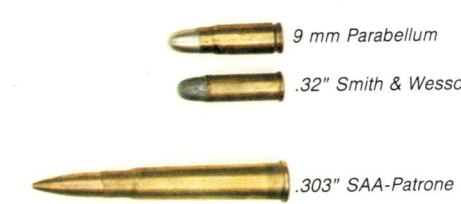

9 mm Parabellum

.32" Smith & Wesson

.303" SAA-Patrone

Infanterie – Panzerabwehrwaffen

Das Auftauchen des Panzers im Verlaufe des Ersten Weltkrieges war mit Sicherheit die bedeutendste Veränderung des Landkrieges im 20. Jahrhundert. Die ersten Panzer waren naturgemäß sehr primitive Fahrzeuge, langsam und unzuverlässig. Die Sicht war schlecht, und die Hitze, der Lärm und die Vibration in ihrem Inneren waren enorm, was ihre Besatzungen sehr belastete. Dennoch war ihre anfängliche Wirkung beträchtlich. Wie wir bereits gesehen haben, war die Beweglichkeit der Infanterie durch das Maschinengewehr unterbunden, das gut geschützt und mit Überlegung zur Verteidigung von gut angelegten Drahtverhauen eingesetzt wurde. Es ist wahrscheinlich nicht richtig, zu sagen, daß diese verlorene Beweglichkeit mit einem Schlag wiedergewonnen wurde, aber der Panzer trug sicher dazu bei.

Zu Beginn war die Rolle des Panzers die eines beweglichen Unterstandes, der unbefangen über Gräben, Stacheldrahtverhaue und feindliche Maschinengewehre walzte, und seine moralische und tatsächliche Wirkung war sehr groß. Die kampfmüde deutsche Infanterie sah diese neue Waffe als unaufhaltbare, unzerstörbare Monster an, und es überrascht nicht, daß sie trotz ihrer Tapferkeit vor ihnen zurückwich. Die ersten britischen Panzer waren nicht in ausreichender Zahl verfügbar, um eine sofortige Entscheidung zu erzwingen, und die Deutschen erholten sich sehr schnell und begannen entschiedene Anstrengungen zu ihrer Bekämpfung zu unternehmen. Wenn auch die Panzer sicher gegen das Feuer leichter Waffen waren, so hatten die Deutschen begrenzte Bestände einer besseren Hochgeschwindigkeitspatrone, deren Geschoß oft die relativ schwache Panzerung durchschlug. Diese Waffen wurden an ausgewählte Gewehr- und Maschinengewehrschützen ausgegeben. Leichte Grabenmörser, an denen es nicht fehlte, wurden ebenfalls mit großem Erfolg eingesetzt, denn kein Panzer war gegen ihre hochexplosiven Projektile sicher.

Bei weitem der geeignetste Gegner des Panzers war die Feldkanone, die im direkten Beschuß über Entfernungen bis zu einem Kilometer äußerst genau war und die eine hochwirksame Granate verschoß. Es wurden viele Geschichten erzählt, wie ein Panzer nach dem anderen von einer einzigen Kanone außer Gefecht gesetzt wurde, und wenn diese Geschichten zum Teil auch erfunden sind, so zeigen sie doch den Respekt, mit der die Feldkanone von den Panzerbesatzungen betrachtet wurde. Es gab für ihren Einsatz jedoch Grenzen. Feldkanonen in ihrer herkömmlichen Aufgabe waren immer in einiger Entfernung hinter den Gräben eingegraben, wodurch ihre Wirksamkeit gegen Panzer begrenzt war, wenn diese nicht die Front bereits durchbrochen hatten. Die Deutschen entwickelten schnell ein System, mit dem sie ausgewählte Batterien ständig zur Panzerabwehr in Alarmbereitschaft hielten, aber wenn man bemerkt, daß 1914/18 die Feldartillerie noch pferdebespannt war, erkennt man, daß ihre Schnelligkeit und Beweglichkeit in den schlammigen Granattrichtern hinter der Front stark eingeschränkt war. Man konnte auch für diese Aufgabe nicht zu viele Kanonen abstellen, ohne den Alliierten eine Überlegenheit bei der Artillerie zu geben, denn in diesem späten Stadium des Krieges war die deutsche Wirtschaft nicht mehr in der Lage, zusätzliche Kanonen zu bauen, um diese Lücke zu füllen.

Nach dieser allgemeinen Übersicht über die ersten Panzerabwehrwaffen müssen wir wieder zu unserem Thema zurückkehren, den verschiedenen Infanteriewaffen, die ausreichend leicht und beweglich waren, so daß sie von der Infanterie in der vordersten Linie eingesetzt werden konnten. Die erste Waffe dieser Art scheint eine Mauser-Panzerabwehrbüchse gewesen zu sein. Sie war eine monströse, einschüssige Ausführung des normalen Militärgewehrs, die mit einem leichten Zweibein bestückt war und sich als einigermaßen wirksam gegen Panzer zeigte. Sie verschoß eine besonders wirksame 13 mm-Patrone, die von der Rüstungsabteilung der US-Armee für den Einsatz in ihrem schweren Browning-MG vom Kaliber .50″ kopiert wurde. Bis 1918 hatte sich die Panzerentwicklung und die Stärke der Panzerung bedeutend verbessert, und das Gewehr wurde entsprechend weniger wirksam. Dies war der Beginn des ständigen Wettlaufs zwischen Panzerfahrzeugen und Panzerabwehrwaffen um die Überlegenheit, die auch heute noch ein bedeutendes militärisches Problem ist.

ALLIIERTE ENTWICKLUNGEN

Im Ersten Weltkrieg mußten sich vor allem die Deutschen mit dem Problem der Panzerabwehr auseinandersetzen, denn sie selbst hatten nie mehr als einige Dutzend Panzer einsatzbereit. Die vielleicht interessanteste Entwicklung auf alliierter Seite war die britische Granate Number 44, die erste je produzierte Panzerabwehrgranate. Sie war mit einer kurzen Stange ausgerüstet, die in die Laufbohrung des Gewehrs vom Kaliber .303″ paßte, mit dem sie mit einer speziellen Platzpatrone abgeschossen wurde. Soweit bekannt, wurde sie nie im Gefecht eingesetzt.

Nach dem Ende des Ersten Weltkrieges wurde auf dem Gebiet der Panzerabwehr wenig geleistet, und erst als Deutschland in den dreißiger Jahren aufrüstete, dachte man wieder ernsthaft an den Panzerkrieg. Und auch dann lag die Hauptentwicklung auf dem

1 *Männer der Queens Division bereiten sich darauf vor, eine rückstoßfreie Panzerabwehrwaffe Carl-Gustav M2, Kaliber 84 mm, abzufeuern.*
2 *Ein britischer Infanterist mit seinem PIAT (Projector Infantry-Anti-Tank).*

1 Eine italienische Panzerabwehrkanone Breda 20 mm mit Bedienung.
2 Ein Vietkong bereitet den Abschuß eines in China hergestellten tragbaren Panzerabwehrraketenwerfers RPG 2 vor.
3 US-Infanterie mit dem Panzerabwehrraketenwerfer 3.5" M20 oder «Bazooka» auf dem Schießstand.

Gebiet der leichten Artillerie statt bei tragbaren Waffen für die Infanterie. Die einzige Ausnahme war ein einigermaßen erfolgreiches polnisches Panzerabwehrgewehr, das Maroschek, das 1935 erschien.

Die Briten, die sowohl den Panzer entwickelt und auch die Lehren über seinen taktischen Einsatz aufgestellt hatten, taten praktisch nichts, um die neue Waffe, die sie hervorgebracht hatten, abwehren zu können. Es wurde lediglich etwas über die Panzerabwehr gesprochen. Bei den seltenen Gelegenheiten, bei denen ein veralteter Panzer bei Manövern auftauchte, entfaltete der nächste Infanteriezug (der wahrscheinlich sowieso nur aus einem Sergeanten, einem Gefreiten und einer großen gelben Flagge bestand), einfach eine kleinere grüne Flagge mit einem diagonalen Kreuz, die anzeigte, daß er irgendeine Panzerabwehrwaffe besaß und überließ es irgendeinem vorbeigehenden Schiedsrichter, zu entscheiden, wer in dem Gefecht gesiegt hatte. Als das Boys-Panzerabwehrgewehr, das von dem polnischen Gewehr inspiriert war, auftauchte, war dies eine angenehme Überraschung für die britische Infanterie.

Im Spanischen Bürgerkrieg, in dem die faschistischen und kommunistischen Diktatoren die Gelegenheit ausnutzten, um die neuen Theorien über Panzer und Flugzeuge zu erproben, wurden viele Panzer eingesetzt. Aber auch hier lag der Schwerpunkt der Panzerabwehr mehr bei der Artillerie als bei kleineren Waffen. Es wurde auch sehr viel improvisiert: Vom Einrammen von Eisenschienen zwischen Panzerkette und Kettenräder bis zu hochexplosiven oder Brandladungen. Aber wenn dies auch für die Home Guard 1940 sehr ansporned war, war es kein wirklicher Beitrag zur Panzerabwehr.

DER ZWEITE WELTKRIEG

Beim Ausbruch des Zweiten Weltkrieges fehlten allen großen Mächten wirklich leichte, wirksame Panzerabwehrwaffen. Sofort wurde darangegangen, solche Waffen zu entwickeln, aber natürlich gab es auch ständig Fortschritte in der Panzerentwicklung, so daß Panzer und Panzerabwehrwaffen weiterhin um die Überlegenheit kämpften. Eine Sache, die schnell klar wurde, war die völlige Wirkungslosigkeit der Panzerabwehrbüchse gegen moderne Panzer. Wenn wir überlegen, daß etwa um 1941 die 0,91 kg schwere Ladung der Panzerabwehrkanone auf Bataillonsebene die neuesten deutschen Panzerungen schon nicht mehr durchdrang, überrascht es nicht, daß die 60 g schwere Kugel der Boys auch nicht wirkte.

Beide Seiten wandten sich naturgemäß hochexplosiven Raketen als der einzigen Alternative zu. Die Fluggeschwindigkeit des Projektils war hierbei nicht so bedeutend, so daß die entsprechenden Waffen leicht und tragbar waren. Die Briten führten 1942 den Projektor Infantry-Anti-Tank (PIAT) ein, während die Amerikaner etwa gleichzeitig einen Rohrwerfer, der sofort «Bazooka» genannt wurde und ein Raketenprojektil verschoß, einführten. Die Deutschen erbeuteten eine Anzahl dieser Waffen von den Russen, und da sie sofort ihr Potential erkannten, bauten sie bald ihre eigene Version davon, die Raketenpanzerbüchse 54. Dieser folgte bald eine leichte Ausführung, die Panzerfaust, eine wirksame Waffe, die aber bei der Truppe unbeliebt war, weil sie oft Früh-

zündungen hatte. Die Russen, die ihre Ansichten vielleicht auf die Lektionen aus Spanien gründeten, verließen sich hauptsächlich auf leichte Artillerie und hochexplosive Granaten, aber sie entwickelten auch zwei Arten von Panzerabwehrgewehren, das PTRD und das PTRS.

Die endgültige Aufgabe des Panzerabwehrgewehrs markierte das Ende der Zeit der leichten Waffen in der Panzerabwehr und sollte deshalb (zumindest theoretisch) auch das Ende dieser Einführung sein. Es ist aber etwas ungewöhnlich, so abrupt abzuschließen, und deshalb werde ich eine kurze Übersicht über modernere Waffen geben, wenn sie auch nach der Definition außerhalb meines Themas liegen.

Beim Ende des Zweiten Weltkrieges waren die Alliierten gut mit leichten Panzerabwehrwaffen ausgerüstet, und deshalb überrascht es etwas, daß die amerikanische Bazooka gegen nordkoreanische Panzer keine großen Leistungen erbrachte. Da dies nicht die modernsten Panzer waren, ist wahrscheinlich, daß der Fehler entweder in schlechter Munition oder in dem relativ schlechten Ausbildungsstand der Nachkriegsarmee begründet war, aber was auch immer der Fall war, die Auswirkung auf die Kampf-

4 Ein amerikanischer Soldat zielt mit seinem Raketenwerfer HEAT, auch Light Anti-Tank-Weapon (AW) (leichte Panzerabwehrwaffe) genannt, Kaliber 66 mm.
5 Die Panzerabwehrbüchse Boys Mark 1, Kaliber 0.55" aus dem Zweiten Weltkrieg.
6 Raketenpanzerbüchse 54, Kaliber 8,8 cm.

moral war ernst. Zum Glück hatten die USA einen gut erprobten Prototyp eines Raketenwerfers im Kaliber 3.5", der schnell in die Massenherstellung gegeben wurde. Er erwies sich als sehr erfolgreich und war in verschiedenen Ausführungen Standardwaffe mehrerer westlicher Armeen. Ihm folgte 1952 der M 72, eine «moderne» Waffe, bei der der Tragkasten auch als Werferrohr diente, das weggeworfen wurde, nachdem die Rakete verschossen war.

1952 stellten die Russen ihren RPG 2 vor, einen einfachen, aber wirksamen Werfer. Nur das Heck der Rakete, das entfaltbare Flossen und einen relativ geringen Durchmesser hatte, wurde in das Rohr gesteckt, so daß der Körper der Bombe draußen blieb. Hierdurch wurden die Größe und das Gewicht der Waffe selbst bedeutend reduziert. Der RPG 2 wurde auch von den anderen Ostblockstaaten eingeführt.

DAS RÜCKSTOSSFREIE PRINZIP

Ein neues Konzept der leichten Panzerabwehrwaffen kam mit der Einführung des rückstoßfreien Prinzips, das bemerkenswert einfach ist. Wenn eine Feuerwaffe mit verriegeltem Verschluß abgeschossen wird, tritt die als Rückstoß bekannte Rückwärtsbewegung der Gase auf. Bei schweren Gewehren kann er durch Federn, Puffer und ähnliche Vorrichtungen aufgefangen werden, aber alles was bei leichten Handfeuerwaffen getan werden kann, ist, das Gewichtsverhältnis zwischen Kugel und Waffe ausreichend hoch auszulegen, damit der stärkste Teil des Rückstoßes aufgefangen wird. Der Rest muß von dem Schützen aufgenommen werden, so daß bei der Konstruktion dieser Art von

Waffen die menschliche Kraft berücksichtigt werden muß. Vor dem Ersten Weltkrieg baute ein Amerikaner namens Davis ein an beiden Seiten offenes Rohr, legte in die Mitte eine Ladung mit zwei identischen Projektilen auf jeder Seite und schoß sie ab. Das Ergebnis war, daß die beiden Projektile in entgegengesetzte Richtungen abflogen, ohne daß ein Rückstoß auftrat und damit war das neue Prinzip entdeckt. Es mußte natürlich weiterentwickelt werden, denn im Kriege war es nicht möglich, ein Projektil auf den Feind abzuschießen, während das andere durch die eigenen Reihen flog. Dieses Problem war bald gelöst. Die erste Lösung war, ein berstendes hinteres Projektil zu nehmen, zum Beispiel einen Sack voll Schrot oder Sand, aber schließlich fand man heraus, daß durch die Verwendung einer viel stärkeren Ladung und die Drosselung der Gase dieselbe Wirkung erzielt wurde.

Bis in die dreißiger Jahre wurde kein weiterer Fortschritt erzielt, bis die deutsche Firma Krupp ähnliche Experimente ausführte, und erst 1950 wurde dieses Prinzip erfolgreich bei einer Waffe angewandt. Es war die britische Panzerabwehrkanone auf Bataillonsebene, die BAT, die das Kaliber 120 mm hat und etwa eine Tonne wiegt. Die Granaten waren sogenannte Quetschgranaten, bei denen sich die Ladung aus Plastiksprengstoff auf der Außenfläche des Panzers ausbreitete, bevor sie detonierte. Dies verursachte so wilde Erschütterungen, daß große Metallstücke an der Innenseite des Panzers abgerissen wurden, was sich katastrophal auf die Besatzung auswirkte. Nachdem dieses Konzept einer rückstoßfreien Kanone sich als durchführbar erwiesen hatte, wurde es auch

bei leichten Schulterwaffen wie zum Beispiel bei der sehr weit verbreiteten schwedischen Carl-Gustav angewandt. Das derzeitige sowjetische Äquivalent ist die RPG 7, die ebenfalls ihr Projektil mit einer rückstoßfreien Ladung abschießt, die aber keine Zusatzrakete auf dem Projektil hat, damit es nach dem Abschuß seine Geschwindigkeit beibehält.

Viele Waffen des rückstoßfreien Typs werden heute eingesetzt, aber die schwereren werden allmählich durch Lenkraketen ersetzt. Diese gehören jedoch auf keinen Fall zu den leichten Waffen und deshalb werden sie hier nicht weiter besprochen. Es ist wahrscheinlich unvermeidbar, daß die Rakete siegen wird. Der Panzer unterliegt offensichtlich praktischen Grenzen in Bezug auf Größe und Gewicht, und sei es nur wegen der begrenzten Kapazität von Straßen und Brücken. Wenn nicht ein neues Metall mit einer bedeutend verbesserten Widerstandsfähigkeit entwickelt wird, kann man deshalb argumentieren, daß der Panzer die Grenzen seiner Entwicklung erreicht hat, während die Rakete noch in ihren Kinderschuhen steckt. Es kann jedoch einige Zeit dauern, bis dies klar wird, und in der Zwischenzeit geht der Kampf um die Überlegenheit weiter.

Deutschland
MAUSER TANK-GEWEHR MODELL 1918

Länge: 1676 mm
Gewicht: 17,7 kg
Lauf: 983 mm
Kaliber: 13 mm
Züge: 4, Rechtsdrall
Kapazität: Einschüssig
Anfangsgeschwindigkeit: 913 m/s
Visier: 500 m

13 mm Mauser A/Tk

.303" SAA-Patrone (Streifen)

Die Erfindung des Panzers war ein ungewöhnlich gut gehütetes Geheimnis, das die Deutschen bei dem ersten Panzereinsatz 1916 völlig überraschte. Die Anfangswirkung des Panzers war mehr mora-

Grossbritannien
BOYS ANTI-TANK RIFLE

Länge: 1613 mm
Gewicht: 16,33 kg
Lauf: 914 mm
Kaliber: .55"
Züge: 7, Rechtsdrall
Kapazität: 5-Schuß Kastenmagazine
Anfangsgeschwindigkeit: 990 m/s
Visier: siehe Text

Im Ersten Weltkrieg war der Panzer keine Bedrohung für die Alliierten gewesen, weil die Deutschen keine ausreichenden Stückzahlen herstellen konnten, um den Verlauf der Operationen ernsthaft zu beeinflus-

lisch. Die deutsche Infanterie, die aus erstklassigen Soldaten bestand, hatte keine Erfahrung in der Panzerbekämpfung und auch keine Waffe, mit der sie diese neue Erfindung aufhalten konnte, und deshalb

ergab sie sich entweder oder sie lief davon. Zu ihrem Glück wurden die frühen Panzer nur in kleiner Zahl eingesetzt, und nachdem mechanische Defekte ihre Tribut verlangt hatten, war die Gesamtzahl der Panzer sehr klein. Aus verschiedenen Gründen wurden die Panzer erst wieder im Frühjahr 1917 eingesetzt, und bis dahin hatten die Deutschen Gegenmaßnahmen entwickelt. Sie hatten bald festgestellt, daß Hochgeschwindigkeitsgewehrgeschosse oft einen Panzer durchschossen, und von hier war es nur noch ein kleiner Schritt bis zur Entwicklung des stärkeren Panzerabwehrgewehrs. Es war im wesentlichen eine größere Ausführung des normalen Militärgewehrs, das eine Patrone vom Kaliber 13 mm verschoß, die ebenfalls entwickelt werden mußte, da die Deutschen nichts Entsprechendes besaßen. Die Waffe war ein einschüssiges Repetiergewehr mit

einem halben Schaft und einem einfachen Zweibein sowie einem ungewöhnlich langen Lauf. Da man sie nicht mit der rechten Hand umfassen konnte, wurde ein Pistolengriff angebaut. Wie man sich denken kann, hatte dieses Gewehr einen fürchterlichen Rückstoß und war bei den deutschen Soldaten nicht beliebt. Dennoch gab es immer einige Wagemutige, die es abschossen, und wenn es in gut geschützten Gruppen eingesetzt wurde, war seine Wirkung beträchtlich. Es kam jedoch zu spät, um eine ernsthafte Auswirkung auf die größeren und besseren Panzer, die inzwischen im Einsatz waren, zu haben. Es war der Vorläufer von mehreren ähnlichen Waffen, und besonders interessant ist, daß seine Patrone von den Amerikanern nachgemacht wurde, die eine geeignete Patrone für ihr .50 Browning suchten, das gerade in die Produktion ging.

sen. Nach Kriegsende wurde Deutschland entwaffnet und besetzt, und da alles auf eine friedvolle Zukunft ausgerichtet zu sein schien, wurde nicht mehr Geld als nötig für Bewaffnung ausgegeben.

Erst in den dreißiger Jahren, als die westliche Welt mit einiger Überraschung sah, daß Deutschland sich so schnell wie möglich aufrüstete, begannen zaghafte Versuche, dieser neuen Bedrohung mit allen Mitteln zu begegnen. Auch der britischen Armee fehlte eine leichte Panzerabwehrwaffe. Im Oktober 1934 wurden Anweisungen erteilt, eine derartige Waffe zu entwickeln. Der verantwortliche Offizier war ein Captain Boys, und aus Sicherheitsgründen erhielt das neue Projekt den Codenamen «Stanchion». Es wurde großer Fortschritt erzielt, und die Erprobungen erwiesen sich als ermutigend. Eine Panzerplatte von 25 mm wurde durchschossen, so daß die neue Waffe in die Produktion gegeben und nach ihrem Entwickler benannt wurde, der un-

glücklicherweise schon gestorben war, als sein Projekt vollendet wurde. Das Boys-Gewehr war im wesentlichen eine größere Ausführung eines Militärgewehrs, und es verschoß ein großes Geschoß mit

einer so starken Ladung, daß ein durchschnittlicher Mann sie so eben halten konnte. Der Rückstoß wurde durch einen Federpuffer, eine Mündungsbremse und eine vordere Stütze aufgefangen. Bei der ursprünglichen Waffe war die Mündungsbremse rund, und die vordere Stütze war ein Einbein in Form eines umgekehrten T. Bei der zweiten Ausführung, der abgebildeten, war die Mündungsbremse flach mit Löchern auf jeder Seite, und das Einbein war durch ein Zweibein ersetzt. Beide Modelle waren Repetiergewehre mit abnehmbarem oben liegenden 5-Schuß-Magazin, aber während das erste Modell eine Doppelvisiereinrichtung für 300 und 500 Yards hatte, hatte das zweite nur ein feststehendes Visier. 1937 waren die ersten Waffen bei der

Truppe, aber inzwischen war unglücklicherweise die Panzerentwicklung fortgeschritten. Kurz nach Ausbruch des Krieges zeigte sich, daß die Waffe von geringem Nutzen war. Durch den enormen Rückstoß war es auch sehr beschwerlich, sie abzuschießen, und bis 1943 war sie durch den PIAT abgelöst. Eine verkürzte Ausführung wurde für Luftlandetruppen eingeführt, aber da diese keine Mündungsbremse hatte, war der Rückstoß noch stärker als bei ihrem Vorgänger und die Waffe wurde bald aufgegeben. Es war schließlich klar, daß das Gewehrgeschoß, wie schnell es auch war, keine Antwort auf den Panzer war, und danach wurden für alle leichte Panzerabwehrwaffen Hochexplosiv-Projektile verwendet.

.55" SAA Boys

.303" SAA-Patrone (Streifen)

Grossbritannien
PROJECTOR INFANTRY ANTI-TANK

Länge: 990,6 mm
Gewicht: 15,65 kg
Reichweite (Anti-Tank): 105 m
Reichweite (Häuserkampf): 320 m
Bombe: 1,13 kg
Anfangsgeschwindigkeit: 137 m/s

Die frühesten Panzer waren gegen jedes Geschoß, das stärker war als die normale Gewehrkugel, relativ schlecht geschützt. Deshalb schien die erste Antwort auf den Panzer zu sein, die Größe, das Gewicht, die Härte und die Geschwindigkeit des Projektils bis zu dem Grad zu erhöhen, bei dem es durchdringen

würde. Die erste Waffe dieser Art war die deutsche Mauser, die im Laufe der Zeit sehr viel kopiert wurde. Der neue Panzer bot jedoch größere Entwicklungsmöglichkeiten als das Geschoß, so daß das Panzerabwehrgewehr zugunsten größerer Waffen an Boden verlor, die natürlich wiederum zu weiteren Verbesserungen der Panzerung führten. Während beim Ausbruch des Zweiten Weltkrieges eine zweipfündige Granate als ausreichend angesehen wurde, war bei Kriegsende die Standardwaffe ein Siebzehnpfünder. Dies waren Artilleriewaffen, die zwar mit Infanteristen bemannt waren und einen Bestandteil des Infanteriebataillons bildeten, die aber nach dem Maßstab der Infanterie sehr unbeweglich waren. Die einzige Waffe, die 1939 auf Kompanie- und Zugsebene zur Verfügung stand, war das Boys-Gewehr, das sich aber bald als unwirksam gegen schwere Panzerfahrzeuge erwies. Es war schnell klar, daß es richtig war, das Konzept eines festen Hochgeschwindigkeitsprojektils aufzugeben, und sich statt dessen auf die Erzielung des Durchschlages und die Vernichtung von Panzern mit hochexplosiven Raketen zu konzentrieren.

Deshalb kam 1942 die abgebildete Waffe. Sie war eine Kombination von zwei im wesentlichen gleichen Waffen, die unabhängig voneinander von den Konstrukteuren Wallis und Jeffries entwickelt worden waren. Ihr langer und umständlicher Titel wurde bald auf die Anfangsbuchstaben PIAT verkürzt. An diese Abkürzung werden sich die meisten Soldaten erinnern, und es ist wahrscheinlich, daß sie der Gegenstand von mehr Geschichten aus dem Zweiten Weltkrieg ist, als alle anderen Infanteriewaffen zusammen. Das Äußere dieser neuen und unorthodoxen Waffe ist auf der Fotografie zu erkennen. Sie bestand aus einem zylindrischen Blechkörper, der 610 mm lang und etwas unter 76 mm im Durchmesser war. Sie hatte am hinteren Ende einen T-förmigen, segeltuchbedeckten Kolben und am vorderen Ende einen halbkreisförmigen Trog im Durchmesser von 254 mm. Kimme und Korn, die beide in metallene Schutzvorrichtungen umgeklappt werden konnten, wenn sie nicht gebraucht wurden, waren an der linken Seite des Körpers montiert, der auch den Abzug mit einem einfachen Pistolengriff und einen sehr großen Abzugbügel trug. Unterhalb

des Troges war ein Einbein an den Körper geschraubt. Es hatte ein flaches Bodenstück, das schnell eingegraben werden konnte, um die Höhe der Waffe zu verringern. Die Waffe war zwar ausreichend robust, aber roh verarbeitet. Die Teile wurden gestanzt, geschweißt und genietet, wobei einfache Metalle verwendet wurden. Im Inneren des Gehäuses befindet sich vor allem eine riesige Feder, die in ihrer Mitte eine Stahlmanschette mit einem Mittelzapfen am vorderen Ende hatte. An diesem Mittelzapfen befanden sich eine Spannstange und ein Schlagbolzen. Wenn die Feder nicht zusammengedrückt war, das heißt, wenn die Waffe nicht gespannt war, stießen etwa 190,5 mm des Mittelzapfens in den Trog. Zunächst mußte die Waffe gespannt werden, was theoretisch sehr einfach war, in der Praxis jedoch äußerst schwierig. Die einfachste Weise – relativ gesehen – war es, die Waffe senkrecht zwischen den Knien mit dem Trog nach oben zu halten, beide Füße auf den Kolben zu stellen, das Gehäuse am Abzugsbügel oder einem anderen Vorsprung zu erfassen, es gegen den Uhrzeigersinn zu drehen und gleichzeitig hochzuziehen, bis die

1,13-kg-Bombe

Feder voll gespannt war und von einem Stift gehalten wurde. Die Feder war jedoch enorm stark, und man mußte etwa 90 kg Zugkraft aufbringen, um sie zu spannen, so daß es leichter war, diese Verfahren zu beschreiben, als es auszuführen. Man brauchte einen Trick und körperliche Stärke, sowie einen ausreichend großen Schützen, der die Feder spannen konnte. Es gab viele mysteriöse Geschichten über Bänderrisse und Zerrungen, die keineswegs alle übertrieben waren. Dies war die einfachste Methode, aber es gibt Augenblicke im Gefecht, in denen aus offensichtlichen Gründen niemand länger als unbedingt erforderlich aufrecht stehen möchte, und unter solchen Umständen entwickelte ein Genie eine Methode, den PIAT im Liegen zu spannen, ein unbequemes Geschäft, das einem Ringkampf ähnelte. Wenn die Waffe gespannt war, war der Mittelzapfen ganz in das Gehäuse zurückgezogen, so daß die Bombe in den Trog eingeführt werden konnte. Die äußere Form der Bombe ist auf der Fotografie ebenfalls zu erkennen. Sie war 381 mm lang, hatte einen Durchmesser von 89 mm und bestand aus einer Hohlhaftladung. Der Sprengstoff

war um einen hohlen Kegel angeordnet, dessen Grundfläche nach vorn gerichtet war. Dadurch richtete sich die Hauptkraft der Explosion nach vorn auf einen engen Raum. Dieses Phänomen, das auch als Munroeffekt bekannt ist, ist nie richtig erklärt worden, aber es ist mit Sicherheit wirksam gegen Panzerung. Die Bombe hatte ein hohles rohrförmiges Heck mit vier Flossen und einem kreisförmigen Flossenring. Der Treibstoff lag am vorderen Ende des Heckrohres. Die Zündung befand sich in einem Behälter, der in den Flossenring gehakt wurde. Wenn es erforderlich war, die Bombe scharf zu machen, brauchte man nur die fingerhutähnliche Kappe von der Nase abzunehmen, den Stopfen zu entfernen, die Zündung einzuführen und die Kappe wieder aufzusetzen. Dann wurde die Bombe in den Trog gelegt, wo sie durch den Ring an ihrem vorderen Ende festgehalten wurde. Sie war dann feuerbereit. Wenn der Augenblick des Zündens kam, zielte der Schütze mit der linken Hand an der Segeltuchmanschette in der Nähe des Verschlusses und der rechten Hand mit allen vier Fingern auf dem Abzug. Er zog die Waffe in die Schulter ein und

drückte den Abzug, wozu er die volle Stärke seiner rechten Hand brauchte. Zunächst schlug die Feder den Mittelzapfen mit großer Kraft nach vorn, so daß sie in das Heckrohr der Bombe stieß und die Ladung zündete, woraufhin die Bombe mit ausreichendem Rückstoß das Rohr verließ. Der Rückstoß warf den Mittelzapfen zurück und spannte die Waffe für die nächste Bombe. Es war eine Kunst, den PIAT zu halten, denn er stieß zunächst mit der Feder nach vorn und dann unter dem Einfluß der Bombe heftig zurück. Wenn der Schütze resolut war, war alles gut, aber wenn er durch den Schreck selbst zurückgestoßen wurde, geschah es oft, daß der restliche Rückstoß nicht ausreichte, um die Waffe neu zu spannen, was dann von Hand getan werden mußte. Es ist natürlich immer wünschenswert, soviel Deckung wie möglich zu haben, wenn man Panzer angreift, aber dies galt besonders für den PIAT, weil das Heckrohr der Bombe, wenn sie gegen eine senkrechte Fläche stieß, als selbständiger Gewehrlauf tätig wurde, wobei das Projektil das Messinggehäuse war, das entlang der ursprünglichen Flugbahn mit beträchtlicher Genau-

igkeit und einer hohen Geschwindigkeit zurückflog. Dessenungeachtet war der PIAT trotz seiner Nachteile die erste leichte Waffe, die den Infanteriemann dem Panzer ebenbürtig machte, und mit dieser Waffe wurden viele Panzer vernichtet. Die maximale Reichweite war 115 m, aber 25 oder 30 m waren sehr viel besser, wenn auch gefährlicher. Der PIAT konnte auch als häuserbrechende Waffe eingesetzt werden. Dies erreichte man auch durch Drehen des Kolbens zur Seite, wodurch man eine größere Richthöhe erhielt. Man richtete den Kolben entlang einer weißen Linie an der Oberseite des Gehäuses aus. Die Kimme hatte ein einfaches Richthöhenmaß mit einer Libelle, und bis auf 320 m konnte man recht gut schießen. Die Waffe wurde auf diese Weise oft in bebauten Gebieten in Nordwesteuropa eingesetzt. Der PIAT hatte auch ein einfaches gußeisernes Übungsgeschoß, das wiederverwendet werden konnte. Es war kleiner als die richtige Bombe, und deshalb mußte ein zusätzlicher Trog in die Waffe eingelegt werden. Trotz seiner Einfachheit blieb der PIAT bis 1951 im Einsatz, als er durch einen Raketenwerfer ersetzt wurde.

RAKETEN-PANZERBÜCHSE 54 (PANZERSCHRECK)

Länge: 1638 mm
Gewicht: 9,3 kg
Kaliber: 88 mm
Reichweite: 150 m
Gewicht des Projektils: 3,18 kg
Durchdringkraft: 100 mm

Es gibt einen alten Spruch, der besagt, daß die beste Verteidigung gegen einen Panzer ein anderer Panzer sei. Dies mag auch die Ansicht des deutschen Oberkommandos gewesen sein, als es in den Dreißigerjahren seine Armee plante. Es steht fest, daß damals die deutschen Infanteriepanzerabwehrwaffen veraltet waren und somit nicht besser als die ihrer Gegner. Sie bestanden im wesentlichen aus Panzerabwehrgewehren, die dem britischen Boys-Gewehr ähnelten, sowie aus einer Panzerabwehrkompanie mit 37 mm-Paks auf Regimentsebene. Aber wenn sich auch Waffen dieser Art im Spanischen Bürgerkrieg, dem großen Übungsgelände für die Achsenmächte, und auch in dem kurzen Polenfeldzug als ausreichend erwiesen hatten, so

versagten sie doch gegen die schwer gepanzerten britischen Tanks im Jahre 1940. In einem früheren Krieg hatte man auf die Feldkanonen zur Panzerabwehr zurückgreifen müssen. Nach dem kurzen Blitzkrieg von 1940 gingen die Deutschen daran, ihre Panzerabwehr zu verbessern, aber sie neigten lediglich zu einer etwas größeren Kanone und vernachlässigten die leichteren und tragbaren Infanteriewaffen. Wie sich zeigte, war

dies in Nordafrika nicht von Belang, wo Panzer gegen Panzer kämpften. Erst als die deutsche Infanterie den neuesten russischen Panzern gegenüberstand, zeigte sich der Mangel an Panzerabwehrwaffen. So wie 1916 mußte sie nun improvisieren, und da sie gute Soldaten hatte, tat sie dies mit einigem Erfolg. Sie setzte gestreckte Landungen, Granatenbündel und ähnliche Selbstmordmittel zur Vernichtung russicher Panzer ein. Dann hatten die

RAKETENWERFER (BAZOOKA) 2.36″

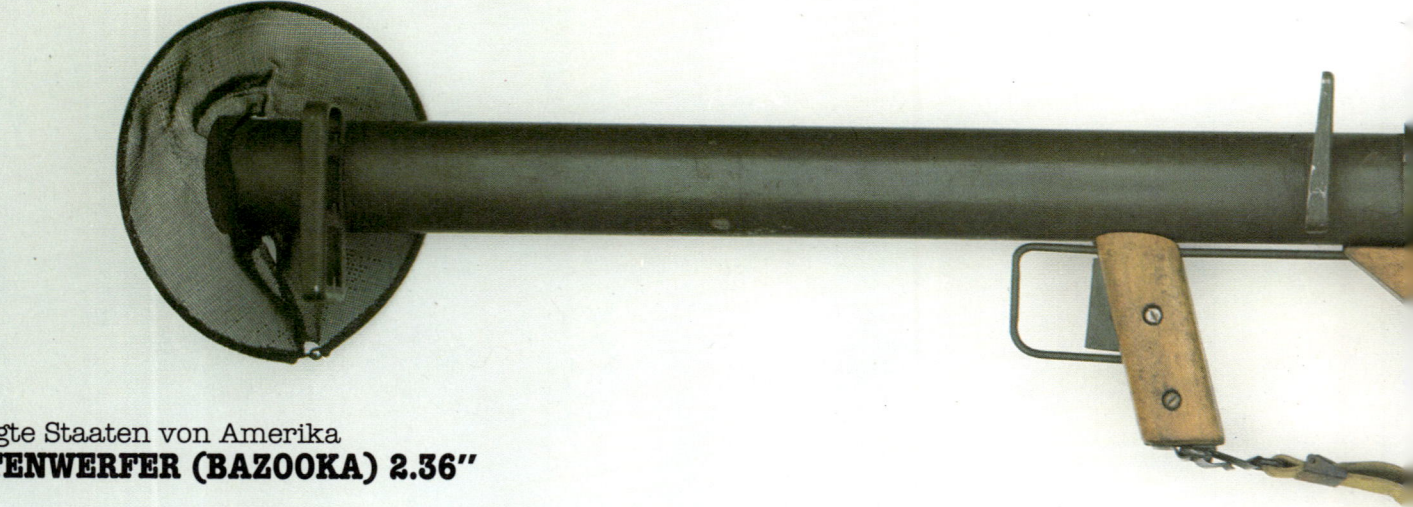

Länge: 1549 mm
Gewicht: 6 kg
Kaliber: 60 mm
Reichweite: 214 m
Gewicht des Projektils: 1,54 kg
Durchdringkraft: 100 mm

Als die USA 1941 auf der Seite der Alliierten in den Krieg eintraten, waren sie bemerkenswert schlecht darauf vorbereitet, weil sie lange Jahre der Meinung gewesen waren, daß eine Intervention in einem weltweiten Krieg zu vermeiden wäre. Es stimmt, daß sie seit 1939 ihre Streitkräfte als Vorsichtsmaßnahme in großem Umfang verstärkt hatten. Dies geschah aber ohne Vorrang bis zum japanischen Angriff auf Pearl Harbor. Man muß aber auch sagen, daß die amerikanische Industriekapazität den Alliierten zur Verfügung gestellt wurde. 1941 bestand die Panzerabwehr der USA aus 37-mm-Kanonen und dem Browning-MG vom Kaliber

.50″ sowie einigen hastig improvisierten Artilleriefahrzeugen. Ihre Infanterie hatte keine wirklich tragbare Panzerabwehrwaffe. 1940 war die amerikanische Armee beeindruckt von einer Hohlhaftladungsgranate, die von einem Schweizer, den die Briten bereits abgewiesen hatten, entwickelt worden war. Überstürzt wurde eine große Menge in die Produktion gegeben, bevor man sich ernsthaft darüber Gedanken machte, wie diese Rakete abzuschießen war, denn sie war für ein Gewehr viel zu schwer. In diesem Stadium hatte die amerikanische Armee ein unerwartetes Glück. Einer ihrer Obersten, namens Skinner, war seit seiner Ju-

gend an Raketen interessiert, und er wurde deshalb schon fast als Spinner angesehen. 1942 hatte er die glänzende Idee, die neue Granate, die offiziell M 10 hieß, aus einem von ihm erfundenen Werfer abzuschießen, den er schnell umbaute. Das Zündsystem wurde mit Taschenlampenbatterien improvisiert. Der Werfer funktionierte gut, und Oberst Skinner ging auf einen Schießplatz, wo eine Demonstration anderer Panzerabwehrwaffen statt-

Deutschen Glück, denn 1942 hatten die USA eine Schiffsladung ihrer Bazookas an die Russen geliefert, und einige davon fielen den Deutschen zusammen mit Munition in die Hand. Sie erkannten sofort das Potential dieses neuen Weges der Panzerabwehr, und nach wenigen Monaten hatten sie eine verbesserte Ausführung entwickelt und an ihre Truppen in Rußland ausgegeben. Die Waffe glich im wesentlichen dem amerikanischen Prototypen, hatte aber ein größeres Kaliber und verschoß eine doppelt so große Bombe mit einer besseren Durchschlagskraft. Sie erwies sich als höchst wirksam gegen die stärksten russischen Panzer und wurde auch gegen Häuser und ähnliche Befestigungen eingesetzt. Sie war leicht genug, um von einem Mann getragen und bedient zu werden, aber die normale Bedienung bestand aus zwei Mann. Der zweite Mann war Ladeschütze und trug den Bombenbehälter. Der Hauptnachteil der Waffe war, daß der Raketenmotor noch 2 bis 2,5 m vor dem Lauf brannte. Seine Flamme und die von ihm erzeugten Gase waren sehr gefährlich für den Schützen. Ein großer quadratischer Schild (der auf der Abbildung fehlt) war deshalb an der Waffe angebracht, und es wurde Schutzkleidung getragen. Trotz dieses Nachteils hielt die deutsche Infanterie viel von dieser Waffe. Sie blieb in großen Stückzahlen auf allen Kriegsschauplätzen im Einsatz, auf denen die Deutschen bis Kriegsende 1945 kämpften. Einmal wurde eine Ausführung mit dem größeren Kaliber 100 mm gegenüber den 88 mm erprobt, aber das zusätzliche Gewicht von 13,6 kg für den Werfer entsprach nicht dem Gewinn an Reichweite und Wirkung, und so wurde diese Waffe im Stillen aufgegeben, und man ging wieder zu der ursprünglichen Ausführung über.

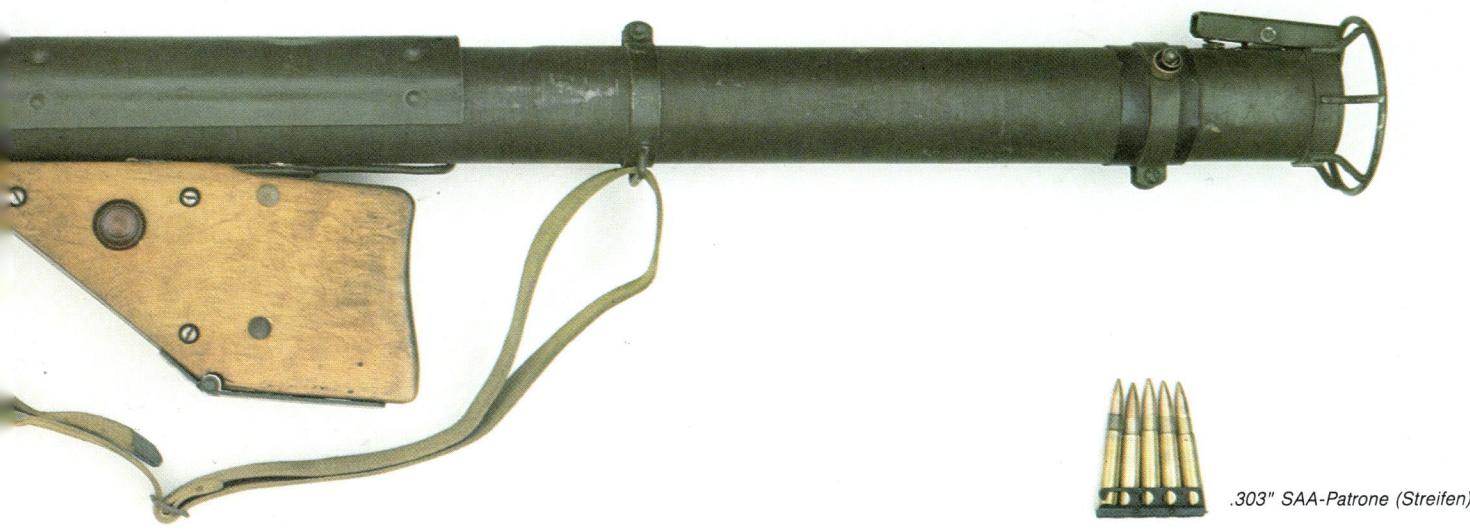

fand. Er und sein Assistent gesellten sich inoffiziell dazu, und nachdem das Ziel von seinen neun verfügbaren Raketen getroffen worden war, wurde die Waffe, die nach einem Blasinstrument, das von einem bekannten amerikanischen Unterhalter gespielt wurde, sofort «Bazooka» hieß, nicht nur sofort akzeptiert, sondern so schnell in die Produktion gegeben, daß die ersten 5000 Stück nach einem Monat fertig waren. Sie erwies sich bald als wirksam und leistete während des ganzen Krieges gute Dienste. 1945 verlor sie allerdings Boden gegen die verbesserte deutsche Panzerung. Dies war vorausgesehen worden, und man hatte ein größeres Modell entwickelt, aber aus verschiedenen Gründen ging diese Ausführung nicht in die Produktion, bis der Koreakrieg schließlich zeigte, daß die ursprüngliche Waffe veraltet war. Es gab natürlich einige Änderungen und Verbesserungen, darunter die Verwendung eines kleinen Generators statt der Batterien und eine zweiteilige Ausführung, die leichter zu tragen war. Alle Ausführungen hatten einen leichten Gewebeschild, um den Schützen vor den Raketengasen zu schützen. Wenn auch die Bazooka den Alliierten gute Dienste leistete, ist es vielleicht ironisch, daß die Deutschen aufgrund der Beutewaffen so schnell eine ähnliche Waffe entwickeln konnten. Sie erbeuteten einige frühe Muster des amerikanischen Werfers von den Russen, und aus diesen entwickelten sie schnell eine größere und in mancher Hinsicht bessere Ausführung, die Raketenpanzerbüchse, die oben beschrieben ist. Es ist ein Zufall, daß diese deutsche Ausführung das Kaliber 88 mm hatte, das genau dem Kaliber 3.5" der US-Ausführung entspricht, die 1945 vom Kriegsministerium zurückgewiesen wurde.

Sowjetunion
RPG 2 UND RPG 7

Werfer (RPG 2)

Länge: 1000 mm
Gewicht: 6,8 kg
Kaliber: 40 mm
Reichweite: 500 m

Rakete

Gewicht: 1,7 kg
Typ: Hochexplosive Hohlhaftladung
Kaliber: 100 mm

Werfer (RPG7)

Länge: 953 mm
Gewicht: 7 kg
Kaliber: 40 mm
Reichweite: 900 m
Selbstvernichtend

Rakete

Gewicht: 2,25 kg
Durchdringkraft: 320 mm

Die russische Infanterie kämpfte im Zweiten Weltkrieg mit veralteten Panzerabwehrwaffen, denn sie hatte nur eine Kombination von starken Granaten, die Selbstmordwaffen waren, und Panzerabwehrgewehre. Die Gewehre waren äußerst lang und schwer und deshalb ziemlich unbeweglich. Die Russen unternahmen keine Anstrengungen, die deutschen oder amerikanischen Bazooka-Waffen zu kopieren. Dies beruht vielleicht darauf, daß ihre Industrie völlig überlastet war und keine neuen Verpflichtungen übernehmen konnte, wie wichtig sie auch gewesen sein mögen. Erst einige Jahre nach dem Krieg stellte die Sowjetunion ihren ersten für den Einsatz von der Schulter geeigneten Raketenwerfer her, den

Schweden
RCL CARL-GUSTAV 84 MM

Länge: 1295 mm
Gewicht: 16,33 kg
Kaliber: 84 mm
effektive Reichweite: 320 m
Durchdringkraft: 400 mm
Gewicht der Panzerabwehrrakete: 2,6 kg

Nach dem Ende des Koreakrieges führte die britische Armee den amerikanischen Raketenwerfer .3.5" (89 mm) ein, eine Waffe, die im Zweiten Weltkrieg entwickelt, aber nie in die Produktion gegeben worden war. Obwohl sie zu ihrer Zeit eine gute Waffe war, konnte sie schließlich nicht mehr mit der Verbesserung der Panzerung Schritt halten und 1964 beschloß die britische Regierung, daß die Zeit für einen Wechsel gekommen war. Man suchte zögernd nach einer Alternative und eine Zeitlang wurde die ausgezeichnete kanadische Heller als Favorit angesehen, aber schließlich legte man sich auf die abgebildete Waffe, die Carl-Gustav fest, die bei der britischen Armee Infanterie-Panzerabwehrwaffe 84 mm heißt. Sie wurde schon 1941 von einem schwedischen Konstrukteur namens Abramson entwickelt und nach einigen Verbesserungen bei der schwedischen Armee eingeführt. Das Kaliber wurde 1946 auf seine jetzige Größe erhöht, und danach wurde die Waffe von einer beträchtlichen Anzahl von Staaten, vor allem NATO-Ländern, eingeführt. Es ist eine sauber hergestellte Waffe, die rückstoßfrei arbeitet, so wie es in der Einführung zu diesem Abschnitt beschrieben wurde. Der Verschluß ist der abgestutzte Kegel am hinteren Ende, der nach links schwenkt, damit das Geschoß geladen werden kann. Er wird mit einem normalen Abzug gezündet. Der Schlagbolzen schlägt auf eine Zündkappe im Boden des

RPG 2. Er war eine einfache Vorrichtung, die im wesentlichen auf der deutschen Panzerfaust des Zweiten Weltkrieges beruhte und ausreichend wirksam war. Der Hauptnachteil war die hohe Flugbahn, die die Reichweite auf 100 m begrenzte und es schwierig machte, bei beweglichen Zielen vorzuhalten. Ihre Durchdringkraft soll bei etwa 178 mm Panzerung gelegen haben. Dies reichte aus, als die Waffe aufkam, aber als sie später vom Vietkong gegen moderne amerikanische Panzer eingesetzt wurde, zeigte sich ihre Unzulänglichkeit. Diese Waffe wurde später durch den abgebildeten Werfer,

den RPG 7 ersetzt, der ihr überlegen ist. Er bestand noch immer aus einem an beiden Seiten offenen Rohr und verschoß weiterhin ein Projektil, bei dem nur das Heck und die faltbaren Flossen in den Werfer gesteckt wurden, während der Körper draußen blieb. Die Waffe hat hinten einen konischen Schutzwulst, und ein großer Teil ist in Holz ausgeführt, was zur Wärmedämmung dient. Sie hat ein fest eingestelltes Gefechtsvisier und ein Teleskopvisier und trifft bis 500 m. Anders als ihre Vorgänger hat ihre Rakete einen doppelten Antrieb. Sie wird durch den normalen Treibsatz gestartet und dann durch ihre

eigenen Motoren angetrieben, wodurch sie eine höhere Geschwindigkeit und eine entsprechend gestrecktere Flugbahn bekommt. Sie soll 320 mm dicke Panzerplatten durchschlagen, so daß sie sehr wirksam ist. Die Bombe hat eine elektrische Zündung und zerstört sich automatisch nach 900 m von der Mündung. Das Visier kann für den Nachteinsatz beleuchtet werden. Der RPG 7V ist noch bei der Sowjetunion und bei ihren Satellitenstaaten im Einsatz, die auch eigene Ausführungen herstellen. Es gibt auch eine leichte Ausführung, RPG 7D, die zum leichteren Transport in zwei Teile zerlegt werden

kann. Diese Ausführung wird hauptsächlich von Luftlandetruppen des Warschauer Paktes eingesetzt. Wie viele andere sowjetische Waffen ist der RPG 7 auch bei vielen subversiven und Guerilla-Organisationen eingesetzt, und es ist kaum möglich, eine Fotografie oder Wochenschau über diese Organisationen zu sehen, ohne daß man einen RPG 7 darauf erkennt. Gewöhnlich hängt er lässig über der Schulter des Trägers und eine Rakete ist eingeführt. Einige sind auch in Nordirland in den Händen der Provisional IRA aufgetaucht, aber sie scheinen nicht mit großem Erfolg eingesetzt worden zu sein.

84 mm HEAT-Projektil

Geschosses. Auf 25 m Entfernung ist der rückwärtsgerichtete Gasausstoß beträchtlich. Die Waffe hat drei Visiereinrichtungen, Kimme und Korn, Teleskop und Infrarot, und sie verschießt eine Vielfalt von Munition, darunter Panzerabwehr-, hochexplosive, Rauch- und Leuchtmunition. Es gibt auch Übungsmunition mit kleinerem Kaliber, die aus einem runden Körper besteht, in dem ein 6,5-mm-Gewehrlauf eingebaut ist. Das Ganze kann genau wie die normale Ausführung gela-

den und abgeschossen werden, aber nur über kürzere Entfernungen und ohne Gasausstoß. Wenn dies auch noch eine gute Waffe ist, so verliert sie ständig ihre Wirksamkeit angesichts der verbesserten Panzerung, und sie wird wahrscheinlich in voraussehbarer Zukunft ersetzt werden. Sie ist als Waffe für einen Mann auch sehr schwer.

.303" SAA-Patrone (Streifen)

BIBLIOGRAPHIE

Titel	Verfasser/Herausgeber	Ort u. Jahr der Veröffentlichung

1. Waffen allgemein

Jane's Infantry Weapons	Archer (Ed)	London 1977
Military Small Arms of the 20th Century	Hogg and Weeks	London 1977
Brasseys Infantry Weapons of the World	Owen (Ed)	London 1975
Small Arms of the World	Smith	London 1973
Illustrated Arsenal of the Third Reich	Normount	Wichenburg Arizona 1973
Arms and Armament	ffoulkes	London 1945
The Soldier's Trade	Myatt	London 1974
British and American Infantry Weapons of World War II	Barker	London 1969
German Infantry Weapons of World War II	Barker	London 1969
Pistols, Rifles and Machine Guns	Allen	London 1953
Superiority of Fire	Pridham	London 1945
Small Arms Operation and Identification of Small Arms	Johnson (US Army Publication)	USA 1971
NATO Infantry and its Weapons	Owen (Ed)	London 1976
Warsaw Pact Infantry and its Weapons	Owen (Ed)	London 1976
Text-book for Small Arms	HMSO	London 1919
Text-book for Small Arms	HMSO	London 1929
Text-book of Ammunition	HMSO	London 1926

Note: Much use has been made of a variety of British and Foreign Military textbooks and pamphlets held in the Museum Reference Library.

2. Pistolen

Automatic Pistols	Pollard	London 1920
Textbook of Automatic Pistols	Wilson/Hogg	London 1975
German Pistols and Revolvers	Hogg	London 1971
The Book of the Pistol	Pollard	London 1917
English Pistols and Revolvers	George	London 1961
The Revolver 1818-1865	Taylerson, Frith, Andrews	London 1968
The Revolver 1865-1888	Taylerson	London 1966
The Revolver 1888-1914	Taylerson	London 1970
The Art of Revolver Shooting	Winans	New York 1901
The Webley Story	Dowell	Leeds 1962
Pistols and Revolvers	Smith/Bellah	Harrisburgh Pa 1962
Shooting to Live	Fanbairn/Sykes	Edinburgh 1942

3. Maschinengewehre

The Book of the Machine Gun	Longstaffe/Atteridge	London 1917
Pictorial History of the Machine Gun	Hobart	London 1971
Machine Guns: Their History and Tactical Employment	Hutchison	London 1928
Machine Gun Tactics	Applin	London 1910
My Life	Maxim	London 1915
The Machine Gun	Chinn	Washington 1951
Machine Guns	Canadian Mil HQ (official use only)	London 1945

4. Maschinenpistolen

The World's Sub-machine Guns	Nelson/Lockoven	Loncon 1977
Pictorial History of the Sub-machine Gun	Hobart	London 1973

5. Gewehre

The Book of the Rifle	Fremantle	London 1901
The Englishman and the Rifle	Cottesloe	London 1945
The Book of Rifles	Smith	Harrisburgh Pa 1965
The Lee-Enfield Rifle	Reynolds	London 1960
Remarks on the Rifle (11th Ed)	Baker	London 1935
English Guns and Rifles	George	London 1947

6. Panzerabwehrwaffen

Men Against Tanks	Weeks	London 1975
Field Rocket Equipment of The German Army	Gander	London 1972

Eine Serie von sechs Fotografien, die den Durchschuß durch eine Polypropylän-Platte mit einer Geschwindigkeit von ca. 840 m/s zeigen. Es handelt sich um eine 7,62-mm-Patrone des L2A2.

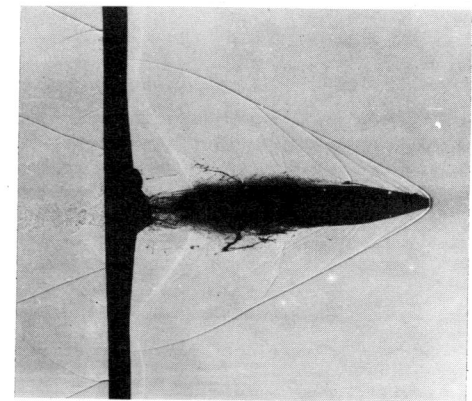
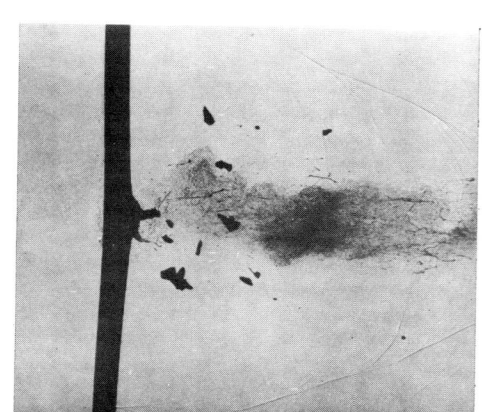

REGISTER

BILDQUELLEN

Wenn nicht anders angegeben, wurden alle Fotografien in diesem Buch von Bruce Scott im Waffenmuseum der British School of Infantry, Warminster, Wiltshire aufgenommen.

Der Verlag dankt den folgenden Organisationen und Einzelpersonen, die Fotografien für dieses Buch zur Verfügung gestellt haben. Die Fotografien sind nach der Seitenzahl aufgeführt, wenn sich mehr als eine Fotografie auf einer Seite befindet, sind sie entsprechend der Reihenfolge der Spalten und dann von oben nach unten aufgeführt.

10-11: Fabrique Nationale Herstal; 11: Vickers Ltd; 12: IWM (Imperial War Museum, London); 13: IWM/US Signal Corps; 14: IWM; 14-15: US Army; 16: US Army; 17: US Army/Soviet Studies Centre, Sandhurst; 100-101: Central Office of Information, London; 101: IWM; 104: Sipho SA (Will Fowler Collection)/IWM/ IWM/Photc S A (Will Fowler Collection); 105: United Press International (Will Fowler Collection)/IWM; 106: Central Office of Information, London; 107: US Signal Corps, 146-147: MoD, London (Peter Stevenson); 147: Novosti Press Agency; 148: Photo CNET (Will Fowler Collection)/Kriegsberichter Kirsche (Will Fowler Collection); 149: US Army (Chris Foss Collection)/IWM/IWM; 150: US Signal Corps, 151: Central Office of Information, London/IWM/US Army/E and TV Films, London; 152-153: US Army; 153: US Army; 192-193: IWM/IWM (Will Fowler Collection); 197: E and TV Films, London; 198: US Army; 199: US Air Force/US Army; 224-225: Central Office of Information, London; 225: Chris Foss Collection; 226: IWM/US Defense Department (Marine Corps); 227: US Army/IWM/Süddeutscher Verlag; 236: Royal Military College of Science, Shrivenham.